教育部高等学校电子信息类专业教学指导委员会规划教材
高等学校电子信息类专业系列教材

"十三五"江苏省高等学校重点教材（编号：2018-2-128）

Switching Technology &Telecommunication Network

交换技术与通信网

王 珺　江凌云　主编
Wang Jun　Jiang Lingyun

王玉峰　杨国民　陈美娟　张 颖　吴 斌　参编
Wang Yufeng　Yang Guomin　Chen Meijuan　Zhang Ying　Wu Bin

清華大学出版社
北京

内 容 简 介

当今通信网,垂直方向分为传送平面、(融合)业务平面和控制平面。本书在讲解传统电信网交换技术和通信网架构的基础上,按照这个脉络对课程内容进行组织,包括交换技术的基本原理和基本交换结构、通信网架构、通信网传输技术、IMS架构、SDN以及VPN、CDN等内容。新编教材能够充分反映现代通信网的特性:以IP为核心,融合化、智能化(云化)、软件化和虚拟化等。

本书内容新颖、风格简明、重点突出、通俗易懂,既有基础知识、概念和理论讲解,同时又给出了网络性能分析,网络容量估算等常用方法。除了帮助学生掌握理论知识外,还有助于培养学生在工程实践中的分析问题和判断问题的能力,并能够根据实际问题进行相应的设计。此外,本书还包含了前沿热点和开放性问题,非常适合作为通信工程、电子信息工程、网络工程等相关专业的教科书,也可供从事通信工作的技术人员和管理人员参考。

图书在版编目(CIP)数据

交换技术与通信网/王珺,江凌云主编. —北京:清华大学出版社,2019.11(2020.11重印)
高等学校电子信息类专业系列教材
ISBN 978-7-302-54117-2

Ⅰ. ①交⋯　Ⅱ. ①王⋯ ②江⋯　Ⅲ. ①通信交换-通信网-高等学校-教材　Ⅳ. ①TN915.05

中国版本图书馆 CIP 数据核字(2019)第 247773 号

责任编辑:盛东亮　钟志芳
封面设计:李召霞
责任校对:李建庄
责任印制:吴佳雯

出版发行:清华大学出版社
　　　　网　　　址:http://www.tup.com.cn,http://www.wqbook.com
　　　　地　　　址:北京清华大学学研大厦 A 座　　　　邮　　　编:100084
　　　　社 总 机:010-62770175　　　　邮　　　购:010-83470235
　　　　投稿与读者服务:010-62776969,c-service@tup.tsinghua.edu.cn
　　　　质量反馈:010-62772015,zhiliang@tup.tsinghua.edu.cn
　　　　课件下载:http://www.tup.com.cn,010-83470236
印 装 者:大厂回族自治县彩虹印刷有限公司
经　 销:全国新华书店
开　 本:185mm×260mm　　印 张:19.25　　　　　　字　　数:467 千字
版　 次:2019 年 12 月第 1 版　　　　　　　　　　　印　　次:2020 年 11 月第 2 次印刷
印　 数:1501 ~2500
定　 价:59.00 元

产品编号:084419-01

序

FOREWORD

我国电子信息产业销售收入总规模在 2013 年已经突破 12 万亿元,行业收入占工业总体比重已经超过 9%。电子信息产业在工业经济中的支撑作用凸显,更加促进了信息化和工业化的高层次深度融合。随着移动互联网、云计算、物联网、大数据和石墨烯等新兴产业的爆发式增长,电子信息产业的发展呈现了新的特点,电子信息产业的人才培养面临着新的挑战。

(1)随着控制、通信、人机交互和网络互联等新兴电子信息技术的不断发展,传统工业设备融合了大量最新的电子信息技术,它们一起构成了庞大而复杂的系统,派生出大量新兴的电子信息技术应用需求。这些"系统级"的应用需求,迫切要求具有系统级设计能力的电子信息技术人才。

(2)电子信息系统设备的功能越来越复杂,系统的集成度越来越高。因此,要求未来的设计者应该具备更扎实的理论基础知识和更宽广的专业视野。未来电子信息系统的设计越来越要求软件和硬件的协同规划、协同设计和协同调试。

(3)新兴电子信息技术的发展依赖于半导体产业的不断推动,半导体厂商为设计者提供了越来越丰富的生态资源,系统集成厂商的全方位配合又加速了这种生态资源的进一步完善。半导体厂商和系统集成厂商所建立的这种生态系统,为未来的设计者提供了更加便捷却又必须依赖的设计资源。

教育部 2012 年颁布了新版《高等学校本科专业目录》,将电子信息类专业进行了整合,为各高校建立系统化的人才培养体系,培养具有扎实理论基础和宽广专业技能的、兼顾"基础"和"系统"的高层次电子信息人才给出了指引。

传统的电子信息学科专业课程体系呈现"自底向上"的特点,这种课程体系偏重对底层元器件的分析与设计,较少涉及系统级的集成与设计。近年来,国内很多高校对电子信息类专业课程体系进行了大力度的改革,这些改革顺应时代潮流,从系统集成的角度,更加科学合理地构建了课程体系。

为了进一步提高普通高校电子信息类专业教育与教学质量,贯彻落实《国家中长期教育改革和发展规划纲要(2010—2020 年)》和《教育部关于全面提高高等教育质量若干意见》(教高【2012】4 号)的精神,教育部高等学校电子信息类专业教学指导委员会开展了"高等学校电子信息类专业课程体系"的立项研究工作,并于 2014 年 5 月启动了《高等学校电子信息类专业系列教材》(教育部高等学校电子信息类专业教学指导委员会规划教材)的建设工作。其目的是为推进高等教育内涵式发展,提高教学水平,满足高等学校对电子信息类专业人才培养、教学改革与课程改革的需要。

本系列教材定位于高等学校电子信息类专业的专业课程,适用于电子信息类的电子信息工程、电子科学与技术、通信工程、微电子科学与工程、光电信息科学与工程、信息工程及其相近专业。经过编审委员会与众多高校多次沟通,初步拟定分批次(2014—2017 年)建设约 100 门课程教材。本系列教材将力求在保证基础的前提下,突出技术的先进性和科学的前沿性,体现创新教学和工程实践教学;将重视系统集成思想在教学中的体现,鼓励推陈出新,采用"自顶向下"的方法编写教材;将注重反映优秀的教学改革成果,推广优秀的教学经验与理念。

为了保证本系列教材的科学性、系统性及编写质量,本系列教材设立顾问委员会及编审委员会。顾问委员会由教指委高级顾问、特约高级顾问和国家级教学名师担任,编审委员会由教育部高等学校电子信息类专业教学指导委员会委员和一线教学名师组成。同时,清华大学出版社为本系列教材配置优秀的编辑团队,力求高水准出版。本系列教材的建设,不仅有众多高校教师参与,也有大量知名的电子信息类企业支持。在此,谨向参与本系列教材策划、组织、编写与出版的广大教师、企业代表及出版人员致以诚挚的感谢,并殷切希望本系列教材在我国高等学校电子信息类专业人才培养与课程体系建设中发挥切实的作用。

吕志伟 教授

前言
PREFACE

近年来,随着信息通信技术的快速发展,传统的通信网络体系架构发生了重大变化,交换技术也在不断更新,由于传统的通信网正在向以 IP 为核心的未来网络方向发展,通信网中的主流交换技术已经从电路交换转向为分组交换,交换技术与路由技术的作用逐渐趋同,同时网络与交换技术的发展趋于融合。

鉴此,本书主编在糜正琨教授撰写的《交换技术》的基础上,撰写了《交换技术与通信网》,本着"先进、实用、精炼、清新"的原则,大幅精简传统通信网的内容。本书编写原则由"大而全"转为"少而精",摒弃过于陈旧的或过于超前的内容,精简篇幅。

本书在讲解传统电信网交换技术和通信网架构以及网络的发展趋势后,对现网技术进行全面讲解。通信网在向全 IP 网络发展过程中,垂直方向可分为传送平面、(融合)业务平面、控制平面,本书的后续章节安排按照这个脉络对课程内容进行了组织。为了增加课程的基础理论性,本书引入"网络性能分析",为了保证教材的新颖性,本书最后又介绍了未来网络的几种关键技术。

全书分为 7 章:第 1 章为通信网和交换技术的概论,介绍通信网的组成,通信网与交换技术的发展演变以及通信网的体系架构;第 2 章介绍通信网中交换节点技术,介绍了电路交换、分组交换及软交换技术,包含了移动交换技术的讲解;第 3 章讲解通信网传送层技术,系统概述传送层作用、主要技术以及相关的物理设备,内容包括以太网技术、路由技术、MPLS 技术以及基于 MPLS-TP 的分组传送网;第 4 章是通信网控制层的技术,主要讲解 IMS 的网络架构、IMS 的主要协议、IMS 用户编号方案以及典型流程等内容;第 5 章介绍通信网业务技术,主要讲解了承载层面上提供的安全可靠的虚拟专用网业务、应用层面上一种适用于流媒体分发的新型网络技术-内容分发网络,以及通过控制层提供的 VoLTE 业务及技术;第 6 章是对通信网性能进行分析,介绍排队论的基础知识,并对分组交换网络和 IP 网络服务质量进行分析;第 7 章介绍通信网的新技术,包括 SDN、NFV、ICN、云计算等。

本书第 1 章由王玉峰教授、王珺副教授编写,第 2 章由王珺副教授编写,第 3 章由杨国民副教授编写,第 4 章由张颖讲师编写,第 5 章由吴斌讲师编写,第 6 章由江凌云副教授编写,第 7 章由陈美娟副教授编写,全书校稿由王珺、江凌云和张颖老师完成。本书主编及编写人员都是通信学院一直执教"交换技术"与"通信网"专业的骨干教师,其中高级职称五名,两名讲师,另两名曾获得校级教学标兵称号。感谢糜正琨教授在全书前两章的撰写中给出的宝贵意见,本书使用了糜教授撰写的部分文稿。

限于篇幅,本书不可能全面反映各种新的技术,加之编者水平有限,书中难免还会存在一些不妥之处,希望广大读者不吝批评指正。

作 者

2019 年 10 月

目 录
CONTENTS

绪　　论

近年来,随着信息通信技术的快速发展,传统的通信网络体系架构发生了重大变化,交换领域的技术也在不断更新,网络与交换技术的发展趋于融合,交换技术与路由技术的作用也逐渐趋同。

本章使学生全面了解现代通信网络的构成和发展思路,理解网络的体系结构,掌握现代通信网络和交换技术的基本概念、原理和相互之间的有机联系。掌握网络中的主要协议,并了解协议设计的原则和要素。

1.1　通信网概述

1.1.1　通信网中交换技术的引入

通信意味着信息的传递和交换,人们的社会活动离不开通信,尤其是在一个信息化的社会,现代通信技术的飞速发展使人与通信的关系变得密不可分。在现代通信网络中,为满足不同通信需求而采用的通信方式各不相同,通信手段多种多样,通信内容丰富多彩,从而使通信系统的构成不尽相同。一个最简单的通信系统是只有两个用户终端和连接这两个用户终端的传输线路所构成的通信系统,这种通信系统所实现的通信方式称为点到点通信方式,如图1.1所示。

图 1.1　点到点通信方式

点到点通信方式仅能满足与一个用户终端进行通信的最简单的通信需求。比如,两个人要通话,最简单的方式就是两个人各拿一部话机,用一条双绞线将两部话机连接起来,即可实现话音通信。然而,现实的通信更多的是要求在一群用户之间能够实现相互通信,以电话通信为例,要想实现多个用户终端之间的相互通话,最直接的方法就是用通信线路将多个用户终端两两相连,如图1.2所示。

若用户终端数为 N,则两两相连所需的线对数为 $N(N-1)/2$,因此,当用户终端数 N 较大时,两两互连所需线对数的数量很大,线路浪费大,投资大,很不经济;此外,每个用户终端需要配置一个 $N-1$ 路的选择开关,控制协调复杂;增加第 $N+1$ 个用户终端时,必须增设 N 条线路,安装维护困难。因此,上述提到的全互连方式仅适用于终端数目少、地理位置集中、可靠性要求很高的场合。为实现多个终端之间的通信,引入了交换节点,各个用户终端不再是两两互连,而是分别经由一条通信线路连接到交换节点上,如图 1.3 所示。该交换节点就是通常所说的交换机,它完成交换的功能。在通信网中,交换就是在通信的源和目的终端之间建立通信通道,实现信息传送过程。引入交换节点后,用户终端只需要一对线对与交换机相连,节省了线路投资,组网灵活方便。用户间通过交换设备连接方式使多个终端的通信成为可能。由上述可见,通信网是通信系统的系统。

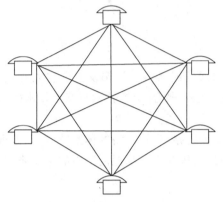

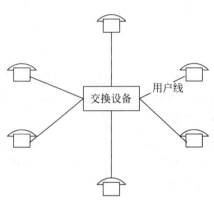

图 1.2　两两互连的电话通信　　　　图 1.3　引入交换节点的多终端通信

1.1.2　通信网的组成

由一个交换节点组成的通信网,它是通信网最简单的形式。实际应用中,为实现分布区域较广的多终端设备之间的相互通信,通信网往往由多个交换节点构成,这些交换节点之间或直接相连,或通过汇接交换节点相连,通过多种多样的组网方式,构成覆盖区域广泛的通信网络。通信网是通信系统的系统,因而通信系统的部件必然也是通信网的部件,包括用户终端设备、网络互连设备(交换及路由设备)和传输设备。但是只有这些设备,往往还不能形成一个完善的通信网。假如把上述这些部件称为构成一个通信网的"硬件",还必须有一套"软件",这就是各种规定,包括信令、协议和各种标准。从某种意义上说,这些规定是构成通信网的核心,决定通信网的性能,它们使用户之间、用户和网络资源之间和各个交换点之间有共同的"语言",以使通信网能合理地运行和正确地被控制,达到任意两个用户之间能快速接通和相互交换信息。也就是说,通信网是一种使用网络互连设备、传输设备将地理上分散的用户终端设备互连起来,按约定的信令或者协议实现通信和信息交换的系统。

1. 终端设备

终端设备是通信网最外围的设备,将输入信息变换成易于在信道中传输的信号,并参与控制通信工作,是通信网中的源点和终点。其主要的功能是转换,它将用户发出的信息变换成适合信道上传输的电信号,以完成信息发送的功能;反之,把对方经信道传送来的电信号变换为用户可识别的信息,以完成接收信息的功能。终端设备有很多,如电话终端、数字终端、数据通信终端、图像通信终端、移动通信终端、多媒体终端等。其功能如下。

(1) 将待传送的信息和在传输链路上传送的信号进行相互转换。在发送端,将信源产生的信息转换成适合于在传输链路上传送的信号;在接收端则完成相反的变换。

（2）将信号与传输链路匹配，由信号处理设备完成。

（3）信令的产生和识别，即用来产生和识别网内所需的信令，以完成一系列控制作用。

2. 传输设备

传输设备是信息的传输通道，是连接网络节点的媒介。一般包括传输媒质和延长传输距离及改善传输质量的相关设备，其功能是将携带信息的电磁波信号从出发地点传送到目的地点。传输设备根据传输介质的不同有光纤传输设备、卫星传输设备、无线传输设备、同轴电缆与双绞线传输设备等。传输系统将终端设备和交换设备连接起来形成网络。

3. 网络互连设备

网络互连设备是通信网的核心节点，起着组网的关键作用，由于当今通信网是多种异构网络的互连，因此互连设备主要包括交换机、路由器和网关设备。交换机主要是工作在电话网中，路由器是 IP 网络的互连设备，它可以完成不同网络的互通，网关设备也是异构网络互通设备。网络互连设备的基本功能是解决信息传输的方向问题，根据信息发送端要求，选择正确、合理、高效的传输路径，把信息从发送端传到接收端。为了保证信息传输的质量，交换设备之间必须具有统一的传输协议，它规定了传输线路的连接方式（面向连接与无连接）、收发双方的同步方式（异步传输与同步传输）、传输设备工作方式（单工、半双工和双工）、传输过程的差错控制方式（端到端方式和点到点方式）、流量控制的形式（硬件流控与软件流控）等。

4. 通信网的约定

有了终端设备、交换设备和传输设备，从装备来说，已能完成用户两两之间的通信。但要顺利地相互交换信息，或者说通信网要能正常运转，通信双方还必须约定一些规定，而且只有正确执行这些规定，通信才能正常进行。假如各种设备称之为硬件的话，还必须有一些软件。在电话网中，必须有约定的信令（Signaling），在计算机网中，必须有约定的协议（Protocol）。此外还必须约定一些传输标准和质量标准，才能形成一个高效率的、有条不紊的通信网。这些规定在网内起着重要作用。在某种意义上说，没有这些规定，就不能形成通信网，而且通信网的性能和效率，在很大程度上取决于这些规定。实际上，这些规定是网内使用的"语言"，用它们来协调网的运行，达到互通、互控和互换的目的。各种设备还应满足已规定的标准，包括接口条件等。

1）电话信令

信令是电话网工作中不可缺少的部分，它是终端与交换系统之间，以及交换系统与交换系统之间进行"对话"的语言，它控制电信网的协调运行，完成任意用户之间的通信连接，并维护网络本身的正常运行。信令系统是电信网的重要组成部分。

2）计算机通信协议

计算机或数据通信中所用的协议，其作用与电话网中的信令是一样的。但交换方式不同，又与电话信令有显著不同。通常把选址、控制、状态通报以至管理等功能表现在数据帧的格式中。其内容将更复杂，因为它不但应包括网内传输的各种规定，还包括计算机内部和用户的各种情况。这些不但涉及网络的结构和运行，也涉及计算机类型、操作系统和软件。要想全面描述协议的总体是十分困难的，因此提出分层的概念。这就是把协议分成几个层，各层之间可以各自独立发展。但层间的界面上的信息交流是有明确规定的。在协议中，分层的原则是层间的信息交流尽可能少，而且层数不宜过多。国际标准化组织（ISO）定义了数据通信协议一个 7 层模型,从上到下分别为应用层、表示层、对话层、传输层、网络层、链路层和物理层。最高层为应用层,最低层为物理层。上面 4 层一般称为用户层,主要是对用户网而言的。下面 3 层称为通信层,主要是对通信网而言。

上面所讨论的信令和协议其实也都是标准,只是它们是完成对网的控制和运行,以满足用户的一些基本要求,如网内用户能两两接通,好的信令和协议可使接通快速;又如保证进网信息的透明性、灵活性等要求。关于网的质量一致性的要求,就必须再规定通信质量标准。至于扩大容量、经济可靠等要求,还需有传输标准,以达到线路的多路复用、设备的有效使用和互换等目的。通信质量是指用户满意的程度,可分为两个方面:一是接续质量,受网资源的容量和可靠性的限制,如电话的呼损率、数据的时延、设备的故障率等;二是信息传输质量,受终端和信道的失真和噪声等限制,如语言清晰度、图像清晰度等。

3) 传输标准

传输标准规定了信道接口的一系列参数,包括电平、阻抗、噪声分配、互通条件、同步、导频以及多路复用的系列等,内容是很多的,有的可包含在信令和协议中。

1.1.3 通信网的分类

通信网的分类方法有很多种,其常见的分类如下。

1. 根据通信网支持业务进行分类

(1) 电话通信网;

(2) 电报通信网;

(3) 数据通信网;

(4) 多媒体通信网;

(5) 综合业务数字网。

2. 根据通信网采用传送模式进行分类

(1) 电路传送网:公用电话交换网(PSTN)、综合业务数字网(ISDN)。

(2) 分组传送网:分组交换公用数据网(PSPDN)、帧中继网(FRN)。

3. 根据通信网采用传输媒介进行分类

(1) 有线通信网:传输媒介为架空明线、电缆、光缆等有线介质。

(2) 无线通信网:通过电磁波在自由空间的传播来传输信号,根据采用电磁波长的不同又可分为中/长波通信、短波通信和微波通信等。

4. 根据通信网使用场合进行分类

(1) 公用通信网:向公众开放使用的通信网,如公用电话网、公用数据网等。

(2) 专用通信网:没有向公众开放而由某个部门或单位使用的通信网,如专用电话网等。

1.1.4 通信网的拓扑结构

网络基本的拓扑结构主要有网状网、星状网、环型网、总线型网、树型网和复合型网等。从网络的连通性看,网状网具有较大的冗余度,因而成本较高,但具有较高的可靠性。完全互连的网状网,其中的链路数与节点数的平方成正比,因此不适用于大规模网络。星状网的链路数与节点数呈正比关系,冗余度最低,网络构造成本最低,但可靠性也较差。复合型的拓扑结构,则结合了网状网在可靠性方面的优势和星状网在成本方面的优势。通信网是一个多用户互连的电信系统,通信网所采用的拓扑结构,除了用户环路部分和用户驻地部分外,以网状网、星状网及其复合型网为主,如图 1.4 所示。

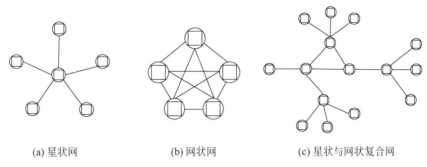

　(a) 星状网　　　　　　　(b) 网状网　　　　　　(c) 星状与网状复合网

图 1.4　网络的各种拓扑

1.2　通信网与交换技术的发展

　　交换设备是构成通信网的核心设备,交换功能是通信网必不可少的。通信网支持业务的能力以及所表现出的特性都与它所采用的交换方式密切相关,交换与通信网密不可分。在介绍每一种交换技术方式的原理及其技术时,也会谈及它所应用的通信网技术。对于各种交换方式,主要分为电路传输模式和分组传输模式两大类,电路交换属于电路传输模式,此种传输模式对应的典型网络为公用电话交换网(PSTN)和综合数字业务网(ISDN),报文交换、分组交换、帧中继、ATM 交换和 IP 交换属于分组传输模式,其对应的典型网络为电报网、公用交换分组数据网(PSPDN)、帧中继网(FRN)、宽带综合业务数字网(B-ISDN)和因特网(Internet)。作为下一代网络(NGN)核心技术的软交换实现了传统的以电路交换为主的电话交换网络向以分组交换为主的 IP 电信网络的转变。

1.2.1　交换技术的分类

　　"交换技术"是以交换机和交换网络的信息控制、处理和互连技术,在网络的大量用户之间根据所需目的(按照某种方式动态地分配传输线路的资源)来相互传递信息。交换技术主要包括两大类:源于电话通信的电路交换(Circuit Switching,CS)技术和源于数据通信的分组交换(Packet Switching,PS)技术。

1. 电路交换技术

　　电路交换(Circuit Switching,CS)是通信网中最早出现的一种电路交换方式,也是应用最普遍的一种交换方式,主要应用于电话通信网中,完成电话交换,已有 100 多年的历史。电路交换也称线路交换,是在通信之前先建立连接,通信过程中固定分配带宽、独占信道的实时交换,适用于语音、图像等实时性要求高的业务,是目前电话网的基本交换方式。电路交换的基本过程包括呼叫建立阶段、通话阶段即信息传送阶段和释放连接三个阶段,工作过程如图 1.5 所示。从完整的电话通信的过程来看这三个阶段:首先摘机,听到拨号音后拨号,交换机找寻被叫,向被叫振铃同时向主叫送回铃音,此时表明在电话网的主被叫之间已经建立起双向的话音传送通路,此阶段为呼叫建立阶段;当被叫摘机应答,即可进入通话阶段;在通话过程中,任何一方挂机,交换机拆除已建立的通话通路,并向另一方传送忙音提示挂机,从而结束通话,即为释放连接阶段。

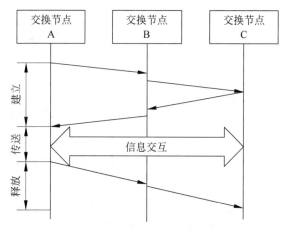

图 1.5 电路交换的基本过程

电路交换优点如下。

(1) 面向连接,在通信前要通过呼叫在主叫和被叫用户之间建立一条物理连接。交换中心根据信令建立连接,连接一旦建立,不论通信的双方是否有信息传递,通信链路及有关的系统资源都一直分配给通信双方,不能被别人使用,因而通信中不会出现阻塞。

(2) 实时交换,时延和时延抖动都较小。因为在通信前提前建立了连接,在通信过程中独占一个信道,所以这种交换方式的信息传送时延非常小,传输时延抖动小。

(3) 交换处理简单,交换速度较高。因为交换机对用户数据不做处理,不需要添加额外控制信息,不做差错控制,这种传输为"透明"传输,因此交换效率较高。

电路交换缺点如下。

(1) 线路利用率低。由于电路交换采用静态复用、预分配带宽并独享通信资源的方式,交换机根据用户的呼叫请求,为用户分配固定位置、恒定带宽的电路,通信双方独占固定资源,话路接通后,即使某一时刻无信息传输,也不能给其他用户使用,因此信道利用率很低。

(2) 传输速率单一。由于电路交换要求交换时隙具有周期性,所以规定信道速率只能取某些特定的值,如 64Kb/s、2048Kb/s 等,不能适应多种速率业务的接入要求,也不适于突发业务。

(3) 存在呼叫损失。在通信之前建立连接时,如果没有空闲的电路,呼叫就不能建立而遭受损失,因此交换机应配备足够的连接电路,使呼叫损失率(简称呼损率)不超过规定值。

(4) 无差错控制。在传送信息期间,网络不对用户信息进行误码校正等处理,没有任何差错控制措施,不利于可靠性要求高的数据业务。

(5) 物理连接的任何部分发生故障都会引起通信的中断,网络抗毁性能较差。

2. 分组交换技术

1) 报文交换

为了克服电路交换中各种不同类型和特性的用户终端之间不能互通,通信电路利用率以及有呼损等方面的缺点,提出了报文交换(Message Switching)的思想。报文交换采用存储转发机制,又称为存储转发交换,它以报文作为传送单元,不需要事先为通信双方建立物理连接,而是将所接收的报文暂时存储,由于报文长度差异很大,长报文可能导致很大的时延,并且对每个节点来说缓冲区的分配也比较困难,为了满足各种长度报文的需要并且达到高效的目的,节点需要分配不同大小的缓冲区,否则就有可能造成数据传送的失败。在实际应用中报文交换使用较少,主要用于传输报文较短、实时性要求较低的通信业务,如公用电报网。报文交换可以看成是早期的分组交换技术。

2)分组交换

分组交换(Packet Switching,PS)技术是伴随着计算机网络的发展而发展的。分组交换又称为包交换,是在报文交换基础上发展起来的一种交换技术,它们交换过程的本质都是存储转发(Store and Forward),它不需要事先为通信双方建立物理连接,而是将所接收的数据暂时存储,根据选定的路由在出端口排队,等待到出端口电路空闲时才转发到下一交换节点。分组交换与报文交换不同之处在于分组交换的最小信息单位是分组(Packet),而报文交换则是一个个报文。其基本原理是将需要传送的数据按照一定的长度分割成许多小段数据,并在小段数据之前增加相应的用于对数据进行选路和校验等功能的头部(Header)字段,作为数据传送的基本单元即分组,然后由路由器根据每个分组的目的地址信息,将它们转发至目的地。分组交换能实现不同类型的数据终端设备(含有不同的传输速率、不同的代码、不同的通信规程等)之间的通信,具有分组多路通信功能,数据传输可靠性高。因为动态分配带宽,因此分组交换比电路交换的电路利用率高,因为分组大小比较小,传输时延比报文交换小。

一个分组从发送终端传送到接收终端,必须沿一定的路径经过分组交换网络。目前有虚电路和数据报两种方法实现。

(1)虚电路(Virtual Circuit)是一种面向连接的工作方式,包括虚电路的建立、数据传输和虚电路的释放三个阶段。通信终端在开始通信之前,必须通过网络在通信的源和目的终端之间建立一条虚连接;然后才能够进入信息传输阶段,发送和接收分组,且该通信的所有分组沿着已建立好的虚连接按序被传送到目的终端;当通信结束时,需要拆除该虚连接。所谓虚连接是指通信过程中并不物理分配一个链路,只是建立了路径,这样用户传的数据只沿着建立的虚连接上传输,数据不会乱序。

必须说明的是,分组交换中的虚电路和电路交换中建立的物理电路是不同的。在分组交换中,以统计时分复用方式在一条物理线路上可以同时建立多个虚电路,两个用户终端之间建立的是虚连接;而在电路交换中,是以同步时分方式进行复用的,两个用户终端之间建立的是物理连接。多个用户终端的信息在固定的时隙向所复用的物理线路上发送信息。

(2)数据报(Datagram)方式:交换节点将每个分组独立地进行处理(每个分组均含有终点地址信息),当分组到达节点后,节点根据分组中包含的终点地址为每一个分组独立寻找路由,因此同一用户的不同分组可能沿着不同的路径到达终点,在网络的终点需要重新排队,重新组合成原来的用户数据信息。

分组交换具有以下优点:

(1)高效:采用动态分配传输带宽,通信链路利用率高。

(2)灵活:以分组为传送单位和查找路由。

(3)迅速:不必先建立连接就能向其他主机发送分组。

（4）可靠：具有完善的网络协议；有差错控制机制，传输可靠性高。

分组交换的缺点：

（1）分组在各节点存储转发时需要排队，具有一定的时延性；因为排队长度不确定，所以有较大的时延抖动。

（2）分组必须携带首部（包含地址等控制信息），造成了一定的开销。

（3）因为分组需要排队，如果分组到达时队列已满，就会造成丢包现象。但是通过网络协议的处理，可以实现丢包重传。

3）快速分组交换

早期的分组交换均采用逐段链路的差错控制和流量控制，数据帧传送出现差错时可以重发，传送质量有保证，可靠性高。但由于协议和控制复杂，信息传送时延大，只能用于非实时的数据业务，数据传输速率偏低。

随着光纤通信系统的大量部署，高度可靠的光纤传输系统不再需要链路层复杂的差错控制和流量控制功能。另外，终端系统的日益智能化，提出了快速分组交换。快速分组交换（Fast Packet Switching，FPS）的思想是尽量简化协议，使其只包含最基本的核心网络功能。此时网络不再提供差错校正功能，而将此功能交由终端去完成，以实现高速、高吞吐量、低时延的交换传送。典型的快速分组交换方式就是帧中继（Frame Relay，FR），也属于面向连接交换方式。FR 提供的是虚电路服务，其传输速率可达到 2Mb/s～45Mb/s。

4）ATM 交换

分组交换技术的广泛应用和发展，出现了传送话音业务的电路交换网络和传送数据业务的分组交换网络两大网络共存的局面，语音业务和数据业务的分网传送，促使人们思考一种新的技术来结合电路交换和分组交换的优点，并且同时向用户提供统一的服务，包括话音业务、数据业务和图像信息，由此在 20 世纪 80 年代末由原 CCITT 提出了宽带综合业务数字网的概念，并提出了一种全新的技术——异步传输模式（Asynchronous Transfer Mode，ATM）。

ATM 交换也是一种快速分组交换技术，但是和帧中继不同的是，帧中继的帧长是可变的，ATM 交换的数据单元长度是固定的，称为信元（Cell）。实际上信元就是长度固定为 53 个字节的短分组，其中开头 5 个字节称为信头（Header），放置信元本身的控制信息；其余 48 个字节称为净荷（Payload），即用户需传送的具体信息，信息类型可以是语音、视频、数据、文本等任意形式，也就是说，信元是所有媒体信息的统一载体。短信元可以降低交换节点内部的缓冲器开销，减小排队时延和时延抖动，提高传送性能；固定长度的信元则可以简化交换控制和缓冲器管理，可用硬件完成分组交换，以实现高速交换。从分组交换的角度看，ATM 交换是信元中继，属于虚电路交换方式，在传送信息之前必须先建立虚连接。

所谓异步是相对于同步时分（STD）方式的，它是指包含一段信息的信元并不是周期性地出现在线路上。

ATM 技术主要有以下特点：

（1）ATM 是一种统计时分复用技术。

（2）ATM 利用硬件实现固定长度分组的快速交换，具有时延小，实时性好的特点，能够满足多媒体数据传输的要求。定长比可变长信元的控制与交换更容易，用硬件实现，利于向高速化的方向发展。

（3）ATM 是支持多种业务的传递平台,支持包括语音、视频、数据等多种类型的业务,并提供多种类型业务的服务质量保证。

（4）ATM 是面向连接的传输技术,在传输用户数据之前必须建立端到端的虚连接。面向连接并预约传输资源的工作方式,保证了网络上的信息可以在一定允许的差错率下传输,既兼顾了网络运营效率,又能够满足接入网络的连接进行快速数据传输。

从技术角度来讲,ATM 非常完美,但 ATM 技术的复杂性导致了 ATM 交换机造价极为昂贵,并且在 ATM 技术上没有推出新的业务来驱动 ATM 市场,从而制约了 ATM 技术的发展。

1.2.2 交换技术的发展

1. IP 交换技术

随着 Internet 的飞速发展,IP 技术得到广泛应用。IP 交换技术将 ATM 技术与 IP 技术融合起来,是一种利用第三层协议中的信息加强第二层交换功能的机制。当今绝大部分的企业网都已变成实施 TCP/IP 协议的 Web 技术的内联网,用户的数据往往越过本地的网络在网际间传输,因而,路由器常常不堪重负,解决办法之一是安装性能更强的超级路由器,然而,这样做开销太大,如果建交换网,投资不合理。IP 交换的目标是,只要在源地址和目的地址之间有一条更为直接的第二层通路,就没有必要由路由器转发数据包。IP 交换使用第三层路由协议确定传输路径,之后数据包通过一条虚电路绕过路由器快速发送。

IP 交换主要有叠加模型和集成模型两大类。属于叠加模型的 IP 交换技术主要有 IPOA 和 MPOA 等。在叠加模式中,IP 层运行于 ATM 层之上,实现信息传送需要两套地址——ATM 地址和 IP 地址以及两种路由选择协议——ATM 选路协议和 IP 选路协议,还需要地址解析功能,完成 IP 地址到 ATM 地址的映射。属于集成模型的 IP 交换技术主要有 IP 交换、Tag 交换和 MPLS。在集成模式中,只需要一种地址——IP 地址、一种选路协议——IP 选路协议,无须地址解析功能,不涉及 ATM 信令,但需要专用的控制协议来完成三层选路到二层直通交换机构的映射。

不管是叠加模型还是集成模型,其实质都是将 IP 选路的灵活性和健壮性与 ATM 交换的大容量和高速度结合起来,这也是 IP 技术和 ATM 技术融合的目的。

2. 软交换技术

1990 年后期,随着 VoIP 技术的成熟,IP 网络上的多媒体通信受到业界的高度重视。国际电联和负责 Internet 标准的 Internet 工程任务组(Internet Engineering Task Force, IETF)分别提出了 IP 多媒体通信的 H.323 标准和 SIP 协议技术。两种技术都定义了网关(Gateway,GW)作为 IP 网和传统电信网的互通网元。开始时网关具有连接控制、呼叫控制、媒体格式转换等许多功能,成本很高,而且相当多的网关是由计算机终端设备厂商开发的,其电信级可靠性难以得到保障。为此,人们提出了分离网关的概念,就是把网关的控制功能和承载功能分离,网关只负责不同网络的媒体格式的适配转换,故称之为媒体网关(Media Gateway,MGW)。所有控制功能包括呼叫控制、接入控制和资源控制等功能由另外设置的独立的媒体网关控制器(Media Gateway Controller,MGC)负责,并在媒体网关和媒体网关控制器之间定义标准的控制协议。这样,众多的媒体网关的功能减弱,其可靠性要求降低,确保通信质量的关键网络设备将是为数不多的媒体网关控制器,它可由专业的电信设备商制造。这种思路实际上回归传统电信网集中控制的机制,可保证 IP 通信系统的可扩展性和高度可靠性。

由于 MGC 的主要功能是呼叫控制,又可称为呼叫服务器或呼叫代理,其地位相当于电话网中的交换机,但是和普通交换机不同的是,MGC 并不负责话音信号的传送,只是向MGW 发出指令,由媒体网关完成话音信号的传送和格式转换。相当于 MGC 中只包含交换机的呼叫控制软件,而具体话音信号的交换则位于 MGW 之中。正因为如此,朗讯公司首先提出"软交换"这一名词,提出了以软交换为核心的网络演进方案。这一想法受到业界的普遍认同。

制造厂商和运营商联合发起成立了全球性的"国际软交换集团"(International Softswitch Consortium,ISC)论坛性组织,后来更名为国际分组通信集团(International Packet Communication Consortium,IPCC),积极推行软交换技术及其应用。

在下一代网络(NGN)中将软交换设置于控制层面,是下一代网络的核心设备之一。软交换为 NGN 具有实时性要求的业务提供呼叫控制和连接控制功能,独立于传送网络,主要完成呼叫控制、资源分配、协议处理、路由、认证、计费等主要功能,同时可以向用户提供电路交换机所能提供的所有业务,并向第三方提供可编程能力。

3. 光交换技术

通信网的干线传输越来越广泛的使用光纤,光纤目前已成为主要的传输介质。传统的交换技术需要将数据转换成电信号进行交换,然后再转换为光信号传输,转换效率低下,设备成本高,且受到电子器件速率"瓶颈"的制约。光交换是指对光纤传送的光信号直接进行交换,不经过任何光/电转换,在光域中直接将输入的光信号交换到不同的输出端。光交换可以完成光节点处任意光纤端口之间的光信号交换及选路。光交换技术费用不受接入端口带宽的影响,因为它在进行光交换时并不区分带宽,而且不受广播传输速率的影响。而传统的交换技术费用随带宽增加而大幅提高,因此在高带宽的情况下,光交换更具吸引力。光交换技术的成熟使得发展"全光网"成为可能,业界认为全光网时代即将来临。

1.2.3 通信网的发展

在 1.2.2 节中介绍的交换技术各自对应着相应的网络技术,下面对通信网的发展进行简要介绍。

1. 公用电话交换网(PSTN)

电话通信是人们使用最普遍的一种通信方式,从 1876 年美国人发明电话开始,已有100 多年的历史。电话通信网是覆盖范围最广、用户数量最多、应用最广泛的一种通信网络。电话通信网传送的是具有恒定速率的实时话音业务。目前通信网上的业务五花八门,通信手段多种多样,各种交换方式不断涌现,但话音通信仍然是人们乐于采用的主要通信方式。1876 年贝尔发明的电话机是原始的电磁式电话机,需要手摇发电机和干电池。1882 年出现了共电式电话机,通话所用电源由交换机供给,不需要手摇发电机和干电池。1896 年产生了自动电话机-拨号盘电话机。20 世纪 60 年代电子学飞速发展,70 年代大规模集成电路产生,随即出现了电子电话机-按键式电话机。20 世纪 80 年代随着 N-ISDN 的应用,产生了数字电话机。20 世纪 90 年代随着 B-ISDN 网络和 IP 骨干网络的发展和应用,多媒体用户终端和 IP 电话机相继出现。

2. X.25 公用数据网

X.25 网是第一个全球统一标准的公用交换分组数据网(PSPDN),其支持的数据传送速率一般不超过 64Kb/s,最大为 2Mb/s,属于低速分组交换网络。历史上最早的分组交换网是由美国国防部高级研究计划局构建的内部专用的 ARPANET,其成功试验促使各国于 20 世纪 70 年代初开始纷纷建立 PSPDN,比较有名的有英国的 EPSS、美国的 Telenet、法国的 TRANSPAC 和加拿大的 DATAPAC。X.25 建议就是在 DATAPAC 的基础上于 1976 年提出的,它的制定极大地推动了分组交换技术的应用和发展。X.25 网络由终端用户、分组交换网和协议组成。其中,终端用户可以是计算机或一般 I/O 设备,它们具有一定的数据处理和发送、接收数据的能力,称为分组终端(PT)。分组交换网又称为通信子网,由若干分组交换机和连接这些节点的通信链路组成。PT 和分组交换网之间的接口协议就是 X.25,交换机之间的协议称为网内协议。为了提高数据传送的可靠性,X.25 协议提供的是虚电路服务,属于面向连接技术。网内协议没有统一标准,由各厂商自行规定。

3. 综合业务数字网(ISDN)

直至 20 世纪 80 年代为止,电话和数据业务分别在 PSTN 和 PSPDN 两张网络上提供。尽管 PCM 技术已经普及,数字程控交换技术已经成熟,在 PSTN 上传送的话音信号都已经是数字信号,但是由于从终端到网络的接入阶段依然是模拟的,所以 PSTN 还是不能有效的提供数据业务。为此,人们提出了综合业务数字网的概念,希望能在一个统一的网络上提供包括语音、音频、数据、文本在内的各种类型的数据业务。其技术要点是将 PSTN 的模拟用户-网络(UNI)接口更新为数字接口,形成端到端全程数字传送的综合数字网(ISDN,Integrated Service Digital Network);将数字程控交换机更新为既能电话交换又能数据交换的综合交换机;定义新的 UNI 信令和 NNI(节点—节点接口)信令;开发新的能支持各种业务的数字终端,但是 ISDN 仅仅实现了数字交换和数字传输,并没有实现端到端的数字化的一种网络。由于 ISDN 的传输速率很低,也称为窄带综合业务数字网。

4. 帧中继网

随着计算机技术和通信技术的不断发展和相互结合,快速数据通信的需求不断增长,网络的传输性能有了很大的改善和提高,此时人们迫切需要一种网络来提供更好的数据通信服务,传统的 X.25 能提供的速率较低,在此背景下,20 世纪 80 年代初帧中继技术诞生了。帧中继网采用帧中继技术,支持的最高数据传送速率可达 34Mb/s,属于高速分组数据网,在各国广泛部署使用。帧中继网采用面向连接技术,可以提供 SVC 和 PVC 式的虚电路,典型应用业务包括局域网互联、虚拟专用网、大型文件传送和块交互型通信等。

5. 宽带综合业务数字网(B-ISDN)

虽然综合业务数字网(也称为 N-ISDN)可提供一系列中低速率的综合业务,并支持电路交换和分组交换模式,但其提供的主要业务还是基于 64Kb/s 的电路交换业务,其传输速率和交换模式限制了具有更高速率和可变速率业务的提供,且 ISDN 技术已不能适应未来通信网发展的需要,因此人们开始寻求一种比 N-ISDN 更先进的网络,B-ISDN 应运而生。B-ISDN 网络以 ATM 技术作为网络的传输模式,可提供具有更高速率的传输信道,对于不同速率的业务也可以用同样的传输模式在网络中传输、复用和交换,能够适应各种类型的业务。

6. 全光网

由于宽带视频、多媒体等各种高带宽业务需求的增加,对通信网的带宽和容量提出了更高的要求,高速带宽网络已经成为现阶段通信网络发展的趋势。由于光纤通信技术能够提供高速的、较大带宽的通信手段,所以发展全光网络成为未来通信网的发展趋势。全光网消除了在交换机侧进行电-光和光-电转化,可提高网络的传输效率,全光网络可以满足人们对宽带视频、多媒体业务的需求,是发展高速带宽业务的一种有效手段。

7. 下一代网络(NGN)

国际电信联盟远程通信标准化组织 ITU-T 对 NGN 的定义如下:NGN 是基于分组的网络,能够提供电信业务;利用多种宽带能力和 QoS 保证的传送技术;其业务相关功能与其传送技术相独立。NGN 使用户可以自由接入到不同的业务提供商;NGN 支持通用移动性。NGN 具有以下特点:NGN 属于电信网络,支持话音、数据和多媒体业务;支持实时/非实时的业务,同时应支持业务的个性化、业务的移动性;分组传送;控制功能从承载、呼叫/会话、应用/业务中分离;业务提供与网络分离,提供开放接口;利用各基本的业务组成模块,提供广泛的业务和应用(包括实时业务、非实时业务和多媒体业务);具有端到端 QoS 和透明的传输能力;通过开放接口与传统网络互通;具有通用移动性;允许用户自由地接入不同业务提供商;支持多样标志体系,并能将其解析为 IP 地址以用于 IP 网络路由;同一业务具有统一的业务特性;融合固定与移动业务;业务功能独立于底层传送技术;适应所有管理要求,如应急通信、安全性和私密性等要求。

1.3 网络体系结构

网络体系结构本身不是各种网络技术的实现,而是涉及各种系统元素及其实现的有机组织和结构化。具体涉及支持何种接口(即使用何种类型的抽象)、功能在哪儿实现以及网络的模块化设计。

通信网的体系结构是从功能出发把通信网划分成若干个层次,每一层完成特定的功能,层与层之间通过标准的协议和接口交换信息而完成通信过程,它是一种用抽象的方法观察网络内部功能的一种分层化结构,是一种高度结构化的网络描述与设计技术,可见,建立通信网的体系结构的目的是为了实现通信设备的制造和通信网络建设的标准化,为此,国际标准化组织 ISO 和 ITU-T 制定了一系列用于开放系统互联的协议标准。

1.3.1 传统通信网的体系结构

1. 垂直分层结构

围绕电话业务,电话网不仅可提供电路交换功能,还可提供电路传输功能、用于电路接续(或连接)控制的信令功能和其他辅助功能。随着通信和网络技术的发展,这些功能以相对独立的方式,相继构造并形成了有针对性的网络。以功能性角度出发,这些分立的网络构成一种层次结构。如图 1.6 所示,从垂直方向看,电信网至少可以划分为三层,从下至上为基础传送网、业务网和应用层。基础传送网负责信息的传送,为其上层的业务网提供传送平台。业务网负责为用户提供所需的业务,为其上层的具体应用提供业务平台。业务网包括传统电话网、非 IP 数据网(又称基础数据网)和 IP 网等。传送网可以分为物理层和通道层,每一层可以进一步分解成更细的层面。为了支持各层网络的有效运行和管理,需要有支撑网。所谓支撑网具体指信令网、同步网与电信管理网。这些支撑网有的只是在传送网层面需要,有的只是某些业务网层面需要,有的则几乎各个层面都需要。

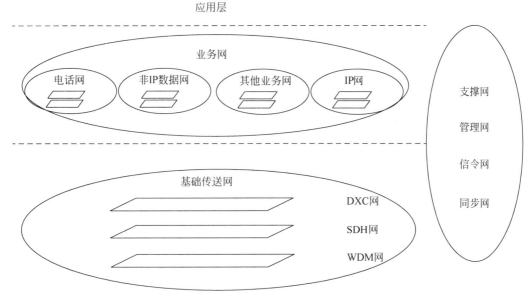

图 1.6 通信网垂直分层结构模型

作为业务网的服务性网层,基础传送网向交换机提供电路连接服务。在传输网内,交换机之间的中继电路,并不一定是由一条端到端的物理链路构成,也不一定只经过一条传输路径。另外,基础传送网也并不一定只服务于电话交换网,也有可能同时为其他业务网(比如 ATM 网络、分组交换网等)提供电路或链路。

同样,信令网为交换机提供信令传送服务。多数的信令网节点与交换网的节点处于同一地理位置(甚至是同一物理设备的不同部分),但信令网也存在一些独立于交换网的节点设备或系统。信令网的信令链路,虽然大多是经过交换网提供的,但与交换网的中继电路,一般也不必存在一一对应关系。同步网和管理网,也存在类似的情况。

支撑网的引入,以及层次化的网络结构,使电信网具有更好的灵活性和可扩展性。传送网在实现数字化之后,无论是以 PDH 系统,还是以 SDH 系统为基础的传送网,都不影响上层业务的开展。另一方面,随着新业务网络的引入,如果传统电话业务出现萎缩,传送网的资源还可继续服务于新的网络,避免大面积基础资源的浪费。

同样,信令网、同步网和管理网的层次化分离,也非常利于电信网的发展和演化需要。层次网络可能带来的最大不利因素,是网络复杂度的增加,好在随着现代通信技术和网络技术的发展,网络在处理复杂度方面的能力在不断提高。

2. 通信网的水平结构

通信网的水平划分结构如图 1.7 所示,由用户驻地网、接入网和核心网几部分组成。

图 1.7 电信网的水平结构

（1）用户驻地网指用户终端至用户网络接口（User Network Interface，UNI）之间所包含的机线设备，小至电话机，大至局域网。

（2）接入网是指连接核心网与 CPN 之间的部分，由一系列传送实体（诸如线路设施和传输设备）组成。

（3）核心网是通信网的骨干，对电话网而言，包含长途网和局间中继网。

其中接入网与核心网之间的接口为业务节点接口（Service Network Interface，SNI）。接入网解决的是通信的"最后一千米"问题，接入网的接入方式包括铜线（普通电话线）接入、光纤接入、光纤同轴电缆（有线电视电缆）混合接入（Hybrid Fiber Coaxial，HFC）、无线接入和以太网接入等多种方式。

1.3.2 OSI 参考模型的层次和功能

随着社会的发展使得不同网络体系结构的用户迫切需要能够交换信息，为了不同体系结构的计算机能够互通，国际标准化组织 ISO 与 1977 年成立了专门的机构研究该问题，不久就提出了一个试图使各种计算机在世界范围内互联成网的标准架构，这就是著名的开放系统互连基本参考模型 OSI/RM（Open Systems Interconnection/Reference Model），简称为 OSI。

OSI 是一个开放系统互连模型，所谓开放系统互连，是指按照这个标准设计和建成的计算机网络系统可以互相连接。OSI 模型规定了一个网络协议的框架结构，它把网络协议从逻辑上从下而上分为：物理层、数据链路层、网络层、运输层、会话层、表示层和应用层，其中下面三层为低层协议，提供网络服务，上面的四层为高层协议提供末端用户功能。OSI 参考模型如图 1.8 所示。

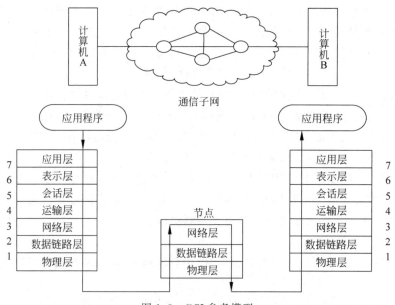

图 1.8　OSI 参考模型

在 OSI 的体系结构中，用 N 层表示某一层，$N+1$ 层表示其相邻的高一层，$N-1$ 层表示其相邻的低一层。在 OSI 参考模型中采用实体（Entity）这个概念来表示任何可以发送或接收信息的硬件或软件进程。

协议是"水平的",即协议是控制对等实体之间通信的规则。

服务是"垂直的",即服务是由下层向上层通过层间接口(Interface)提供的。两个实体间的通信协议的控制下,使得 N 层能够向上一层提供服务。这种服务就称为 (N) 服务。接收 (N) 服务的是上一层的实体,即 $(N+1)$ 实体,它们也称为 (N) 服务用户。需要注意的是,虽然 (N) 实体借助于和另一个 (N) 实体的通信向 $(N+1)$ 实体提供 (N) 服务,但 (N) 实体要实现 (N) 协议还要使用 $(N-1)$ 实体提供的服务。也就是说,服务是由下层向上层通过层间接口提供的,上层通过与下层的服务原语的交换来使用下层所提供的服务。

在分层结构中,两个开放系统只有在对等实体之间才能进行信息交换,然而,对等的 N 实体间的信息交换是依赖于本地系统中的 $N-1$ 层实体来实现的。在 OSI 环境中,对等实体间的通信是一种虚拟通信,而实际的信息流动是在同一系统的上下层之间发生的。

OSI 模型中各层的主要功能如下。

1. 物理层

物理层(Physical Layer)的任务是为上一层(数据链路层)提供一个物理连接,以便透明地传送比特流。所谓"透明",在这里的含义是指发送方发送的数据不作任何改变,传送到接收方,也就是要求保证物理链路上的正确性。在物理层主要讨论在通信线路上比特流的传输问题,这一层协议描述传输的电气特性、机械特性、功能特性和规程特性。其典型的设计问题有:信号的发送电平、码元的宽度、线路码型、网络连接插脚的数量、插脚的功能、物理连接的建立和终止以及传输的方式等。

2. 数据链路层

数据链路层(Data Link Layer)的功能是加强物理层原始比特流的传输功能,建立、维护和释放物理实体之间的数据链路连接,在两个相邻节点间的线路上无差错地传送以帧为单位的数据。这一层协议的主要功能包括:帧定界、数据链路的建立和终止、流量控制和差错控制等,数据链路层典型的协议有 HDLC、PPP 协议。

3. 网络层

数据链路层协议只能解决相邻节点间的数据传输问题,不能解决两台主机之间的数据传输问题,因为两个主机之间的通信通常包括多段链路,涉及路由选择、流量控制等问题。网络层(Network Layer)的功能包括。

(1) 为运输层提供建立、维持和拆除网络连接的手段。

(2) 完成选定交换方式、路由选择、流量控制、顺序控制、差错控制、阻塞与非正常情况处理等。

(3) 当信息在不同网络之间传输时,完成不同网络层之间的协议转换。

(4) 根据运输层要求选择网络服务质量。

(5) 向运输层提供虚电路服务或数据报服务。

4. 运输层

运输层(Transport Layer)也称为传输层,主要处理报文从信息源到目的地之间的传输。这一层的主要功能是:把传输层的地址变换为网络层的地址,传送连接的建立和终止,在网络连接上对传送连接进行多路复用,端到端的顺序控制、信息流控制、错误的检测和恢复。运输层复杂程度与第 3 层密切有关。

5. 会话层

会话层(Session Layer)提供两个互相通信的应用进程之间的会话机制,即建立、组织和协调双方的交互,并使会话获得同步。该层的主要功能是对会话管理、数据流同步等。

6. 表示层

表示层(Presentation Layer)的作用之一是为异种主机通信提供一种公共语言,以便能进行互操作。这种类型的服务之所以需要,是因为不同的计算机系统使用的数据表示方法不同。例如,IBM 主机使用 EBCDIC 编码,而大部分的 PC 机使用的是 ASCII 码。在这种情况下,便需要表示层来完成这种转换。

7. 应用层

应用层(Application Layer)是开放系统体系结构的最高层,这一层的协议直接为应用进程提供服务。应用层管理开放系统的互连,包括系统的启动、维持和终止,并保持应用进程间建立连接所需要的数据记录,其他层都是为支持这一层的功能而存在的。应用层的作用是在实现多个系统应用进程相互通信的同时,完成一系列业务处理所需的服务。应用层协议的代表包括 Telnet、FTP、HTTP 和 SNMP 等。

1.3.3　TCP/IP 模型

目前能够实现网络互连的体系架构除了上述的 OSI 参考模型之外,还有一种就是 TCP/IP 模型。TCP/IP 开始是为世界上第一个分组交换网 ARPANET,而设计的网络协议,以后作为 Internet 的网络体系结构,它与 OSI 模型不同,它没有官方的文件加以统一,所以,TCP/IP 层次的划分没有标准的文件加以规定,因而在各种不同的资料上 TCP/IP 的层次划分不完全一致,一般来说可以是 4 层,即应用层、运输层、网际层和网络接口层,有些书上把最下面的网络接口层换为物理层和数据链路层,因此称为 5 层协议。TCP/IP 的分层模型如图 1.9 所示。

TCP/IP

| 应用层 |
| 运输层TCP, UDP |
| 网际层IP |
| 网络接口层 |

图 1.9　TCP/IP 协议的
分层模型

目前 TCP/IP 泛指以 TCP 和 IP 为基础的一个协议集而不仅仅涉及 TCP 和 IP 两个协议,这个协议集,目前已成为一种工业标准,得到了广泛的应用。下面对 TCP/IP 模型中各层的功能做简要的分析。

1. 网络接口层

网络接口层负责将网络层的 IP 数据报通过物理网络发送,或从物理网络接收数据帧,抽出 IP 数据报上交网际层。TCP/IP 标准并没有定义具体的网络接口层协议,而是旨在提供灵活性,以适用于不同的物理网络,它可以和很多的物理网络一起使用。物理网络不同,接口也不同。在一个 TCP/IP 网络中,低层对应 OSI 的物理层和数据链路层,主要运行的是网络接口卡及其驱动程序。

2. 网际层

网际层能提供独立于硬件的逻辑寻址,从而让数据能够在具有不同物理结构的子网之间传递。网际层最主要的协议是网际协议(Internet Protocol,IP),该协议把传送层送来的消息组装成 IP 数据报文,并把 IP 数据报文传递给网络接口层。IP 协议提供统一的 IP 数据报格式,以消除各通信子网底层的差异,从而为信息发送方和接收方提供透明的传输通道。

网际层的功能是：为 IP 数据报分配一个全网唯一的传送地址（IP 地址），实现 IP 地址的识别与管理；IP 数据报的路由机制；使主机可以把分组发往任何网络，并使分组独立地传向目的地，这称为数据报方式的信息传送。这一层的功能与 OSI 网络层的功能很相似。

网际层也称互联网层，网际协议也称互联网协议。网际层传送的数据单位是 IP 数据报（IP datagram），也就是分组。IP 数据报可以通过各种类型的通信子网进行传送，通信子网的例子有：X.25 网、帧中继网、以太网、FDDI 环网、ATM 网和 SDH 网等。与 IP 协议配套的网际协议还有：地址转换协议（Address Resolution Protocol，ARP），反向地址转换协议（Reverse Address Resolution Protocol，RARP）和互联网控制报文协议（Internet Control Message Protocol，ICMP）。

3. 运输层

运输层为应用程序提供端到端通信功能，对应于 OSI 的运输层。该层协议处理网络互联层没有处理的通信问题，保证通信连接的可靠性，能够自动适应网络的各种变化。TCP/IP 在运输层主要提供了两个协议，即传输控制协议 TCP 和用户数据报协议（User Datagram Protocol，UDP）。TCP 是面向连接的，以建立高可靠性的消息传输连接为目的，它负责把输入的用户数据按一定的格式和长度组成多个数据报进行发送，并在接收到数据报之后按分解顺序重新组装和恢复用户数据。TCP 可对信息流进行调节，并可确保数据无错、按序到达。为此，接收端具有发回确认和要求重发丢失的报文分组的功能。

UDP 是一个不可靠的，无连接的协议，主要用于不需要 TCP 的排序和流量控制能力，而是自己完成这些功能的应用程序。

4. 应用层

TCP/IP 的应用层对应 OSI 的高三层，为用户提供所需要的各种服务。在这个层次中有许多面向应用的著名协议。如文件传输协议 FTP、远程通信协议 TELNET、简单邮件传送协议 SMTP、域名系统 DNS、超文本传输协议 HTTP 和简单网络管理协议 SNMP 等。

1.3.4 两种协议的对应关系

TCP/IP 模型和 OSI 参考模型是目前得到广泛应用的两种协议模型，它们之间的对应关系如图 1.10 所示。

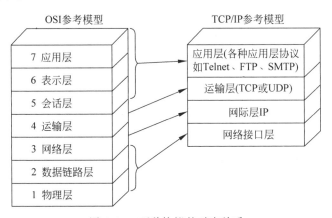

图 1.10 两种协议的对应关系

由图 1.10 可见 OSI 模型是一个七层结构,而 TCP/IP 模型是一个四层结构,其中 TCP/IP 的应用层与 OSI 的应用层相对应,在 TCP/IP 模型中没有表示层与会话层,这两层的功能包含在应用层中。TCP/IP 模型的运输层对应于 OSI 中的运输层,IP 层对应于 OSI 中的网络层,TCP/IP 中的网络接口层不能和 OSI 中的数据链路层相对应,是指 IP 网络的接入层,具有独立的通信功能,可以是以太网、SDH 网和 ATM 网络等。

1.4　通信网结构的演进

1.4.1　网络发展趋势概述

以上章节已经介绍了传统的通信网:基于电路交换的电话网和基于分组交换的数据网,电话网主要用于提供实时性比较强的语音业务,数据网主要提供浏览网页、传送文件、发送邮件等数据类型的业务。21 世纪初开始,通信网发生了巨大的变化,首先是业务主体的历史性变化,移动和宽带成为发展的重心,数据业务发展迅速,近几年内超过话音业务总量,话音将成为互联网上的一种应用而已;业务构成根本性的变化要求通信网络的结构进行相应的变化来适应网络业务。

同时移动互联网的创新模式不依赖于移动网络和运营商,导致运营商沦为"管道工"角色,难以从活跃的移动互联网创新中获得持续的收益。传统电信网络专用设备多,相对 IT 网络更高昂的建设费用、更庞杂的运维开支和更封闭的业务形式,使电信运营商在收支两端都陷入了窘境。

因此运营商进行了网络的全面改造,核心网部分演进为全 IP 的结构(网络的融合),接入网演进为多元化的宽带接入技术等,具体来说通信网近年来主要的发展趋势有以下几个方面:

(1) 通信网采用开放的网络体系架构,将业务、控制和承载分离,传统交换机的功能模块分离成独立的网络部件,部件间采用标准开放的接口,可以根据业务的需要灵活组建网络。

(2) 核心网演变为以 IP 为核心的多业务融合网络,信息转移方式采用分组交换,电路交换和软交换技术已逐渐退出历史舞台;接入网逐渐演变为基于 IP 的综合业务接入。

(3) 传送层面:基于分组交换业务的需求,原传送网在 SDH/MSTP 的基础上引入了分组特性,形成分组传送网 PTN(采用面向连接的分组转发技术,MPLS-TP);根据业务 QoS 不同,IP 分组的转发方式分为无连接的分组转发方式(传统路由)和面向连接的分组转发方式(L3 MPLS)。

(4) 控制层面:传统的 IP 网络是没有控制层的,导致电信运营商无法掌握网络的运行状态,计费方式单一,因此需要在 IP 上增加控制层,使用 SIP、SDP 等协议实现会话控制和媒体协商,通常采用 IMS(IP Multimedia Subsystem)架构对 IP 网络实施相应控制。

(5) 业务的开放性和基于业务云化的思想,业务层放到了云端,可以根据业务的需求实现资源的合理调度和网络的动态重构(Overlay)。

通信网的架构也在逐步演进,各个标准化组织积极致力于新网络架构的研究,首先在 2000 年左右提出的是下一代网络(NGN)的网络架构,之后又提出了未来网络的概念,但是未来网络的标准化工作并未完成。下面首先介绍 NGN 的网络架构。

1.4.2 NGN 的网络架构

国际电信联盟 ITU-T 从 2000 年开始致力于 NGN 的标准化工作,其中 Y.2001 是 NGN 的概述,Y.2011 对 NGN 的参考模型进行了定义和详细的功能模式,如图 1.11 展示了 NGN 总的功能结构图,根据 Y.2011,水平分层上依然是从 CPE/CPN 到接入网 AN,再到核心网 CN。NGN 的功能被分为业务层和传输层。传输层的功能是将 NGN 中所有功能实体连接起来,完成用户数据从源端发送到目的端。业务层的功能是指提供会话类和非会话类的业务,包括业务控制功能和应用功能。NGN 很重要的特点就是控制与承载相分离,这样做的好处:设备部署方便,一层的设备独立于另外一层。新的业务的引进只是需要变化业务层而保持传输层不变。传输层的设备可以单独更新而独立于业务层,设备可以从多家购买,而不必仅仅依赖于单独的设备供应商。从 NGN 的整体架构来看,很容易体现出传输平面和业务平面相分离的特点。终端用户通过 UNI 接口接入网络,与其他网络的互通就通过 NNI 接口。在业务平面之上通过 ANI 接口也很容易地扩展应用层的应用,这样的应用层接口是为了更快速地部署业务,也是给第三方业务提供商提供业务的接口。

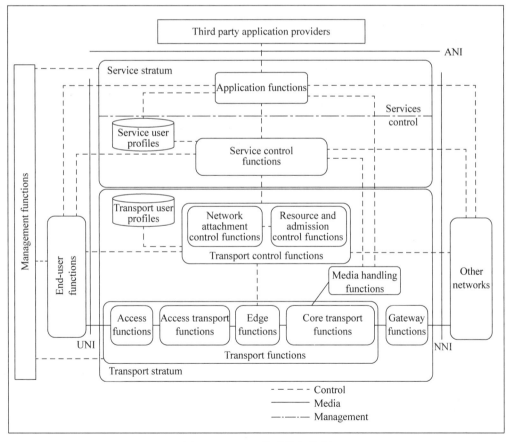

图 1.11　NGN 的功能架构图

1. 传输层

由图 1.11 可以看出,传输层主要的功能实体有:传输功能实体、传输控制实体、传输层用户数据库和网关功能实体。其功能如下。

（1）接入功能：负责将终端用户接入网络,此处会涉及多种接入技术(包括 W-CDMA、xDSL),接入功能包含了电缆接入技术、DSL 技术、无线技术、以太网技术及光纤接入技术等。

（2）接入传输功能：负责将数据通过接入网传送信息,同时它的传输能够提供 QoS 支持。

（3）边缘功能：负责数据在进入核心网前完成边缘汇聚功能。

（4）核心网传输功能：保障用户数据在核心网的传输。

（5）网络附着控制功能(Network Attachment Control Function,NACF)：主要完成用户在移动网中的登记认证等工作,确保用户的合法性和网络的安全性。

（6）资源准入控制功能(Resource and admission Control Function,RACF)：传送资源控制,确定传送资源的可用性、执行接纳控制、执行对传送功能的控制以便执行策略决策。主要完成以下功能：带宽预留和分配、分组过滤、媒体流分类、标记、优先级处理、接纳控制、门控；网络边界控制等控制功能。

（7）传输层用户数据库(Transport User Profile)：可以理解为传输层的用户数据库,存储与传输相关的一些数据。

（8）网关功能实体：可以实现异构网络的互通,比如 PSTN/ISDN 网络或者因特网等。该功能能够保证与现有网络的平滑过渡。

（9）媒体处理功能：在普通的点对点通信中网络并不需要媒体处理,只有在进行电话会议或视频会议等需要多方通信时才需要通过该模块对媒体流进行处理。

2. 业务层

业务层提供基于会话和非会话类的业务,功能实体包括业务控制功能、应用功能和业务层数据库。

（1）业务控制功能：包括会话控制,实现业务层面的用户登记、鉴权和授权功能,此外还包括控制媒体资源。

（2）应用功能：NGN 采用开放式 API,支持第三方业务提供商利用 NGN 的能力为NGN 用户创建增值业务。

（3）业务层数据库(Service User Profiles)：与传输层用户数据库对应,存储了用户业务相关的数据,大部分这两个数据库在实体上合为一个数据库,方便数据共享及处理。

3. 管理功能

除了上述的模块化的功能,NGN 网络中的管理功能同样重要,它可以分布在每个功能实体当中,支持 NGN 网络运营商来管理整个网络,并且在控制下提供相应质量、安全性和可靠性的服务。正是因为处于可管理状态,可以根据用户对资源的占用情况进行收费,所以管理功能也包括计费功能。

4. 终端用户功能

终端接口有物理接口和控制接口,实现多种类型终端用户的接入。

1.4.3　未来网络

以上介绍的 NGN 架构是 2004 年前后提出来的,随后各个国家也在网络发展和部署方面实施了很多的研究计划。未来网络的研究正在全球范围开展,包括美国、欧洲、亚洲的多个国家和地区均在未来网络领域展开了持续性研究,虽然具体的研究内容和技术方案可能有些差别,但总体目标与研究方法基本一致。对"未来网络"的定义,虽然从学术层面还没有形成共识,但可以对其进行大体上的描述:它是集连接、感知、计算和数据服务为一体的网络,将开启新网络时代。"未来网络"从面向普通百姓的消费互联网来看,它将具备易扩展、易管理、更安全的移动带宽特性;从面向各类企业的产业互联网来看,它将具备大带宽、大连接、高可靠、低时延的特征。

美国的 NSF 在 2005 年启动了网络创新的全球环境(GENI)计划,旨在建一个全球性试验网络,不同的研究人员可同时在其上做新方案试验而互不影响,并采用网络虚拟化技术来实现各试验网络的隔离。GENI 项目的发展遵循一种结构化的自适应的螺旋式的过程,包括规划、设计、实现、集成和应用。2009 年 1 月,GENI 实现了原始的端到端的工作模型的开发、整合和试运行,目前正建立真正的大规模的虚拟实验环境,2012 年处于第 4 螺圈,目前正进入第 5 螺圈。NSF 在 2006 年设立了未来网络设计(FIND)计划,5 年内支持了超过 50 个创新研究项目。2010 年 8 月,NSF 批准了 4 个未来互联网体系结构(FIA)研究项目,分别是命名数据网络(Named Data Networking),研究以内容为中心的网络,以内容名字来定位;移动为先,解决与移动有关的问题;星云,解决云计算网络有关的问题,使数据中心可靠联网;XIAexpressive 网络架构,侧重于安全和可信机制。这四个项目体现了未来网络体系结构研究的热点。

加拿大的自然科学与工程研究委员会批准了战略性项目——虚拟基础设施上的智慧应用(SAVI)。该项目的内容包括智慧应用、扩展的云计划、智慧融合边缘、集成的无线/光纤接入等。

欧盟第七框架计划(FP7)在信息与通信技术(ICT)方面投入 91 亿欧元,分有 8 个方面,其中第 1 方面是普适可信的网络与服务基础设施。欧盟于 2008 年设立了未来互联网的研究与试验(FIRE),类似于美国的 GENI。FP7 ICT 对未来网络设立的项目分为三大类:未来互联网体系结构与网络管理、无线接入与频谱利用、融合与光网络。对于体系结构类,较早的有未来互联网体系结构与设计(4WARD),近期有采用分离结构的电信级未来网络(SPARC)、可扩展和自适应的互联网解决方法(SAIL)、出版订阅互联网技术(PURSUIT)、用 OpenFlow 试验实时在线交互式应用(OFERTIE)等。值得注意的是,继欧盟研究与创新计划 FP7 后,2014 年开始的框架计划改称为地平线 2020。

2006 年 5 月,日本启动了 AKARI 项目,提出研究可供 2015 年应用的新一代网络。AKARI 的日语含意是星星之火。其核心思路是摒弃现有网络体系架构限制,从整体出发研究全新的网络架构,并充分考虑与现有网络的过渡问题。提出了"未来网络"架构设计需要遵循的简单、真实连接、可持续发展三大原则,AKARI 计划已完成基本体系架构的设计,并提出了包括光包交换、光路交换、包分多址、传输层控制、位置标识分离、安全、QoS 路由等多项创新的技术方案。韩国的未来互联网研究计划,采用 OpenFlow 的试验网,已和美国 GENI 互联,并将在跨欧亚信息网络(TEIN)上做试验。

2007 年,我国科研人员开始积极跟踪未来网络领域的技术发展,并先后开展了"新一代互联网体系结构理论研究""一体化可信网络与普适服务体系基础研究""可测可控可管的 IP 网的基础研究""新一代互联网体系结构和协议基础研究"等一系列研究项目,针对 IPv6、互联网可信模型、移动性、可管可控等方面开展了相关研究,并对未来互联网新型体系结构及路由节点模型进行了前期探索。2012 年,科技部启动了面向未来互联网架构的研究计划,并重点支持了"面向服务的未来互联网体系结构与机制研究"和"可重构信息通信基础网络体系研究"两项课题,2013 年,科技部又启动了 4 项未来网络体系结构和创新环境研究项目,期望能进一步加强我国在未来网络领域的研究,尽快与国际水平接轨。与此同时,国家自然科学基金委也启动了"未来互联网体系理论及关键技术研究""后 IP 网络体系结构及其机理探索""未来网络体系结构与关键技术"等相关项目。

相比于现在的互联网,未来互联网必须具备更大、更快、更安全的特点,主要有超低时延网络需求、多感觉同步传输需求、虚拟和现实融合的需求等。它应该不仅能够解决一些现在互联网中存在的问题,还应该能够支持新兴的技术,具体表现如下。

大容量。互联网发展至今,其容量以平均 1~2 年翻一番的速度增长。由于物联网等新型业务的不断发展,这种趋势还将延续下去。按照摩尔定理,未来 15 年内互联网的容量还将增加 1000 倍,所以未来网络必须能够支持大容量。

开放性。必须引入适当的竞争机制到未来网络的开发中。互联网的快速发展与其开放性是分不开的。在未来互联网中,要继承这种开放性。而且,还应提供标准的接口,这样更加有助于服务提供者之间的竞争。

鲁棒性。互联网未来将会在医疗、交通和车载上提供通信服务。而这些服务对网络的鲁棒性要求很高,所以如何提供一个更为可靠的网络也是未来网络研究的重点。

安全性。随着互联网的发展,在网络中出现了各种安全问题。随着电子商务和物联网的发展,网络的安全性将会变得更加重要。建立一个安全的新一代互联网是十分必要的。

差异性。未来的互联网用户将会变得更加多样化。而且,随着物联网的发展,这种差异性将会更加明显。针对这种差异性,未来互联网应该是一个能够支持不同类型终端设备接入的网络。

可扩展性。由于网络不断发展,未来互联网必须具备灵活性以支持新技术的发展。

移动性。网络层移动性管理需要解决的不是主机移动速度的快慢问题,而是当一台主机从一个网络接入点移动到另一个网络接入点时出现的通信不连续问题。

未来网络的研究方向有很多,目前比较集中在以下几个关键技术。

1. 软件自定义网络(SDN)

互联网上运营的服务种类层出不穷,特别是云计算的推广应用,对网络提出了适应动态业务量需求、对各类业务流提供区分服务质量等。这对网络控制能力提出了高要求。借鉴了 OpenFlow 的思想,网络界提出了 SDN(Software Defined Networks)。SDN 的思路是将控制部分独立出来,可把网络从上到下分为服务层、控制层和基础设施层。控制层可以根据服务层提出的要求,灵活、合理地分配基础设施层的资源。控制层用软件实现,管理者可通过编程,实现网络的自动控制、运行新策略等。为了使网络资源(包括异构网络)便于调度,可采用网络虚拟化技术,即把物理资源映射为虚拟化的逻辑资源。这种方法更加有利于资源分配。

SDN 的控制层可采用 OpenFlow 方案,但并非一定要采用 OpenFlow。SDN 已在数据中心、企业网络和运营商广域网中得到应用,而且不断有新产品。

2. 网络功能虚拟化

网络虚拟化(Network Functions Virtualization,NFV)的研究已有多年,2012 年受到了电信运营商的特别重视。国际上 7 家电信运营商发起成立了一个新的网络功能虚拟化标准工作组。AT&T、英国电信、德国电信等联合其他 52 家电信运营商、电信设备供应商、IT 设备供应商等组建了欧洲电信标准化协会(ETSI)网络功能虚拟化(NFV)行业规范工作组(ISG)。网络虚拟化是指将网络的硬件和软件资源整合,向用户提供虚拟网络连接的技术。它通过虚拟化技术对物理网络进行抽象并提供统一的可编程接口,将多个彼此隔离且具有不同拓扑的虚拟网络构建在同一个物理网络之上,并通过不同的虚拟网络为用户提供个性化的服务。

3. 位置标志和身份标志分离

传统互联网中的 IP 地址码既是用户或节点的位置标志(你在哪里),又是身份标志(你是谁)。这种简单化处理曾使互联网便于推广应用。但是这种绑定产生不利于支持可扩展性,不利于支持移动性,不利于嵌入与身份有关的安全性措施。由于上述原因,近年来业界提出的未来网络体系结构大多采用了位置标志和身份标志分离的方法。

日本的 AKARI 和美国的 Mobility First 等项目采用的位置和身份标志分离方案要对已有主机进行更改,属白板设计。Cisco 公司提出的位置标志和身份标志分离协议(LISP)把分离机制放到网络中实现,不需改变主机,不需改变核心网中的路由器。

4. 信息中心网络

随着互联网承载内容的飞速发展,用户访问网络的主要行为之一已经演变成对海量内容的获取,这一行为模式与基于端到端通信的 TCP/IP 网络架构逐渐产生了矛盾,例如,对热点视频的访问可能会造成部分网络反复传送相同的内容,既浪费了资源,也影响了服务质量。为了解决这个问题,学术界提出未来网络应该从当前以"位置"为中心的体系架构,演进到以"信息"为中心的架构,即网络的基本行为模式应该是请求和获取信息,而非实现端到端可达,这类网络体系架构统称为信息中心网络(Information Centric Networking,ICN)。ICN 的研究主要起源于美国和欧盟。其中,美国的主要研究项目包括 CCN、NDN、DONA 等。

2006 年,施乐帕克研究中心(Xerox PARC)的 Van Jacobson 提出了 CCN(内容中心网络)架构,FIA 在 2010 年支持的 NDN(命名数据网络)项目也是采用基本相同的架构,由加州大学洛杉矶分校的项目组承担。CCN/NDN 的目的是要开发一个可以天然适应当前内容获取模式的新型互联网架构,其核心思想是保留 IP 协议栈的沙漏模型,但是细腰层采用类似 URL 的层次化内容命名,从而实现以 IP 为中心向内容/数据为中心的转变;同时,该架构采用全网交换节点缓存模式,以成本不断降低的缓存换取带宽,可以有效减小流量冗余和源服务器负载,并提高服务质量。

5. 云网络

云网络是通过网络虚拟化和自管理技术,将云计算的技术和思想融合到未来网络的设计之中,促进网络中计算、存储和传输资源按需管理控制的新型网络架构。

2010 年,FIA 项目支持了 Nebula,由宾夕法尼亚大学和其他 11 个大学共同合作,目的是构建一个云计算中心网络架构。Nebula 认为未来互联网将由一大批高可用和可扩展的数据中心互连组成,多个云提供商可以独立地使用复制技术,使得移动用户可以通过有线或无线等不同方式接入到最近的数据中心。因此,该项目计划构建可靠、可信的高速核心网络连接各个云计算数据中心。其中,数据中心可由多个提供商提供,核心网络通过冗余、高性能链路和高可靠的路由控制软件实现高可用性。

1.5　本章小结

　　本章首先以熟知的电话通信为示例,建立起交换的一般概念,并从概念上给出面向连接和无连接两种交换方式及其典型网络。然后,讲解了典型交换技术的分类和发展,重点讲述电路交换和分组交换两种有着不同特性的基本交换技术,分析其技术特点和发展过程。

　　由于交换技术源于通信网的发展需求,并直接应用于通信网,因此接下来介绍通信网的发展历程,简要分析公用电话交换话网、分组交换公用数据网、窄带综合业务数字网、智能网、公众陆地移动网、宽带综合业务数字网、下一代网络的历史发展轨迹。

　　接着介绍通信网的架构,依次讲解了传统通信网的系统架构、OSI 参考模型、TCP/IP协议模型、下一代网络 NGN 的架构,最后给出了各国对未来网络架构的发展构想,以及未来网络中的关键技术。

　　本书的后续章节将按照通信网的架构,讲解各种网络及交换技术,着重介绍目前电信网使用的主流技术和有确定性发展前景的新技术。

习题

1-1　通信网的分类有哪些?

1-2　说明通信网的垂直分层结构与水平结构。

1-3　何为网络体系结构?

1-4　说明电路交换与分组交换的主要优缺点。

1-5　试说明 NGN 的技术特征。

1-6　结合教材和自行查阅资料,简述网络发展的趋势。

参考文献

[1]　中国通信技术学科发展史.

[2]　糜正琨,陈锡生,杨国民.交换技术[M].北京:清华大学出版社,2006.

[3]　谢希仁.计算机网络[M].4 版.北京:电子工业出版社,2003.

[4]　ITU-T Recommendation Y. 2001. General overview of NGN,2004.

[5]　ITU-T Recommendation Y. 2011. General principles and general reference model for next generation networks,2004.

[6]　李乐民.未来网络的体系结构研究[J].中兴通信技术.2013,19(6):13-18.

[7]　黄韬,刘江,霍如,等.未来网络体系架构研究综述[J].通信学报.2014,35:123-127.

第2章

交 换 技 术

电信交换技术和通信网络密切相关,通信网络及业务的需求推进新的电信交换技术的出现,交换技术的更新又推动电信网络的发展。电信网发展了一百多年,经历了很多次的演变。最早的通信网主要提供电话(语音)业务,之后随着各种不同业务的发展,产生了其他种类的网络——比如数据网。由于不同的通信网服务不同的业务,不同的业务有着不同的业务特征,所以采用不同的交换技术,本章分别介绍电路交换和分组交换技术。最后讲解软交换技术,软交换是一种从传统的以电路交换为主的电话交换网络向以分组交换为主的 IP 电信网络的转变过程中的重要技术。

2.1 电信交换技术概述

电信交换技术包括节点技术和网络技术,前者的作用和控制范围限于交换节点本身,后者的作用和控制范围涉及交换网的众多网元,还可能涉及和交换网交互的外部网元。随着通信网的发展,电信交换网络技术日益占据主导地位,它们和传送面的 IP 及 MPLS 技术相结合,构成未来 IP 通信网不断发展的交换技术;而电信交换节点技术则基本固化,其作用范围也日渐缩小,特别是连接相关技术将逐渐弱化。

2.1.1 电信交换节点技术

电信交换节点技术源于传统电话交换机,并在宽带 ATM 交换机中得到发展。它要求支持实时通信,其主要目标就是根据终端设备特性和通信业务的需要,快速建立有质量保证的连接,确保呼叫的正常进行。需要指出的是,这里的连接指的是交换节点内部从入端至出端之间的连接,并非跨越电信网的从主叫至被叫之间的全程连接。

根据交换机的抽象系统结构,可以将电信交换节点技术归纳为互连(interconnection)、接口(interface)、信令(signalling)和控制(control)四项技术,如图 2.1 所示。

1. 互连技术

电话交换机有一个核心部件称为交换网络(switching network),ATM 交换机中的对应部件称为交换结构(switching fabric),它们的功能都是在指令控制下建立起指定入端口和出端口之间的连接,作为呼叫媒体信息流的通路。差别仅在于交换网络建立的是物理实连接,交换结构建立的是虚连接。从功能模型的角度出发,可统称为互连网络。早期电话交换机的互连网络采用机电组件构成,后来采用布线逻辑控制的分立电子器件构成,现在采用的都是高集成度的专用芯片。在2.1.3节中将详细介绍典型的电路交换的交换网络和分组交换中的交换结构。互连技术就是研究互连网络的拓扑结构、选路策略、阻塞特性和故障防卫。

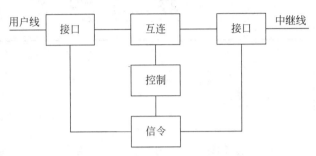

图 2.1   电信交换节点技术

1) 拓扑结构

在给定的交换方式(空分或时分)、服务质量(阻塞率、时延、信元丢失率等)和基本参数(端口数、容量、吞吐量等)等条件下,通过严密的理论计算和计算机模拟,设计确定高性能、低成本、便于扩充而控制又不太复杂的互连网络的拓扑结构。有两类拓扑结构:时分(time division)结构和空分(space division)结构。

在时分结构中交换单元不能同时交换一个以上的输入端口数据。从交换结构的角度看,每个输入端口数据的处理是串行。时分结构包括共享媒体(总线或环)和共享存储器。分组交换和ATM交换都可以采用时分结构,数字程控电话交换通常使用由存储器构成的时分结构,或将时分结构作为整个拓扑结构的一部分,小容量的数字程控电话交换也可采用总线拓扑结构。

空分结构是由交换单元(Switching Element,SE)构成的单级或多级拓扑结构。交换单元的入线或出线数通常为2^n,n一般可为1~6。要注意的是,"空分"的含义是指在拓扑结构内部存在着多条并行的通路,每条通路仍然可以采用时分复用的方式。电话交换、快速分组交换、ATM交换都可以采用空分结构。

2) 选路策略

选路策略主要针对多级空分拓扑结构,选择确定互连网络中从指定入端至指定出端的通路。不同的交换机有不同的选路策略。

(1) 条件选择策略与逐级选择策略

不论互连网络有几级,如果是通过全局分析,在指定入端与出端之间所有可能的通路中选用一条可用的通路,称为条件选择策略,或通盘选择。如果不作全局分析,而是按级顺序选择,即从入端的第1级开始,先选择第1级交换单元的出线,选中一条出线以后再选择2级交换单元的出线,以此类推,直到最末一级到达出端为止,称为逐级选择策略。

两者比较,逐级选择较为简单,但带有一定的盲目性,即随机选定前一级出线时有可能导致后面某一级出线选择的失败,选路阻塞率必然高于条件选择。因此,通常选路策略都采用条件选择。但只要阻塞率能满足指标要求,也可采用逐级选择。有的交换机,如S1240数字程控电话交换机,设计了可重试逐级选择策略,即当选试不成功时可以重新从入端起再进行逐级选择,以降低阻塞率。

（2）自由选择与指定选择

自由选择是指某一级出线可以任意选择，不论从哪一条出线都可以到达所需的互连网络出端，指定选择只能选择某一级出线中指定的一条或一小群，才能到达所需的互连网络出端。

包括级数、级间互连方式等在内的多级空分拓扑结构一旦确定以后，哪几级可以自由选择和哪几级只能指定选择也随之而定。自由选择级可起扩大通路数、均衡业务流量的作用。有些多级空分结构不存在自由选择级。

（3）面向连接选路和无连接选路

面向连接选路是在呼叫开始之前预先选路，选定的连接通路和呼叫一一对应，同一呼叫的所有媒体信息都在同一通路上传送，不但速度快，而且确保信息传送的有序性。无连接选路则在入端每收到一次媒体信息时临时为其选路，同一呼叫的不同媒体信息将在不同的通路上传送。因为电信交换是面向连接交换方式，因此通常都采用面向连接选路。但是为了在宽带交换中提高互连网络的资源利用率，ATM 交换机构既可采用面向连接选路，也可采用无连接选路，后者相当每收到信息信元时才进行选路，属于同一呼叫的信元会通过互连网络内部的不同通路传送而引起失序，在互连网络出端必须恢复其原有顺序。

3）阻塞特性

阻塞是反映互连网络质量的主要特性。在呼叫建立阶段由于互连网络无法建立连接通路致使呼叫请求遭到拒绝，就发生了连接阻塞。连接阻塞特性用阻塞率（Blocking Probability）指标表征，其含义是由于互连网络内部阻塞而无法建立连接的呼叫数与加入互连网络总呼叫次数之比。互连网络的拓扑结构决定了连接阻塞的大小，当互连网络的级数较多、拓扑结构复杂时，阻塞率的严格计算很复杂，它是话务理论研究的一个重要问题。

电路交换节点和 ATM 交换节点的互连网络都会有连接阻塞，但是成因不同。电路交换要建立的是物理实连接，发生连接阻塞的原因是从指定入端到指定出端之间的所有通路都被占用，找不到空闲通路。ATM 交换要建立的是虚连接，任一通路即使被占用仍然可以被其他呼叫使用，发生连接阻塞的原因是找不到具有足够带宽的通路。

对于 ATM 交换来说，除了连接阻塞以外，更为重要的是在信元传送阶段由于竞争产生的阻塞，称为传送阻塞。由于 ATM 是异步时分复用，虽然连接建立是成功的，但是由于媒体信息流的突发性，在传送阶段的某些时刻，共享同一通路的多个呼叫的信元会同时到达而发生传送竞争，致使通路短暂拥塞。按照互连网络的不同设计，竞争失败的信元可能被直接丢弃，也可能在缓冲器中排队等待，采用排队策略也会由于缓冲器溢出而造成信元丢失。因此，ATM 交换传送阻塞特性主要用信元丢失率（Cell Loss Rate，CLR）指标表征，其含义是由于各种原因在互连网络中丢弃的信元数与总信元数之比。

阻塞特性直接决定于互连网络的设计。话务理论已经给出严格无阻塞、广义无阻塞和再配置无阻塞网络的结构，但是出于成本的考虑，实际的交换机通常都采用有阻塞网络，但阻塞率很低。如电话交换机的时分数字交换网络的阻塞率可为 $10^{-4} \sim 10^{-8}$，称为微阻塞网络。

4）故障防卫

互连网络是交换系统的重要部件，一旦发生故障会影响众多的呼叫连接，甚至全系统中断。因此，互连网络必须具备有效的故障防卫性能。除了提高互连网络硬件的可靠性以外，通常配置双套冗余结构,也可采用多平面结构。

2. 接口技术

接口技术指的是交换节点适配各类用户线和中继线的接口。不同类型的交换机需要配备不同的接口,例如,数字程控电话交换机要有适配模拟用户线、模拟中继线和数字中继线的接口电路,移动交换机要有连接无线基站的接口,ATM 交换机要有适配不同码率、不同业务的各种光纤接口。

接口按照网络中的位置分布可以分为 UNI(User Network Interface)和 NNI(Network Network Interface)两种接口。UNI 是指网络的用户侧接口,是用户和设备之间的接口,NNI 是指网络节点和网络节点之间的接口。

接口技术主要由硬件实现,有些功能也可由软件或固件实现。

3. 信令技术

信令(Signalling)指的是通信网中交换节点和交换节点或用户之间交互的、用于呼叫控制和连接控制的标准化的信号,主要包含两类信息,一是线路和用户的状态信息,二是主被叫地址信息。交换节点接收和分析信令信号,获知呼叫建立所需的各种信息,控制交换节点内部一系列操作,和其他相关交换节点协调一致地完成建立、改变或释放交换连接的任务。

信令是电信交换独特的一项基本技术,基于 IP 的互联网没有定义任何信令。早期信令都是用各种模拟或数字电信号来传递的,交换节点通过接口电路直接接收信令,信令控制过程简单快捷,但是信令包含的信息量十分有限,不能满足日益复杂的电信网业务的要求。现代电信网则借鉴计算机网络技术,通过网络协议的形式来定义信令,采用报文或称消息(message)携带信令信息,建立独立于媒体交换网的专门的信令网来传送信令消息。其代表性的信令协议就是 7 号信令,它是电路交换网和 ATM 宽带交换网的主流信令。

按照作用区域的不同,信令可以划分为用户信令(Subscriber Signalling)和局间信令(Inter-office Signalling)两类。其中,用户信令指的是在用户与交换节点之间的用户线上传送的信令,又称为用户-网络接口(UNI)信令,局间信令指的是在交换节点之间传送的信令,更广义地说,是在电信网各个网元之间传送的信令,又称为节点-节点接口(NNI)信令。

用户信令包括监视信令和地址信令。其中,监视信令用于传送用户状态信息,也称为用户状态信令,地址信令用于传送通信的目的地址。以电话交换为例,最基本的用户状态就是摘机(off-hook)和挂机(on-hook),目的地址就是主叫用户拨出的被叫号码,供交换节点作为选路的依据。根据话机类型的不同,有两种方式发送地址信令:直流脉冲方式和双音多频(Dual Tone Multi-Frequency,DTMF)方式,目前使用的基本上都是 DTMF 话机。

局间信令的主要功能是传送中继线状态和通信目的地址信息,其传送有随路信令(Channel Associated Signalling,CAS)和共路信令(Common Channel Signalling,CCS)两种方式。

所谓随路信令,是指信令和媒体信息是在同一条通路上传送的,如图 2.2(a)所示。以电话交换网为例,和用户信令类似,其随路信令也分为监视信令和地址信令两类,通常称为线路信令(Line Signalling)和记发器信令(Register Signalling)。

线路信令的作用是监视局间中继线上的呼叫状态,如空闲、占用、占用证实、被叫应答、挂机等。由于数字中继的大量使用,随路信令方式的线路信令广泛采用内嵌于 PCM 基群 TS16 中传送的数字型线路信令。

记发器信令是完成电话交换接续的控制信令,主要用于传递地址信息以及呼叫控制、计费控制等必需的信息。记发器信令的传送广泛采用带内多频信号,节点间互传方式有脉冲方式或互控方式、端到端传送或逐段转发、前后向信令或仅有前向信令等多种形式。

所谓共路信令,是指信令通路与媒体信息通路分离,信令在专用的信令数据链路上传送,如图 2.2(b)所示。大量呼叫的信令可以共用同一条信令数据链路进行传递。

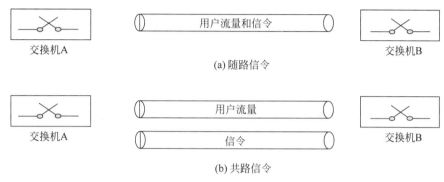

图 2.2 共路信令与随路信令

共路信令的优点是传送速度快,信令传送与媒体信息传送互相独立,灵活性高,信令的种类和容量大大增加,可以适应现代电信网的发展。因此,目前电信网普遍采用共路信令方式,随路信令已基本不用。电信网使用最多的共路信令是七号共路信令,它是通信网极其重要的支撑技术,7 号信令部分内容将在 2.2.4 节中进一步的描述。

4. 控制技术

交换节点要自动完成大量的连接接续,并保证良好的服务质量,其内部必须具有有效的控制系统。最早期的电话交换机装备了精巧的机械控制系统,由用户拨出的被叫号码脉冲信号通过步进机械或旋转机械直接控制互联网络的连接接点的位置,从而建立要求的连接通路。后来改进的机电式电话交换机装备了记发器部件记忆用户拨出的被叫号码,采用继电器作为互连网络的结构件,通过基于继电器的布线逻辑控制互连网络的动作,建立要求的连接通路。而后的准电子电话交换机进一步采用电子部件和小型继电器作为互连网络的结构件,通过数字电路控制互连网络的动作。20 世纪 80 年代后,国内外开始大量部署先进的程控交换机,以随机访问存储器为基本构件构成全电子互连网络,采用微处理器构成控制系统,通过预编的计算机程序控制整个交换机的操作。

自此以后,包括直至 ATM 交换机在内的各种类型电信交换节点都无一例外地采用微处理器控制技术,控制功能灵活可变,控制对象覆盖广泛,可通过编制不同的程序完成不同类型交换节点所需的控制功能,例如程控电话交换的数字分析、路由和通路选择、并发进程管理,分组交换的选路控制和流量控制,ATM 交换的呼叫接纳控制和自选路由控制等。

微处理器控制系统的性能与处理器控制结构密切相关,直接关系到整个交换节点的性能和服务质量,因此处理器控制结构是各类交换机设计中必须考虑的重要问题。

集中控制与分散控制是两种基本的控制方式。现代电信交换系统大多采用分散控制方式,但分散的程度有所不同。分散控制意味着采用多处理器结构,可称为处理器复合体(processor complex)。为此,要确定处理器复合体的最佳结构,包括数量、分级、分担方式、冗余结构等,以实现高效而灵活的控制能力。

分担方式可有功能分担和容量分担两种类型。功能分担是一个微处理器只执行一项或几项功能,但面向全系统;容量分担是一个微处理器执行全部功能,但只面向系统的一部分容量。从功能分配的灵活性来看,可有固定分配和灵活分配两种方式。处理器复合体实际上可看成是一个处理器库,如果库中的处理器可以按照业务流量和处理工作量的需要灵活分配其功能,也就是分担某种功能的处理器数量可按照需要而变化,就是灵活分配方式。

处理器复合体中的多处理器之间必然要互相通信,为此还要确定合适的处理器间通信机制,包括通信的物理通路、通信速率、通信规程等。通常采用消息传送机制(Message Passing Mechanism),该机制灵活可靠,处理机之间为松耦合关系。

2.1.2　电信交换网络技术

自从第一台自动电话交换机问世以后,一百多年的时间内电信业务网的发展始终聚焦于交换节点,越来越多的功能被加入交换节点,至 20 世纪80—90 年代,以程控交换机为代表的交换节点已是工业界最为复杂的实时软件系统,版本更新和系统维护困难,以致成为电信网及业务发展的瓶颈。

面临挑战业界提出了新的思路,即停止扩展交换节点的功能,将业务发展所需的新的功能,特别是涉及多个交换节点协同的功能实现放到网络中去,在网络中增设新的网元,致力于发展电信交换的网络技术。从电信网的视角看,就是将聚焦点不再放在交换节点的技术更新上,而是放在新的网络架构上,将原本单一的集中式的交换机演变成由多种网元构成的分散式的交换系统,每种网元承担有限的任务,执行效率高,复杂度可控。

尤其是自 20 世纪末以来,随着互联网的迅猛发展,日益复杂的 ATM 交换技术受到简单有效的 IP 技术的强烈挑战,无连接 IP 路由技术逐渐被业界所认同,于是原来一直是交换节点核心功能的连接控制和互连技术不再是其必备功能,核心的呼叫控制、计费等功能因其具有全局性,被移至新的网元。进一步,为了顺应信息通信网络开放性和融合性的发展方向,又新增了能力开放、网络融合功能,相应地提出了新的网络架构和网络平台。这些网元及其实现技术构成了代表发展方向的电信交换网络技术,它们和传送网的 IP 或 MPLS 技术相结合,形成了适合于下一代 IP 通信网的电信交换技术。

将电信交换网络技术可归纳为业务控制、呼叫控制、移动性管理、业务能力开放和网络融合 5 个方面来阐述。

1. 业务控制技术

这里所说的业务是指运营商基于电信交换的基本功能向用户提供的增值业务(Value Added Service,VAS)。这些业务涉及运营商和用户商定的特定流程、使用权限、选路规则、费率优惠、计费方法等,业务和终端不存在绑定关系,即用户可以在任何终端上发起这些业务,虽然业务执行最终还是落实到某主叫至某被叫终端之间的端到端连接建立,但是前期大量的分析处理功能,例如接入认证、授权管理、业务号码分析、业务选路、实时计费等都超越了交换节点的基本功能范畴,需要多个交换节点的配合,而且预先还不可知用户将从哪个交换节点发起此业务。因此,必须将这些业务的控制程序、业务数据等事先加载至全网所有的交换节点中,专门制定交换节点之间交互的特定规程。也就是说,为了部署一项增值业务,标准化组织必须制定新的信令标准,不同厂商生产的交换机必须同步进行改版升级,然后进行顺从性和兼容性测试,这将耗费大量的时间和精力,严重阻碍了增值业务的快速提供,使电信网难以继续发展。

新的思路就是保持原有交换节点的功能不变,在原有电信交换网络之上定义一个新的能快速提供增值业务的架构,在此架构中定义若干新增网元,包括业务控制点(SCP)、业务数据点(SDP)、业务管理点(SMP),将增值业务的处理逻辑(控制程序)以及相应的业务数据移到这些新增网元中去。这些网元中的程序和数据都可以按需动态加载或更新,最大限度地适应增值业务灵活创建和更改的需要。这些网元经分析处理后,最后向相关交换节点发送指定主被叫之间的连接建立指令,交换节点还是执行简单呼叫建立的基本功能,就可完成此增值业务。

由于新增网元是部署在位于原有电信交换网之上的附加的业务层中,其作用范围是包括所有交换节点在内的整个交换网,完成的任务是原来电信交换节点的增值业务功能,所以说增值业务功能从电信交换节点中分离迁移至网络中去,形成了电信交换的业务控制网络技术。电信业应用这一技术于 20 世纪 80 年代末至 90 年代初推出了智能网(Intelligent Network,IN),它是继程控交换以后又一重大的电信交换新技术。

2. 移动性管理技术

这项技术源于移动通信的需要。在传统交换网络中,由于固定电话终端和接入交换节点是绑定的,交换节点存有和它相连的所有终端的用户数据,据此即可方便地完成接入控制任务。但是在移动通信网中,由于移动终端位置的不确定性,终端可经由任意一个交换机接入网络,交换节点要存储全网所有终端的用户数据是不现实的,于是提出了适应蜂窝通信的新的网络架构。该架构借鉴智能网的思路,在网络中增设了若干个数据库,存储不同类型的移动终端用户数据,交换节点收到用户的接入请求后将访问相应的网络数据库,完成接入控制的任务。其中,最为重要的网元称为原籍位置登记器(Home Location Register,HLR),用于存储在本地区运营商注册的所有移动终端的用户数据,一般一个 HLR 可存储数十万条用户数据。HLR 中的数据内容包括移动台号码、接入权限、开/关机状态、认证参数、当前位置、漫游号码、业务授权等,接入交换节点访问 HLR 才能进行后续各项操作。其他网络数据库还有临时存储访问用户数据的访问位置登记器(Visitor Location Register,VLR)、存储移动台设备出厂时分配的唯一设备号的设备标识登记器(Equipment Identifier Register,EIR)以及存储用户认证数据和算法的鉴权中心/(Authentication Center,AC)。这些网元协同完成移动性管理功能。

上述网络架构及其移动性管理技术是欧洲电信标准化协会(European Telecommunication Standardization Institute,ETSI)于 20 世纪 90 年代初提出的,已成为 2G、3G 移动通信系统的核心电信交换网络技术之一。它和智能网技术相结合,形成了具有广泛应用的移动智能网技术。从 4G 移动通信开始,采用了全 IP 的架构。

3. 分离呼叫控制技术

20 世纪末信息通信界认同采用 IP 路由技术来传递各种数据信息,包括实时音视频通信也开始采用 VoIP 技术,在服务质量要求不高的应用中,媒体信息可以直接在无连接的 IP 网络中发送,在服务质量要求较高的应用中,也可以通过 IP 和 ATM 技术相结合的 MPLS 网络发送。这样,在很多情况下传统电信交换节点的逐段建立连接的连接控制功能和互连网络功能不再需要,但是在任何时候端到端的呼叫控制功能仍然是必需的。于是,就提出了呼叫控制和连接控制分离的问题。

其实这一问题早在综合业务数字网中就已提出,但是由于当时电信交换网的基础都是电路交换或虚电路交换技术,在实际应用场合呼叫和连接总是不可分离的。只有在 VoIP 情况下,才真正实现了两者的分离。据此提出了基于 IP 技术的通信网新的网络架构,分离后的呼叫控制功能被置于新增网元呼叫服务器(Call Server,CS),其作用范围包括众多网关节点。在物理实现上,该网元和其他相关网元功能集成后形成了广泛应用的软交换机,它具有常规电信交换机的许多交换控制功能,但是并无连接控制,没有占据空间很大的互连网络部件,实现上以软件为主,因此得名"软交换机"。正因为如此,其体积甚小,常规几千门交换机的空间可装备控制几十万用户的软交换机。

基于分离呼叫控制电信交换网络技术构建的软交换系统已成为以 IP 为核心的下一代业务网的重要网络设备,不但应用于固定通信网络,也应用于 3G 核心网络。软交换的内容将在 2.4 节中讲解。

4. 交换业务能力开放技术

一百多年来,电信网一直是一个封闭的网络。网络技术标准由通信业自行制定,向用户提供的业务由运营商规定,网络细节对于外部完全屏蔽,外部网络和非签约用户也无法使用网络的能力。到了 21 世纪,这一理念受到开放式互联网的巨大冲击。由于 IP 技术成功应用于实时音视频通信,互联网丰富的应用迅速扩展到社会生活的方方面面,通信界意识到网络封闭的格局必须破除。

尽管基于 IP 技术的互联网具有便捷、开放、成本低廉、应用丰富的优势,但是电信网也具有服务质量高、可控性好、盈利能力强的特点,两者的结合在技术上有互补性,因此电信网的交换业务能力,如呼叫控制、移动性管理、计费控制等必须向外部网络开放。为此,通信业借鉴计算机的应用编程接口(Application Programming Interface,API)技术,制定了基于 API 的业务开放接口标准 Parlay,把各种交换业务能力封装成可供外部应用程序调用的软件接口。

上述技术和业务控制网络技术相结合,即可构成不同形式的开放式统一业务平台,使应用开发者可以方便地使用交换业务能力,将电信网业务融入互联网应用之中。开始时 Parlay 技术只是在固定网络中应用,后来又应用于 3G 移动网络,形成了有广泛应用的开放业务结构(Open Service Architecture,OSA)技术,实现了网络交换能力的开放。

5. 固定/移动网络融合技术

多年来,固定通信网络和移动通信网络是完全分离的,有各自的网络标准,沿着各自的技术路线独立发展。然而,实际上除了移动性管理功能以外,固定和移动核心网的许多功能是相同的,本质上都是以电信交换技术为基础的,差别仅在于终端接入方式的不同。尤其是对于全业务运营商来说,部署两套功能相似的核心网络是极大的浪费。21 世纪以来,随着移动网络标准研究的不断进展以及以 IP 为核心的网络发展方向的明朗,在核心网层面的固定/移动网络融合(Fixed Mobile Convergence,FMC)已成为业界的共识。

其基础技术就是 3GPP 提出并不断完善的 IP 多媒体子系统(IP Multimedia Subsystem,IMS)技术,它借鉴业务控制、移动性管理、分离呼叫控制、业务能力开放以及接入控制、QoS 控制、策略控制等多项技术,定义了许多新增网元或改进的网元,形成了功能完备的支持 FMC 的新的网络架构。该部分内容在第 4 章进行介绍。

图 2.3 示出上文描述的电信交换网络技术的发展情况。传统交换节点集所有交换功能

于一体,包含了互连网络、连接控制、呼叫控制、业务控制、用户数据、终端接口等所有功能。随着技术的发展和市场格局的变化,新的网络架构不断出现,新的网元逐步增加,业务控制、用户数据、呼叫控制等功能被移至新的网元,移动性管理、业务能力开放等功能被建于新增网元,全新的 IMS 则汇集并增强各项电信交换网络技术形成面向未来的融合的通信网络架构。

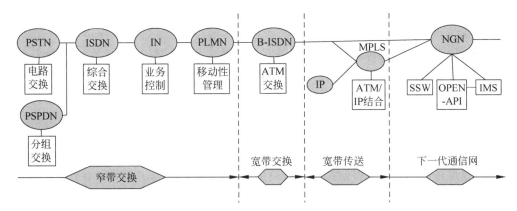

图 2.3　电信交换网络技术的发展

电信交换节点技术将被固化和局部弱化。完整的交换节点功能仍然保留在原有的电路交换系统中,等待时间的推移而逐步退出市场,曾经是交换节点核心功能的互连网络和连接控制功能主要存在于分布式部署的大量网关(Gateway)设备中,并且下移至传送网络,和 IP 路由技术相结合,构成 MPLS 网络的交换式路由器网元。而电信交换网络技术将不断地发展。本书后续章节会对这些技术进行详细的讲解。

2.1.3　典型的交换网络和交换结构

在 2.1.1 节互连技术中已经介绍过,电话交换机有一个核心部件称为交换网络(Switching Network),ATM 交换机中的对应部件称为交换结构(Switching Fabric),路由器的设备也有相应的部件,它们的功能都是在指令控制下建立起指定入端口和出端口之间的连接,作为呼叫媒体信息流的通路。互连网络的性能好坏直接影响到交换节点的各项性能指标,也是交换节点最关键的技术,因此本节介绍几种典型互连网络的具体实现,它们通常采用硬件配合相应的控制软件实现,让用户能够了解实现互连网络的基本方法和基本手段。

1. 数字交换网络

数字交换网络主要用于传统的数字程控交换机,它建立的是物理实连接,主要有两种基本的交换单元 T 接线器和 S 接线器,通过将两种基本单元进行组合可以实现任意复用线上的任意时隙间信息的交换。

1) 时间交换单元 T 接线器

时分接线器又称 T 型接线器,用来实现时隙交换。图 2.4 给出了 T 型接线器的结构,它由两个存储器组成,一个是话音存储器(Speech Memory,SM),一个是控制存储器(Control Memory,CM)。

话音存储器用来暂存话音脉码信息,其存储器上的每个单元存放一个时隙的 8 位编码,话音存储器的总容量应该等于输入复用线上的总时隙数,这里值得说明的是,输入复用线的个数不一定为1,也不一定是指一套32路的PCM系统,它可以是多个PCM系统的再复用。例如,若把8个PCM32路复用后可得到256个时隙,则存储单元数也应有256个。

控制存储器的作用是用来控制话音PCM码如何被写入或读出到话音存储器的,其容量应等于话音存储器的容量,其存储内容则是话音存储器的地址,因此话音存储器的单元个数就决定了控制存储器每个单元的位数。具体地说,若SM有256个时隙,CM中每个单元位数就应有8bit(位),若SM有512个时隙,CM中每个单元位数就应等于9bit(位)。控制存储器的工作过程是,当对应于某一单元的时隙到来时,处理机首先读出控制存储器该单元中的内容,并以此内容作为控制话音存储器的读出或写入的地址。

时分接线器的工作方式有两种,一种是顺序写入,控制读出,见图2.4;另一种是控制写入,顺序读出,见图2.5。

(1)顺序写入,控制读出

如图2.4所示,在这种工作方式下:SM是顺序写入,控制读出,而CM则是控制写入,顺序读出的工作方式。也就是说在各输入时隙到达时,需要交换的话音信息首先在时钟的控制下依次顺序的写入话音存储器各相应的存储单元中,即第0时隙的话音信息存储在话音存储器地址为0的单元内,第1时隙的话音信息存储在话音存储器地址为1的单元,以此类推,例如TS_i的内容A写入话音存储器的第i个单元。如果TS_i的话音需要在输出复用线上的第j个时隙输出,则可在控制存储器的第j个单元写入i,由于控制存储器是顺序读出,当第j个输出时隙到达时,读出第j个单元的内容i。再将i作为话音存储器的读出地址,取出第i个单元的内容A在TS_j输出,就实现了时隙交换。

(2)控制写入,顺序读出

如图2.5所示,在这种工作方式下:SM控制写入,顺序读出,CM依然是控制写入,顺序读出。输入信息的写入是受到控制存储器的控制,而不再像前一方式那样按时隙的顺序依次写入,输入信息的写入由控制存储器的内容决定。例如仍然以输入TS_i与输出TS_j的交换为例,当输入TS_i到来时,读出控制存储器第i个单元的内容j,以此作为话音存储器的写入地址,于是在话音存储器第j个单元中写入了输入TS_i中的内容A。话音存储器是顺序读出,当输出TS_j到来时,就读出第j个单元的内容A,从而完成了所需的时隙交换。

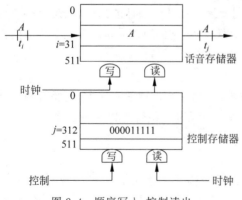

图2.4 顺序写入,控制读出

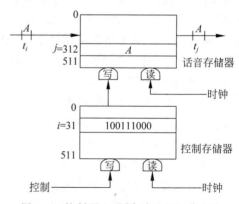

图2.5 控制写入,顺序读出的工作方式

在上述的两种工作方式中,每个时隙都对应着话音存储中的一个存储单元,这就意味着是由空间位置的划分而实现时隙的交换。

2）空间交换单元 S 接线器

空间交换单元又称为空间接线器(Space Switch)，简称为 S 单元或 S 接线器，其作用是完成不同 PCM 复用线之间同一时隙的信息交换。S 接线器由交叉接点矩阵和控制存储器(CM)组成，其每条入线与出线都是时分复用的，即每条线上可安排多个话路，如图 2.6 所示。

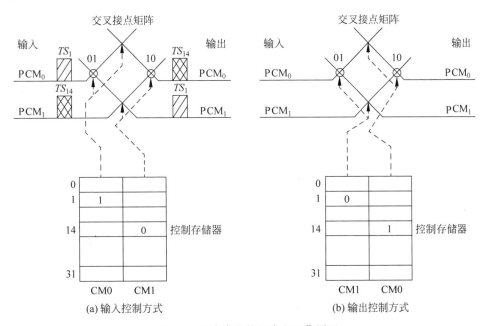

图 2.6　S 接线器的组成和工作原理

交叉矩阵是以高速的时分方式工作的，因此其入线和出线的交叉点的闭合在某个时隙内完成，同时，在同一线上的若干个交叉点不会在同一时隙内闭合。控制存储器用来控制交叉接点在某一时隙的接通，其数量由输出线数决定，反之也可由输入的数量而定。S 接线器可有两种工作方式。

（1）输入控制方式

如图 2.6(a)所示，按输入复用线来配置 CM，即每一条输入复用线有一个 CM，每一个 CM 存储各个时隙话音信息将会交换到哪一条出线的信息，因此一个 CM 有 32 个单元(对应 32 个时隙)。由这个 CM 的内容决定该输入 PCM 线上各时隙的信息，要交换到哪一条输出 PCM 复用线上去。

（2）输出控制方式

如图 2.6(b)所示，按输出 PCM 复用线来配置 CM，即每一条输出复用线有一个 CM，由这个 CM 来决定哪条输入 PCM 线上哪个时隙的信码，要交换到这条输出 PCM 复用线上来。

现以图 2.6(a)为例来说明 S 接线器的工作原理。设输入 PCM_0 的 TS_1 中的信息要交换到输出 PCM_1 中去，当 PCM_0 的时隙 1 时刻到来时，查询 CM_0 的对应时隙为 1 的单元，内容为 1，因此在 CM_0 的控制下，交叉点 01 闭合，使输入 PCM_0 的 TS_1 的信息直接转送至输出 PCM_1 的 TS_1 中去，因此完成了入线 PCM_0 与出线 PCM_1 的信息交换。同理，在该图中

把输入 PCM_1 的 TS_{14} 的信息,在时隙 14 时由 CM_1 控制 10 交叉点闭合,送至 PCM_0 的 TS_{14} 中去。因此,S 接线器能完成不同的 PCM 复用线间的信息交换,但是在交换中其信息所在的时隙位置不变,即它只能完成同时隙内的信息交换。故 S 接线器不能单独使用。

在图 2.6(a)中,假定 PCM_0 的 TS_0、TS_2、TS_4…时隙中信码需要交换到输出 PCM_1 的 TS_0、TS_2、TS_4…时隙中去,则在 CM_0 的控制下,交叉点 01 在 1 帧内就要闭合、打开若干次。因此在数字交换中的空间接线器的交叉点是以时分方式工作的。这与空分交换中空分接线器的工作方式不同。

对于图 2.6(b)所示的输出控制方式的 S 接线器的工作原理,与上述输入控制方式的工作原理是相同的,不再赘述。

从以上的分析可以看出,空分接线器只能完成复用线间的交换,且必须明确这个交换是在哪个时隙下进行的。也就是说它只能完成同一时限下复用线间的交换,而不能完成时隙交换,因此在实际应用中,一般将空分接线器与时分接线器结合使用,构成交换网络,完成任意复用线间任意两个时隙间的话音交换。多级交换网络结构有 T-S 组合型和 T/S 结合型。

3)T-S-T 数字交换网络

数字交换网络是由 T 接线器和 S 接线器按照不同的组合方式组成的,通过组合的方式完成任意一条入线的任意时隙到任意出线的任意时隙的交换。T-S-T 是三级交换网络,两侧为 T 接线器(简称 $T_\text{入}$ 和 $T_\text{出}$),中间一级为 S 接线器,S 级的出入线数决定于两侧 T 接线器数量。设每侧有 16 个 T 接线器,则 S 级采用 16×16 交叉矩阵,如图 2.7 所示。关于 T-S-T 数字交换网络的工作原理,只需将输入、输出侧的 T 接线器和中间的 S 接线器的功能和工作原理组合在一起即可。每个 T 接线器连接一端 PCM 复用线,且 $T_\text{入}$ 级采用控制、写入顺序读出方式,$T_\text{出}$ 采用顺序写入、控制读出方式,S 级采用输出控制方式。当然,T、S 也

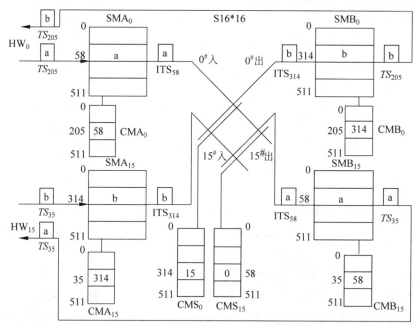

图 2.7 T-S-T 交换网络的工作原理

可采用另一种控制方式,原理相似。$T\text{-}S\text{-}T$ 是一种典型的数字交换网络,在大、中容量的局用数字交换机中,一般都采用 $T\text{-}S\text{-}T$ 交换网络。

$T\text{-}S\text{-}T$ 网络有以下特征:

(1) S 单元的入线/出线数＝对应侧 T 单元的个数。

(2) 选一个内部时隙完成 S 级交换。

(3) 输入侧 T 单元完成输入时隙与内部时隙的交换。

(4) 输出侧 T 单元完成内部时隙与输出时隙的交换。

(5) S 单元完成出、入线之间的交换。

(6) 通信的反向通路的建立需要选择另一个内部时隙。

(7) 输入、输出端的同名端口是同一个端口,连接同一个用户。

现以 PCM_0 的时隙 205 的 A 用户与 PCM_{15} 的时隙 35 的 B 用户通话为例来说明 $T\text{-}S\text{-}T$ 的工作原理。在数字交换中的用户间通话应建立双向通路。

$A \rightarrow B$ 方向:即 PCM_0 的 TS_{205} 的话音信码交换至 PCM_{15} 的 TS_{35} 中去,为了达到此目的,处理机先要在二者之间选择一空闲的内部时隙(相当于空分交换中的内部链路),现假设选时隙 58 作为内部时隙,则处理机分别在输入侧 T 级的 CMA_0 第 205 号单元写入"58",在 S 级的 CMS_{15} 的第 58 号单元写入"0",在输出侧 T 级的 CMB_{15} 的第 35 号单元写"58",这样 CM 才能分别控制各级工作:首先,当入线 0(PCM_0)TS_{205} 的话音信码 a 送到 $T_入$,由 CMA_0 控制写入 SMA_0 的 58 号单元;当 TS_{58} 到来时,该话音信码被顺序读出至 S 级输入端,由 CMS_{15} 控制交叉点 0/15 闭合又送至 $T_出$,把该信码顺序写入到 SMB_{15} 的 58 号单元;最后当 TS_{35} 到来时再由 CMB_{15} 控制,从 SMB_{15} 的 58 单元中读出该话音信码 a,至此 $A \rightarrow B$ 交换完成。

$B \rightarrow A$ 方向:即 $PCM_{15} TS_{35}$ 的话音信码交换至 $PCM_0 TS_{205}$ 中去,原理与 $A \rightarrow B$ 相似,所不同的是,此时的内部时隙为 TS_{314}(采用反相法,即差半帧法,$58 + 256 = 314$)。处理机分别在输入侧 T 级的 CMA_{15} 第 35 号单元写入"314",在 S 级的 CMS_0 的第 314 号单元写入"15",在输出侧 T 级的 CMB_0 的第 205 号单元写"314"。首先,当 $PCM_{15} TS_{35}$ 的话音信码送到 $T_入$,由 CMA_{15} 控制写入 SMA_{15} 的 314 号单元;当 TS_{314} 到来时,该话音信码 b 被顺序读出至 S 级输入端,由 CMS_0 控制交叉点 15/0 闭合又送至 $T_出$,把该信码顺序写入到 SMB_0 314 号单元;最后当 TS_{205} 到来时再由 CMB_0 控制,从 SMB_0 的 314 单元中读出该话音信码 b,至此 $B \rightarrow A$ 交换完成(各 CM 内容一直保持到通话结束)。

以上介绍的数字交换网络应用在数字程控交换机中,下面介绍的两种交换结构 (Switching Fabric)主要应用在分组交换网络中,如 ATM 交换机、路由器。

2. 基于 crossbar 的交换结构

crossbar 是业界公认的构建大容量系统的首选交换结构。图 2.8(a)、(b)给出了 $N \times N$ 矩阵型 crossbar 交换结构的两种实现方式,均以 4×4 为例。从图 2.8(a)中可以看出,整个矩阵的输入是位于最左一列的各个传送门的横向输入,矩阵的输出是位于最下一行的各个传送门的纵向输出。

图 2.9(a)中的交叉点是一个 2×2 的传送门。传送门的 2 个输入可称为横向输入与纵向输入,2 个输出可称为横向输出与纵向输出。2×2 传送门有 2 个状态:bar 和 cross,见图 2.9(b)、(c)。所谓 bar 状态,是指横向输入连到纵向输出,纵向输入连到横向输出;所谓

cross 状态,是指横向输入连到横向输出,纵向输入连到纵向输出。

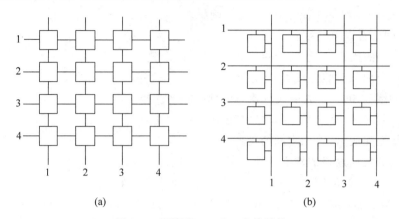

图 2.8　矩阵型 crossbar 交换结构

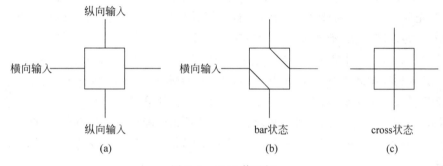

图 2.9　2×2 传送门

交换矩阵在初始状态时,所有交叉点均处于 cross 状态,即任何入线与任何出线间均不连通。如果要使入线 i 与出线 j 连通,则应使处于交叉点(i,j)上的传送门处于 bar 状态,而在 i 行和 j 列的所有其他的传送门仍处于 cross 状态。这些交叉点是受外部的控制设备控制其状态的。此外出线上也需要设置仲裁器,因为有时会出现多个用户同时向同一出线传送数据的情况,这时需要仲裁器选择一条入线竞争成功。

图 2.8(b)为矩阵型的另一种实现方式,每个交叉点的部件可以看成是一个具有通/断功能的开关。在具体实现时比较复杂,例如包含了 FIFO 缓冲器和相应的控制逻辑。交叉点部件中含有缓冲器时实际上就是缓冲器设置的一种方式,称为交叉点缓冲,常用作多级交换结构中的交换单元。

Crossbar 网络具有以下特点。

(1) CrossBar 内部无阻塞:所谓无阻塞是指多个信元不会争抢交换结构的同一内部链路或缓冲区;一个 CrossBar,只要同时闭合多个交叉节点(Crosspoint),多个不同的端口就可以同时传输数据;支持所有端口同时线速交换数据。

(2) 入线出线数目都是 N,需要交换节点的节点数为:N^2,交换矩阵的节点数呈平方级增长,这将使控制结构复杂化,成本较高。

基本上 2000 年以后出现的网络核心交换机都选择了 CrossBar 结构的 ASIC 芯片作为核心,但由于 CrossBar 芯片的成本等诸多因素,这时的核心交换设备几乎都选择了共享内存方式来设计业务板,从而降低整机的成本。因此,"CrossBar+共享内存"成为比较普遍的核心交换架构。

3. 基于 banyan 的交换结构

1)基本 banyan 网络的结构及基本特性

banyan 网络早在 1973 年即已提出,是一种覆盖范围较广的网络结构,早先用于并行计算机系统中的互连,后用于快速分组交换。banyan 网络可以分为一些子类,L 级(L-level) banyan 是其中的一类,其特征是只有相邻级之间才有链路相连,这意味着任何输入到任何输出之间的通路都经过 L 级。L 级 banyan 网络又可分为规则 banyan(regular banyan)和不规则 banyan(irregular banyan),前者表示构成 banyan 网络的各个交换单元(SE)都是等同的,后者则不然。如果 banyan 中各个 SE 不但是等同的,而且每个 SE 的入线数等于出线数,则称此规则 banyan 为矩形 banyan(rectangular banyan)。

图 2.10 表示了 $N=8$ 的由 2×2 SE 构成的 3 级 banyan 网络。从图中可以看出,与基于矩阵拓扑的 crossbar 不同,banyan 是基于树型拓扑结构。banyan 网络采用 2×2 交换单元,有平行连接和交叉连接。平行连接时,入端 0 和出端 0 连接,入端 1 和出端 1 连接;交叉连接时,入端 0 和出端 1 连接,入端 1 和出端 0 连接。每个输入通过 3 级 SE 可以到达任何输出。

banyan 网络具有以下几种特性:

(1)树型结构特性:从 banyan 的任一输入端口(或输出端口)引出的一组通路形成了 2 分支树。级数越多,分支越多,这就决定了 banyan 网络的级数 $k=\log_2 N$。

(2)单通路特性:banyan 的任一入端到任一出端之间,具有一条且仅有一条通路。

(3)自选路由特性:banyan 网络可以使用对应于出端号的二进制码的选路标签来自动选路,使信元到达所需的出端。在选择过程中,每级 SE 依次按照选路标签中的某一位来自选路由,该位为 0 时选 SE 的上 1 条出线,该位为 1 时选 SE 的下 1 条出线。由图 2.10 得知,入端 2 送来的信元要到达出端 5,5 的二进制码为 101,于是第 1~3 级 SE 依次按 1、0、1 来选路,即可到达出端 5。即是给定出线地址,不用外加控制命令,也就是说它不需要路由表,而可以根据携带的地址信息,自行找到要转接的出线端口。因此可以使用对应于出端号的二进制码的选路标签来自动选路。

(4)内部竞争性:banyan 是具有内部竞争的有阻塞结构。考虑到各个入端与出端之间的单通路并非完全分离,会出现公共的内部链路段,则内部竞争为不可避免的现象。由图 2.11 得知,在同一时刻,入端 3 至出端 5 和入端 6 至出端 4 同时要传送信元时,会在级间链路上(图 2.11 中为第二级出口端)产生冲突。内部竞争会降低 banyan 的吞吐率,而且这种内部阻塞随着阵列级数的增加而增加。

(5)可扩展性:banyan 的构成有一定规律,可以采用有规则的扩展方法将较小容量的 banyan 扩展成较大规模。这种有规则的连接有利于 VLSI 的实现。

banyan 网络主要应用在 ATM 网络中,但是由于其阻塞性,需要对其进行相应的处理减少阻塞。

2)banyan 类网络

变换 2×2 SE 构成的 banyan 的级间互连模式和出入端连接方式,可以得到各种等效的拓扑结构,通称为 banyan 类网络,有时也不加区别的都称之为 banyan 网络。这些等效的拓

扑结构都具有 $\log_2 N$ 级,每级含有 $N/2$ 个 SE,也都具有类似于 banyan 的单通路、自选路由和可扩展等特性。

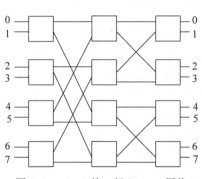

图 2.10 8×8 的 3 级 banyan 网络

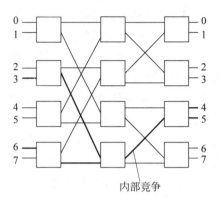

内部竞争

图 2.11 banyan 的内部竞争示例

以入线(出线)数 $N=8$ 为例,在图 2.12(a)～(h)中给出了一些 banyan 类网络,包括 omega、baseline、generalized cube、indirect binary n-cube、flip、reverse baseline 等网络。为便于比较,图中也包括了 2×2 SE 构成的 banyan。

实际上,通过将某级中 SE 位置的改变,可以从一种拓扑结构变换为另一种拓扑结构。例如,将图 2.12 中 omega 网络的中间级的第 2 个和第 3 个 SE 互换位置,即可得到 generalized cube。又如,banyan 的入端变成混洗接入就成为 generalized cube,flip 为反转的 omega(reverse omega)等。

omega 网络采用完全混洗连接,有时 omega 网络又称为混洗交换(shuffle exchange)网络。

3) Batcher-Banyan 网络

由于 banyan 具有内部竞争,是有阻塞网络,网络的阻塞特性会影响网络的性能,因此需要各种解决方案解决内部阻塞。研究表明,在 banyan 之前加上排序(sorting)网络所形成的 sorting-banyan 网络可以消除内部阻塞。Batcher 是一种应用广泛的排序网络,加在 banyan 之前,就形成 Batcher-Banyan 网络,以下简称为 B-B 网络。这是目前 ATM 交换机使用较多的一种交换结构。

如图 2.13 所示,有 8 条入/出线的 B-B 网络。Batcher 用来排序,Banyan 用来选路。所谓排序,就是将进入排序网络各个入端的信元(信元是 ATM 网络中传送的分组),通过排序网络后按输入信元的目的地址的大小而排列在排序网络的出端。排列次序可以按升序或降序。

从图 2.13 中可以看出,Batcher 排序网络由多级构成,每级包含若干个 2×2 的排序器(sorter)。箭头向上的称为向上排序器(up sorter),箭头向下的称为向下排序器(down sorter)。前者使目的地址大的信元出现在排序器的上面 1 条出线上,后者使目的地址大的信元出现在排序器的下面 1 条出线上。如果只有 1 个信元到达,就按目的地址小的信元来处理。排序网络与 banyan 之间为完全混洗连接。这样,只要目的地址没有重复,进入 banyan 的所有信元都可以无冲突地到达所需输出端。

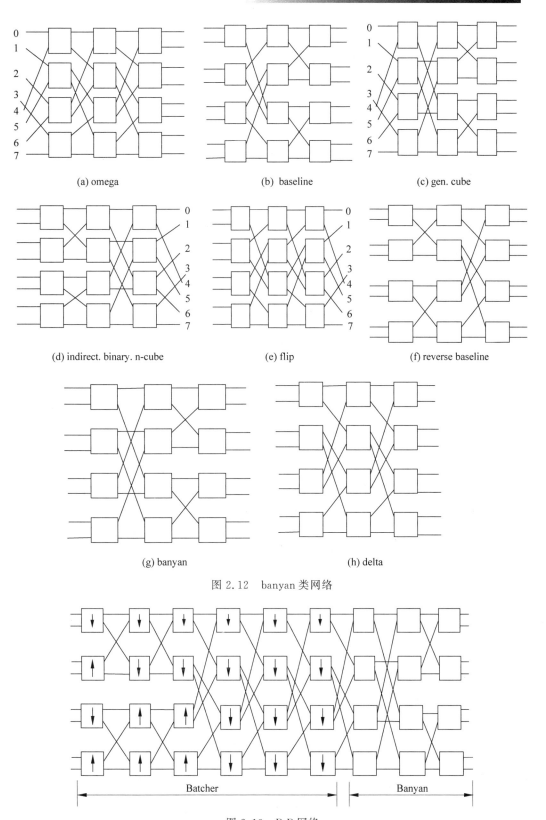

(a) omega

(b) baseline

(c) gen. cube

(d) indirect. binary. n-cube

(e) flip

(f) reverse baseline

(g) banyan

(h) delta

图 2.12 banyan 类网络

图 2.13 B-B 网络

2.2　电路交换

电话交换网主要指的是由运营商建设运营的公众固定电话网,称为公用电话交换网(Public Switched Telephone Network,PSTN),公用电话交换网(PSTN)是我国发展最早的电信网,主要为用户提供电话业务,即服务于实时性比较强的语音业务。电话网发展已有一百多年的历史,采用的是电路交换技术,先后经历了机电式、模拟程控和数字程控3个阶段。其中,机电式电话交换和模拟程控交换已退出市场,目前仍然使用的是数字程控交换,它是现代电信交换的基石之一。

2.2.1　电话交换技术的发展

1. 机电式电话交换

世界上第一部自动交换机是由史端乔(Strowger A. B.)于1889年发明的步进制自动交换机,即著名的史端乔交换机。用户通过话机的拨号盘,可以直接控制交换机中电磁继电器与上升旋转型选择器的动作,从而完成电话的自动接续。

其后出现了间接控制的机动制交换机,用户的拨号脉冲由交换机内的公用设备记发器接收和转发,再控制接线器的动作。记发器可以译码,增加了选择的灵活性,而且可以不一定按十进制方式工作。

无论是步进制还是机动制,选择器均须进行上升和旋转的动作,噪声大、易于磨损、通话质量欠佳、维护工作量大。其后出现的纵横制(Crossbar)交换机是电话交换技术的重要转折点,最早在瑞典和美国开始应用,我国从20世纪50年代后期开始也展开了纵横制的研制。

纵横制的技术进步主要体现在两个方面。一是采用了比较先进的纵横接线器,杂音小、通话质量好、不易磨损、寿命长、维护工作量减少。另一个是采用公共控制方式,将控制功能与话路设备分开,使得公共控制部分可以独立设计,功能增强、灵活性提高、接续速度快,便于汇接和选择迂回路由以及实现长途自动化。因此,纵横制远比步进制和机动制先进,更重要的是,公共控制方式的实现孕育着计算机程序控制方式的诞生。

步进制、机动制和纵横制统称为机电式自动交换。

2. 模拟程控交换

1965年,美国开通了世界上第一个程控交换局,在公用电信网引入了程控交换技术,这是交换技术发展中具有里程碑意义的重要转折点。

所谓程控就是存储程序控制(SPC-Stored Program Control)的简称,也就是用软件来控制交换机的动作。与之对照,机电式交换采用的是布线逻辑控制,是用硬件电路来控制交换机动作的。模拟程控交换是指控制部分采用SPC方式,而话路部分传送和交换的是模拟话音信号。

模拟程控的应用显示了程控交换的巨大优越性,主要是灵活性大,能适应各种电信网网络环境、性能要求和变化发展;通过软件编程可以方便地提供多种新服务性能;便于实现共路信令;易于交换机操作维护管理的自动化;具有与计算机技术和计算机通信有机结合的良好前景。

3. 数字程控交换

与模拟程控交换不同,数字程控交换在话路部分交换的是经过脉冲编码调制(Pulse Code Modulation,PCM)变换后的数字化的话音信号,交换机中的交换矩阵要采用数字交换网络(Digital Switching Network,DSN)。

数字程控交换于 20 世纪 70 年代推出,80 年代初技术上日趋成熟,并开始逐步广泛应用。阿尔卡特的 E10、贝尔电话设备制造公司(BTM)的 S1240、AT&T 的 4ESS 和 5ESS、爱立信的 AXE10、西门子的 EWSD、北电的 DMS、富士通的 FETEX-150、日本电气(NEC)的 NEAX-61、Itatel 的 UT-10、我国中兴通讯的 ZXJ-10、华为技术的 C&C08 都是知名的数字程控交换系统。其中,1970 年的 E10A 和 1976 年的 4ESS 是最早推出的市话和长话数字交换机,1980 年推出的 DMS-100 是最早的全数字市话交换机,1982 年开通的 S1240 和 5ESS 是最早的分布式控制系统,前者基于功能分担,后者基于容量分担,稍后推出的 UT-10 则对呼叫处理实现更完全的分布式控制。

在信令技术上,数字程控交换普遍采用 7 号共路信令方式。在控制技术上,普遍采用多机分散控制方式。在软件方面,除去很少量的汇编程序外,普遍采用高级语言,包括 C 语言、CHILL 语言和其他电信交换的专用语言。软件开发采用结构化设计、面向对象设计等技术,注重可靠性、可维护性、可移植性和可重用性,并使用了集成程控交换软件开发、测试、生产、维护功能的支撑系统。

相对于模拟程控交换,数字程控交换体积更小,机房面积节省;交换网络容量大、速度快、阻塞率低和可靠性高;便于采用数字中继,可灵活组网,与数字中继配合不需要模数转换。至今为止,数字程控交换仍然是电信网络的重要技术,广泛应用于固定通信网、移动通信网、专用通信网和企业通信网。

最后说明一点,电话交换网也能传送数据信号,称为电路交换数据业务。由于在电话网中,从终端到交换机之间的用户接入段是模拟线路,因此传送数据信号时终端必需配备调制解调器(Modem),但是数据传送速率比较低一般为 9.6Kb/s,最高不超过 19.2Kb/s。

2.2.2 数字程控交换机

1. 交换机的基本功能及硬件结构

交换机的基本功能是实现任意入线与任意出线之间的互连,即实现任意两个用户之间的信息交换。为此,交换机的基本组成如图 2.14 所示,主要由话路系统和控制系统两部分组成。

1) 话路系统

程控数字交换机话路设备的基本功能部件有:用户电路、用户集线器、中继线的接口,提供连通通路的数字交换网络以及信号设备,此外,还有话务台、测量台等一些外围设备。

(1) 用户电路:是模拟用户话机和数字交换机的接口电路,为用户提供用户终端电路,用户线接入电路,其具有以下七大功能,将其代表字母组合起来,就称之为 BORSCHT 功能。①向用户话机馈电(Battery feed);②过压保护(Overvoltage protection);③振铃(Ringing):向用户送振铃;④监视用户线变化(Supervision):对用户话机摘挂机状态和拨号脉冲数字等状态进行监测;⑤编译码和滤波(CODEC):模拟用户电路中需要有编码器把

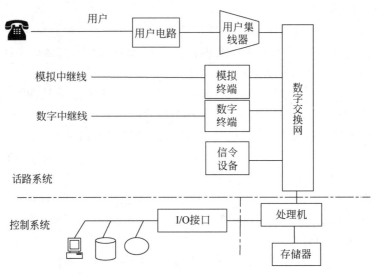

图 2.14　数字程控系统硬件功能结构

模拟话音转换成数字话音,然后送入数字交换网进行交换,在收端,还要解码以还原成模拟话音;⑥二/四线转换,又称混合电路(Hybrid),主要解决二线模拟电话和四线数字交换机间的阻抗匹配问题;⑦用户线与用户电路的测试(Test)。

(2)用户集线器:主要功能用于完成话务量集中的任务。因为每个用户的话务量不高,而交换机用户容量很大,通过用户集线器可将一组用户集中起来,并通过较少的几条线路通向交换网络。

用户电路和用户集线器统称为程控数字交换机的数字用户级。

(3)数字用户电路

数字程控交换机中,还有一种直接与数字用户终端连接的用户接口电路,称为数字用户电路。数字用户电路的作用是为了把数字用户终端经过用户线路接入数字交换机而设置的接口电路。所谓数字用户终端是指该终端发出的数字信号无须经过 A/D、D/A 变换即能直接送到传输线上传输的这一类终端,如数字电话机、计算机或数字传真机和数字图像设备等。

数字用户电路应具备码型变换、回波抵销、均衡、扰码和去扰码、信令提取和插入、多路复用和分路等功能。当然,数字用户电路与模拟用户电路一样,还应具有馈电、过压保护和测试等功能,此外,对于数字用户还应符合 ITU-T 关于数字用户环路的入口标准。目前,按照 ITU-T 的规定,数字用户环路的基本接口采用 2B+D 的信道结构,其中 B 信道称为数据信道,速率为 64Kb/s。D 信道称为控制信道,速率为 16Kb/s。因此,2B+D 接口的基本速率为 144Kb/s。

(4)中继接口

中继接口是数字电话交换系统为与其他交换系统联网而设置的接口设备,分为模拟中继接口(C 接口)和数字中继接口(A 接口和 B 接口)两种类型。

模拟中继器:是指数字交换机与其他交换机之间的采用模拟中继线相连的接口电路,它是为数字交换机适应模拟环境而设置的。模拟中继器的功能与用户电路的基本功能类似,与用户电路相比,模拟中继器少了振铃控制,并把对用户状态的监视变为对线路信号的监视,模拟中继器还要接收线路信号和记发器信号,提供扫描信号的输出。

数字中继器:是数字中继线上交换机之间的接口设备,常用于长途交换、市内交换,远端用户模块和其他数字环境。数字中继器的输入、输出信号都是数字信号,故不需要进行模数转换,其主要功能在于根据 PCM 时分复用原理,将 30 路 64Kb/s 的话路信号复接成 2Mb/s 的基群信号发送出去,与此相反,把从其他数字交换系统(或传输系统)传来的 2Mb/s 的基群信号分成 30 路话路信号,然后再通过数字交换网分接到各个相应的用户。

(5) 数字交换网络:提供连接和数字语音信号的交换功能,具体的实现可以由 2.1.3 节介绍的 $T\text{-}S\text{-}T$ 数字交换网络组成。

(6) 信令部件

当采用随路信令时,应具有多频接收器和多频发送器,用来接收或发送数字化的多频信号,数字化的多频信号是通过交换网络而在相应的话路中传送。信令部件还包括双音多频(DTMF)接收器、发送器和信号音发生器。

信号音发生器一般采用数字音存储方法,将拨号音、忙音等音频信号进行抽样和编码后存放在只读存储器中,在计数器的控制下读出数字化信号音的编码,经数字交换网络发送到所需的话路上去。

多频信号接收器和发送器用于接收和发送多频(MF)信号,包括音频话机的双音多频信号和局间多频信号。这些多频信号在相应的话路中传送,以数字化的形式通过交换网络而被接收和发送。

2) 控制系统

程控数字交换机是建立在计算机技术与数字通信系统的基础上,采用存储程序控制方式完成对整个交换系统实施控制,实现复杂的交换与管理功能。数字交换机通常采用微处理器多机控制方式。一般交换机厂家的控制系统可以分为三级,即用户处理级、呼叫处理级和测试维护处理级。控制系统主要是软件。

2. 交换机的软件系统

程控数字交换机是一个大型的实时处理系统,其软件极为庞大,功能极为复杂。归纳起来可以分为程序和数据两大部分。

1) 程序

交换机的程序分为系统程序和应用程序,它是程控交换机运行时所必需的程序。

(1) 系统程序

系统程序主要是指操作系统,其功能包括进程管理、作业管理、存储管理、文件管理和输入/输出设备管理、任务调度等,同时要解决进程间的通信和系统的故障诊断。在程控交换机中,操作系统的功能与普通计算机的操作系统类似,它是交换机硬件和应用程序之间的接口,交换机的操作系统需要实时操作系统,也就是需要很快的处理时间。

(2) 应用程序

应用程序关系到交换处理与维护等工作,是直接面向用户,为用户服务的程序。主要由以下几部分组成。

① 呼叫处理程序

控制整个交换机所有呼叫的建立与释放,并负责交换机各种电话服务功能(如三方通话、各种呼叫转移和缩位拨号等)的建立和释放。它是程控交换机软件中最为复杂的一部分,体现了较强的实时性及并发性。在该程序中,主要解决了监视用户线及各种中继线的状况并做相应的处理,根据各种输入信息的要求和当前呼叫状态,对照用户类别、呼叫性质和业务条件等进行一系列分析,以决定应执行的操作;根据数字分析执行程序所提供的信息与数据,为呼叫合理地分配软/硬件资源。

具体来看呼叫处理程序主要完成以下功能:

- 用户扫描:获悉用户的各种动作,如摘机、挂机、拨号等。
- 信令扫描:接收信令(拨号收集、中继扫描)。
- 数字分析:根据所收到的号码(通常是前几位)判定呼叫接续去向。
- 路由选择:确定对应呼叫去向的中继线群,并选择空闲中继线。
- 通路选择:在数字分析和路由选择后执行,任务是在交换网络指定的入端和出端之间选择一条空闲的通路。
- 输出驱动:驱动硬件。

呼叫处理软件必须采用模块化的方法进行编写以利于修改和增删服务功能。

② 维护与管理程序

主要用来存取、修改一些半固定数据以及管理含有这类数据的文件,具体内容是:闭塞管理用于当用户或中继器占用时置忙状态;路由监视探查某一方向的拥塞状况;分担负荷和话路日常维护及测试,并进行一些统计和数据管理等,以便根据统计数据调整局数据使交换机更加合理有效的工作。

2) 数据

在数字程控交换机中,可以用数据来描述关于交换机的所有信息,如交换机的硬件配置、运行环境、编号方案、用户当前状态、资源的占用情况和接续路由地址等,数据包括交换局的局用数据、用户数据及交换系统数据等。

(1) 局用数据:一般只限于在交换机的本局应用,并以表格形式存放在存储器的数据区,反映了交换局在交换网中的地位和级别或本交换局与其他交换局的中继关系,包括硬件配置、编号方式、中继线信号方式等,内容常随不同交换局而异。

(2) 用户数据:用户数据描述了全部的用户信息,它为每一个用户所特有。用户数据只存在于市话局中,对于长话局或国际局则无此部分数据。

用户数据包括用户类别、用户设备号码、计费种类、用户地理位置和优先级等数据。

(3) 交换系统数据:其内容来源于设备制造厂家,主要根据交换局设备数量、交换网络组成、存储器地址分配、交换局的各种信号和编号等有关数据,在产品出厂前由厂家编写。

另外,根据信息存储的时间特性,数据又可被分为半永久性数据和暂时性数据两类。

半永久性数据描述的是静态信息,如上所讲的硬件配置、编号方案和运行环境等,该部分数据一经安装即很少改动。

暂时性数据则为交换机的一些动态信息,只在每次呼叫的建立和释放过程之间存在,例如主叫、被叫用户号码,占用的路由地址数据和呼叫建立过程中所用的资源及其相互间的链接等。

2.2.3 电话交换网及其支撑技术

1. 我国电话网的结构

从 1982 年 12 月我国第一个数字程控电话交换网开通后,电话网的规模迅猛发展,网络结构不断优化。

我国的电话网早期为五级结构,长途网为四级。从高至低依次为一级交换中心(C1局)、二级交换中心(C2局)、三级交换中心(C3局)、四级交换中心(C4局)和端局(C5局)。图 2.15 所示给出了我国早期电话网的等级结构。其中,由端局组成的本地电话网,可以设立本地汇接局(Tm局),以汇集或疏通本地话务。

在拓扑结构上,C1局之间以网状网结构相连接,C1局与国际关口局,则又以星型结构连接。下级交换中心以星状网连接到上级交换中心,除了 C1 和 C5 局外,电话网的主体是一个逐级汇接的多级星状网大中城市本地网的 C5 局,一般以网状网结构形式连接,在必要时设立汇接局。

各级交换中心的职能

(1) 根据业务流量和行政区将全国分为几个大区,每个大区设置一个大区中心,即一级交换中心 C1;我国共有 8 个 C1 局,分别设在北京、沈阳、上海、南京、广州、武汉、西安和成都;分别在北京、上海、广州设有 3 个国际出口局。

(2) 每个大区包括几个省(区),每个省区设置一个省(区)中心,即二级交换中心 C2。

(3) 每个省(区)包括若干个地区,每个地区设置一个地区中心,即三级交换中心 C3。

(4) 每个地区包括若干个县,每个县包括一个县中心,即四级交换中心 C4(目前县局不设长途局)。

各级长途交换汇接中心的职能是:按规定疏通本交换中心,汇接区域内各中心之间及到区外,各中心之间的长途来、去转话任务(由汇接局所负责的范围为汇接区)。

(5) 本地交换端局 C5,本地电话网可设置汇接局和端局两级系统,也可以设置端局一级交换中心,其中汇接局主要用来负责集散当地电话业务,根据需要也可以汇接本汇接区内的长途电话业务(相当于 C4)。

五级交换中心即为本地交换端局,用 C5 表示。主要通过用户线与用户直接相连的电话交换局,用于汇集本局用户的去话和分配他局来话业务。

这种五级等级结构的电话网在我国电话网发展的初级阶段,在电话网由人工向自动、模拟向数字过渡的过程中起着重要的作用,随着通信的飞速发展,由于经济的发展,非纵向话务流量日趋增多,新技术、新业务不断涌现,五级网络结构存在的问题日益明显,在全网服务质量方面主要表现在以下方面。

(1) 转接次数多,造成接续时延长,传输损耗大,接通率低。比如,跨两个地区或者县用户之间的呼叫,需要经过多级长途交换中心转接。

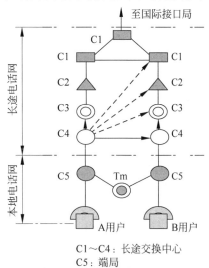

C1~C4:长途交换中心
C5:端局
Tm:汇接局

图 2.15 我国早期电话网的等级结构

（2）可靠性差，多级长途网一旦某节点或链路出线故障，会造成网络局部拥塞。

随着技术的发展，为了简化，现已将 C1 与 C2 合并成 DC1，C3 与 C4 合并成 DC2，DC3 为本地网，因此电话网演变为三级结构，如图 2.16 所示。

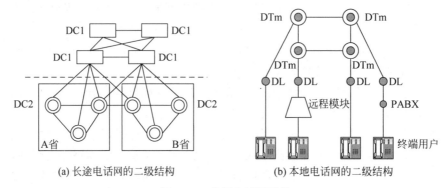

(a) 长途电话网的二级结构　　　　　(b) 本地电话网的二级结构

图 2.16　我国电话网结构

图 2.16(a)是长途电话网的结构，DC1 为一级交换中心，设在各省会、自治区首府和中央直辖市，其主要功能是汇接所在省（自治区、直辖市）的省际和省内的国际和国内长途来、去、转话话务和 DC1 所在本地网的长途终端（落地）话务。DC2 为二级交换中心，是长途网的终端长途交换中心，设在各省的地（市）本地网的中心城市，其主要功能是汇接所在地区的国际和国内长途来、去话话务和省内各地（市）本地网之间的长途转话话务以及 DC2 所在中心城市的终端长途话务。当在同一省内的 DC2 之间采用"固定无级"的选路方式后，DC2 还可作为省内其他 DC2 之间设置安全迂回路由的转接点，疏通少量的省内转接话务。

图 2.16(b)是本地电话网的结构图，DTm 为本地网中的汇接局，DL 为本地网中的端局，PABX 为专用自动用户交换局，在本地网中，DTm 是 DL 的上级局，是本地网中的第一级交换中心；DL 是本地网中的第二级交换中心，仅有本局交换功能和终端来、去话功能。根据组网需要，DL 以下还可接远端用户模块、PABX、接入网（AN）等用户接入装置。根据 DL 所接的话源性质和设置的地点不同，有市内 DL、县市及卫星城镇 DL、农村乡镇 DL 之分，但它们的功能完全一样，并统称为端局 DL。

一个完整的电信网除了有以传递信息为主的业务网外，还需要有若干个用以保障业务网正常运行，增强网路功能，提高网路服务质量的支撑网路。支撑网中传递相应的监测、控制和管理信号。支撑网包括 7 号信令网、数字同步网和电信管理网。这三个支撑网的建立是使业务提供高质量、高可靠性、高效益的电信业务服务的重要保证。下面就分别介绍这三个支撑技术。

2. 信令支撑技术

信令是电话网工作中不可缺少的部分，是终端与交换系统之间，以及交换系统与交换系统之间进行"对话"的语言，它控制电信网的协调运行，完成任意用户之间的通信连接，并维护网络本身的正常运行。信令系统是电信网的重要组成部分。

图 2.17 所示的是用户通话信令及其流程，由信令完成了控制打电话的接续工作。

在通信网的发展过程中，提出过各种各样的信令方式，最开始电话网采用的是随路信令，但是由于随路信令速度慢，容量小等原因，出现了公共信道信令技术。公共信道信令技术是将通话信道和信令信道相分离，它是 20 世纪 60 年代发展起来的用于局间接续的信令

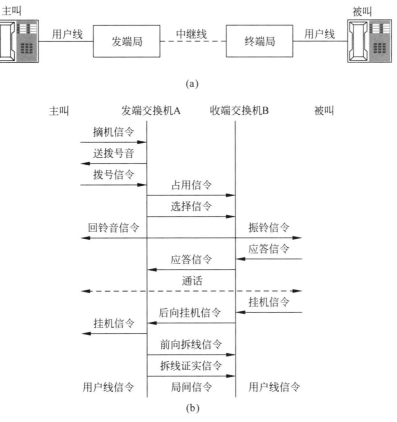

图 2.17　用户通话信令及其流程

方式(使用在 NNI 接口上)。自 1976 年起,ITU-T/CCITT 开始研究 No.7 信令方式,并提出了一系列的技术建议。公共信道信令技术采用分组交换的技术,在单独的数据链路上以信令消息单元的形式集中传送所有话路的信令。

CCITT/ITU-T 建议了 No.1～No.7 信令方式,也相应地规定了中国 No.1 和中国 No.7 信令方式。我国在电话网中均采用了 No.7 信令方式,下面对 No.7 信令及其相关内容进行阐述。

7 号信令采用开放式的系统结构,可以支持多种业务和多种信息传送的需要。这种信令能使网络的利用和控制更为有效,而且信令传送速度快、信令效率高、信息容量大,可以适应电信业务发展的需要。因此,在世界各国得到了广泛的应用。

1) 7 号信令的概述与基本功能结构

7 号信令系统除具有公共信道方式的共有特点外,在技术上具有很强的灵活性和适应性。7 号信令主要用于:①电话网的局间信令;②电路交换数据网的局间信令;③ISDN 的局间信令;④各种运行、管理和维护中心的信息传递;⑤移动通信;⑥PABX 的应用等。

7 号信令采用了分层的功能结构和消息通信的机制。7 号信令的分层结构如图 2.18 所示,其中虚线的右半部分为 1980 年提出的早期的四级结构,当时将层称之为"级"(Level)。它的功能主要是控制电路连接的建立和释放,因此只支持电路相关消息的传送。左半部分为 1988 年提出的新的 7 层结构,可以传送与电路无关的数据和控制信息,以适应通信网结构的变革和通信技术、计算机技术的互相渗透和融合。下面首先介绍 4 级分层结构。

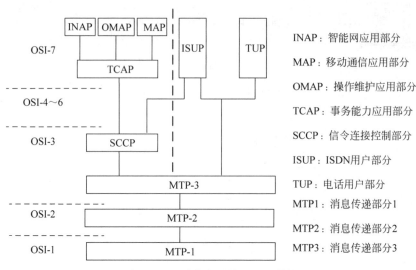

INAP：智能网应用部分

MAP：移动通信应用部分

OMAP：操作维护应用部分

TCAP：事务能力应用部分

SCCP：信令连接控制部分

ISUP：ISDN用户部分

TUP：电话用户部分

MTP1：消息传递部分1

MTP2：消息传递部分2

MTP3：消息传递部分3

图 2.18　7 号信令系统的规程结构

（1）四级结构

7 号信令系统的第一级称为信令数据链路功能级（MTP1），相当于 OSI 七层结构中的物理层。定义了信令数据链路的物理、电气和功能特性，以及链路接入方法。是一个双工传输通道，包括工作速率相同的两个数据通道，可以是数字信令数据链路或模拟信令数据链路。通常采用 64kbps 的 PCM 数字通道，作为 7 号信令系统的数字信令数据链路。原则上可利用 PCM 系统中的任一时隙作为信令数据链路。实际系统中常采用 PCM 一次群的 TS16 作为信令数据链路，这个时隙可以通过交换网络的半固定连接和信令终端相接。

第二级称为信令链路功能（MTP2），相当于 7 层结构中的数据链路层，其作用是保证信令消息比特流（帧）在相邻两个信令点之间点到点的可靠传送。

第三级称为信令网功能（MTP3），属于 7 层结构中的网络层。具体包括两部分功能：

信令消息处理（SMH）功能：负责发送消息的选路和接收消息的分配或转发。

信令网管理（SNM）功能：其主要作用是在信令网发生异常的情况下，根据预定数据和网络状态信息调整消息路由和信令网设备配置，以保证消息的正常传送。

由于第三级只能提供无连接服务，即数据报传送方式，因此它对应的是不完备的网络层功能。

第一级至第三级通称为消息传递部分（Message Transfer Part，MTP），其作用是确保信令消息无差错地由源端传送到目的地，它们只关心消息的传递，并不处理消息本身的内容。

第四级称为用户部分（UP），相当于 7 层结构中的应用层，具体定义各种业务的信令消息和信令过程。已定义的用户部分包括电话用户部分（TUP）、数据用户部分（DUP）和 ISDN 用户部分（ISUP）。都是基于电路交换的业务，定义的都是电路相关消息。其中，DUP 指的是电路交换数据业务，很少使用。

在电信网中使用最多的是 TUP 协议，电话用户部分（TUP）协议规定控制电话呼叫建立和释放的功能和过程，即规定了局间传送的电话信令消息和信令过程。TUP 支持模拟和数字电路，并对电话管理信号的传输进行限定。在数字程控交换机中控制电话的接续过程是通过 TUP 协议来完成的。

（2）7 层结构

7 层结构在四级结构的基础上增加了以下几个协议：

① 信令连接控制部分（Signalling Connection Control Part，SCCP）：主要功能是通过全局名翻译支持电路无关消息的端到端传送，同时还支持面向连接，即虚电路方式的消息传送服务。SCCP 和原来的第三级相结合，提供了 7 层结构中较完备的网络层功能。

② 事务处理能力应用部分（Transaction Capability Application Part，TCAP）：主要功能是对网络节点间的对话和操作请求进行管理，为各种应用业务信令过程提供基础服务。本身属于应用层协议，但和具体应用无关。

③ 和具体业务有关的各种应用部分（AP）：已定义或部分定义的包括 7 号信令网的操作维护应用部分（OMAP）、智能网应用部分（INAP）和移动应用部分（MAP）。它们均为应用层协议。

■ MAP：Mobile Application Part（移动应用部分），7 号信令的子集。用于移动网络中连接移动交换单元（MSC）和主数据库（HLR）。MAP 协议的主要内容包括移动性管理、呼叫业务处理、补充业务处理、短消息业务处理、操作维护和 GPRS 业务处理等。

■ INAP：Intelligent Network Application Protocol，它 INAP 是智能网功能实体之间的应用层通信协议。智能网功能实体 SCP 与 SSP、IP、SDP 间通过 INAP 传递智能网业务呼叫所需的信息，从而实现对智能网业务呼叫接续的控制。

■ 中间业务部分（Intermediate Service Part，ISP）：相当于 7 层结构中的第 4～6 层。目前 ISP 协议并未定义。

■ OMAP（Operations and Maintenance Application Part）：操作维护应用部分，规定了用于管理 No.7 信令网的功能、程序和组成要素。

2）信令传送方式

如果两个节点的对等 UP 或 AP 间有通信联系，就称这两个节点间有信令关系。所谓信令传送方式指的是信令消息的传送路径和消息所属信令关系之间的对应关系。

7 号信令有三种传送方式：

（1）直联方式：如图 2.19（a）所示。信令消息沿着消息源点和目的地点间的直达信令链路传送。

（2）非直联方式：如图 2.19（b）所示。信令消息沿着两条或多条串接的链路由源点发往目的地点。一般说来，从一个源点到一个目的地点之间有多条传送路由，图中示有两条。一个消息究竟沿哪条路由传送是随机的，可根据当时的信令负荷和信令网运行情况动态确定，这种方式从理论上说可以最有效地利用网络资源，但是它使路由选择和网络管理十分复杂。

（3）准直联方式：这是非直联方式中的一种特殊情况。在这种方式中，消息路由是预先确定的。如 TUP 消息采用的是按话路确定的方式。例如，在图 2.19（b）中，凡关于奇数号话路的消息均由路由 1 发送，偶数号话路的消息均由路由 2 发送。

7 号信令规定只采用直联和准直联两种传送方式。在准直联中，消息需经中间信令点转送，这些信令点称为信令转接点（Signalling Transfer Point，STP），在图中用符号□表示。

消息的源点和目的地点称为信令端点(Signalling End Point,SEP,SP),用符号○表示。

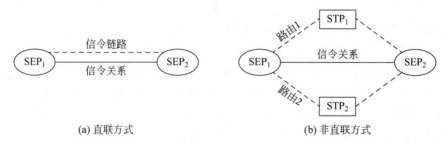

(a) 直联方式　　　　　　　　　(b) 非直联方式

图 2.19　信令传送方式

从协议能力上来说,STP 只装备有消息传递协议,即 MTP 和 SCCP;SP 装备有用户部分或应用部分协议,可以收发和特定业务有关的用户或应用信令消息。

3) 7 号信令网

7 号信令网是逻辑上独立于它所服务的信息网,专门用于传送 7 号信令消息的专用数据网,是由信令点和信令链路组成。

(1) 信令网结构

信令网结构可分为无级信令网和分级信令网两种组网方式。

① 无级信令网

无级信令网是指未引入信令转接点的信令网。信令点之间采用直联方式工作,所有的信令点均处于同一等级级别。

② 分级信令网

分级信令网是使用信令转接点的信令网。分级信令网按等级划分又可划分为二级信令网和三级信令网。

我国由于地域辽阔,信令网采用三级结构,三级网的原理结构如图 2.20 所示。其中,SP 为信令端点,LSTP 称为低级 STP,HSTP 称为高级 STP。LSTP 至 SP 及 HSTP 至 LSTP 为星状连接,HSTP 之间为网状连接。这样,任何两个 SP 最多经过 4 次转接即可互相传送消息。

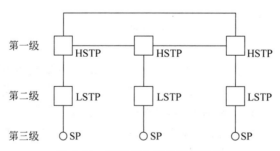

图 2.20　我国信令网的等级结构

其中,HSTP 对应于“主信令区”,规定按省、市、自治区划分。每个主信令区设置 1 对 HSTP,以负荷分担方式工作。LSTP 对应于“分信令区”,规定省内每个地区为一个分信令区,设置 1 对 LSTP,亦以负荷分担方式工作。

为了提高网络的安全性,7 号信令网采用了所谓"四倍备份"的冗余结构:SP-LSTP、LSTP-HSTP 之间的连接至少设置两条信令链路(链路冗余);每个 SP 至少和两个 LSTP 相连,每个 LSTP 至少和两个 HSTP 相连(路由冗余)。

在具体做网络规划时,还允许有一定的灵活性。例如,信令业务量较小的几个地区可以合并设置一个分信令区;信令业务量较大的县或县级市可以单独设置为一个分信令区;SP 间中继群足够大时可设置直达信令链路等。

(2) 信令网和电话网的对应关系

信令网与电话网是两个相互独立的网络,但它们又存在紧密的控制关系。7 号信令网为电话网服务时,其三级结构和电话网五级结构之间的对应关系如图 2.21 所示。根据主信令区和分信令区的划分原则,C5、C4、C3 局应与 LSTP 相连,C2、C1 局及国际局应与 HSTP 相连。信令网的信令消息控制电话网的局间中继电路接续。

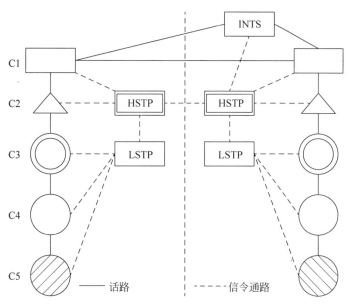

图 2.21　7 号信令和电话网的对应关系

3. 同步支撑技术

同步是指两个或两个以上信号之间在频率或相位上保持的某种特定关系,也就是说两个或两个以上信号在相对应的有效瞬间其相位差或频率差在约定的容许范围内。

通信网中,为实现链路之间和链路与交换节点之间的连接,最重要的是使它们能协调地工作。这个协调首要的就是相互连接的设备所处理的信号都应有相同的时钟频率,实际上要使时钟频率和相位都控制在预先约定的容差范围内,以便使网内各交换节点的全部数字流实现正确有效的交换;否则,会在数字交换机的缓存器产生信息比特的溢出或取空,导致数字流的丢失或重复。

在数字信息传输过程中,要把信息分成帧,并设置帧标志码,因此,在数字通信网中除了传输链路和节点设备时钟源的比特率应一致(以保持比特同步)外,还要求在传输和交换过程中保持帧的同步,称为帧同步。所谓帧同步就是在节点设备中,准确地识别帧标志码,以正确地划分比特流的信息段。要正确识别帧标志码一定要在比特同步的基础上。如果每个交换系统接受的数字比特流与其内部时钟位置的偏移和错位,造成帧同步脉冲的丢失,这就会产生帧失步,产生滑码。为了防止滑码,必须使两个交换系统使用某个共同的基准始时钟(F_0)。

时钟不同步是产生滑动的主要原因,而时钟不同步可以由两方面原因造成:一个是网络节点时钟之间的频差;另一个是传输系统受工作影响引起的,如环境温度的变化引起漂移,或者传输同步信息的链路发生暂时扰动时,例如网络调整、保护倒换,人为的操作疏忽等,都可以引起系统同步工作状态的短时骚扰;还可能因为失去定时控制也会产生失步,进而产生滑动。在数字网中一定的滑动对不同的电信业务的影响是不同的,编码的冗余度愈高,滑动损伤就愈小。例如语音冗余高,对滑动敏感度低,而数据对滑动较敏感,会造成误码,影响通信质量,严重时会中断通信。

数字同步网是提供定时基准的公用支撑网。网同步是指网络中各个单元使用同一个基准时钟速率,实现网元时钟间的同步。

公用网中交换节点间时钟的同步方式主要有以下几种:

(1) 准同步方式

准同步方式又称独立时钟方式,是在各交换局配备各自独立的时钟,由于这些独立工作的时钟精确度都应保持在一个很窄的规定的范围之内,这就要求采用高精度和高稳定度的原子钟,同时还要求维护人员定时核对。准同步方式对于网路扩建和改动比较灵活,发生故障也不致影响全网,但这种方式总会产生滑动,为此应根据网中所传输的业务要求规定一定的滑动率。例如,采用铯原子钟的频率准确度可达 10^{-11},也就是平均每 70 天发生一次滑动。准同步方式一般适用于国际数字网。

(2) 主从同步方式

主从同步方式是在某一个交换主局设置高精度和高稳定的时钟源,并以其作为主基准时钟的频率,控制其他各局从时钟的频率,也就是数字网中的同步节点和数字传输设备的时钟都受控于主基准时钟的同步信息。

主从同步方式中同步信息可以包含在传送信息业务的数字比特流中,接收端从所接收的比特流中提取同步时钟信号;也可以用指定的链路专门传送主基准时钟源的时钟信号。在从时钟节点及数字传输设备内通过锁相环电路使其时钟频率锁定在主基准源的时钟频率上,从而使网络内各节点时钟都与主节点时钟同步。

(3) 互同步方式

这种方式在网中不设主时钟,由网内各交换节点的时钟相互控制,每个时钟接收其他节点时钟送来的定时信号,将自身频率锁定在所有接收到的定时信号频率的加权平均值上,最后调整到一个稳定的统一的系统频率上,实现全网的同步工作。各局设置多输入端加权控制的锁相环路,在各局时钟的相互控制下,如果网络参数选择适合,则全网的时钟频率可以达到一个统一的稳定频率。

这种互同步方式对同步分配链路的失败不甚敏感,适于网孔形结构,对节点时钟要求较低,设备便宜。但是网中各时钟锁相环连在一起,易引起自激,其网络的稳定性不如主从方式,系统稳定频率不易确定,且易受外界因素影响。

(4) 外部基准频率同步方式

网内不设主钟,而由外部的标准频率对交换局的时钟进行控制的同步方式,这种方式称为外部基准同步方式。它要求各交换局设置昂贵接收机接受外来频率,因此不够经济,而且也存在可靠性问题。

同步方式的选择取决于网络结构和规模,网络可靠性和经济性等多种因素,在设计同步网时必须考虑到地域和网络业务情况,由于不同业务对滑动性能要求不同,我国采用"多基准时钟,分区等级主从同步"的组网方案。我国数字同步网是采用等级主从同步方式,按照时钟性能可划分为四级。同步网的基本功能是应能准确地将同步信息从基准时钟向同步网内的各下级或同级节点传递,通过主从同步方式使各从节点的时钟与基准时钟同步。

4. 管理支撑技术

传统通信网的管理主要是用过电信管理网来完成管理的。电信管理网(Telecom Management Network,TMN)是收集、处理、传送和存储有关电信网维护、操作和管理信息的一种综合手段,为电信主管部门管理电信网起着支撑作用,即协助电信主管部门管好电信网。TMN 可以提供一系列管理功能,并能使各种类型的操作系统之间通过标准接口进行通信联络,还能使操作系统与电信网各部分之间也通过标准接口进行通信联络。

电信网络管理的目标是要最大限度地利用电信网络资源,提高网络的运行质量和效率,向用户提供良好的通信服务。而电信管理网(TMN)则正是为电信网络管理目标的实现提供了一套整体解决方案,它能简化多厂商混合网络环境下电信运营企业的管理模式,降低电信运营的管理成本,从而使企业获得更好的效益。

TMN 是一个具有体系结构的数据网,既有数据采集系统,又包括这些数据的处理系统。它可以提供一系列的管理功能,并在各种类型的网络操作系统中间提供传输渠道和控制接口。

1) TMN 的构成及其与电信网的关系

TMN 构成的关键是:运用面向对象的信息建模(Information Modeling)技术对网络中被管理的资源(包括设备和业务)建立抽象模型;管理系统(OS)中的所有管理功能都基于网络资源的抽象模型视图(又称公共管理信息),而不直接和实际资源打交道。不同的网络运营部门和设备供应商只要遵循公共管理信息标准,就能屏蔽同类设备之间的差异,并能对由多个运营部门协同提供的、跨管理域的业务进行有效管理,从而实现开放式、标准化的网络管理。

图 2.22 表示了 TMN 的总体构成以及和它所管理的电信网之间的关系。图中虚线框内的就是电信管理网,它由一个数据通信网、电信网设备的一部分、电信网操作系统和网络管理工作站组成。电信管理网与它所管理的电信网是紧密耦合的,但在概念上又是一个分离的网络,它在若干点与电信网相接。另外 TMN 有可能利用电信网的一部分来实现它的通信能力。

(1)数据通信网负责以数据通信的方法来传送电信管理的信息;操作系统处理电信管理的信息、支持各种电信管理功能的实现,操作系统通常由一组计算机组成,它具备人机接口,操作人员通过它实现管理操作;TMN 内的电信网部分是指电信网与 TMN 连接的部分,如交换系统中的网管终端、传输系统中的监控终端等,它与 TMN 通信,为 TMN 采集信息,同时还接受 TMN 的监测和控制;工作站相当于网管中心的各操作终端,一方面与数据通信网连接,提供操作终端与 TMN 之间的通信,另一方面采用标准化的人机接口,提供操作终端与人之间的通信。

(2)电信网包括各种类型的模拟的及数字的电信设备和相关的支持设备,如传输系统、

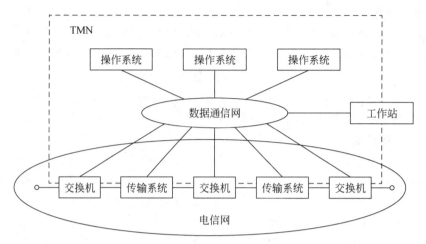

图 2.22 TMN 与电信网的关系

交换系统、复用设备和信令终端等。TMN 与电信网之间有多个接口,TMN 通过这些接口接收电信网的信息并控制电信网的运行。TMN 是由许多操作系统和数据通信网组成的网络,通过工作站可以提供多种功能,操作人员通过工作站进入 TMN,完成各种管理功能。

(3) 一个电信网包括许多类型的模拟或数字电信设备以及其支持设备,如传输系统、交换系统、复用设备、信令终端、前后置处理机、用户控制器、文件服务器等。在电信管理网中,这些设备被统称为网络单元(Network Element,NE)。

2) TMN 的标准

TMN 标准的制定始于 1985 年,第一个 TMN 标准被称为 M.30 并于 1988 年发表,而在 1992 年对这一版本做了全面的修订,并改称为 M.3010。在 1988 年—1992 年的研究期间,推出了一系列相关的建议书,见表 2.1,这些建议书以 M.3010 作为体系结构基础,定义了 TMN 一些具体方面的细则。

表 2.1 部分 TMN 的标准

标　　准	说　　明
M.3000	TMN 建议书概述
M.3010	TMN 原理,它是关于 TMN 的总体要求,涉及总体原则、体系结构、逻辑分层结构及基本功能要求
M.3020	TMN 接口规范定义方法
M.3180	TMN 管理信息目录
M.3200	关于 TMN 的管理业务及各种电信网上的 TMN 管理业务标准
M.3300	F 接口中提供的 TMN 管理能力
M.3400	TMN 管理功能

国际电信联盟(ITU)在 M.3010 建议中指出,电信管理网的基本概念是提供一个有组织的网络结构,以取得各种类型的操作系统(OSS)之间,操作系统与电信设备之间的互连,它是采用商定的具有标准协议和信息的接口进行管理信息交换的体系结构。

3) TMN 的管理功能

TMN 的功能可以分为一般功能和应用功能两个方面。TMN 的一般功能有传递、存储、安全、恢复、处理、用户终端支持等,它是实现应用功能的基础,是对应用功能的支持。TMN 的应用功能是指它为电信网及电信业务提供的一系列的管理功能;TMN 共有五大类管理功能:性能管理、故障/维护管理、配置管理、计费管理以及安全管理,具体的功能描述如下。

(1) 性能管理

性能管理主要提供有关通信设备状况、网络或网元效能的报告和评估。主要作用是收集各种统计数据用于监视或校正网络、网元或设备的状况和效能,并帮助进行规划和分析。性能管理主要具有以下功能:

① 性能数据采集:性能数据的采集为性能的分析提供依据,由网元中的代理对性能参数进行数据采集,管理者定时向网元中的代理发出采集性能的命令。

② 性能门限的设置:管理者可以设置网元设备的各项性能参数门限值,一旦设定的性能参数门限被突破,网元中的代理将自动产生超门限事件报告给管理者。管理者收到后在用户界面上进行表示。

③ 性能数据屏蔽:管理者可以设置对网元的某些性能参数不检测。

④ 性能查询:用户可以根据时间标记、网元、性能类别等条件或将这些条件进行组合,以查询当前和历史的性能数据。

⑤ 性能数据统计分析:用户能根据组合条件对性能数据进行统计分析。统计结果以报表、直方图等多种形式表示。

(2) 故障(或维护)管理

故障(或维护)管理是指能够对不正常的电信网运行状况或环境条件进行检测的一系列功能。诸如告警监视、故障定位、故障恢复和测试功能等。故障管理的过程是:检测故障信号——收集故障信号——识别故障信号——故障定位——告警。

(3) 配置管理

配置管理涉及网络的实际物理安排,主要实施对网元(NE)的控制、识别和数据交换,为传送网增加或去掉 NE 和通道/电路。主要功能有指配功能和网元(NE)状态监视和控制功能等。

(4) 计费管理

计费管理部分采集用户使用网络资源的信息,例如通话次数、通话时间、通话距离,然后一方面把这些信息存入用户账目日志以便用户查询,另一方面把这些信息传送到资费管理模块,以使资费管理部分根据预先确定的用户费率计算出费用。

(5) 安全管理

安全管理的功能是保护网络资源,使之处于安全运行状态。TMN 的安全管理功能可以分为若干级别。安全管理的主要内容包括用户管理、口令管理、操作权限管理和日志管理等。

2.2.4 移动交换

虽然在 20 世纪 70 年代已经出现移动电话系统,但是市场规模很小,标准化程度很低。20 世纪 90 年代初,国际电联启动了以 GSM 为标志的第二代移动通信(2G)系统标准化研究,提出了公众陆地移动网络(Public Land Mobile Network,PLMN)的网络结构,其核心技术就是在网络中设置网络数据库,集中存储全网注册终端的用户数据及当前位置信息,解决了移动性管理问题。最重要的数据库就是 HLR,必须确保其数据的实时性、可靠性、安全性和同步性。网络数据库访问和维护利用专门制定的 7 号信令移动应用部分(Mobile Application Part,MAP)协议完成,通过信令网传送。这一移动性管理技术思想不但适用于 2G 系统,也适用于其后各代的蜂窝通信系统。

2G、3G 的移动交换机采用数字程控交换机,核心功能与 PSTN 交换机基本相同,但要考虑切换过程,无线接入网接口协议借鉴 ISDN 的 UNI 信令协议结构定义,NNI 信令也是 7 号信令。但是到了 4G、5G 开始采用全 IP 的架构,不再采用程控交换机技术。

1. 移动通信系统基本概念

移动通信泛指用户接入采用无线技术的各种通信系统,包括陆地移动通信系统、卫星移动通信系统、集群调度通信系统、无绳电话系统、无线寻呼系统、地下移动通信系统等。本节只讨论基于蜂窝技术的陆地公用移动通信系统。

对于陆地公用移动通信系统,按照话音信号采用模拟还是数字方式传送,可分为模拟移动通信系统和数字移动通信系统;按照用户接入的多址方式分,可分为频分多址(FDMA)、时分多址(TDMA)、码分多址(CDMA)、正交频分多址(OFDMA)等系统。

移动通信技术的发展已经历了 4 个主要阶段:第一代(1G)为模拟通信系统,主要采用 FDMA 技术;第二代(2G)为数字通信系统,主要采用 TDMA(如 GSM)和 CDMA(如 IS-95)技术;第三代(3G)比 2G 可以提供更宽的频带,主要采用 CDMA(如 CDMA2000、WCDMA、TD-SCDMA)技术,不仅传输话音,还能传输高速数据,从而提供快捷方便的无线应用。第四代(4G)采用 OFDMA 接入技术(如 WiMax、HSPA+、LTE、LTE-Advanced 和 WirelessMAN-Advanced),向用户提供最大 100Mb/s 的带宽,是支持宽带接入 IP 的多功能集成移动通信系统。

虽然现在已经开始使用 4G 通信系统,5G 技术也已成熟。但是移动性管理的很多关键技术原理基本上是相同的。因此本节全球移动通信系统(Global System for Mobile Communication,GSM)为主讲述 GSM 移动通信系统的交换、信令技术以及移动性管理技术。

2. PLMN 结构

1988 年国际电报电话咨询委员会(CCITT)通过了关于公用陆地移动网(Public Land Mobile Network,PLMN)的 Q.1000 系列建议,对 PLMN 的结构、接口、功能以及与公共电话交换网(PSTN)的互通等作了详尽的规定,图 2.23 为 PLMN 的功能结构。

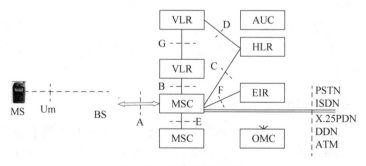

图 2.23　PLMN 功能结构

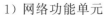

1）网络功能单元

（1）移动交换中心（Mobile Switching Center，MSC）：完成移动呼叫接续、越区切换控制、无线信道管理等功能，同时也是 PLMN 与 PSTN、公共数据网（PDN）、ISDN 等陆地固定网的接口设备。

（2）移动台（Mobile Station，MS）：是移动网的用户终端设备。

（3）基站（Base Station，BS）：负责射频信号的发送和接收以及无线信号至 MSC 的接入，在某些系统中还可以有信道分配、蜂窝小区管理等控制功能。一般来说，一个基站控制一个或数个蜂窝小区（cell）。

（4）原籍位置记器（Home Location Register，HLR）：所谓"原籍"指的是移动用户开户登记的电话局所属区域。HLR 存储在该地区开户的所有移动用户的用户数据（用户号码、移动台类型和参数、用户业务权限等）、位置信息、路由选择信息等。移动用户的计费信息也由 HLR 集中管理。

（5）访问用户位置登记器（Visitor Location Register，VLR）：存储进入本地区的所有访问用户的相关数据。这些数据都是呼叫处理的必备数据，取自于访问用户的 HLR。MSC 处理访问用户的去话或来话呼叫时，直接从 VLR 检索数据，不需要再访问 HLR。访问用户通常也称为"漫游用户"。

（6）设备标识登记器（Equipment Identity Register，EIR）：记录移动台设备号及其使用合法性等信息，供系统鉴别管理使用。

（7）鉴权中心（Authentication Center，AC）：存储移动用户合法性检验的专用数据和算法。该部件只在数字移动通信系统中使用，通常与 HLR 位于一起。

（8）网络操作维护中心（Operation and Maintenance Center，OMC）：用于网络的管理和维护。

2）网络接口

（1）Um 接口：无线接口，又称空中接口，该接口采用的技术决定了移动通信系统的制式。

（2）A 接口：无线接入接口，BS 与 MSC 之间的接口。该接口传送有关移动呼叫处理、基站管理、移动台管理、信道管理等信息，并与 Um 接口互通，在 MSC 和 MS 之间互传信息。

（3）B 接口：MSC 和 VLR 之间的接口。MSC 通过该接口向 VLR 传送漫游用户位置信息，并在呼叫建立时向 VLR 查询漫游用户的有关数据。

（4）C 接口：MSC 和 HLR 之间的接口。MSC 通过该接口向 HLR 查询被叫移动台的选路信息，以便确定呼叫路由，并在呼叫结束时向 HLR 发送计费信息。

（5）D 接口：VLR 和 HLR 之间的接口。该接口主要用于登记器之间传送移动台的用户数据、位置信息和选路信息。

（6）E 接口：MSC 之间的接口。该接口主要用于越局切换。当移动台在通信过程中由某一 MSC 业务区进入另一 MSC 业务区时，两个 MSC 需要通过该接口交换信息，由另一 MSC 接管该移动台的通信控制，使移动台通信不中断。

（7）F 接口：MSC 和 EIR 之间的接口。MSC 通过该接口向 EIR 查询发呼移动台设备的合法性。

（8）G 接口：VLR 之间的接口，当移动台由某一 VLR 管辖区进入另一 VLR 管辖区时,新老 VLR 通过该接口交换必要的信息。

（9）MSC 与 PSTN/ISDN 的接口：利用 PSTN/ISDN 的 NNI 信令建立网间话路连接。

3）网络区域划分

根据 CCITT 建议，PLMN 的空间划分如图 2.24 所示。它由以下几个区域组成：

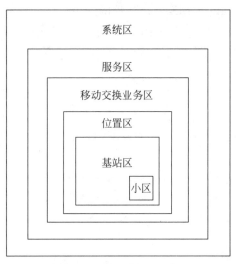

图 2.24　PLMN 网络区域划分

（1）蜂窝小区：为 PLMN 的最小空间单元。每个小区分配一组信道。小区半径按需要划定，一般为 1km 至几十 km 范围。半径在 1km 以下的称为微小区，还有更小的微微小区。小区越小，频率重用距离越小，频谱利用率就越高，但是系统设备投资也越高，且移动用户通信中的过区切换也越频繁。

（2）基站区：一个基站管辖的区域。如果采用全向天线，则一个基站区仅含一个小区，基站位于小区中央。如果采用扇形天线，则一个基站区包含数个小区，基站位于这些小区的公共顶点上。

（3）位置区：可由若干个基站区组成。移动台在同一位置区内移动可不必进行位置登记。

（4）移动交换业务区：一个 MSC 管辖的区域。一个公用移动网通常包含多个业务区。

（5）服务区：由若干个互相联网的 PLMN 覆盖区组成的区域。在此区域内，移动用户可以自动漫游。

（6）系统区：指的是同一制式的移动通信系统的覆盖区，在此区域中 Um 接口技术完全相同。

3. 移动通信中的编号计划

在移动通信系统中，由于用户的移动性及安全性的要求，需要有 4 种号码对用户进行识别、跟踪和管理。

（1）移动台号簿号码（Mobile Station Directory Number，MSDN）

这就是人们平时呼叫该用户所拨的号码，在 GSM 系统中称为 MSISDN，其结构为：［国际电话字冠］＋［国家号码］＋［国内有效号码］。其中，国内有效号码的编号目前采用独立于 PSTN/ISDN 编号计划的编号方式，结构为：［移动网号］＋$H_0H_1H_2H_3$＋ABCD，移动网号

（如 13×、18×）识别不同的移动系统，$H_0 H_1 H_2 H_3$ 用以标识用户所属的 HLR，ABCD 为用户号码。

（2）国际移动台标识号（International Mobile Station Identification,IMSI）

这是移动网络内唯一识别一个移动用户的国际通用号码。移动用户以此号码发出入网请求或位置登记，移动网据此查询用户数据。此号码亦是 HLR、VLR 的主要检索参数。

IMSI 编号计划国际统一，由 CCITT E.212 建议规定，以适应国际漫游的需要。它和各国的 MSDN 编号计划互相独立，这样使得各国电信管理部门可以随着移动业务类别的增加独立发展其自己的编号计划，不受 IMSI 的约束。

每个移动台可以是多种移动业务的终端（如话音、数据等），相应地可以有多个 MSDN，但是其 IMSI 只有一个，移动网据此受理用户的通信或漫游登记请求，并对用户计费。IMSI 由电信经营部门在用户开户时写入移动台的 EPROM。当任一主叫按 MSDN 拨叫某移动用户时，终接 MSC 请求 HLR 或 VLR 将其翻译成 IMSI，然后用 IMSI 在无线信道上寻呼该移动台。

（3）国际移动台设备标识号（International Mobile Equipment Identification,IMEI）

这是唯一标识移动台设备的号码，又称移动台串号。该号码由制造厂家永久性地置入移动台，用户和电信部门均不能改变，其作用是防止有人使用非法的移动台进行呼叫。

根据需要，MSC 可以发指令要求所有的移动台在发送 IMSI 的同时发送其 IMEI，如果发现两者不匹配，则确定该移动台非法，应禁止使用。在 EIR 中建有一张"非法 IMEI 号码表"，俗称"黑表"，用以禁止被盗移动台的使用。EIR 也可设置在 MSC 中。

（4）移动台漫游号（Mobile Station Roaming Number,MSRN）

这是系统赋给来访用户的一个临时号码，其作用是供移动交换机路由选择使用。在 PSTN 中，交换机是根据被叫号码中的长途区号和交换机局号判知被叫所在地点，从而选择中继路由。固定用户的位置和其号簿号码有固定的对应关系，但是移动台的位置是不确定的，它的 MSDN 中的移动网号和 $H_0 H_1 H_2 H_3$ 只反映它的原籍地。当它漫游进入其他地区接受来话呼叫时，该地区的移动系统必需根据当地编号计划赋予它一个 MSRN，经由 HLR 告之 MSC，MSC 据此才能建立至该用户的路由。

MSRN 由被访地区的 VLR 动态分配，它是系统预留的号码，一般不向用户公开，用户拨打 MSRN 号码将被拒绝。

4. 移动交换基本技术

在移动通信中，主要需要解决"动中通"的问题，因此交换机能够实现移动性管理，移动性管理（Mobile Management,MM）即是对移动终端位置信息、安全性以及业务连续性方面的管理，努力使终端与网络的联系状态达到最佳，进而为各种网络服务的应用提供保证。简单的说就是研究如何使得在移动过程中的用户能够持续的享受网络服务。主要包括：位置登记与更新、呼叫管理以及切换。

具体需要完成以下功能：移动台初始化、位置登记与更新、鉴权、加密、移动台始呼、移动台被呼、漫游、切换、呼叫释放等一系列过程，下面举例说明一些典型过程。

1）移动呼叫一般过程

（1）移动台初始化

在蜂窝式移动通信系统中，每个小区指配一定数量的波道，在这些波道上按规定配置各类逻辑信道，其中必有一个用于广播系统参数的广播信道，移动台一开机后首先就要通过自动扫描,捕获当前所在小区的广播信道,由此获得所在 PLMN 号、基站号和位置区域等信息,并将其存入随机存取存储器(RAM)中。扫描的起始信道根据选定的 PLMN 确定。

对于 GSM 系统来说,一个小区有多个不同功能的逻辑控制信道,以时分复用的方式在同一波道上传送。移动台首先需要根据广播的训练序列完成与基站的同步,然后获得位置信息,此外还需提取接入信道、寻呼信道等公共控制信道号码。上述任务完成后,移动台就监视寻呼信道,处于守听状态。

(2) 移动台呼叫固定网用户(MS→PSTN 用户)

MS→PSTN 用户呼叫接续过程如图 2.25 所示。

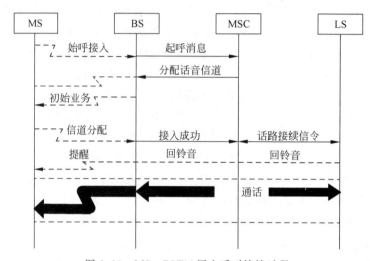

图 2.25　MS→PSTN 用户呼叫接续过程

- 移动台发号,即移动台摘机、拨号、按下"发送"键后,占用控制信道,向基站发出"始呼接入"消息。消息的主要参数是被叫号码,同时亦发出移动台标识号 IMSI (International Mobile Subscriber Identification Number),IMSI 是区别移动用户的标志,储存在 SIM 卡中。
- 基站将移动台试呼消息转送给移动交换机。
- 移动交换机根据 IMSI 检索用户数据,检查该移动台是否合法用户,是否有权进行此类呼叫。用户数据取自 VLR 或 HLR。
- 若为合法有权用户,则为移动台分配一个空闲业务信道。根据不同系统实现,可由基站控制器或交换机分配。
- 基站开启该波道射频发射机,并向移动台发送"初始业务信道指配"消息。
- 移动台收到此消息后,即调谐到指定的波道,并按要求调整发射电平。
- 基站确认业务信道建立成功后,将此信息通知移动交换机。
- 移动交换机分析被叫号码,选定路由(若被叫为本地用户,将呼叫送当地 GMSC 再到市话网;若被叫为外地用户,GMSC 将呼叫接至本地长话局或通过 PLMN 将呼叫依次接至主叫所在地 MSC、被叫所在地 GMSC,再到被叫地市话网),建立与 PSTN 交换局的中继连接。
- 若被叫空闲,则终端交换局回送后向指示消息,同时经话路返送回铃音。

- 被叫摘机应答后,即可和移动用户通话。

（3）固定网用户呼叫移动台（PSTN 用户→MS）

其过程如图 2.26 所示,图中网关 MSC（GMSC）在 GSM 系统中定义为与主叫 PSTN 局最近的移动交换机。

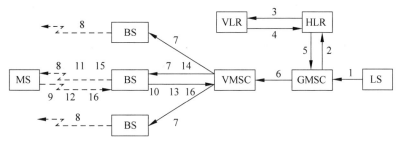

图 2.26　PSTN 用户→MS 呼叫接续过程

- PSTN 交换机通过号码分析判定被叫是移动用户,将呼叫接到 GMSC。
- GMSC 根据 MSDN 确定被叫所属 HLR,向 HLR 询问被叫当前位置信息。
- HLR 检索用户数据库,若记录该用户已漫游至其他地区,则向所在的 VLR 请求漫游号 MSRN。
- VLR 动态分配 MSRN 后回送 HLR。
- HLR 将 MSRN 转送 GMSC。
- GMSC 根据 MSRN 选路,将呼叫连接至被叫当前所在的移动交换局即访问移动交换中心（VMSC）。
- VMSC 查询数据库,向被叫所在位置区的所有小区基站发送寻呼命令。
- 各基站通过寻呼信道发送寻呼消息,消息的主要参数为被叫用户的 IMSI 号。
- 被叫收到寻呼消息,发现收到的 IMSI 号与自己的 IMSI 号相符,即回送寻呼响应消息。
- 基站将寻呼响应消息转发给 VMSC。
- VMSC 或基站控制器为被叫分配一条空闲业务信道,并向被叫移动台发送业务信道指配消息。
- 被叫移动台回送响应消息。
- 基站通知 VMSC 业务信道已接通。
- VMSC 发出振铃指令。
- 被叫移动台收到指令消息后,向用户振铃。
- 被叫摘机,应答消息通知基站和 VMSC,开始通话。

（4）呼叫释放

在移动通信系统中,为节省无线传输资源,呼叫释放采用互不控制复原方式（互不控制是指主叫被叫任一方挂机,通信电路便会释放）。如 GSM 系统中,MSC 和 MS 之间的释放过程就采用 Disconnect-Release-Release Complete 三消息过程。

2）漫游

漫游（Roaming）服务是蜂窝式移动通信系统一项十分重要的功能,它可使不同地区的蜂窝移动网实现互连。移动台不但可以在原籍交换局的业务区中使用,也可以在访问交换局的业务区中使用。具有漫游功能的用户,在整个联网区域内任何地点都可以自由地呼出和呼入,其使用方法不因地点的不同而变化。

根据系统对漫游的管理和实现的不同,可将漫游分为三类:人工漫游、半自动漫游和自动漫游。自动漫游实现技术涉及位置登记、路由重选、漫游用户的权限控制等方面。

所谓"位置登记"就是移动台通过接入信道向网络报告它的当前位置。如果位置发生变化,新的位置信息就由移动交换机经 VLR 通知 HLR 登录。借此,系统可以动态跟踪移动用户,完成对漫游用户的自动接续。位置登记有三种方式:始呼登记、定期登记和强迫登记。始呼登记是指当移动台发起呼叫时,移动交换机在呼叫处理的同时自动执行一次位置登记过程;定期登记是指移动台在网络控制下周期性地发送位置登记消息,如果 MSC/VLR 在规定时间内未收到定时登记消息,就可以判断该移动台不可及,以后收到来话呼叫时可不必再寻呼,这是定时登记的优点;强迫登记是指当移动台由一个位置区进入另一个位置区时,将自动发出登记请求消息。

所谓路由重选是指漫游用户已经离开其原来所属的交换局,它的号簿号码 MSDN 已不能反映其实际位置,必须先查询 HLR 获得漫游号 MSRN,然后根据漫游号重选路由。根据发起向 HLR 查询的位置不同,有两种重选方法:不论漫游用户现在何处,一律先根据 MSDN 接至其原籍移动交换中心(HMSC),然后再由原籍局查询 HLR 数据库后重选路由的方法叫原籍局重选;而当 PSTN/ISDN 用户呼叫漫游用户时,不论其原籍局在哪里,固定网交换机按就近接入的原则首先将呼叫接至最近的 MSC(GMSC),然后由 GMSC 查询 HLR 后重选路由的方法叫网关局重选。

漫游用户的权限控制是指网络运营部门常需要对漫游用户的呼叫权限作一定的限制。

3) 切换

切换(h/o-handover)是蜂窝式移动通信系统的又一重要功能。指的是移动台在通话过程中改变所用的话音信道,改变的原因通常是由于移动台移动远离基站或接近无线盲区,或者由于外界干扰而造成在原有话音信道上通话质量下降,这时必须切换到一条新的空闲话音信道上去,以保持通话不被中断。

根据切换前后新、老话音信道的相对位置关系,可将切换划分为以下 4 种类型:

(1)越区切换。新、老话音信道属于两个不同的蜂窝小区,这对应于移动台跨越两个邻近小区的情况,如图 2.27 中的 MS_1 所示。切换由 MSC_1 控制完成。

(2)越局切换。新、老话音信道属于两个不同的蜂窝小区,且这两个小区分属不同的 MSC 管辖,这对应于移动台跨越两个邻近交换业务区的情况,如图 2.27 中的 MS_2 所示。其切换由 MSC_1 和 MSC_2 协调完成,且新的话音通路要占用 MSC_1 和 MSC_2 之间的局间中继电路。

(3)不同系统间切换。新、老话音信道不但分属不同的交换业务区,而且这两个业务区属于不同的运营系统。首先要求这两个系统的信令能够互通,其次若这两个系统所用频段不完全相同,则 MSC_2 分配新的话音信道时要考虑移动台的适应性。

(4)小区内切换。新、老话音信道属于同一蜂窝小区。这类切换发生于两种情况。一是原有话音信道由于干扰通话质量下降,二是话音信道设备需要维护。这类切换在同一基站范围内,实现较为简单。

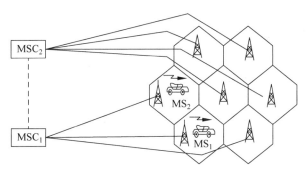

图 2.27　越区切换和越局切换

为了保证通信不中断,切换必须在极短时间内完成,这就要求无线信道质量检测、高速信令传送和交换机快速处理的配合。

另外,从切换实现方式的角度,又可将切换类型分为硬切换和软切换。

硬切换是指不同小区间采用先断开、后连接的方式进行切换。硬切换是 GSM 网络移动性管理的基本方法。

软切换是 CDMA 系统的一个重要特点。在 CDMA 系统中,所有移动用户共用一个公共的信道,但是每个用户分配一个不同的伪随机扩频序列(PN),在接收端利用同样的伪码解扩就可以检测出该用户发的信息。由于各小区的频率相同,因此越区切换不需要进行信道之间的切换,故称之为软切换。

图 2.28 给出软切换示意。当移动台接近两个区的交界区时,它同时和两个小区的基站建立通信连接,一直到进入新的小区测量到新基站的传输质量已满足指标要求后才断开与原基站的连接。如果说硬切换是"先断开、后切换"的话,软切换则是"先切换、后断开",没有通信中断时间,实现"软着陆"。在 CDMA 系统中,这点不难做到,因为各基站工作于同一频道(频率相同)。在切换过程中,同时接收两个基站的信号,犹如收到的是不同路径传来的多径信号,可以利用分集接收装置处理,不但对话音接收没有影响,反而可以增强接收信号电平,提高载干比。因而 CDMA 可以实现先切换后断开与原来基站间的联系,因而数据不易丢失。而在频分复用的 GSM 系统中,因为相邻基站采用不同的工作频率,因而不能先和切换的新基站建立连接。

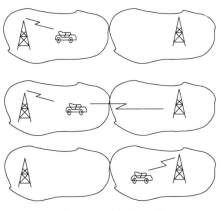

图 2.28　软切换示意

2.3 分组交换

基于分组交换的通信网络最早主要用于提供数据类型的业务,数据类型的业务主要关注的是网络的传输可靠性。数据通信网是一个由分布在各地的数据终端设备、数据交换设备和数据传输链路所构成的网络,在通信协议的支持下实现完成数据终端之间的数据传输与数据交换。数据网是计算机技术与近代通信技术发展相结合的产物,它使信息采集、传送、存储以及处理融为一体。

2.3.1 基于分组交换的网络

1. X.25 网络

X.25 网络是第一个面向连接基于分组交换的数据网络,也是第一个公共数据网络,由于这种技术产生的时间比较早,当时的网络质量比较差,X.25 网络中的每段链路上都进行数据差错和流量控制,处理比较复杂,信息传送的延迟较大,它提供的用户端口速率一般小于等于 64kb/s,因此其应用范围受到了限制。我国于 20 世纪 80 年代开始建设 X.25 网络,20 世纪 90 年代又加以扩展形成一个覆盖全国的可以提供交换连接的数据通信网络。

X.25 网是按照 ITU-T 制定的 X.25 建议建设的数据通信网。X.25 建议为公用数字网上以分组方式工作的终端规定了 DTE 与 DCE 之间的接口。这里 DTE 是用户终端设备,DCE 是数据通信设备,它能把 DTE 定义的信号转换成适合在传输线路上传输的信号,但从 X.25 意义上讲,DCE 则是与 DTE 连接的入口节点或节点交换机。

X.25 标准为用户(DTE)和分组交换网路(DCE)之间建立对话和交换数据提供一些共同的规程,这些规程包括数据传输通路的建立、保持和释放,数据传输的差错控制和流量控制,防止网路发生阻塞等。

X.25 中规定了三个独立的级,即物理级、链路级、网络级。这三级与 OSI 参考模型的一、二、三层基本上是一致的。

物理级:物理级规定物理、电气、规程和功能四方面的特性。物理接口使用 X.21 建议,在 DTE 和 DCE 之间提供同步的、全双工的点到点串行位传输。

链路级:链路级以帧的形式传送报文组,所以也称为帧级。在该组使用的数据链路控制规程与 HDLC 一致,并使用 HDLC 的平衡链路访问规程,X.25 的链路级协议是 HDLC 的一个子集,成为 LAPD。

网络级:进入网络级的用户数据形成报文组,报文组在源节点与目的节点之间建立起网络连接传输。目的结点把所接收到的报文组恢复成报文形式。该级协议规定了报文组的格式、信息流的控制及差错恢复等方法。

由于 X.25 分组交换网络是在早期低速、高出错率的物理链路基础上发展起来的,因此协议为了保障可靠性,处理较为复杂,因而信息传送的时间延迟较大,X.25 网络不能提供实时通信,其特性已不适应高速远程连接的要求,因此一般只用于要求传输费用少,而远程传输速率要求不高的广域网使用环境。虽然它已经被性能更好的网络取代,但这个著名的标准在推动分组交换网的发展中做出了巨大贡献。

2. 数字数据网（DDN）

和 X.25 提供交换式的数据连接不同，DDN（Digital Data Network）是提供固定或半固定连接的数据通道。

DDN 采用的主要设备包括数字交叉连接设备、数据复用设备、用户接入设备和光纤传输设备，组成覆盖全国的数字数据网络。通过数字交叉连接设备对电路进行调度，对网络进行保护，对电路进行分段监控，为用户提供高质量的数据传输电路。

DDN 专线接入向用户提供的是永久性的数字连接，沿途不进行复杂的软件处理，因此延时较短，避免了传统的分组网中传输协议复杂、传输时延长且不固定的缺点；DDN 专线接入采用交叉连接装置，可根据用户需要，在约定的时间内接通所需带宽的线路，信道容量的分配和接续均在计算机控制下进行，具有极大的灵活性和可靠性，使用户可以开通各种信息业务，传输任何合适的信息。

3. 帧中继网

帧中继（Frame Relay）是在 X.25 网络的基础上发展起来的数据通信网。帧中继的设计思想非常简单，将 X.25 协议规定的网络节点间、网络节点和用户设备之间每段链路上的数据差错重传，拥塞控制机制推向网络边缘的终端来完成，网络仅仅完成差错检查机制，从而简化了节点的处理过程，缩短了处理时间，这对有效利用高速数字传输信道十分关键。

实现帧方式进行数据通信有两个最基本的条件，一是要保证数字传输系统的优良的性能，二是计算机端系统的差错恢复能力。这两个条件目前早已不成为障碍。现代光纤数字传输系统的比特差错率实质上可达到 10^{-9} 以下。因此，现代通信网的纠错能力不再是评价网络性能的主要指标。昔日 X.25 分组交换技术的某些优点在光纤数字传输系统的环境里已不再受欢迎，相反地有些功能甚至是多余的。所以简化网络功能，以提高网络效率成为帧方式的重要内容之一。高智能、高处理速度的用户设备如局域网，本身具有数据通信协议如TCP/IP 可以实现纠错、流量控制等功能，一旦网络出现错误（概率很小），可以由端对端的用户设备进行纠错。

帧中继网络由帧中继交换机、帧中继接入设备、传输链路、网络管理系统组成。提供较高速率的交换数据连接，在时间响应性能方面较之 X.25 有明显的改进，可在局域网互联、文件传送、虚拟专用网等方面发挥作用。

4. ATM 宽带网络（BISDN）

ATM 是伴随着宽带综合业务数字网 BISDN 产生的一种新技术。ATM 综合了分组交换、电路交换的优点，它是业界公认的先进的宽带分组通信网技术，由 ITU-T、ATM 论坛投入大量精力完备其技术标准。ATM 是一种全新的数据通信网络，信息传送方式、交换方式、用户接入方式、通信协议都是全新的，它的标准网络用户接口：155.52Mb/s。

ATM（Asynchronous Transfer Mode）是一种采用异步时分复用方式、以固定信元长度为单位、面向连接的信息转移（包括复用、传输与交换）模式。所谓异步是相对于同步时分（STD）方式的，是指包含一段信息的信元并不是周期性地出现在线路上。在 ATM 技术中，信息被拆开以后形成固定长度的信元，由 ATM 交换机对信元进行处理，实现交换和传送功能，ATM 是一种面向连接的通信方式，在网络中设置两个层次的虚连接，虚路径 VP 和虚信道 VC，信元沿着在呼叫建立时确定的虚连接传送。由于 ATM 交换机对信元的高速处理，

ATM网络的时间响应特性较之其他类型的分组交换网络有明显的改进,可以很好地满足日益增长的各类高速、宽带、多媒体数据业务的需求,如远程医疗、电视会议等。

此外由于ATM产生的背景是在20世纪90年代,全世界范围内已经大量使用光纤,终端设备性能提高;因而设计ATM协议时进一步简化了网络功能。ATM网络并不参与数据链路层功能,将差错控制、流量控制等工作交给终端去做;去除逐段链路的差错控制和流量控制,采用端对端的差错控制和流量控制。由于ATM网络中链路的功能变得非常有限,所以ATM的信元头部变得异常简单,依靠信元头部的虚电路标志可以很容易地将不同的虚电路信息复用到一条物理通道上。

不少人曾认为ATM必然成为未来的宽带综合业务数字网B-ISDN的基础。在制定标准时认为ATM能应用在各种网络技术和桌面应用中,但实际上ATM只是用在因特网的主干网中应用过。主要是因为ATM的技术复杂且价格较高,同时ATM能够直接支持的应用不多。与此同时无连接的因特网发展非常快,各种应用与因特网的衔接非常好。在100Mb/s的快速以太网和千兆以太网推向市场后,10千兆以太网又问世了。这就进一步削弱了ATM在因特网高速主干网领域的竞争。

5. Internet

在基于分组交换技术的数据通信网中,还有一种网络就是因特网Internet,它是世界上规模最大,用户数最多,影响力最大的计算机互联网,它不隶属于某一个国家或集团,有具体的网络结构,而是由遍布世界的广域网、局域网,公用网、专用网,校园网、企业网、以太网、令牌网、有线网、无线网等形形色色的计算机网络通过运行TCP/IP协议栈,经网关和路由器互联所构成的全球范围的计算机互联网络。它最初是由美国的ARPANET发展而来,采用TCP/IP协议栈。目前因特网的应用已经深入到各个行业,可以说"没有联网的计算机只不过是一个无用的信息孤岛",可见因特网的产生为信息化社会的发展奠定了坚实的技术基础。因特网技术的最大生命力在于采用了全世界最广泛应用和支持的TCP/IP协议,从而统一了上层通信协议,而其基础可以是任何现有网络。TCP/IP代表了网络分组化、无连接化和全球寻址的大趋势和大方向,而其低廉的通信成本又为其大规模发展确立了最广泛的基础。

由于因特网的迅速发展,使得IP称为计算机网络应用环境中事实上的标准,基于IP网络的应用日益广泛,IP网络成为目前最重要的计算机通信网。本节主要讨论IP网的核心技术,包括IP编址、IP数据报的转发机制,由于IP协议有两个标准v4和v6,所以分别在2.3.2节和2.3.3节讲解IPv4,在2.3.4节讲解IPv6技术,最后介绍一下网络的互连设备。

2.3.2 IP地址

为了讲解分组转发机制,首先要了解IP编址方法。

1. IP地址

IP地址是给每个连接在因特网上的主机或路由器分配一个在全世界范围是唯一的32bit的标识符(IPv4)。IP地址由因特网名字与号码指派公司ICANN(Internet Corporation for Assigned Names and Numbers)进行分配。我国用户可向亚太网络信息中心APNIC(Asia Pacific Network Information Center)申请IP地址。

在 IPv4 中,IP 地址由 32 位,即 4 个字节构成。例如一个采用二进制形式的 IP 地址是 "00001010000000000000000000000001",这么长的地址,人们处理和记忆都很困难,为了方便使用和记忆,IP 地址经常被写成十进制的形式,并将每 8bit 的二进制数转换为十进制数,中间使用符号"."分开不同的字节。于是,上面的 IP 地址可以表示为"10.0.0.1",IP 地址的这种表示法叫作"点分十进制表示法"。

IP 地址由两部分组成,一部分为网络地址,另一部分为主机地址。由于世界上各种网络的差异很大,有的网络有很多主机,而有的网络上主机数则很少,因此早期将 IP 地址分为 A、B、C、D、E 五类,可以满足不同用户的要求,如图 2.29 所示。

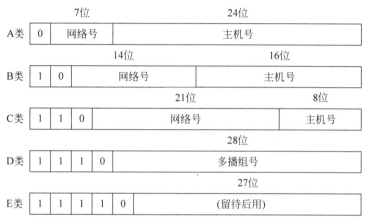

图 2.29 IP 地址的分类

(1) A 类地址:地址的最高位为"0",随后 7 位为网络地址,后面的 24 位为主机地址。A 类地址表示的 IP 地址范围为 0.0.0.0~127.255.255.255,10 和 127 为特殊地址,127 为本机测试保留,10 作为私有地址保留,每一个 A 类地址可容纳近 1600 万个主机。

(2) B 类地址:地址的最高两位为"10",随后的 14 位为网络地址,共有 16384 个不同的 B 类网络,B 类地址范围为 128.0.0.0~191.255.255.255。每一个 B 类网络可容纳 65536 台主机。

(3) C 类地址:地址的最高三位为"110",随后的 21 位为网络地址,共有 2^{22} 个 C 类网络,地址范围为 192.0.0.0~223.255.255.255。每一个 C 类网络可以容纳 256 台主机。

(4) D 类地址:地址的前 4 位为"1110",用于组播,范围为 224.0.0.0~238.255.255.255。

(5) E 类地址:保留,范围为 240.0.0.0~247.255.255.255。

在使用 IP 地址时,以下地址是保留作为特殊用途的,一般不拿来分配。

0 地址:其中网络号为 0 表示"本网络"或者"我不知道号码的这个网络"的地址,例如:0.0.0.5,网络号和主机号全为 0 表示"本机"地址。

1 地址:其中主机号为 1 表示特定网络的广播地址,网络号和主机号全为 1 表示本网广播地址。

网络号为 127.X.X.X,这里 X.X.X 为任何数,这样的网络号码用作本地软件进行回送测试(Loopback Test)之用。

此外,IP 地址还分为公有地址和私有地址。其中,公有地址(Public Address)由 Inter

NIC(因特网信息中心)负责,这些 IP 地址分配给注册并向 Inter NIC 提出申请的组织机构或者个人。通过它可直接访问因特网。

私有地址(Private Address)属于非注册地址,专门为组织机构内部使用,不能直接在公网上使用。

对于 IP 地址的概念,需要注意以下几点。

(1) IP 地址不仅标识主机,还标识主机与网络的连接,即代表了所处的位置。因此,当主机移到另一个网络时,它的地址必须改变。

(2) TCP 要求同一物理网络的每个网络接口具有相同的网络号和唯一的主机号。

(3) 路由器连接到多个网络上,就有多个 IP 地址,因为所连接的每一个网络都有一个网络地址。

2. 子网的划分与子网掩码

一个拥有许多物理网络的单位,可将所属的物理网络划分为若干个子网(subnet)以便于进行网络的管理。但这个单位对外仍然表现为一个没有划分子网的网络。划分子网的方法是从网络的主机号"借用"若干个比特作为子网号 subnet-id,而主机号 host-id 也就相应减少了若干个比特。这时 IP 地址就会变为三级 IP 地址:

IP 地址 :: = { <网络号>, <子网号>, <主机号>}

凡是从其他网络发送给本单位某个主机的 IP 数据报,仍然是根据 IP 数据报的目的网络号 net-id 找到连接在本单位网络上的路由器。但此路由器在收到 IP 数据报后,再按目的网络号 net-id 和子网号 subnet-id 找到目的子网,将 IP 数据报交付给目的主机。

从一个 IP 数据报的首部并无法判断源主机或目的主机所连接的网络是否进行了子网的划分。这是因为 32 位的 IP 地址本身以及数据报的首部都没有包含任何有关子网划分的信息。由此引入了子网掩码(Subnet Mask)。子网掩码就是告诉用户,网络号多少位,主机号多少位,表示网络的位置设置为"1",主机的位置设置为"0",然后换成十进制,就变成了常见的子网掩码。

使用子网掩码的好处:不管网络有没有划分子网,不管网络字段的长度是 1 字节、2 字节或 3 字节,只要将子网掩码和 IP 地址进行逐比特的"与"运算(AND),立即得出网络地址。这样在路由器处理到来的分组时可采用同样的算法计算出网络地址。

如果一个网络不划分子网,那么该网络的子网掩码就使用默认子网掩码。默认子网掩码中 1 比特的位置和 IP 地址中的网络号字段正好相对应。因此,若将默认的子网掩码和某个不划分子网的 IP 地址逐比特相"与"(AND),就得出该 IP 地址的网络地址。这样做可以不用查找该地址的类别比特就能知道这是哪一类的 IP 地址。

可以看出,若使用较少比特数的子网号,则每一个子网上可连接的主机数就较大。反之若使用较多比特数的子网号,则子网的数目较多,但每个子网上可连接的主机数就较少。因此可根据网络的具体情况来选择合适的子网掩码。

3. CIDR

由于 IP 地址有类划分,不同类之间的一个网络地址所能包含的主机数目相差很大,分配给某个组织时可能导致地址空间的浪费。现在 IPv4 地址越发紧张,人们提出了使用变长子网掩码 VLSM(Variable Length Subnet Mask)可进一步提高 IP 地址资源的利用率,在

VLSM 的基础上进一步研究提出了 CIDR 的方式来分配剩下的 IP 地址。CIDR(Classless Inter-Domain Routing)意为无类别的域间路由,它的思想是网络地址的长度不限于 8、16、24 位,可以任意长,表示形式为:"X.X.X.X/y",这里"X.X.X.X"为网络地址,"/y"表示网络地址的长度,也就是网络掩码中 1 的个数。如"202.112.10.0/25"表示网络地址为"202.112.10.0",网络掩码为"255.255.255.128"。CIDR 消除了传统的 A 类、B 类和 C 类地址以及划分子网的概念,因而可以更加有效地分配 IPv4 的地址空间。CIDR 地址格式有效减少了骨干网路由表中的路由条数,可有效缓解 IP 地址供应紧张的状况。

虽然根据已成为因特网标准协议的[RFC 9501]文档,子网号不能全 1 或全 0,但随着无分类域间路由选择 CIDR 的广泛使用,现在全 1 和全 0 的子网号也可以使用。

2.3.3 IP 数据报的格式及分组转发原理

IP 协议主要用于互联异构型网络,例如将 LAN 与 WAN 互联。尽管这两类网络中采用的低层网络协议不同,但通过网关中的 IP,可使 LAN 中的 LLC 帧和 WAN 中的 X.25 分组之间互相交换。IP 协议提供点到点无连接的数据报传输机制。TCP/IP 协议是为容纳物理网络的多样性设计的,这种宽容性主要体现在 IP 层中。各种网络的帧格式、地址格式等差别很大,TCP/IP 通过 IP 数据报和 IP 地址将它们统一起来,向上层提供统一的 IP 数据报,使各物理帧的差异对上层协议不复存在,达到屏蔽低层,提供一致性的目的。

IP 协议的主要功能如下。

寻址:IP 必须能唯一地标识互联网络中的每一个可寻址的实体,即要为网络中的每个实体赋予一个全局标识符(IP 地址)。

路由选择:路由选择功能可设置在源主机中,也可在网关中。

分段和重新组装:由于 LAN 中规定 MAC 帧的最大长度远大于 X.25 分组网中分组的最大长度(例如,在 IEEE 802.3 中,MAC 帧最大长度为 1581 字节,而 X.25 中数据段的最大长度为 16~1024 字节,其中优先选用的最大长度为 128 字节)。因此,由 LAN 送往 WAN 的 IP 数据报应先进行分段;由 WAN 送往目标 LAN 的帧,则需先将已被分段的数据报重新组装。

1. IP 数据报的格式

一个 IP 数据报由报头和数据两部分组成,报文格式如图 2.30 所示。在网络运行中,每个协议层或每个协议都包含一些供自己使用的信息。这些信息置于数据的前面,通常称为报头信息。

版本号	报头长度	服务类型	总长度	
标识符			标志	段位移
生命期		协议	报头校验和	
源地址				
目的地址				
可选(+填充)				
数据(可变)				

图 2.30 IP 报文格式

图 2.30 中各字段的含义如下：

(1) 版本号：IP 协议版本，占 4bit。通信双方使用的 IP 协议的版本必须一致。当前所广泛使用的版本数为 4。

(2) 报头长度：IP 报头的长度，该长度是以 4 字节(32bit)为单位的，由于在 IP 报头中有可选字段，因而 IP 报头长度不固定，该字段指明了 IP 报头的实际长度。该字段长度为 4bit，1 个单位表示 4 字节，例如报头长度为 12，则表示 IP 报头为 48 字节长。该字段最大可表示 60 字节的报头长度。

(3) 服务类型：指示对该数据报处理方法。该字段共 8bit，其意义见图 2.31 所示。前 3 位表示优先级，发送者使用该部分指明每个数据报的重要性。D 位、T 位、R 位和 C 位用于指出该数据报所希望的服务类型。D=1 要求网络为该数据报提供较低的传输延迟；T=1 要求提供较高的吞吐量；R=1 要求提供较高的可靠性；C=1 要求选择更廉价的路由。

优先级	D	T	R	C	未用

图 2.31 IP 报头中服务类型字段各位意义

(4) 总长度：整个 IP 报文的长度，包括报头和数据两部分，它是以字节为单位。该字段占 16bit，可表示的最大长度为 65535 字节。

(5) 标识：该字段长度为 16bit，每个数据报都被指定了唯一的标识，该字段通常与标记字段和分片字段一起用于数据包的分段和重装。数据报被分段后，各数据报段中的标识仍然与原数据报相同。目的主机才可以使用"标识"字段准确地组装成原来的数据报。

(6) 标志：长度为 3bit，目前只有低两位比特有意义，低两位用来控制数据报分段，最低一位为 MF(More Fragment)，MF=1，表示后面还有分段的数据报，MF=0，则表示该报文为原数据报的最后一段。中间一位记为 DF(Don't Fragment)，用来指示该数据报是否是一个可分段的数据报，该位为 0，则数据报可分段。

(7) 段偏移：用来标识分段报文中的数据在原数据报中的偏移位置，段偏移单位为 8 个字节，即除了最后一个分段数据，其余分段数据的长度必须为 8 的倍数。

(8) 生存时间(TTL)：规定了该数据报在网络中存在的最长时间。每当数据报经过一个路由器时，字段的值就减 1。如果该字段值大于零，路由器就将该数据报向其他路由器或主机转发，否则将该数据报丢弃。

(9) 协议：该字段用来指明使用 IP 协议的高层协议，以便目的主机的 IP 层知道应将此数据报上交给哪个进程。不管是 TCP 还是 UDP，协议名与相应的数值对应关系可见 RFC1700。

(10) 报头校验和：该字段仅用于 IP 报头校验，用以检验报头在传输过程中的正确性。每经过一个路由器，IP 报头要做相应的改变，需要重新计算报头检验和。

(11) 源地址和目的地址：它们是 32 位长的 IPv4 地址，包括网络地址和网络内主机地址两部分，用以表示发送 IP 数据包和接收数据包的主机 IP 地址。

(12) 可选字段：该字段是可选项，不是每个数据报都需要。可选项的长度可变，取决于所取的选项，主要用于网络测试和纠错。

(13) 填充字段：在 IP 协议中，要求报头长必须是 4 字节的整数倍。如果实际长度不满足此要求,必须填充补齐。

IP首部的可变部分就是一个选项字段。可用来支持排错、测量以及安全等措施,内容很丰富。此字段的长度可变,从1~40个字节不等,取决于所选择的项目。增加首部的可变部分是为了增加IP数据报的功能,但这同时也使得IP数据报的首部长度成为可变的。这就增加了每一个路由器处理数据报的开销。实际上这些选项很少被使用。

2. IP转发原理

IP网络数据转发的核心设备是路由器,路由器一般具有多个接口,用于连接多个IP子网,路由器工作在网络层,路由器可分为控制层面:形成和维护全局路由表;和转发层面:根据形成的全局路由表来实现数据的转发。而控制层面和转发层面的接口就是全局路由表。

路由表(Routing Table):又称全局路由表,存储在路由器的内存中,用于指示路由器如何将IP数据包转发至正确目的地的信息表。路由表中保存着子网的标志信息、网上路由器的个数和下一个路由器的地址等内容,路由表的内容可以由管理员固定设置,也可以由系统动态生成。

(1)静态路由表

由系统管理员实现设置固定的路由表称之为静态(Static)路由表,它不能随着网络结构的变化而改变。

(2)动态路由表

动态(Dynamic)路由表是路由器根据网络系统的运行情况而自动调整的路由表。路由器根据路由选择协议(Routing Protocol)提供的功能,自动学习和记忆网络运行情况,在需要时自动计算数据传输的最佳路径。

路由器通常依靠所建立及维护的路由表来决定如何转发。路由表能力是指路由表内所容纳路由表项数量的极限。由于Internet上路由器通常拥有数十万条路由表项,所以该项目也是路由器能力的重要体现。

路由表从结构上来看,每个表项是由目的网络地址前缀、子网掩码、下一跳地址、输出接口和度量等字段构成,如表2.2所示。

表2.2 路由表信息

协 议	目标网段/掩码	输出接口	下 一 跳
C	192.168.1.0/30	S0/0	—
C	192.168.4.0/30	S0/1	—
S	192.168.18.0/24	S0/0	192.168.1.2

理解网际网络中可用的网络地址(或网络ID)有助于路由决定。这些知识是从称为路由表的数据库中获得的。路由表不是路由器专用的。主机(非路由器)也可能有路由表,用来决定优化路由。

数据的转发层面则使用全局路由表中的路由信息进行IP数据包的转发。IP转发是逐跳进行的,每一跳都要查找全局路由表,目前IP网查找路由表的策略是:最长匹配原则,即选择所有匹配路由中,子网掩码最长的那条进行数据转发。且每转发一次IP报头中的TTL值减1。TTL值为0时数据包会被丢弃。

2.3.4 IPv6 技术

1. IPv6 的提出

目前因特网上使用的是第二代互联网 IPv4 技术,可它的最大问题是网络地址资源有限,从理论上讲,编址 1600 万个网络、40 亿台主机。但采用 A、B、C 三类编址方式后,可用的网络地址和主机地址的数目大打折扣,以致目前的 IP 地址近乎枯竭。其中北美占有 3/4,约 30 亿个,而人口最多的亚洲只有不到 4 亿个,中国只有 3 千多万个,地址不足,严重地制约了我国及其他国家互联网的应用和发展。

一方面是地址资源数量的限制,另一方面是随着电子技术及网络技术的发展,计算机网络将进入人们的日常生活,可能身边的每一样东西都需要连入全球因特网。在这样的环境下,IPv6 应运而生。单从数字上来说,IPv6 所拥有的地址容量达到 $2^{128}-1$ 个。这不但解决了网络地址资源数量的问题,同时也为除计算机外的设备连入因特网在数量限制上扫清了障碍。

现有的因特网除了 IP 地址空间耗尽问题外,另一个问题是骨干路由器中路由表过于庞大。这两个问题直接导致了下一代因特网协议 IPv6 的诞生。IPv6 除能很好地解决上述问题外,与 IPv4 相比,其还具有地址空间编址管理、分组处理效率、对移动性、安全性和 QoS 的支持等诸多明显的优势。

IPv6 是 IP 的一个新版本,其整体的操作与 IPv4 并没有根本上的不同。例如,所有的网络都需要被分配一个网络地址或地址前缀;IPv6 仍然按照传统的无连接逐级跳的方式转发分组;IPv6 路由器也需要运行路由协议;所有的网络设备也都需要配置一个合法的 IPv6 地址等。IPv6 可以被看成是一个更简单、更易于扩展和更高效的 IP 版本。

由于 IPv6 所拥有的巨大地址空间、即插即用易于配置、对移动性的内在支持,事实上,IPv6 非常符合拥有巨大数量各种细小设备的网络而不是由价格昂贵的计算机组成的网络。随着为各种设备增加网络功能的成本的下降,IPv6 将在连接由各种简单装置的超大型网络中良好运行,这些简单设备不仅是手机和 PDA,还可以是存货管理标签机、家用电器、信用卡等。

2. IPv6 的主要功能和特点

IPv6 与 IPv4 相比主要的特点:

(1) 扩展的地址空间:IPv6 地址长度扩展到 128 位,并采用十六进制表示。

(2) 增强的选路功能。IPv6 中有许多特性和功能能够提高网络性能和改善选路控制。更大的地址空间使在建立地址层次时具有更大的灵活性。使用选路扩展头(Routing Extension Header)可以使源选路更高效。在 IPv6 头中增加的一个流标签字段可以使一个流中的分组被区分出来,以便进行特殊的处理。组播地址空间也被扩展,并且包括了一个范围(Scope)字段用来有效地限制一次组播发送的范围。分段(Fragmentation)功能在路由器中被禁止;选项的处理也更直接,在许多情况下不会给中间路由器造成负担。在 IPv6 中增加了任意传播(anycast)地址,使用这种地址,一个分组可以被寻址到若干可能的接口中"最近"的一个接口上。

(3) 简化的头格式。IPv4 的分组头有 10 个字段加上两个地址域及若干可能的选项。而 IPv6 的分组头只有 6 个字段加上两个地址域及若干可能的扩展头。

（4）改善了对选项的支持。选项在 IPv6 中称为扩展分组头；其编码也有改变,这会提供更好的性能并为今后引入新的扩展提供更大的灵活性。

（5）流标签(Flow Label)。源端可以对要求某个中间路由器进行特殊服务或处理的特定流的分组进行标记。这将可以简化在每个路由器上所进行的分组分类的处理过程。

（6）转换机制(Transition Mechanism)。在 IPv6 中定义了一系列机制,使其能够与 IPv4 的主机和路由器共存和交互。

（7）IPv6 支持移动性。移动设备的迅速普及带来了一项新的要求:设备必须能够在下一代因特网上随意更改位置但仍维持现有连接。为提供此功能,需要给移动节点分配一个本地地址,通过此地址总可以访问到它。在移动节点位于本地时,连接到本地链路并使用其本地地址。在移动节点远离本地时,本地代理(通常是路由器)在该移动节点和正与其进行通信的节点之间传递消息。

（8）IPv6 提供强有力的网络安全保障,建立了三个重要的安全服务:包验证、包完整性和包可靠性。

3. IPv6 的分组格式

IPv6 首部分为基本首部和扩展首部。首部的前 40 字节称为基本首部。IPv6 的格式如图 2.32 所示,下面对各个字段进行解释。

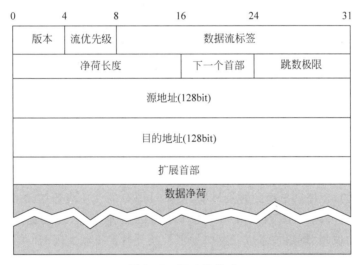

图 2.32　IPv6 的格式

（1）版本:版本字段为 4bit(位),版本号为 0110。

（2）流优先级:该字段定义 IP 数据报的优先级,用于拥塞控制。例如 E-mail 的优先级为 2,交互式业务的优先级为 6。

（3）数据流标签:24bit,用于标注用户要求做特殊处理的特定业务的分组,例如实时业务。

（4）净荷长度:16bit,标识净荷字段的长度。

（5）下一个首部:8bit,决定哪一个首部紧跟基本 IP 首部。

（6）跳数极限:8bit,类似于 IPv4 中的 TTL 字段。

（7）扩展首部:在 IPv6 报头和上层协议报头之间可以有一个或多个扩展首部,也可以没有。每个扩展报头由前面报头的"下一个首部"字段标识。扩展报头只被 IPv6 报头的"目的地址"段所标识的节点进行检查或处理。如果"目的地址"字段中的地址是多播地址,则扩展报头可被属于该多播组的所有节点检查或处理。扩展报头必须严格按照在数据包报头中出现的顺序进行处理。

4. IPv6 的地址

考虑到 IPv6 地址的长度是 128 位,RFC1884 规定的标准语法建议把 IPv6 地址的 128 位(16 个字节)写成 8 个 16 位的无符号整数,每个整数用四个十六进制位表示,这些数之间用冒号(:)分开,例如:

`3ffe:3201:1401:1:280:c8ff:fe4d:db39`

从以上例子看到了手工管理 IPv6 地址的难度,也看到了 DHCP(Dynamic Host Configuration Protocol,动态主机配置协议)和 DNS(Domain Name System,域名系统)的必要性。为了进一步简化 IPv6 的地址表示,可以用 0 来表示 0000,用 1 来表示 0001,用 20 来表示 0020,用 300 来表示 0300,只要保证数值不变,就可以将前面的 0 省略。

1080:0000:0000:0000:0008:0800:200C:417A 可以简写为:

`1080:0:0:0:8:800:200C:417A`

在 RFC1884 中指出了三种类型的 IPv6 地址,分别占用不同的地址空间。

(1) 单播(Unicast)地址:是单个接口的地址,发送到一个单点传送地址的信息包只会发送到地址为这个地址的接口。

(2) 任意播(Anycast)地址:是一组接口的地址,发送到一个任意点传送地址的信息包只会发送到这组地址中的距离源节点最近的节点。

(3) 多播(Multicast)地址:是一组接口的地址,发送到一个多点传送地址的信息包会发送到属于这个组的全部接口。

由于 IPv4 和 IPv6 地址格式等不相同,因此因特网中会出现 IPv4 和 IPv6 长期共存的局面。在 IPv4 和 IPv6 共存的网络中,对于仅有 IPv4 地址,或仅有 IPv6 地址的端系统,两者无法直接通信的,要提供平稳的转换过程,使得对现有的使用者影响最小,就需要有良好的转换机制。这个议题是 IETF ngtrans 工作小组的主要目标,已提出了许多转换机制。IETF 推荐了双协议栈、隧道技术以及网络地址转换等转换机制实现 IPv4 到 IPv6 的过渡。

2.3.5　网络互连设备

1. 网络互连设备分类

从协议的层次看,不同网络互连设备可以在 OSI 模型的不同层次上实现网络互连。

(1) 中继器(Repeater):物理层互连设备。

(2) 网桥(Bridge):数据链路层互连设备。

(3) 路由器(Router):网络层互连设备。

(4) 网关(Gateway):传输层或更高层次的互连设备。

这四类不同设备,实际上是实现互连网络在某个层次上的协议转换。转换的规则是:处于第 i 层的互连设备,两个互连网络的 i 层及以上各层的网络协议必须相同,而 $i-1$ 层及以下各层协议可以不同。

2. 中继器

中继器又称为重发器,不同类型的局域网采用不同的中继器互连。中继器的主要功能如下:

(1) 实现物理信号的接收、放大整形及转发,转发是双向的。

(2) 实现同类物理网段的连接,借以扩展网络的覆盖范围,或延长站点间的最大距离。

注意:由于中继器工作在物理层,所以只能用于执行相同协议但传输媒质不同的局域网络互连。

3. 集线器(Hub)

集线器又称集中器,是一种多口中继器,集线器的主要功能是对接收到的信号进行再生整形放大,以扩大网络的传输距离,同时把所有节点集中在以它为中心的节点上。它工作于OSI(开放系统互联参考模型)参考模型第一层,即"物理层"。集线器与网卡、网线等传输介质一样,属于局域网中的基础设备。集线器属于纯硬件网络底层设备,基本上不具有类似于交换机的"智能记忆"能力和"学习"能力。也不具备交换机所具有的 MAC 地址表,所以发送数据时都是没有针对性的,而是采用广播方式发送。当它要向某节点发送数据时,不是直接把数据发送到目的节点,而是把数据包发送到与集线器相连的所有节点。

Hub 按照对输入信号的处理方式上,可以分为无源 Hub、有源 Hub 和智能 Hub。

无源 Hub:不对信号做任何的处理,对介质的传输距离没有扩展,并且对信号有一定的影响。连接在这种 Hub 上的每台计算机,都能收到来自同一 Hub 上所有其他计算机发出的信号。

有源 Hub:有源 Hub 与无源 Hub 的区别就在于它能对信号放大或再生,这样它就延长了两台主机间的有效传输距离。

智能 Hub:智能 Hub 除具备源 Hub 所有的功能外,还有网络管理及路由功能。在智能 Hub 网络中,不是每台机器都能收到信号,只有与信号目的地址相同地址端口计算机才能收到。有些智能 Hub 可自行选择最佳路径,这就对网络有很好的管理。

4. 网桥

网桥将两个相似的网络连接起来,并对网络数据的流通进行管理。它工作于数据链路层,不但能扩展网络的距离或范围,而且可提高网络的性能、可靠性和安全性。

网络1和网络2通过网桥连接后,网桥接收网络1发送的数据包,检查数据包中的地址,如果地址属于网络1,就将其放弃,相反,如果是网络2的地址,就继续发送给网络2。这样可利用网桥隔离信息,将网络划分成多个网段,隔离出安全网段,防止其他网段内的用户非法访问。由于网络的分段,各网段相对独立,一个网段的故障不会影响到另一个网段的运行。

网桥的功能为不受媒质访问控制子层(MAC)中冲突域的限制而扩展网长。网桥连接的两个网络,应从应用层到数据链路层的逻辑链路控制(LLC)子层中,各对应层次采用相同的协议;而对数据链路层中的媒质访问控制(MAC)子层和物理层中的对应子层,可遵循不同的协议。网桥可以是专门硬件设备,也可以由计算机加装的网桥软件来实现,这时计算机上会安装多个网络适配器(网卡)。

5. 路由器

路由器是网络层的互连设备,它具有路由选择、支持多种协议路由选择、流量控制、网络管理等功能,因而互连功能更强。

路由器有两个作用,一是连通不同的网络,另一是选择信息传送的线路。选择通畅快捷的近路,能大大提高通信速度,减轻网络系统通信负荷,节约网络系统资源,提高网络系统畅通率,从而让网络系统发挥出更大的效益。

一般说来,异构网络互连与多个子网互连都应利用路由器来连接。因此,可以说路由器是 Internet 中的神经系统,其功能主要是完成路由选择和分组传送。具体阐述如下:

(1) 异构网络互连:主要是具有异种子网协议的网络互连,如数据帧的封装和拆卸、IP 地址和硬件地址之间的转换、满足不同的最大传输单元 MTU 的要求。

(2) 子网间的速率适配:不同接口具有不同的速率,路由器可以利用自己缓存及流控协议进行速率适配。

(3) 防止广播风暴:隔离网络,防止广播风暴。

(4) 网络安全:设置防火墙等。

(5) 子网协议转换:不同子网间包括局域网和广域网间的协议转换。多协议的路由器可以连接使用不同通信协议的子网,作为不同通信协议网络段通信连接的平台。

(6) 路由:路由表建立、刷新、查找等。

(7) IP 数据包分片与重组:不同路由器接口的 MTU(最大传送单元)不同,超过接口的 MTU 的 IP 数据包会被分片分别传送,到达目的地后会重组。数据包传送出错时能生成 Internet 控制报文协议 ICMP 报文,丢弃那些生存时间 TIL 为 0 的数据包。

(8) 备份、流量控制:主备线路的切换及复杂的流量控制。

从以上的描述可以看出,路由器的主要工作就是为经过路由器的每个数据帧寻找一条最佳传输路径,并将该数据有效地传送到目的站点。由此可见,选择最佳路径的策略即路由算法是路由器的关键所在。为了完成这项工作,在路由器中保存着各种传输路径的相关数据——路由表(Routing Table),供路由选择时使用。路由表中保存着子网的标志信息、网上路由器的个数和下一个路由器的名字等内容。路由表可以是由系统管理员固定设置好的,也可以由系统动态修改,可以由路由器自动调整,也可以由主机控制。典型路由器的结构如图 2.33 所示。

从图 2.33 中可以看出路由器的结构是由路由选择部分和分组转发两部分组成。其中路由选择部分是由路由选择处理机来完成,其功能是根据所选定的路由选择协议构造出路由表,同时经常或定期地和相邻路由器交换路由信息而不断地更新和维护路由表。

而分组转发部分是由输入端口、输出端口和交换构件几部分组成。其中交换构件(Switching Fabric)的作用就是根据转发表(forwarding table)对分组进行处理,将某个输入端口进入的分组从一个合适的输出端口转发出去。

通常,路由器是用于连接多个逻辑上分开的网络。所谓逻辑网络是代表一个单独的网络或者一个子网。当数据从一个子网传输到另一个子网时,可通过路由器来完成。因此,路由器具有判断网络地址和选择路径的功能,它能在多网络互连环境中,建立灵活的连接,可用完全不同的数据分组和介质访问方法连接各种子网,路由器只接受源站或其他路由器的信息,属网络层的一种互连设备。它不关心各子网使用的硬件设备,但要求运行与网络层协议相一致的软件。

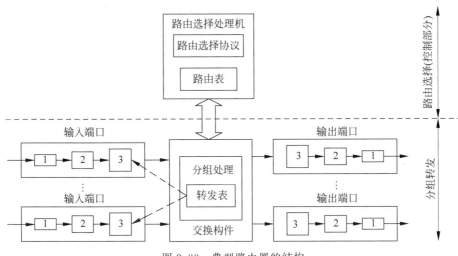

图 2.33　典型路由器的结构

6. 网关

网关用于连接异构型网络。所谓异构型网络可以是从应用层到物理层协议都不相同的网络,至少是从网络层到物理层协议不同的网络。因此利用网关可以实现异构 LAN 互连,LAN 与 WAN 互连,WAN 与 WAN 互连等。

网关是由硬件和软件两部分组成。硬件有网络连接电路、存储器和相应的控制逻辑。软件有互连网络协议系统模块和协议转换模块。

实现协议转换的方法分为直接转换和使用网间协议转换;采用直接转换时,从源网络进入网关的数据分组直接转换为目的网络的数据分组格式;采用网间协议转换时,就要规定一种标准协议,即网间协议,信息分组进入网关,首先把源网络数据分组的格式转换为网间协议规定的格式,再把这种标准格式转换成目的网络所需格式。

(1) 在网络层实现互连:WAN 与 WAN 互连时,往往采用在网络层实现互连。此时网关必须处理每个互连网络中网络层、数据链路层和物理层协议的转换。

(2) 在传输层实现互连:这个互连设备称为传输网关。传输网关用于在两个网络间建立传输连接。利用传输网关,不同网络上的主机间可以建立起跨越多个网络的、级联的、点对点的传输连接。例如,通常使用的路由器就是传输网关,"网关"的作用体现在连接两个不同的网段,或者是两个不同的路由协议之间的连接。

(3) 在应用层实现互连:这个互连的设备叫称为应用网关。应用网关在应用层上进行协议转换。例如,一个主机执行的是 ISO 电子邮件标准,另一个主机执行的是 Internet 电子邮件标准,如果这两个主机需要交换电子邮件,那么必须经过一个电子邮件网关进行协议转换,这个电子邮件网关是一个应用网关。

2.4　软交换技术

软交换技术是 PSTN 逐步向 IP 网络发展过程中出现的一种技术,具有解决传统电路交换机缺陷的潜力,顺应了基于电路交换的电话网和基于分组交换的数据网融合的趋势。

软交换技术能够有效降低语音交换的成本,提供了开发差异化电话服务的手段,而且随着多媒体业务的快速发展。软交换将承担起分组交换网中话音、数据、视频等各种媒体交换的实时控制任务。软交换是下一代网络的控制核心,采用软交换技术实现传统固定电话网络向 NGN 的过渡已成为人们的共识。

2.4.1 软交换产生的背景

软交换概念的提出是网络交换技术不断发展的结果,一方面是市场竞争的需要,另一方面是满足不断提升的用户需求以及网络融合的趋势。

1. 市场竞争的需要

随着全球通信行业由垄断变为竞争,全球通信的 ARPU 值均普遍下降的局面,同时通信业务主体的发生了历史性变化,"移动"和"宽带数据业务"成为发展的重心,话音成为互联网上的一种应用而已,运营商明显缺乏重要的业务增长点;同时语音业务受着 VoIP(如 skype)等带来的巨大冲击。运营商加速管道化成为趋势。

电信运营商感受到前所未有的压力,都急于寻找能够以更低成本提供多样化的,融合语音、数据、视频业务的下一代网络架构,走出困境并支持运营商的可持续性发展。

2. 不断提升的用户需求及业务的发展

随着 IP 网络及技术的快速发展,用户对业务的需求已不局限于基本的语音业务及低速数据业务,用户希望能够通过各类终端,在任何时间、任何地点享有相同的业务,希望运营商可以提供高速的接入方式,快速地提供满足用户个性化要求的语音、数据和多媒体融合业务。

3. 网络融合的趋势

PSTN、IP 网以及移动网分别拥有独立的网络,采用不同的组网技术,通过特有的接入手段向各自的用户群提供业务。虽然在各个网络的边界可以通过网关进行业务的互通,但是各种网络丰富的业务属性及特征还不能通过互通和互操作实现跨网络共享,难以满足用户的需求。同时不同的组网意味着各个网络都需要投入不同的网络设备及运维人员,资源分散、利用率不高,使运营商将投入大量的建设成本及运营成本。

因此,打破各网络专用组网技术的限制,真正实现多网络融合,为使用各种类型终端的用户快速提供统一的跨网融合业务,是运营商必须思考的问题。

同时对于原有的 PSTN 网络,随着人们对各种丰富业务需求的不断提高,PSTN 网的弊端逐渐暴露出来:PSTN 设备价格一般较为昂贵,网络综合运营成本很高;PSTN 设备只能提供窄带话音业务,难以提供多媒体业务和个性化业务;网络节点过多,用户数据分散,维护管理困难;呼叫控制与承载相关,信令和话务均需逐级转发,浪费网络资源;业务开发复杂,能力有限,业务开展困难。这一切使得人们不得不寻求一种更灵活、更开放、更安全可靠、更易于维护且具有成本优势的网络技术。

软交换的概念最早是由朗讯公司的贝尔实验室于 20 世纪 90 年代中期提出。当时在企业网络环境下,用户采用基于以太网的电话,通过一套基于 PC 服务器的呼叫控制软件(Call Manager、Call server),实现 PBX 功能(即 IP PBX)。对于这样一套设备,系统不需单独铺设网络,而只通过与局域网共享就可实现管理与维护的统一,综合成本远低于传统的 PBX,因此 IP PBX 应用获得了巨大成功。

　　受到 IP PBX 成功的启发,为了提高网络综合运营效益,网络的发展更加趋于合理、开放,更好地服务于用户。业界提出了这样一种思想:电路交换机的体系结构开始从封闭的集成化架构向开放的分布式结构发展,将嵌入在交换机中的功能分布到多个 IP 网络元素之中,以一个分布式的结构在分组交换网上提供传统交换机的功能,使之能在一个灵活的框架内提供传统交换机控制功能的同时,充分利用分组网络的优势。也就是说将传统的交换设备部件化,分为呼叫控制与媒体处理,二者之间采用标准的协议(MGCP、H.248)且主要使用纯软件进行处理,于是,SoftSwitch(软交换)技术应运而生。软交换概念源于传统交换技术的发展,并吸收了互联网语音技术的最新发展成果,将传统电路交换机的体系结构进行分解,并加入了开放接口、结构分层等新内容,从而形成了一种新的实时分组语音交换控制技术。由于这一体系具有可扩展性强、接口标准、业务开放等特点,发展极为迅速。

　　软交换核心思想是利用分组网的信息传送的能力,把传统电路交换机的呼叫控制功能、媒体承载功能以及业务功能进行分离。软交换机不再处理媒体流和业务,只是负责基本的呼叫控制,用户的接入由各种用户网关来完成。软交换技术开始的出发点是采用承载与控制分类、控制与业务分离的思想,利用 IP 网的传送能力提供电信级的 IP 语音(VoIP)业务,使运营商能够更快、更有效地提供各种满足不同用户群需求的基于话音的增值业务。由于 IP 分组网本身具有综合业务的传送能力,不仅可以传送 IP 化的话音,也可以传送 IP 化的视频和多媒体业务,因此人们自然想到软交换如果能够实现对这些业务的控制能力,这个网络就具备了在一个网络上提供多种业务的能力,实现电信界追求的网络和业务融合的理想。

2.4.2　软交换基本概念及特点

1. 软交换的概念

　　软交换概念一经提出,很快便得到了业界的广泛认同和重视,1999 年 ISC(International SoftSwitch Consortium)的成立更加快了软交换技术的发展步伐,ISC 是一个非营利性的工业组织。其主要宗旨是通过开放的成员政策和标准协议,促进世界范围内多厂商软交换设备的兼容性和"无缝"的互操作性,该组织由其成员资助和操作。之后软交换相关标准和协议又得到了 IETF、ITU-T 等国际标准化组织的重视。经过几年发展,软交换技术在标准化和产业化方面均取得了长足进展,一些协议如 H.323、MGCP 等不断完善,BICC、SIP/SIP-T 等新协议不断推出,一些基于软交换技术的产品逐步走向实用化阶段。与此同时,我国"网络与交换标准研究组"在 1999 年下半年启动了软交换项目的研究,《软交换设备总体技术要求》规范了软交换在网络中的位置,明确了其功能要求、业务要求、操作维护和网管要求、协议和接口要求、计费要求和性能指标,规定了与 IP 电话及智能网的互通要求等。该标准经过近两年的研究,是运营商、设备供应商和科研机构共同协作取得的成果。此外,网络与交换研究组也制定了有关信令网关和媒体网关及相关协议的技术规范。软交换系列标准的形成对指导研发和网络应用起到了积极的作用。

　　"软交换"(SoftSwitch)可以从多个角度来理解,一般广义的"软交换"概念是指以软交换设备为控制核心的软交换网络,它包括 4 个功能层面:接入层、传送层、控制层和应用层,是由软交换设备、信令网关、媒体网关、应用服务器和 IAD 等设备组成。狭义"软交换"的概念是指位于控制层的软交换设备,它是下一代网络呼叫与控制的核心,除了提供呼叫控制功能外,还提供计费、认证、路由、协议处理、资源管理及分配等其他功能。为了便于区分,在本书中,将使用"软交换系统"一词指代广义的软交换,而将狭义上的软交换称为"软交换设备"。另外,可以使用"软交换网络"来指代基于软交换系统的下一代网络(NGN)的实现方式。

虽然软交换这个名称来自于交换机的发展过程,但是软交换技术并非局限于交换节点技术,其内涵包括节点技术、网络技术和业务技术等。需要说明,软交换技术强调的是"控制"而非"交换"。

ISC 对软交换概念的定义:软交换是基于分组网利用软件提供呼叫控制功能和媒体处理相分离的设备和系统。因此,软交换的基本含义就是将呼叫控制功能从媒体网关(传输层)中分离出来,通过软件实现基本呼叫控制功能,从而实现媒体传输与呼叫控制的分离,为控制、交换和软件可编程功能建立分离的平面。软交换设备主要提供连接控制、翻译和选路、网关管理、呼叫控制、带宽管理、信令、安全性和呼叫详细记录等功能。与此同时,软交换还将网络资源、网络能力封装起来,通过标准开放的业务接口和业务应用层相连,可方便地在网络上快速提供新的业务。

我国信息产业部对软交换的定义:"软交换设备(SoftSwitch)是电路交换向分组网发展的核心设备,是下一代电信网络的重要设备之一,它独立于底层承载协议,主要完成呼叫控制、媒体网关接入控制、资源分配、协议处理、路由、认证和计费等主要功能"。

2. 软交换网络的特点

基于软交换的网络有以下特点。

(1) 基于分组的网络:软交换网络的传送是基于 IP 的分组网络,接入方式及各种业务的个性都被屏蔽,全部转换为统一的分组包的形式进行传送及处理。

(2) 高效灵活:在软交换网络中,业务与呼叫控制相分离,业务与承载网络/接入方式分离。在软交换网络中,控制层的软交换设备只负责处理基本的呼叫接续及控制,业务逻辑由应用服务器来完成,实现了业务与呼叫控制分离,分离的目的是使业务真正独立于网络,业务提供更加灵活有效。同时业务提供与用户接入分离,用户可以自行配置和定义自己的业务特征,不必关心承载业务的网络形式及终端类型,使得业务和应用的提供有较大灵活性。

(3) 开放的网络架构:它是软交换的最主要的特点,软交换体系架构中的所有网络部件间均采用标准协议,各部件之间能够独立发展,互不干扰又有机结合组成整体,实现互连互通,运营商可以根据需要自由组合各部分的功能产品来组建网络,实现各种异构网的互通。

(4) 多用户:迎合电信网、计算机网及有线电视网三网融合的大趋势,各类型的用户(模拟用户、数字用户、ADSL 用户、IP 窄带用户、IP 宽带用户)都可使用软交换提供的业务。

(5) 强大的业务能力:利用标准的开放应用平台为客户定制各种新业务和综合业务,最大限度地满足用户需求。同时还可以兼容现有电路交换网的业务。第三方业务开发商可以按照自己的意愿和要求,快速生成各种业务,这种新的业务生成模式完全适应技术发展的趋势,能够满足用户不断变化的业务需求。

软交换的最大特点是将原来集中于交换机节点上的各种功能分布到相应的网络实体上实现,形成一个可按需线性扩展的系统。因此,软交换不仅仅是软交换机节点技术,更重要的是软交换网络技术。

2.4.3 基于软交换的下一代网络架构

软交换系统由于其应用方式的不同,在系统的组成方式上也不尽相同。本节将以 ISC (International SoftSwitch Consortium)参考体系结构为基础,并参考我国信息产业部制定的《软交换设备总体技术要求(修订版)》中的定义,给出一个目前被业界普遍接受的软交换系统的组成方式,如图 2.34 所示。与 ISC 参考体系结构描述方式不同的是,在我国通信行业标准《软交换设备总体技术要求》中的软交换系统定义以及本书后续章节对软交换系统的介绍都是建立在物理设备的基础上的。该网络架构由下而上依次是:接入层、传送层、控制层及应用层。

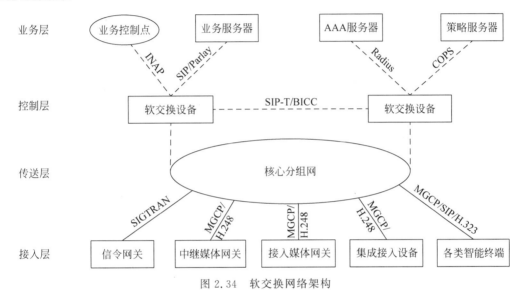

图 2.34 软交换网络架构

(1) 接入层:利用各种接入设备实现不同用户的接入,并实现不同信息格式之间的转换。其功能有些类似于程控交换机中的用户模块和中继模块。接入层的设备都没有呼叫控制的功能,它必须要和控制层设备配合才能完成所需的操作。

(2) 传送层:指承载网络,所有的业务、媒体流都是通过统一的传送网络传递,传送层要求是一个高带宽的、有一定 QoS 保证的分组网。

(3) 控制层:控制层是软交换网络的呼叫控制核心,该层的核心设备是软交换设备,完成呼叫/会话控制。软交换需要支持众多的协议接口,以实现与不同类型网络的互通。

(4) 业务和应用层:提供软交换网络各类业务所需的业务逻辑、数据资源等,处理业务逻辑,其功能包括 IN(智能网)业务逻辑、AAA(认证、鉴权、计费)和地址解析,且通过使用基于标准的协议和 API 来发展业务应用。

2.4.4 网络接口和协议

1. 软交换网络的实体

图 2.34 功能结构中的各层功能可由相应的物理实体实现,典型的物理实体以及软交换网络层间和层内主要接口协议如图 2.35 所示。

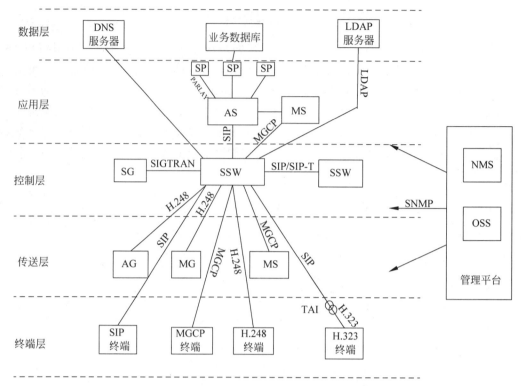

图 2.35　软交换网络典型物理实体及接口协议

各层包含的典型物理实体如下。

（1）终端层：原则上软交换网络应支持各种类型的用户终端,包括 IP 终端和传统通信网终端。

- SIP 终端：最基本的就是 SIP 电话终端,也可以是装备有 SIP 应用程序的 PC(常称为“软终端”)。

- H.323 终端：最基本的就是 H.323 电话终端,也可以是装备有 H.323 应用程序的 PC(软终端)。

- MGCP/H.248 终端：对于终端而言,MGCP 和 H.248 协议的功能类似,但由于 H.248 的复杂性,一般不建议用于终端。

- IP-PBX：具有 IP 通信端口的用户交换机,该端口的协议可以是 SIP 或 H.323。

- 非 IP 终端：通常指传统通信网终端,包括模拟电话机、移动终端等。

（2）传送层：该层的物理实体主要有以下几种。

- 媒体网关(MG：Media Gateway)：负责不同媒体的格式转换、输入/输出端口互连、端口事件监视和端口信号发送,并负责带内信令和直连方式信令的 TDM 链路终接和信令至 IP 侧的转接。在网络中 MG 的地位就是 NGN 和其他网络之间的互通设备,例如在 VoIP 应用中,连接 PSTN/ISDN 和 IP 网络的中继网关就是 MG。

- 接入网关(AG：Access Gateway)：其功能和 MG 相同,只是其在网络中的作用是提供 NGN 和接入网之间的互通,所要适配的事件和信号是用户状态信息和线路信息,而不是交换机的中继信息,在 PSTN/ISDN 的情况下,这些信息是通过接入网信

令和 ISDN 用户信令以直连的方式传递给 AG 的。

- 综合接入设备(IAD),与接入网关相比,它是一个小型的接入层设备,同时提供模拟和数字端口,实现用户的综合接入;目前常见的用途就是普通模拟电话通过 IAD 接入软交换机。通常 IAD 的容量比较小,功能比较简单,可靠性要求也比较低。
- 媒体服务器(MS,Media Server):负责各类媒体资源的管理和分配、媒体转换和处理、媒体流识别、多方通信媒体流混合。其典型应用包括会议系统的多点处理器(MP)、语音信箱、FAX 服务器等,还可作为语音交互设备(IVR)、包括语音识别和语音 XML 功能在内的语音门户、统一消息服务(UMS)系统等。
- 路由器/交换机(RT/EX):核心网传送设备,负责传送 IP 数据包。具体配置和结构决定于传送网所采用的技术,可以是 IP 路由器、ATM 交换机、多层交换机等。在图 2.35 中未示出。

(3) 呼叫控制层:该层的典型物理实体如下。

- 软交换机(SSW):负责会话/呼叫控制、呼叫接纳控制、呼叫信令路由、计费数据采集、基本补充业务提供(包括会议通信中的支路控制)。同时,SSW 还装备有面向业务层的开放接口。
- 信令网关(Signalling Gateway,SG):负责与 7 号信令互通,也就是将传统通信网中在 TDM 链路上承载的 7 号信令通过 IP 网络传递给 MGC 或 SSW,支持 7 号信令在 IP 网上的传送。理论上,也可以利用 SG 组建 IP 网络中的 7 号信令网。SG 在 IP 网络中传送 7 号信令的协议总称为 SIGTRAN。

(4) 业务层主要的功能实体如下。

- 应用服务器(AS):负责在业务逻辑的控制下,启动和执行各种增值业务。AS 可以归属网络运营商,AS 也可以归属独立于网络运营商的第三方业务提供商,此时 AS 通过开放式业务接口和 SSW 交互。
- 业务控制点(SCP):即传统智能网中的业务控制点,通过 7 号信令上层的智能网应用部分(INAP)协议和 SSW 交互,向 IP 用户提供智能网业务。INAP 协议也是经由 SG 通过 SIGTRAN 协议封装后传送给 SSW 的,此时 SSW 的作用相当于智能网中的业务交换点(SSP)。

(5) 数据层主要的功能实体如下。

- 定位服务器(LS):存储软交换域专用的目录信息,负责地址解析。
- DNS 服务器:提供公共 DNS 目录服务,负责域名解析或用于 NGN 的 E.164 地址解析,后者是 NGN 特有的功能,称之为 ENUM。
- 业务数据库(SD):存储增值业务数据和用户档案数据。

(6) 管理平面主要的功能实体如下。

- 网管系统(NMS):负责软交换网络设备和网络管理。
- 运营支撑系统(OSS):负责软交换网络的运营管理。

2. 软交换网络支持的主要协议

软交换网络具备丰富的协议功能,这些协议工作在不同的功能实体之间,主要分为以下 5 种类型。

(1) 呼叫控制协议:ISUP、TUP、PRI、BRI、BICC、SIP、SIP-T、H.323 等。

（2）传输控制协议：TCP、UDP、SCTP、M3UA、M2PA 等。

（3）媒体网关控制协议：H.248、MGCP、SIP 等。

（4）业务应用协议：PARLAY、INAP、MAP、RADIUS 等。

（5）维护管理协议：SNMP、COPS 等。

软交换网络的主要接口协议及其功能如表 2.3 所示。

表 2.3 软交换网络主要接口协议

协 议 名	适 用 接 口	功 能
SIP	SSW-SSW；SSW-SIP 终端	会话/呼叫控制
SIP-T	SSW-SSW	会话控制，且透明传送 ISUP 信令
SDP	SSW-SSW；SSW-SIP 终端	媒体信道控制，与 SIP 配套使用
H.323	SSW-SSW；SSW-H.323 终端	呼叫控制
BICC	SSW-SSW	呼叫控制
H.248	SSW-MG；SSW-AG；SSW-IAD；SSW-H.248 终端	网关设备控制
MGCP	SSW-MG；SSW-AG；SSW-IAD；SSW-MGCP 终端	网关设备控制
RTP	IP 终端/网关－IP 终端/网关	封装传送实时通信媒体流
RTCP	IP 终端/网关－IP 终端/网关	传送实时通信媒体流质量监测信息，与 RTP 配套使用
SIGTRAN	SG-SSW；SG-SG；MG-SSW	IP 网络上传送 7 号信令
TRIP	LS-LS；GW-GW	IP 电话域间网关路由
ENUM	SSW-ENUM 服务器	E.164 号码至 URI 翻译，用于呼叫选路
Parlay	SSW-AS	API 接口，向第三方业务提供商开放网络能力
RADIUS	SSW-RADIUS 服务器	认证和计费管理
SNMP	NMS-各被管网络实体	网管

需要指出的是，H.323 是 ITU-T 定义的一种分组网络多媒体通信系统，并非一个协议，在这里表示 H.323 系统包含的一组不同功能的协议。SIGTRAN 是一个协议族，由一组相关的协议组成。ENUM 实际上是通过 DNS 协议实现的，ENUM 服务器也就是一类特定的 DNS 服务器。Parlay 并非协议，而是一组标准化的应用编程接口（API），应用服务器通过调用此 API 使用网络能力。

此外，H.248 和 MGCP 的功能定位相同。但是，H.248 是 IETF 和 ITU-T 联合制定的标准，功能完备，相对比较复杂，用于大型网关控制时可以充分体现其技术优势。MGCP 是 IETF 定义的非国际标准协议，但已经成为工业界广泛使用的事实标准，其协议比较简单，用于终端和小型网关可以体现其技术优势。SIP、H.323 和 BICC 都是呼叫/会话控制协议，其中 SIP 被认为是 NGN 的主导会话控制协议。

2.5 本章小结

本章首先讲述了电信交换基本技术，包括节点技术和网络技术。其中，电信交换节点技术源于电话交换机，并在宽带 ATM 交换机中得到发展，可归结为互连技术、接口技术、信令技术和控制技术 4 大项技术。电信交换网络技术源于网络智能化和移动化,并在下一代网络中不断发展,可归结为业务控制、移动性管理、分离呼叫控制、开放交换业务、固定/移动网络融合 5 大项技术。随着通信网的发展,电信交换网络技术日益占据主导地位,它们和传送面的 IP 及 MPLS 技术相结合,将构成未来 IP 通信网不断发展的交换技术;而电信交换节点技术则基本固化,其作用范围也日渐缩小。

由于电信交换技术源于通信网的发展需求,并直接应用于电信网,因此本章接下来重点讲解了交换技术中最关键的属于互连技术的交换网络和交换结构的工作原理,主要讲解了电话交换中常用的 T 接线器、S 接线器、$T\text{-}S\text{-}T$ 网络的工作原理,crossbar 和 banyan 网络为分组交换网中常见的交换结构,被广泛应用于 ATM 网络中。7 号信令是现代通信网的重要技术,7 号信令网是通信网的三大支撑网之一。7 号信令的最初应用虽然是作为电路交换网的网络信令,但是其本身却是属于数据通信的范畴。因此,7 号信令采用了现代数据通信协议的分层结构。

通信网发展了一百多年,主要有提供语音业务的电话网和提供数据业务的数据网,由于话音和数据业务特征差别比较大,因此这两种网络的技术上有比较大的差异。本章在介绍完电信交换技术和电信网络技术之后,首先详细的讲解程控交换机的基本结构,电话网的结构、组成,以及电话网中密不可分起着传送控制消息的信令系统,接着讲解了为了配合电话网工作的电信支撑网的功能,重点讲解了 7 号信令网。传统的电话网还有一个很重要的网络就是移动网,因此接下来以 GSM 系统为例,介绍移动通信系统的组成,以及 2G 移动通信系统如何解决"动中通"的问题。

另外一类重要的通信网是数据网,常见的数据网有 X.25 网、DDN、帧中继、ATM 和 IP 网络,目前应用最广泛的数据网络是 IP 网。本章重点讲解 IPv4 的地址结构,要求掌握运营商 IP 网络的结构、地址分配,接着介绍了 IP 报文的格式,IPv6 的特点以及 IP 网中网络的互连设备。

21 世纪初开始随着通信网业务由传统的语音业务为主转变为以移动和数据业务为主,上述业务和技术发展趋势对于传统通信网的业务运营和技术取舍都是一个极大的挑战,在此背景下产生了软交换技术,它是 PSTN 逐步向 IP 网络发展过程中出现的概念,具有解决传统电路交换机缺陷的潜力,顺应了基于电路交换的电话网和基于分组交换的数据网融合的趋势。本章最后对软交换技术进行了概述。

习题

2-1 什么是电信交换节点技术?

2-2 什么是电信交换网络技术?

2-3 设 T 交换单元的话音存储器有 512 个单元,要完成输入 TS_{511} 与输出 TS_2 的时隙交换,请分别画出在输入控制和输出控制下,话音存储器和控制存储器中的内容。

2-4 请列举 Banyan 网络的基本特性,并说明什么情况下 Banyan 网络会出现阻塞,消除阻塞的方法有哪些。

2-5 试说明 GSM 通信系统中 VLR 和 HLR 的功能差别。为什么有了 HLR 还要设立 VLR?

2-6　什么是网同步？在数字通信网中为什么要网同步？

2-7　说明电信管理网的组成及其与电信网的关系。

2-8　根据你的理解，说明 2G 移动通信网的移动性管理功能是怎样实现的。

2-9　电信网中信令的作用是什么？信令可以如何分类？

2-10　软交换网络的体系架构是如何分层的？每层完成什么样的功能？并说明软交换网络的技术特点。

2-11　说明子网和子网掩码的概念。如果某主机的 IP 地址为 140.252.20.68，子网掩码为 255.255.255.224，求此主机的网络号，以及该主机所在的子网能容纳的主机数。

参考文献

[1]　中国通信技术学科发展史.

[2]　糜正琨,陈锡生,杨国民.交换技术[M].北京：清华大学出版社,2006.

[3]　陈锡生,糜正琨.现代电信交换[M].北京：北京邮电大学出版社,1999.

[4]　孙孺石,等.GSM 数字移动通信工程[M].北京：人民邮电出版社,1996.

[5]　杨留清,等.数字移动通信系统[M].北京：人民邮电出版社,1995.

[6]　谢希仁.计算机网络[M].4 版.北京：电子工业出版社,2003.

[7]　顾尚杰,等.计算机通信网基础[M].北京：电子工业出版社,2000.

[8]　赵慧玲,叶华.软交换为核心的下一代网络技术[M].北京：人民邮电出版社,2002.

[9]　陈建亚,余浩.软交换与下一代网络[M].北京：北京邮电大学出版社.2002.

第3章

传送层技术

本章首先简单介绍传送层在通信网络架构中的位置和传送层技术包含的内容；其次，在介绍以太网接入方法的基础上分别讲述传统以太网和交换式以太网的工作原理，并介绍了虚拟局域网（VLAN）技术；然后描述了 IP 数据报通过路由器的转发过程，并详细讲解了相关路由协议；接着从网络构成、信令控制、信息传送、关键技术、应用范围等角度介绍了路由与交换相结合的三层交换技术——多协议标签交换（MPLS）；最后介绍了以 MPLS-TP 为基础的分组传送网（PTN）中的伪线仿真技术、网络体系结构、OAM 功能、QoS 功能及组网应用。

3.1 传送层概述

由于通信技术发展飞快，各种技术层出不穷，推动这些技术发展的组织和个人也非常多，各自在相应领域的定义和理解也有所差异，因而业界在很多场合都出现了层、面、平面的概念，这些概念在不同技术背景下有着不同的含义。本章中的传送层是指将通信网络架构从垂直角度分为业务层、控制层、传送层、接入层后的传送层，图 3.1 所示是基于 IMS 的通信网架构。它的作用是提供信息传送服务，不涉及业务的处理流程及呼叫或会话的控制。

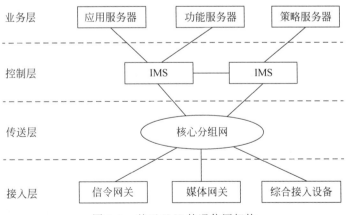

图 3.1　基于 IMS 的通信网架构

由于 IP 网络的诸多优点，业内提出了向全 IP 发展的目标，这不仅意味着用户业务信息、控制信息、信令及协议、操作与维护管理信息等均试图通过 IP 方式承载，还意味着从终端、接入网到核心网全线 IP 化。作为传送层，用基于 IP 的传送和承载技术替代传统的基于

SDH 的 MSTP 技术显得非常必要。有关 IP 网络的 TCP/IP 协议族已在第 1 章展示，这里仅列出与传送层相关的一些协议，如图 3.2 所示。其中，在 3.2 节介绍 ARP、RARP、Ethernet 协议，在 3.3 节介绍 IP、RIP、BGP、OSPF 协议，在 3.4 节介绍 LDP、RSVP 协议。

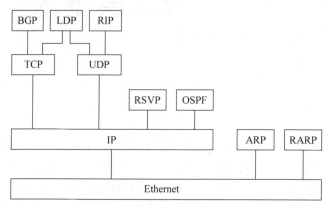

图 3.2　传送层相关协议

在上述分层结构中，层与层之间数据的封装及传送过程如图 3.3 所示。

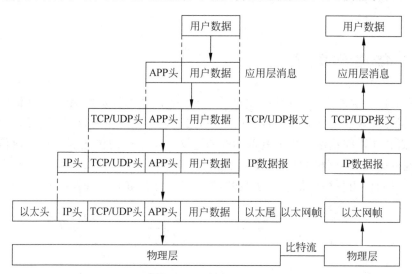

图 3.3　各层数据封装及传送过程

图 3.3 展示的是两节点应用层之间逐层封装(发送端)和去除封装(接收端)及通信的过程，实际上两节点之间不一定非要经过从应用层到物理层的所有层，如 3.2 节介绍的以太网技术只涉及链路层和物理层，3.3 节介绍的路由技术及 3.4 节介绍的 MPLS 技术等只涉及网络层、链路层和物理层。

　　本章讨论的传送层技术是适合 IP 数据报传送的并且有着尽可能好的业务性能的分组交换技术。内容主要涵盖以太网技术、路由技术、MPLS 技术、PTN 技术等。其中，以太网技术属于局域网技术，讲述的是在第二层即数据链路层完成端到端通信的过程，内容上既包括传统的总线型以太网也包括现代的交换式以太网，涉及的物理设备主要是集线器和二层交换机；路由技术属于第三层即网络层技术，内容包括数据报转发原理及相关路由协议，涉及的物理设备主要是路由器；MPLS 技术是将路由技术与二层交换技术相结合的产物，在性能上比纯路由技术有了很大的进步，涉及的物理设备主要是 MPLS 交换机；支持 MPLS-TP 协议的 MPLS 交换机为节点构成的通信网络就是通常所说的分组传送网，它是面向连接的，区别于传统无连接 IP 网络的信息传送技术，本章的最后一节介绍了分组传送网中的常见技术。

值得一提的是，本章讲述的是通信网垂直分层架构下的传送层，在传送层也有相应的控制技术，这一点要和通信网垂直分层架构下的控制层技术加以区别。另外在传送层本身也还有进一步分层的说法，请用户参照相关书籍。

3.2 以太网技术

以太网（Ethernet，传递信息的单位称为帧）是一种无连接（不要求收到数据帧的目的站点予以确认，不保证可靠传送，差错的纠正由上面的高层来做，接收端收到有差错的帧时丢弃即可）的数据链路层通信技术。

由于带宽的限制，早期的以太网（10Mb/s）被用作一种局域网技术，后来随着快速以太网（100Mb/s）、千兆以太网（1000Mb/s）、万兆以太网（10Gb/s）的问世，它的应用范围也从局域网逐渐扩展到城域网、广域网，并且在局域网领域也大有取代 FDDI、令牌环网、ATM 的趋势。本节重点讲解传统的以太网技术，交换式以太网的工作原理及其 VLAN 技术。

3.2.1 传统以太网

1. 共享式以太网工作原理

传统以太网采用共享式总线结构，经典的连接方式是集线器（hub）＋计算机，某计算机发出的数据帧被置于总线上，处于同一总线上的其他计算机都能接收到该帧，只有真正的目的主机才处理该帧，如图 3.4 所示。

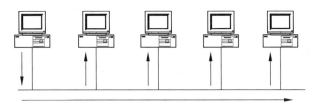

图 3.4 总线式以太网信息传送

正因为处于同一总线上的终端共享一条信息传送通道，因此它们就不能同时发送数据帧。在发送数据帧之前需要监听信道上是否空闲，而且在帧发送后的一段时间（争用时间）内仍然需要监听是否有碰撞，因为帧的传送是需要时间的，有可能某台终端发出数据帧时尚未感知到其他终端也已经发出数据帧。

为了协调各计算机的工作，引入了载波监听多点接入访问/冲突检测（CSMA/CD，Carrier Sense Multiple Access/Collision Detect）协议，通过该协议来检测和发现冲突，一旦发现冲突就立即停止发送。

CSMA/CD 协议主要包括载波监听和碰撞检测。载波监听是指发送前先监听，就是每个终端在发送数据帧之前,先要检测一下总线上是否有其他站点在发送数据帧,如果有,则暂停发送,等信道变为空闲时再发送;而碰撞检测是边发送边监听,虽然发送前已经监听过了,信道空闲时才发送的,但是由于信息传送总是需要时间,某终端在发送数据帧的同时,可能其他站点也在发送或者已经发送了,只不过它暂时还不知道,直到检测到其他站点发送的数据帧时才感知到碰撞的发生。那么须经过多久才能检测到发生了碰撞呢?

如图 3.5 所示,把单程端到端的传送时间记为 τ,A 点在时刻 0 发送数据帧,B 点在时刻 $\tau-\delta$ 发送数据帧,A 和 B 的碰撞发生在时刻 $\tau-\delta/2$,但此时 A 和 B 都觉察不到碰撞的发生。直到时刻 τ,B 才感觉到了碰撞,而 A 则是在时刻 $2\tau-\delta$ 才检测到碰撞的发生。不难看出最坏情况下需要经历 2τ 即两倍的"单程端到端的传播时间"(A 在发出后直到检测到 B 发出的数据帧才知道碰撞了)。把这 2τ 称为争用期,也叫碰撞窗口,以太网争用期为 51.2s。经过这个争用期时间,检测没有发生碰撞,就能肯定这次发送的数据不会发生碰撞。

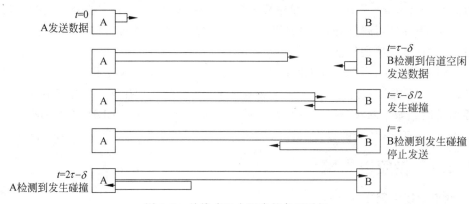

图 3.5 总线式以太网中的争用时间

因此边发送边检测是十分必要的,一旦检测到碰撞,业内一般采用截断二进制指数类型的退避算法来使得各方推迟发送的时刻尽量避开,以减小发生碰撞的概率。

虽然 CSMA/CD 和退避算法在一定程度上使碰撞的可能性大大降低,但并不能从根本上消除冲突。而且在网络负载比较大的情况下,网络性能很差。

2. 以太网帧结构

由于历史的原因,以太网帧格式出现了很多版本,其中具有代表性的是 DIX 联盟(Digital、Intel、Xerox)推出的 Ethernet II、IEEE 定义的 802.3 SAP 以及为使上述两者格式兼容而定义的 Ethernet SNAP。图 3.6 列出了这三种以太网的帧格式,三种帧都包含有 6 个字节的目的地 MAC 地址(DMAC)和 6 个字节的源点 MAC 地址(SMAC),分别用于区分数据帧的接收者和发送者(MAC 全称为 Media Access Control 或 Medium Access Control,称为物理地址、硬件地址,此地址全球唯一且固定不变,用来定义网络设备的位置,由设备制造商在网卡中设定,MAC 地址一般用类似 XX-XX-XX-XX-XX-XX 的十六进制方法表示,而 Cisco 用类似 XXXX.XXXX.XXXX 的十六进制方法表示,6 字节即 48 位中前 24 位是厂商代码,后 24 位为序号。在发送数据帧时,数据帧中 MAC 地址的第一个字节最低位为 0 表示单播地址,第一个字节最低位为 1 时表示多播地址,48 位全为 1 表示广播地址)。

每种格式也都有一个用于错误检测的循环冗余校验(Cyclic Redundancy Check,CRC)字段(通过 32 位 CRC 多项式与地址字段、类型字段、数据字段等进行运算,生成的结果放在该字段,供接收方确定传输过程中是否出错)。

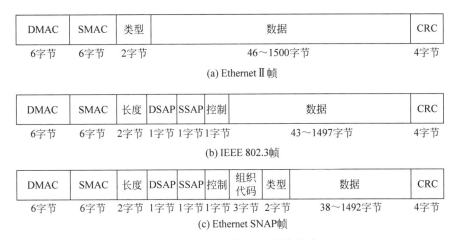

图 3.6 三种典型的以太网帧格式

三种格式中都包含的数据字段是上层即网络层协议的 PDU 如 IP 数据报等。

在 Ethernet Ⅱ 帧格式中类型字段用于指明上层是 IP、IPX 还是其他网络层协议,如 0×0800 代表 IP 协议帧,0×0806 为 ARP 帧,0×0835 为 RARP 帧,0×8137 为 IPX 和 SPX 帧。

IEEE 802.3 SAP 格式中的 DSAP(Destination Service Access Point)、SSAP(Source Service Access Point)及控制字段也是用于指明上层是什么协议。

Ethernet SNAP 帧格式比 802.3 帧多了一个 5 字节的 SNAP ID(由 3 字节的组织代码及 2 字节的类型组成),其中组织代码即厂商代码,通常与源 MAC 地址的前三个字节相同,类型字段的含义与 Ethernet Ⅱ 的类型字段相同。

这三种格式里,包含 HTTP/Telnet/FTP/SMTP/POP3 等应用在内的大多数应用程序的以太网数据包都是 Ethernet Ⅱ 帧,交换机之间的 BPDU(BPDU 是运行 STP 的交换机之间交换的消息帧,关于 STP 的概念见 3.2.2 节)采用 IEEE 802.3 SAP 帧,VLAN(见 3.2.3 节 VLAN 技术)的 Trunk 协议 802.1Q 和 Cisco CDP 都是采用 IEEE802.3 SNAP 帧。

3. ARP 技术

在 TCP/IP 模型中,第三层即网络层利用逻辑地址即 IP 地址通信,第二层即数据链路层通过物理地址即 MAC 地址通信,MAC 地址和 IP 地址之间通过 ARP/RARP 协议来转换。其中 RARP(Reverse Address Resolution Protocol,反向地址解析协议)用于将 MAC 地址转换成 IP 地址,ARP(Address Resolution Protocol,地址解析协议)用于将 IP 地址转换成 MAC 地址。如图 3.7 所示,如果主机 X 知道主机 B 的 MAC 地址 MAC$_B$,则在第二层将数据帧发给主机 B;如果主机 X 只知道主机 B 的 IP 地址 IP$_B$,而不知道其 MAC 地址时可以在局域网内发送 ARP 请求的广播信息,此信息指名要求 IP 地址为 IP$_B$ 的主机回答其 MAC 地址,接收到该信息的其他主机忽略该信息,而主机 B 通过 ARP 回复消息将自己的 MAC 地址发送出去,主机 X 得到了主机 B 的 MAC 地址 MAC$_B$ 后,将 MAC$_B$ 与 IP$_B$ 的映射关系保存在自己的 ARP 表中并在第二层将数据帧发给主机 B。这种机制在局域网中经常使用,因为局域网内是通过 MAC 地址而不是 IP 地址进行通信的。

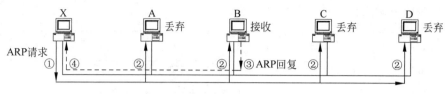

图 3.7　ARP 解析过程

3.2.2　交换式以太网

在共享式以太网中,CSMA/CD 及退避算法并不能从根本上消除冲突。要彻底解决冲突的问题,就必须使信道共享变为信道专用。因此,在以太网上引入了电话网中关于"交换"的概念,使每个终端直接与交换机(或交换式 hub)相连,由交换机在各终端之间交换信息。这种交换式结构的以太网不但解决了信道冲突的问题,还克服了传统以太网每次只能在一对用户间进行通信的缺点,实现了多对用户之间的同时通信。

交换式以太网一般采用星形结构,如图 3.8 所示。

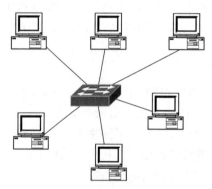

图 3.8　交换式以太网拓扑结构

1.　二层交换技术

在交换式以太网中,用于数据链路层信息传送的设备通常为二层(L2)交换机,如图 3.9 所示。二层交换技术发展已比较成熟,它基于 MAC 地址转发数据帧。交换机每获得一个与某端口相连的设备的 MAC 地址,就将该 MAC 地址与对应的端口记录在自己内部的 MAC 地址表中,也就是说交换机有 MAC 地址学习功能。

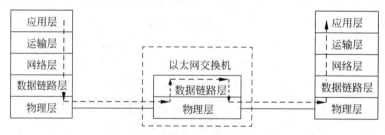

图 3.9　二层交换机与 TCP/IP 分层

交换机的 MAC 地址学习功能非常简单,刚开始初始化后,交换机的 MAC 地址表是空的,以后只要某端口向交换机发送数据帧,交换机就把该数据帧中的源 MAC 地址即 SMAC

取出并与相应的端口号绑定且记录在 MAC 地址表中,这样只要向交换机发送过数据帧的设备的 MAC 地址都包含在 MAC 地址表中。

　　有了 MAC 地址表,交换机的转发功能也很简单:在收到数据帧后,查 MAC 地址表,将数据帧递交到与帧中目的地 MAC 地址即 DMAC 相对应的交换机端口即可。当然在转发过程中会遇到这样一个问题:在 MAC 地址表中查不到与数据帧的 DMAC 对应的端口怎么办? 首先,这种现象是存在的,说明某设备没有向交换机发送过数据帧,因此交换机就没有从相应端口学习到该设备的 MAC 地址。这时,交换机的处理方法是:对于目的地 MAC 地址不明的数据帧采用广播的方式,向除源端口以外的所有端口转发该数据帧,这些数据帧中总有一个会到达目的地。

　　如图 3.10 所示,举例说明二层交换机学习和转发的过程。

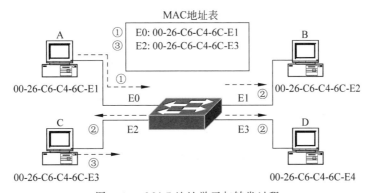

图 3.10　MAC 地址学习与转发过程

　　在图 3.10 中 A、B、C、D 四个主机属于同一个局域网,它们之间通过以太网交换机通信。刚开始 MAC 地址表是空的。假设主机 A 要向主机 C 发送信息,由于 A 只知道 C 的 IP 地址,不知道 C 的 MAC 地址,于是通过广播(数据帧中 DMAC 设为 FF-FF-FF-FF-FF-FF。注意这里的广播是主机 A 发出的用于获取某 IP 地址对应的 MAC 地址的 ARP 机制,不同于交换机对不明 MAC 地址的数据帧的广播)方式向局域网发送 ARP 请求消息,此时交换机首先通过学习获得了 A 的 MAC 地址并和端口 E0 一并记录在 MAC 地址表中,然后将此 ARP 请求消息发送给 B、C、D;收到此广播的主机中 B、D 忽略此请求,只有 C 发出响应(回答自己的 MAC 地址),此时交换机趁机学习到 C 的 MAC 地址并和端口 E2 一并记录到 MAC 地址表中,同时将含有主机 C 的 IP 地址和 MAC 地址映射关系的数据帧转发给主机 A,主机 A 知道了主机 C 的 MAC 地址。接着主机 A 将要发送的数据帧加上主机 C 的 MAC 地址发送给交换机,交换机查 MAC 地址表直接从 E2 端口发送出去。

　　通过上面的示例,知道交换机是通过 MAC 地址表进行转发的,所以 MAC 地址表很重要。在实际应用中,不排除通过 MAC 地址表溢出、MAC 地址欺骗等方法恶意攻击 MAC 地址表的行为。其中 MAC 地址表溢出是指利用网络攻击工具以大量无效的源 MAC 地址攻击交换机,直到 MAC 地址表填满,而此时真正有效的端口由于地址表已满无法写入到 MAC 地址表中造成交换机无法设别该端口的设备,而交换机对无法识别的设备采用的是广播的方式,大量的广播会造成流量泛洪直至交换机拥堵瘫痪;MAC 地址欺骗是指某主机(如主机 A)在发送给交换机的数据帧中将源 MAC 地址即 SMAC 写成主机 B 的 MAC 地址,这样交换机以为 B 移到了 A 的端口上,以后 B 就收不到数据帧而发给 A 所在端口。

解决 MAC 地址表攻击的办法：设置最多可学习到的 MAC 地址数；设置系统 MAC 地址老化机制（MAC 地址表每一条表项都设有一个生存周期，到达生存周期后得不到刷新的表项将被删除）。

2. 冗余与环路

交换节点的引入，无疑彻底解决了信道争用的问题，但这样的设计也使得任何一台终端都必须通过交换机才能传递信息，一旦交换机发生故障，与该交换机相连的所有终端都将无法通信，为此引入了冗余的结构。

冗余结构包括链路冗余和设备冗余两种。链路冗余是指采用 1 个或多个备份端口，以克服某个端口或某条线路引起的故障；设备冗余是指配置冗余的交换机。图 3.11 所示为设备冗余，如果其中一台交换机发生故障，可通过另一台交换机完成通信。

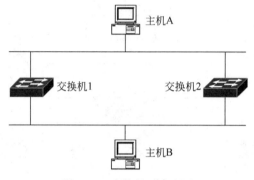

图 3.11　交换机冗余配置

冗余结构在可靠性方面得到了大大的提高，但它又带来了另外一个问题：广播风暴。

在图 3.12 中主机 A 将广播帧同时发送到交换机 1 和交换机 2 上，当广播帧到达交换机 1 的端口 1 时，由于广播帧会被发送给交换机的所有其他端口，于是被发送到端口 2，交换机 1 通过端口 2 将该广播帧发送给交换机 2 的端口 2，交换机 2 的端口 2 又发送到端口 1，交换机 2 再通过端口 1 又将该广播帧发给交换机 1 的端口 1，这样继续下去就会形成一个环路；不但如此，原来从主机 A 发送到交换机 2 的广播帧也会形成反向环路。

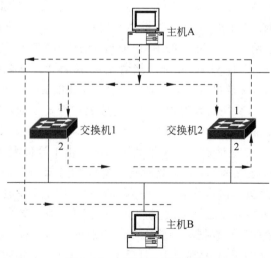

图 3.12　冗余配置下的环路

为了保证在交换机冗余配置时不产生环路,于是便引入了生成树协议(Spanning Tree Protocol,STP)。STP 由 IEEE 802.1D 标准定义,其基本思想是以网络中所有的交换机为节点生成一棵转发信息的树,而树是没有环路的。生成树协议的工作过程如下:

(1)首先选举根桥。这棵树的根称为根桥或根交换机,网络中同时只能有 1 个根交换机存在,根交换机是选举产生的,选举的依据是交换机优先级别和 MAC 地址组合成的交换机 ID(Bridge ID),可以先选择优先级别最高的交换机,如果优先级别相同可以选择 MAC 地址最小的交换机。网络中所有决定都由根交换机做出。

(2)在每个非根桥的交换机上选举根端口。从各端口到达根交换机的路径开销中最小的为根端口。如果路径开销相同,则比较交换机 ID、端口优先级、端口 ID 等。

(3)每个 LAN 选举指定端口。各端口到达根交换机的路径花费,最小的为指定端口。每个 LAN 通过该指定端口连接到根交换机。如果路径花费相同则采取步骤(2)的方法。

(4)将根端口和指定端口设置为转发状态,其他端口设置成阻塞状态。

图 3.13 中交换机 Z 因为 MAC 地址小被选为根交换机;交换机 X 的端口 0 由于到达根交换机的费用小被选为根端口,交换机 Y 的端口 0 同样被选为根端口;同时在 100BaseT 网段,交换机 Z 的端口 0 被选为指定端口(由于交换机 Z 的 MAC 地址小),在 10BaseT 网段,交换机 X 的端口 1 被选为指定端口(由于交换机 X 的 MAC 地址小);剩下交换机 Y 的端口 1 被设定为阻塞状态。

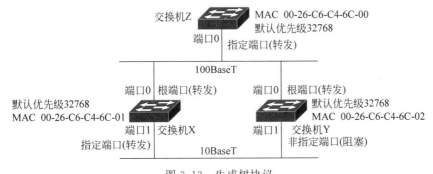

图 3.13 生成树协议

3.2.3 虚拟局域网

交换机的引入解决了信道争用即冲突域(一个站点向另一个站点发送数据帧时,除目的站点外还有一些站点能收到这个信号,而且这些站点不能同时发送信息,这些站点就构成一个冲突域,如总线式以太网就是一个冲突域)的问题,但还是存在广播域(一个站点发出一个广播信号后能接收到这个信号的范围就是一个广播域,一个局域网通常就是一个广播域)的问题。大量广播信号的存在容易导致网络拥堵。为了使广播信号尽可能少地发送到无关站点即减少广播域范围,业内提出了 VLAN(Virtual LAN,虚拟局域网)机制。

一个 VLAN 就是一个广播域,如图 3.14 所示,在设置 VLAN 之前,只要有 1 个站点发出广播帧就会被交换机送到其他所有端口,而通过分割成两个 VLAN(各自以"VLAN ID"

来区分)后,广播帧只发给属于同一个 VLAN 的其他端口。图 3.14 中原来的广播域被切割成两个广播域,交换机的 4 个端口分属于两个广播域,主机 A 发出的广播帧只在广播域 1 范围内传送,主机 C 发出的广播帧只在广播域 2 的范围内传送,两个广播域虽然同属于一个交换机,但互相独立。

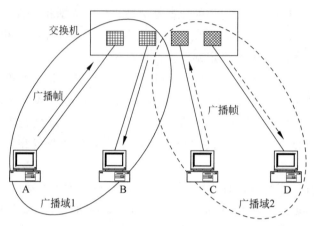

图 3.14　VLAN 切割广播域

VLAN 有多种划分方法,可以根据交换机端口、MAC 地址、IP 子网、用户等来划分,其中最常见的是根据端口来划分 VLAN,基于端口的 VLAN 属于静态 VLAN,即人为明确指定各端口属于哪个 VLAN。引入 VLAN 后,以太网的帧结构也相应有所变化,目前主流的 VLAN 帧结构有 IEEE 802.1Q 格式和 Cisco 的 ISL(Inter Switch Link)格式。图 3.15 所示是基于 Ethernet Ⅱ 的两种 VLAN 帧格式的区别。

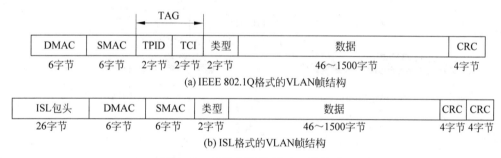

图 3.15　两种典型的 VLAN 帧格式

IEEE 802.1Q 格式是在原来的 MAC 源地址和类型之间加入了 4 字节的 TAG 字段(包括 TPID 和 TCI),其中 16 位 TPID 固定为 0x8100 用于提醒交换机后面是基于 IEEE 802.1Q 的 VLAN 信息,TCI 中含有 12 位 VLAN ID 标识。由于插入了新内容,所以 CRC 必须重新计算。

ISL 格式在原来的数据帧头部加入 26 字节的 ISL 包头(其中含有 VLAN ID),并在尾部另外加上一个 CRC 字段(原来 CRC 保留),这样在剥去包含 VLAN 标识的 ISL 包头时就不必重新计算 CRC。

以 IEEE 802.1Q 格式为例,在基于端口划分的 VLAN 中,每个端口都会分配一个默认的 VLAN ID,称为 PVID(Port VLAN ID)或 native VLAN。端口接收到的所有不带 TAG

字段的(Untagged)帧都认为属于该端口的默认 VLAN ID,并在端口默认 VLAN ID 内转发。

　　VLAN 端口分为三种：Access 端口、Trunk 端口和 Hybrid 端口。其中 Access 端口用于连接用户主机,Trunk 端口主要用于连接其他交换机(如图 3.16 所示),Hybrid 端口同时具有连接用户主机和交换机的功能。

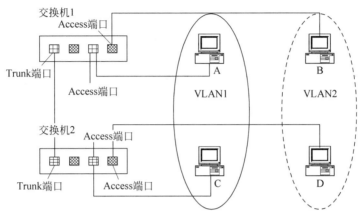

图 3.16　三种 VLAN 端口

　　VLAN 的二层转发是基于 MAC 地址表(如表 3.1 所示)中的 VLAN ID 及 MAC 地址进行的,凡是数据帧中的 VLAN ID 和目的地 MAC 地址即 DMAC 同时与表中某行匹配时数据帧就从该行的相应端口发送出去；若找不到匹配 MAC 地址,则向所属 VLAN 内除接收该数据帧的端口以外的其他所有端口洪泛该数据帧；若数据帧中所带的 VLAN ID 在MAC 地址表中找不到,则丢弃该帧。

表 3.1　含 VLAN 标识的 MAC 地址表

VLAN ID	MAC 地址	端　　口	老 化 时 间
VLAN1	00-26-C6-C4-6C-E1	1	08：45
VLAN2	00-26-C6-C4-6C-E2	5	09：15
VLAN1	00-26-C6-C4-6C-E3	2	10：25
VLAN2	00-26-C6-C4-6C-E4	6	11：05

　　当然上述过程是基于一个前提：数据帧中含有 VLAN ID(即 VID)。但有时交换机收到的数据帧是不含有 VLAN ID 的即 Untagged 帧,比如直接从计算机主机收到的就是如此。这时交换机就会用默认的 PVID 给它绑上一个 TAG 字段(见图 3.15)。引入 VLAN机制后 L2 的具体转发流程如图 3.17 所示。

　　下面以图 3.18 所示的 PC1 向 PC2 发送数据帧为例介绍 VLAN 下的 L2 转发过程。图 3.18 中交换机 1 有 3 个 Access 端口和 1 个 Trunk 端口,交换机 2 有 1 个 Access 端口和1 个 Trunk 端口,假设每个 Access 端口分配的默认 VLAN ID 即 PVID 为 100,两台交换机的 Trunk 端口属于 VLAN ID=100 的 VLAN,假如两台交换机均刚开机,PC1 向 PC2 发送数据帧,其具体的转发过程如下：

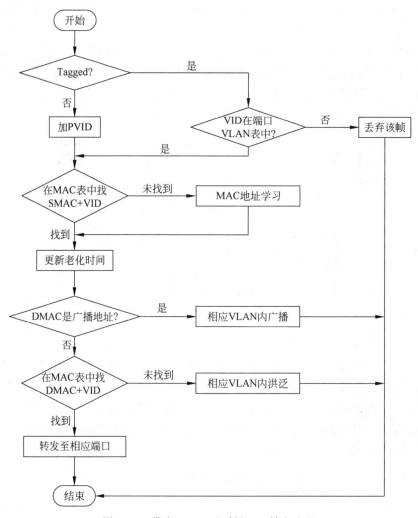

图 3.17　带有 VLAN 机制的 L2 转发流程

（1）PC1 发出 Untagged 的数据帧进入交换机 1。

（2）交换机 1 按照端口 PVID 加上 VLAN ID＝100 的标签，并同时学习该数据帧的源 MAC 地址 SMAC，将 SMAC 对应的 VLAN ID 与端口号存入 MAC 地址表，由于目的地 MAC 地址 DMAC 在交换机 1 的 MAC 地址表中找不到，因此将该数据帧洪泛到 VLAN ID＝100 的所有其他端口（即连接 PC3 和 PC4 及交换机 2 的端口）；PC3 和 PC4 丢弃该数据帧，交换机 1 通过 Trunk 端口将该 Tagged 帧送到交换机 2 的 Trunk 端口。

（3）交换机 2 接受该数据帧，同时学习源 MAC 地址，将交换机 1 的 MAC 地址及对应的 VLAN ID 与端口号存入 MAC 地址表，然后把该数据帧洪泛给所有该 VLAN 的其他端口（即 VLAN ID 相同的端口，这里只有 1 个端口）；交换机 2 的 Access 端口接收到该数据帧，剥除该帧的 TAG（主要内容是 VLAN ID）后发送给 PC2。

以上 VLAN 内通信的主机同属一个广播域，主机间的数据帧通过二层设备直接转发。而 VLAN 间的通信则属于不同广播域，必须和 LAN 之间的通信一样靠三层设备如路由器或三层交换机来完成。

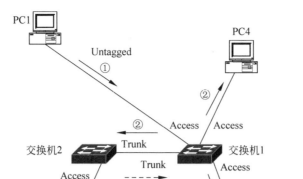

图 3.18 两终端通过 VLAN 传递信息

3.3 路由技术

通过 3.2 节中的学习,懂得了同一个 LAN 或 VLAN 下的终端之间的通信可以通过 L2 交换来实现。那么如果两个终端分处于不同的 LAN 或不同的 VLAN,它们之间的通信就必须通过三层设备来完成,如图 3.19 所示。

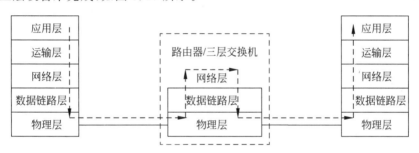

图 3.19 三层设备与 IP 分组转发

3.3.1 IP 分组转发

IP 分组转发是 IP 网络中路由技术的具体应用,它依靠 IP 协议完成。IP 协议属于 TCP/IP 模型的第三层即网络层,采用的是无连接的分组交换技术。IP 协议有 IPv4 和 IPv6 两种版本。在 IPv4 使用过程中出现了诸如地址空间不足等问题,因此 IETF 提出了 IPv6,在地址空间、安全性、移动性等方面均做了改进。由于 IPv6 尚未大规模普及,现仍以 IPv4 为例讲述 IP 技术原理。

IP 协议主要定义了 IP 数据报的格式及其转发流程,其中 IP 数据报的格式已在第 2 章中介绍,在此只介绍 IP 数据报的具体转发流程。

在 IP 网络中,路由和转发是合二为一的(3.4 节将看到在 MPLS 中路由与转发是分开的),因此数据报的转发就是根据路由表进行的。路由表采用二维结构,包括目的地址、子网掩码(或 CIDR 前缀长度)、下一跳地址(IP 路由表中不记录完整路径,只记录下一跳)和输出接口等,如表 3.2 所示。路由器根据收到的数据报的目的 IP 地址从路由表中选择一条合适的路径,将数据报传送到下一跳(Next Hop)路由器,如此不断接力,完成一跳接一跳(Hop by Hop)的转发,直至最后一个路由器将数据报交给目的主机。

路由表中每一条记录就是一条路由,如果目的主机与源主机处于同一个子网则直接传送,该条路由称为直接转发路由(表中第 1 条);如果前缀长度为 32 即目的地址为某特定主机,该路由称为特定主机路由(表中第 2 条);如果将目的主机所在网络作为路由表的目的地址,该路由称为特定网络路由(表中第 3 条);而第 4 条路由可以匹配任何目的地址,称为默认路由。

每个路由表中有多条记录,应该选择哪一条呢? 通常的做法是将收到的 IP 数据报的目的地址和与网络前缀长度对应的掩码按照二进制逐位相与,如果得到的结果与路由表中某行的目的地址相一致,就选用该条记录作为路由。如果存在多条记录均符合这样的条件,就选前缀长度最长的一条,这就是最长前缀匹配(或称为最长地址匹配)规则。

如表 3.2 中路由器接收到目的地址为 202.119.5.6 的分组,用表中第一行对应的掩码 255.255.255.0 与 202.119.5.6 相与,得到的结果为 202.119.5.0 与 202.119.6.0 不符合,该条记录不匹配;再用第二行对应的掩码 255.255.255.255 与 202.119.5.6 相与,得到的结果为 202.119.5.6 与 202.119.12.0 不符合,该条记录不匹配;再用第三行对应的掩码 255.255.255.128 与 202.119.5.6 相与,得到的结果 202.119.5.0 匹配,用该条记录选路,数据报从 c 接口发出。

表 3.2　路由表举例

目的地址/前缀长度	下　一　跳	输　出　接　口
202.119.6.0/24	直接传送	a
202.119.12.0/32	202.119.11.2	b
202.119.5.0/25	202.119.5.3	c
0.0.0.0/0	202.119.11.2	d

3.3.2　路由协议概述

通过 3.3.1 节的学习,了解了数据报在 IP 网络中通过路由器转发的过程,知道数据报转发是依靠路由表进行的。

路由分为静态路由和动态路由,静态路由是在路由器中设置的固定的路由表,适用于拓扑结构简单且稳定的小型网络,对网络拓扑变化的适应性不强,如果网络发生故障,需要人工干预;动态路由协议有功能完善的路由算法,能够根据收集到的网络中众多的与选路有关的路由信息进行整合,得到比较合理的路由表,而且生成的路由表可以根据网络拓扑的变化动态更新,适用于结构复杂的大型网络。

动态的路由算法按照实现原理可以分为距离向量(Distance-Vector,D-V)算法和链路状态(Link-State,L-S)算法。距离向量算法又称为 Bellman-Ford 算法,链路状态算法又称为 D 算法(Dijkstra),关于这两种算法的基本原理请参见本书第 6 章。

有了上述的路由算法,就可以根据这些算法设计路由协议,从而为路由表提供依据。有关路由表、路由协议、路由算法之间的关系如图 3.20 所示。

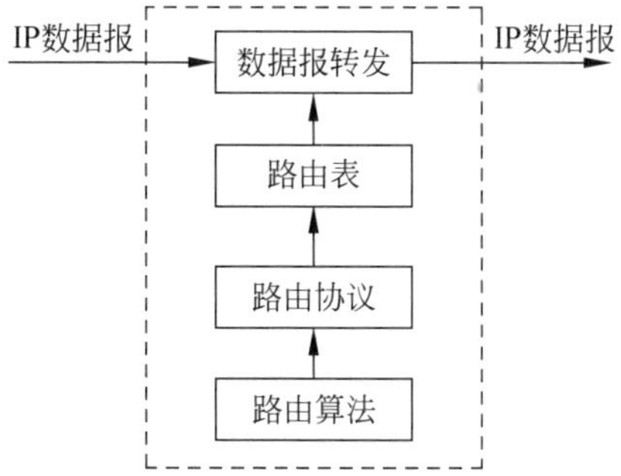

图 3.20 路由表、路由协议、路由算法之间的关系

路由协议可以从作用的范围来分类,这里的作用范围是指自治系统(Autonomous System,AS)。一个 AS 是一个有权自主决定在本系统中采用何种路由协议的小型单位,有时也被称为是一个路由选择域(Routing Domain)。一个自治系统有一个全局唯一的 16 位号码——自治系统号。

同一个 AS 内通信所使用的路由协议称为内部网关协议(Interior Gateway Protocol,IGP),当跨越 AS 进行通信时就需要使用 AS 与 AS 之间的路由协议即外部网关协议(External Gateway Protocol,EGP)。常见的 IGP 协议有 RIP(Routing Information Protocol,路由信息协议)、OSPF(Open Shortest Path First,开放式最短路径优先)、IS-IS 等,常见的 EGP 协议有 BGP-4 等。其中,RIP 使用 UDP 作为其运输层协议,BGP-4 使用 TCP 作为其运输层协议,而 OSPF 则直接使用 IP 协议。

在上述列举的路由协议中,RIP 属于距离向量算法,目前应用趋少,改进后的 RIPng 用于 IPv6 中;OSPF 及 IS-IS 属于链路状态算法,它们采用的是最短路径优先(SPF-Short Path First)算法,实际上就是 D 算法;BGP-4 既不是基于纯粹的链路状态算法,也不是基于纯粹的距离向量算法。

下面分别介绍 RIP、OSPF、IS-IS 及 BGP-4 这四种常见动态路由协议。

3.3.3 RIP 协议

RIP 协议属于 D-V 算法,该算法的工作原理如下:

(1) 每个节点都含有一张路由表,路由表中存放的是各目的地 V 和到这些目的地的最短距离 D(表示可以通过距离 D 到达目的地 V);另外还包括到该目的地的下一跳节点。

(2) 开始时各路由表只含有到相邻节点的信息。

(3) 每个节点周期性地向相邻节点发送自己的路由表。

(4) 每个节点(K)收到相邻节点(J)发送的选路信息后,检查所收到的信息中该相邻节点到各目的地的距离,如果 J 知道去某目的地的更短路由,或 J 列出了 K 不知道的目的地,或 K 目前到某个目的地的路由是经过 J 的、而 J 到该目的地距离有所改变,则 K 就修改或增加自己路由表中的相应条目,而对其他情况不作处理。

(5) 这样经过若干个周期的相邻节点间路由信息的交流后,每个节点都充实了自己的路由表(并可以随时修改),得到了到各目的地的最短路由。

在具体的 RIP 协议中,为了实现简单,RIP 协议以跳数即分组经过的路由器个数而不是实际距离为衡量标准来选择路由。RIP 进程使用 UDP 的 520 端口来发送和接收 RIP 分组。RIP 分组每隔 30s 以广播的形式发送一次,如果一个路由在 180s 内未被刷新,则相应的距离就被设定成无穷大,并从路由表中删除该表项。

RIP 使用的距离向量算法的好处是各节点只要知道其邻节点到目的地的距离即可,不需要知道全网的拓扑结构,但也会带来明显的缺点:选路更新报文在网络内传输速度很慢,由于来不及更新会导致路由器之间的内容不一致,实际上它总是对"好消息"传得快,对"坏消息"传得慢[即慢收敛(Slow Convergence)或无限计数(Count-To-Infinity)]。

如图 3.21 所示,假设该双向对称拓扑结构中每段距离均为 1,对于好消息(A 到 B 由坏到好)的传播只需要 4 个周期就可以稳定下来(图 3.21(a)),而对于坏消息(A 到 B 由好到坏)的传播要经过无限长时间才能稳定(图 3.21(b))。图 3.21 中各节点下方的数字表示到 A 节点的距离。

A	B	C	D	E		A	B	C	D	E
"好消息"	∞	∞	∞	∞		"坏消息"	1	2	3	4
	1	∞	∞	∞			3	2	3	4
	1	2	∞	∞			3	4	3	4
	1	2	3	∞			5	4	5	4
	1	2	3	4			...	...	...	...
							∞	∞	∞	∞

(a) 好消息传得快　　　　　　　(b) 坏消息传得慢

图 3.21　距离向量算法的慢收敛问题

上述慢收敛问题产生的原因在于相邻节点的相互依赖,而且只依赖相邻节点的结果,不考虑其来源,导致从某节点得到的消息又传回到该节点。所以慢收敛问题的解决必须保证从某节点得到的消息不再向该节点传送。常用解决方法是水平分割(Split Horizon)法,其基本思路是"向下游说真话,向上游说谎话",其中谎话指到目的地的距离为∞,真话指实际距离。如图 3.22 所示,在该方法下,只需要 4 个周期就可以稳定路由表。

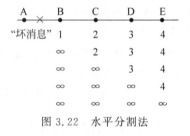

图 3.22　水平分割法

正是由于其慢收敛特性,因而 RIP 协议只适用于小型网络,最大支持 15 跳。

3.3.4　OSPF 协议

OSPF 协议属于链路状态算法,链路状态算法不会引起慢收敛问题,但每个节点必须了解整个 AS 的拓扑结构(包括链路状态即相邻两节点之间的距离)。由于链路状态算法的收敛速度较快,因此现在大型网络均采用链路状态算法。另外,该算法中各节点独立计算最佳路由,计算工作量较大;同时每个节点均要保存整个网络的链路状态信息,所需要的存储空间也比较大。

OSPF 协议的实现机制如下:

(1) 每个节点在点到点链路上通过发送 Hello 分组寻找自己的邻接点(收到 Hello 分组的节点回答"我是谁")并测量到这些邻接点的时延和费用(向相邻节点发送 ECHO 分组,对方立即作出回答,将全程时间除以 2 就可得到该邻接点的时延。为准确可多次求平均值)。

(2) 每个节点周期性地向其他所有节点广播其已知的各段链路状态。

(3) 每个节点都得到相同的一份关于全网各节点的拓扑结构(含各链路状态)。

(4) 每个节点利用 D 算法独立地计算出其到各目的地的最短路径。

以上原理是链路状态算法的通用实现机制。具体的 OSPF 协议作了一些改进:

(1) 在链路状态算法中,每个路由器所有接口的链路状态都必须广播到整个 AS,如果让每个路由器都通过邻接点将这些链路状态信息广播出去,这样会导致这些信息的多次重复传递,浪费了很多带宽资源。为此,OSPF 协议定义了指定路由器(Designated Router,DR),由 DR 收集从每个路由器发送来的状态信息,然后集中广播出去,而各个路由器不再独自进行广播。DR 由本网段的所有路由器选举产生。同时,为防止 DR 故障,设置有备份指定路由器(Backup Designated Router,BDR)。

(2) 由于链路状态算法中每个节点独立计算最短路径,因此只要有一条链路状态发生变化,整个 AS 内的路由器都需要重新计算,在网络规模很大时,这种现象严重影响网络的性能。为此,OSPF 采用了分层路由的思想,将 AS 分成多个区域(Area),在逻辑上将路由器分成若干个组,一个路由器可以属于多个区域,但一个网段(即一个 OSPF 接口)只能属于一个区域。在众多区域中,有一个骨干区域,负责非骨干区域之间的路由信息交换,连接骨干区域和非骨干区域的路由器称为区域边界路由器(Area Border Router,ABR)。

(3) 划分区域后,区域间通过 OSPF 区域边界路由器相连。为了减小区域边界路由器的数量,可以将具有相同前缀的路由信息聚合在一起(称为路由聚合)。如三条区域路由 10.10.1.0/24、10.10.2.0/24、10.10.3.0/24 可以聚合成一条 10.10.0.0/16。

3.3.5 IS-IS 协议

IS-IS 的全称是 Intermediate System-to-Intermediate System,即中间系统到中间系统。该路由协议最初由国际标准化组织(International Standardization Organization,ISO)为无连接网络协议 CLNP(ConnectionLess Network Protocol)而提出。CLNP 也是网络层协议,其地位相当于 TCP/IP 模型中的 IP。与 IP 地址不同,CLNP 采用 NSAP(Network Service Access Point)的寻址方式。

IS-IS 与 OSPF 类似,都是采用链路状态算法的域内动态路由协议。在路由器之间通讯时,IS-IS 使用的是 ISO 定义的协议数据单元(PDU),而不是 IP 数据报。为了适应较大的网络规模,IS-IS 采用了类似 OSPF 的分层路由,将一个 AS 划分成多个区域,并定义了路由器的三种角色:Level-1、Level-2、Level-1-2。Level-1 路由器负责本区域内的路由管理,Level-2 路由器负责区域间的路由管理,Level-1-2 路由器是同时属于 Level-1 和 Level-2 的路由器,是 Level-1 路由器连接至其他区域的必经通道,同时维护两个链路状态数据库即用于区域内路由的 Level-1 的链路状态数据库和用于区域间路由的 Level-2 的链路状态数据库。如图 3.23 所示,图中 L1 表示 Level-1 路由器,L2 表示 Level-2 路由器,L1/2 表示 Level-1-2 路由器。

3.3.6 BGP-4 协议

BGP(Border Gateway Protocol,边界网关协议)是 AS 之间交换路由信息的外部网关协

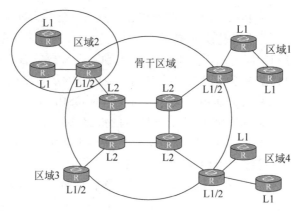

图 3.23　自治系统分区

议(EGP),与 RIP、OSPF 等内部网关协议(IGP)不同,BGP 的着眼点不在于发现和计算路由,而在于控制路由的传播和选择最佳路由。

在 BGP 发展过程中先后经历了多个版本,目前使用的版本是 BGP-4。BGP-4 支持 CIDR 和路由聚合。此外,还具有以下特点:

(1) 由于 BGP 与其对等实体之间传递的是整个 AS 的每一条路由,因此信息量很大,不适合定时广播,而是采用发送路由增量(即只发送路由的变化部分)的方法(BGP 邻居刚建立时发送整个 BGP 路由表以交换路由信息,之后为了更新路由表只交换更新消息)。

(2) BGP 采用 TCP 作为传送协议(使用 TCP 的 179 端口),在需要传递信息的路由器之间建立连接,这既包括不同 AS 的路由器之间,也包括同一个 AS 的边界路由器之间,因为有时在两个 AS 之间通信时需要其他 AS 的 2 个或多个边界路由器的转接。如图 3.24 所示,AS1 与 AS2 之间的通信就需要经过路由器 1、路由器 2、路由器 4 和路由器 5,而路由器 2 和路由器 4 虽然属于同一 AS 但也要建立 BGP 连接。这时路由器 2 和路由器 4 称为 IBGP 邻居,而路由器 1 和路由器 2 称为 EBGP 邻居。

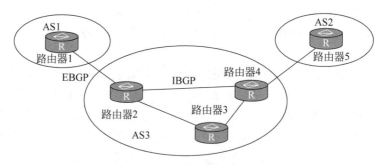

图 3.24　BGP 中的 IBGP 和 EBGP 邻居

(3) 为了防止在 AS 内形成环路,从 IBGP 邻居获得的路由只发送给 EBGP 邻居,而不发送给 IBGP 邻居(从 EBGP 邻居获得的路由可以同时发送给 EBGP 邻居和 IBGP 邻居)。

(4) 为了在 IBGP 路由器之间都能交换信息,最简单的办法便是在 IBGP 路由器之间个个相连,但如果这样做会导致连接线数量剧增(设路由器为 n 个,则连接线数量为 $n(n-1)/2$)。为此,引入了路由反射器的概念:每个 AS 将其中一台 IBGP 路由器设置为路由反射器,由路由反射器与其他 IBGP 路由器之间建立连接并反射路由信息。

（5）路由表经常会出现某条路由反复出现或消失即路由振荡的情况，这种情况下路由信息会反复更新。因此 BGP 采用衰减的方法：某路由每出现一次振荡，就给它增加一个惩罚值，当惩罚值高于一定阈值时将抑制（不发布）该路由；被抑制的路由每过一定周期惩罚值减半，当惩罚值降到一定阈值时该路由重新加载到路由表中。

3.4 MPLS

3.4.1 MPLS 概述

1. MPLS 的引入

通过 3.3 节的学习，知道作为第三层设备，路由器可以完成 LAN 及 VLAN 之间的通信。但传统路由器通过软件来转发数据报（或称为分组），转发时每次都要进行分析 IP 分组头和查路由表的操作（如图 3.25 所示），而且它是基于最长地址匹配算法，这样在速度上就无法与采用短标签精确匹配的二层交换机相比。

图 3.25 传统路由器的分组转发方式

为了提高分组转发的效率，业内提出了将三层路由与二层交换相结合的思想。具体地说，就是路由器在对第一个数据流进行选路后，将同时产生一个 IP 地址与标签的映射关系表，当具有相同目的地的数据流再次通过时，将根据此映射关系表直接从二层进行标签交换而不是再次路由，这样就实现了"一次路由、多次交换"，大大提高了转发速率。在众多的二、三层结合技术中，具有代表意义的是多协议标签交换（Multi Protocol Label Switching，MPLS）技术。MPLS 支持多个网络层协议，如 IP、IPX、Appletalk、DECnet、CLNP 等，这里只讨论基于 IP 的网络层协议。同时 MPLS 支持多种底层传输平台，如 ATM、SDH 等。

2. MPLS 网络构成

如图 3.26 所示，MPLS 网络由标签交换路由器（Label Switch Router，LSR）和标签边缘

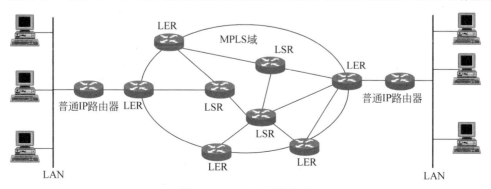

图 3.26 MPLS 网络构成

路由器(Label Edge Router,LER)组成,LER 将 MPLS 域与域外节点相连,LSR 负责分组
基于标签的转发(L2)。

3. 面向连接的转发方式

与传统 IP 的无连接转发方式不同,MPLS 采用面向连接的转发机制。在第三层无连接
选路的基础上,利用相关协议在第二层为每个路由建立一条标签交换路径(Label Switch
Path,LSP),如图 3.27 所示粗线部分表示的一个 LSP 连接(由各段组成)。

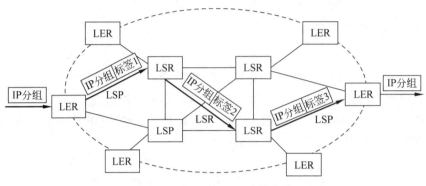

图 3.27　MPLS 的 LSP 连接的建立

3.4.2　MPLS 标签分配与管理

1. 标签的格式

标签是短小且有固定长度的,用来标识一个转发等价类(Forwarding Equivalent Class,
FEC),只在本地有效。当 MPLS 基于 ATM 时,标签可以用 VPI/VCI 来表示;其他情况下
用薄片(Shim)来表示,薄片位于第二层头与第三层头之间,如图 3.28 所示。

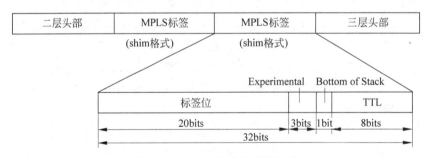

图 3.28　MPLS 标签位置及格式

需要强调的是在二层头部和三层头部之间可以携带 1 个或多个标签构成标签堆栈,图
中栈底指示位(Bottom of Stack)为 1 是表示最底层标签;实验位(Experimental)在协议中
没有明确,通常用于 CoS(Class of Service,服务类别);TTL 的作用与 IP 数据报格式中的
TTL 作用相同。

2. 标签分配的依据

标签是根据目的地 IP 地址和服务类型(Type of Service,ToS)等生成的,不同的目的地
和不同的 ToS 对应不同的 FEC。FEC 定义了哪些 IP 分组能够使用同一个标签映射到相同
的 LSP 上,它包括一个或几个 FEC 属性元素,每个属性元素描述了一组能够被映射到相应

LSP 的 IP 分组的共同属性。最常用的属性元素包括：IP 地址前缀和路由器标识符,它们分别用来表示具有相同的目的地址前缀或者是经过相同的路由器。此外,服务类型(ToS)等也可作为 FEC 的属性。这样,常见 FEC 包括：在路由表中具有相同地址前缀的分组属于同一 FEC,该地址前缀是各个分组的目的地址的最长匹配；通过共同的路由器/标签交换机的分组属于同一 FEC；具有同一源地址和同一目的地址的分组属于同一 FEC；具有同一源地址、同一目的地址、相同的传送协议、同一源端口、同一目的端口等划分依据的任意组合的分组属于同一 FEC；其他准则确定的具有某些相似属性的分组属于同一 FEC。

3. 标签分配的方法

标签的分配是指根据一定的规则为某一特定的 FEC 确定一个标签,并完成它们之间的绑定。

标签分配通常有 3 种方法：基于拓扑的控制驱动(根据常规的路由控制协议如 OSPF 和 BGP 来分配标签)、基于请求的控制驱动(根据常规的基于请求的控制协议如 RSVP 来进行标签分配)、数据驱动(数据的到达触发标签的分配和传播)。MPLS 是控制驱动的,而不是数据驱动的,即标签交换表的存在导致标签分配,而不是分组的到来而进行标签分配,也就是说标签是预先分配的。正由于交换路径的建立与数据传输分离,因此一旦有数据流到达,就可以进行标签交换,数据流使用交换路径几乎没有时延。

在通常情况下,MPLS 有两种具体标签分配方法：下游自主方式(Downstream Unsolicited,DU,标签由下游交换机分配)、下游按需方式(Downstream On Demand,DoD,仅当上游交换机有要求时,才通过下游交换机分配标签)。下面以 DoD 方式为例讲述标签分配的过程：入口 LER 请求下游 LSR 给指定的 FEC 分配标签,该请求继续传向下游,直至传播到出口 LER；出口 LER 根据本节点资源和一定规则确定一个数值作为标签分配给上游节点(此标签既为下游节点的输入标签,也为上游节点的输出标签)；该上游节点同样给自己的上游节点分配标签(每个标签只在相邻两节点之间有意义)；这样不断返回,直至入口 LER。随着标签分配的完成,整个 LSP 也因此而确定。

4. 标签保留

标签保留是指对已经分配的标签进行维护和管理,有保守模式和自由模式两种标签保留模式。

保守模式仅仅分配和保持真正用于转发分组的标签,即根据路由选择确定的下一跳的标签,其他的标签则回收并可重新分配。具体采用 DU 方式分配时,可能从所有对等 LSR 收到所有路由的标签映射,这时只选取其中一部分有效的标签,即根据路由选择确定的下一跳的标签；采用 DoD 方式分配时,只向按照选路方案要用到的下一跳 LSR/LER 发送请求。保守方式可减少标签的使用量,对于标签空间有限的 LSR/LER 更为重要；但也有不足之处：当路由发生变化时,要从新的有效的下一跳获得新的标签映射。

自由模式是指不管是否具有有效的下一跳都保留所有的标签。显然这种方式的资源利用率不高,需要维护大量无用的标签。但当路由改变时,它具有较快的反应速度,因为不需要分配新的标签,新的下一跳已有现成的标签可供使用。

5. 标签通告

在标签分配完成以后,标签是记录在本地的 LIB 中,为了让它的对等路由器知道所分配的标签,应向对等路由器(即上游节点)通告所分配的标签。标签的分配和通告均由标签分发协议(Label Distribution Protocol,LDP)来完成。LDP 规定了将网络层的选路信息直接映射到数据链路层交换路径,从而建立标签交换路径(LSP)的一系列过程和消息。LDP对等路由器之间利用 LDP 来相互通告标签与 FEC 之间的映射关系。随着标签通告的完成,FIB 和 LIB 及 FLIB 也相继生成。

3.4.3　MPLS 的控制面

1. 转发表的建立

在传统的 IP 网络中采用路由协议(如 OSPF、BGP 等)生成路由表/转发表(传统 IP 中路由与转发过程合二为一)作为转发 IP 分组的依据。对于 MPLS 网络,同样需要选路,同样需要路由表和转发表(MPLS 中路由与转发过程分开)。

不管是 LSR 还是 LER 均首先通过路由协议生成 IP 路由表,这和传统 IP 网络是一样的。然后根据 MPLS 相关控制协议如 LDP 等生成在标签信息库(Label Information Base,LIB),在 LIB 中保存了自身对某个目的网络分配的标签及邻接路由器发给它的标签。LIB的子集 LFIB(Label Forwarding Information Base,标签转发信息库)便是进行第二层标签交换的依据。

对于 LER 而言,不仅需要进行 L2 转发,还需要支持 L3 转发。入口 LER 需要将无标签分组绑上标签,进行该项操作的依据是根据 IP 路由表和 LDP 协议生成的转发表即 FIB(Forwarding Information Base,转发信息库)。出口 LER 需要将进入的分组剥去标签交给第三层转发。对于 LSR 而言,只参与了 L2 转发,因而不需要转发表(FIB)。

图 3.29 所示为 LSR 及 LER 的体系结构。该体系结构由控制平面和数据平面构成,其中控制平面主要是生成转发表,而数据平面主要是依据转发表来转发 IP 数据报。

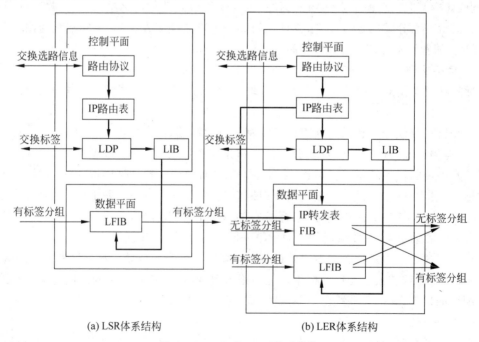

(a) LSR体系结构　　　　　(b) LER体系结构

图 3.29　LSR 及 LER 体系结构

为了进一步学习 FIB、LFIB 等,以图 3.30 所示的拓扑结构来讲解路由器 B 的路由表、LIB、LFIB 及路由器 A 的 FIB 的内容。为了尽可能简洁,各表中省略了不影响理解 MPLS 原理的部分内容。

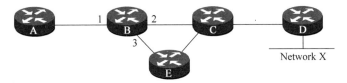

图 3.30 FIB、LIB、LFIB 相关拓扑

关于路由器 B 的介绍如下。

① 对于目的地为网络 X 的 IP 分组其下一跳为路由器 C。

② 对于该目的地,本地(即路由器 B)给定的标签为 25,同时路由器 C 给定的标签为 35,E 给定的标签为 55,A 给定的标签为 15,这三个邻接点会把自己给定的标签告诉 B,B 接收到以后存放在 LIB 中。

③ 根据 LIB,路由器 B 得知输入端口为 1、输入标签为 25 的分组(从路由器 A 而来)因目的地为 X 故输出端口为 2、输出标签为 35,于是将此信息保存在 LFIB 中,供第二层根据标签直接交换。

④ 假设路由器 A 为 LER,则它对进入的分组需绑定一个标签,如果该分组经路由器 B 到达目的地 X 则其标签为 25(标签一般取决于下游路由器),类似这样的信息便构成了路由器 A 的 FIB。

关于路由器 B 的路由表、LIB、LFIB 及路由器 A 的 FIB 的相关内容如图 3.31 所示。

目的地	下一跳
X	C

(a) 路由器B的路由表

目的地	下一跳	标签
X	B	25

(b) 路由器A的FIB

目的地	邻接点	标签
X	本地	25
X	C	35
X	E	55
X	A	15

(c) 路由器B的LIB

输入端口	输入标签	输出标签	输出端口
1	25	35	2

(d) 路由器B的LFIB

图 3.31 FIB、LIB、LFIB 举例

2. LDP 协议

与传统网络中的信令及协议类似,MPLS 网络也有自己的控制协议。如 LDP、CR-LDP (Constraint-Based Routing using LDP,基于约束路由的 LDP)、BGP、RSVP-TE(Resource Reservation Protocol-Traffic Engineering,基于流量工程的资源预留协议)等。这里重点介绍最常见的 LDP 协议。

(1) LDP PDU

LDP 协议规定了标签分配和通告过程中的各种消息以及相关的处理进程。LDP 协议

采用 LDP PDU 在对等实体之间通信,每个 LDP PDU 由 LDP PDU 头和一个或几个 LDP 消息构成,各 LDP 消息间彼此独立。LDP PDU 的格式如图 3.32 所示。其中版本号目前为 1,占用 2 个字节。PDU 长度记录除版本字段及 PDU 长度字段以外的 PDU 总长度,占用 2 个字节;LDP 标识符用于标识该 PDU 应用的标签空间(标签空间指的是标签分发过程中 标签的取值范围,目前有接口标签空间和平台标签空间。接口标签空间是指每个接口独立 使用一个标签空间,不同接口使用的标签空间中包括的标签值可以相同,因为它们标签空间 不同,即使使用相同标签也不影响区分;平台标签空间也称为全局标签空间,每个 LSR/ LER 的所有接口共同使用一个标签空间),共 6 个字节,前 4 个字节为 LSR/LER 的 IP 地 址,后 2 个字节表示 LSR/LER 的内部标签空间序号(0 为全局空间),如收到的 LDP PDU 中的 LDP 标识符为 192.168.0.2:0,表示对方的 LSR/LER 的 IP 地址为 192.168.0.2,标 签空间为全局空间;保留字段发送时置 0,接收时不做任何处理。

(2) TLV 格式

TLV(Type-Length-Value,类型-长度-数值)格式是一种消息封装方式,其数值部分也 可以使用 TLV 格式,即 TLV 格式可以嵌套。

常见的各种 TLV 如下。

① FEC TLV:对所有 FEC 属性元素进行编码封装,各属性元素也可采用 TLV 格式。

② 标签 TLV:携带具体标签,因不同的下层协议而异,如 ATM 时就是 VPI/VCI。

③ 地址列表 TLV:携带 IP 地址的列表,出现在 Address 和 Address withdraw 消 息中。

④ CoS TLV:该服务类型 TLV 以可选参数的形式出现在携带标签映射信息的消息 中。一个 LSR/LER 在对收到的 CoS TLV 解码时,如果遇到一个没有定义的 CoS 类型,将 放弃该消息并发送一个通知类消息告知其对等节点。

⑤ 跳数计数 TLV:该 TLV 以可选参数的形式出现在建立 LSP 的消息中,用来计算沿 着一条 LSP 的路由器跳数,供鉴别是否发生了环路。

⑥ 路径向量 TLV:记录建立 LSP 时所经过的路径,以确定是否发生了环路。

⑦ 状态 TLV:用于通知类消息来区分不同的事件如成功、致命错误等。

(3) LDP 消息

LDP 消息采用 TLV 格式封装,如图 3.33 所示。其中 U 为"0"表示是可识别的消息,为 "1"表示是不可识别的消息;消息类型指明是哪种具体的 LDP 消息如 Hello 消息、Address 消息等(见表 3.3);消息 ID 用于标识该消息(例如,不同时间产生的众多同种消息就靠该字 段区分);必备参数和可选参数的构成对象为 FEC TLV、标签 TLV、地址列表 TLV、状态 TLV 等。

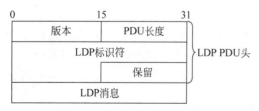

图 3.32 LDP PDU 格式

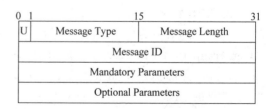

图 3.33 LDP 消息格式

LDP 协议主要使用 4 类消息：发现(Discovery)类消息、会话(Session)类消息、通告(Advertisement)类消息、通知(Notification)类消息。除发现类消息采用 UDP 方式传送外，其他消息均通过建立 TCP 连接的方式来传送。其中发现类消息的作用主要是通过 Hello 消息感知邻接点的存在；会话(会话的概念相当于电路交换中呼叫的概念)类消息主要是建立或释放 LDP 会话(标签的分配与取消均应在 LDP 会话的基础上进行)；通告类消息是 LDP 协议的核心，标签的绑定与取消等工作均由此类消息完成；通知类消息一般用于出错时的通知或发送建议性消息。

每类消息的作用及具体消息的名称如表 3.3 所示，表中的消息 ID(不同于 LDP 消息格式中的消息 ID)是区分各种 LDP 具体消息的代码。

表 3.3　LDP 协议消息类型

消息类型	作　用	消息名称	消息 ID	传输类型
发现	发现和通告对等实体的存在	Hello	0x0100	UDP
会话	建立、维护和终止 LDP 对等实体间的会话	Initialization	0x0200	TCP
		Keepalive	0x0201	
通告	创建、改变和删除标签与 FEC 之间的绑定	Address	0x0300	TCP
		Address Withdraw	0x0301	
		Label Request	0x0401	
		Label Mapping	0x0400	
		Label Withdraw	0x0402	
		Label Release	0x0403	
		Label Abort Request	0x0404	
通知	差错通知及建议	Notification	0x0001	TCP

（4）LDP 发现过程

LDP 发现过程是指通过 LDP 的发现类消息寻找 LDP 对等实体的过程。LDP 有两种发现机制：基本发现机制和扩展发现机制。其中前者通过周期性组播发送 Hello 消息寻找邻接实体来发现直连的 LSR/LER(从某接口收到该消息的 LSR/LER 得知该接口存在本地 LDP 对等实体)，后者通过周期性发送 Targeted Hello 消息(带有 LSR/LER 的 LDP 标识符的 Hello 消息)到指定地址的 LDP 端口来发现非直接相连的 LSR。

（5）LDP 会话建立

通过 LDP，LSR 可以把网络层的路由信息直接映射到数据链路层的交换路径上，从而建立起 LSP。LSP 既可以建立在两个相邻的 LSR 之间，也可以建立在两个非直连的 LSR 之间。相应地，LDP 会话可以分为两种类型：本地 LDP 会话(建立会话的两个 LSR 之间是直连的)和远端 LDP 会话(建立会话的两个 LSR 之间是非直连的)。

如图 3.34 所示，在经过 LDP 发现过程后，首先在两个对等 LSR 之间建立 TCP 连接，然后主动方(在 LDP 发现机制的 Hello 消息中含有传输地址这个特殊的参数，传输地址大的一方为主动方)发送 Initialization 消息以与被动方协商相关会话的参数，参数包括 LDP 版本、标签分发方式、定时器值、标签空间等。如果被动方同意接受这些参数就回发 Keepalive 消息，并同时发送带有自身要求的 Initialization 消息，此时主动方如果同意接受被动方的参数就发送 Keepalive 消息，会话建立。

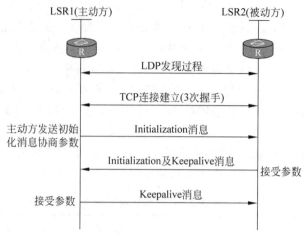

图 3.34　LDP 会话建立过程

（6）LDP 会话维持

LDP 会话的建立取决于两个 LSR/LER 之间是否存在相应的 Hello 邻居关系以及各自的会话参数能否为对方所接受。因此，要将已经建立的会话保持下去，也需要以这两个条件继续成立为前提。LDP 使用 Hello 保持定时器和会话保持定时器来维持 LDP 邻接关系和LDP 会话。

建立了 Hello 邻接关系的 LDP 对等实体之间，通过周期性发送 Hello 消息表明自己希望继续维持这种邻接关系。如果在 Hello 保持定时器超时了仍然没有收到新的 Hello 消息，则拆除 Hello 邻接关系，如果在 Hello 保持定时器超时前收到新的 Hello 消息则重新启动定时器。

除了 Hello 机制外，LDP 协议中包含了监视会话连接的机制。当 LSR/LER 从会话连接上收到 PDU，就认为连接正常。所以 LSR/LER 在没有其他消息需要发送时会定时发出Keepalive 消息，并启动一个 Keepalive 定时器。收到对等节点的 LDP 消息或 Keepalive 消息时会重新启动定时器；若定时器超时仍未收到 LDP 消息或 Keepalive 消息。则认为会话中断，应关闭 TCP 连接结束这个会话，并回收从该会话上得到的标签绑定信息。定时器的超时时间值在会话初始化时协商确定。

（7）LSP 的建立

LSP 的建立过程实际上就是标签分配与通告的过程。LSP 的建立有两种方式：独立标签控制方式和有序标签控制方式。独立标签控制方式是指本地 LSR/LER 可以自主地分配一个与某个 FEC 对应的标签并通告给上游，而无须等待下游的标签；有序标签控制方式是指本地 LSR/LER 对某个 FEC 的标签，只当当下一跳已经具有该 FEC 的标签映射（出口节点除外）时，才向上游节点分配和通告。

图 3.35 表示两种标签控制方式与两种标签分配方式（DU 和 DoD）组合成的 4 种 LSP建立过程，该 LSP 目的地为 192.168.1.0/24 的分组而建。

3. RSVP-TE 协议

RSVP 是为改善 IP 网络的 QoS 机制而设计的，它工作在 TCP/IP 模型的 IP 层之上，但不属于运输层，其地位等同于 ICMP 和 IGMP。它支持端系统进行网络通信带宽的预约，为

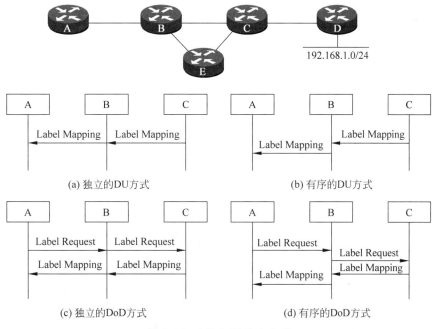

图 3.35 4 种 LSP 建立方式

实时传输业务保留所需要的带宽。RSVP 进程通过本地的路由数据库来获取路由信息，RSVP 采用接收端发起 QoS 申请的策略，由远端主机使用 RSVP 协议中的 Path 消息为特定数据流向网络请求保留一个特定量的带宽，中间路由器使用 Path 消息向数据流沿途所有节点转发带宽请求，请求成功后各节点沿相反方向通过 Resv 消息创建和维护预留状态。需要注意 RSVP 预留的是单向信息传送的资源。

RSVP-TE 是在 RSVP 的基础上扩展而来，在原来的 Path 消息中增加了 Label Request 对象，在 Resv 消息中增加了 Label 对象，从而可以像 LDP 那样建立 LSP，如图 3.36 所示。

图 3.36 RSVP-TE 建立 LSP 过程

另外在 Path 消息和 Resv 消息中还增加了 Explicit Route、Record Route 等对象用于路由限制信息（如必须经过某 LSR），从而可以支持 CR-LSP（Constraint-based Routing Label Switching Path，路由受限的标签交换路径）。

3.4.4 MPLS 的数据面

如果把 LDP 会话建立、标签的分配与通告等看着是 MPLS 的控制面，分组在 MPLS 网络中传送的过程就属于数据面的范畴。在建立好 FIB 和 LFIB 之后，分组通过 MPLS 网络传送（如图 3.37 所示）的过程如下：

（1）入口 LER 接受 IP 分组，分析 IP 头，确定属于哪个 FEC，将相应标签绑定到每个 IP 分组中（根据 FIB）。

（2）LSR 根据输入标签查 LFIB，确定输出标签和输出端口，进行标签交换。

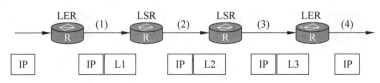

图 3.37 IP 分组通过 MPLS 网络的传送过程

(3) 重复步骤(2),直到将带有标签的 IP 分组交给出口 LER。

(4) 出口 LER 去掉 IP 分组中的标签,并转发 IP 分组。

3.4.5 MPLS 关键技术

1. 隧道技术

隧道技术有多种,如 L2TP、GRE 等,这里指的是 LSP 隧道。LSP 隧道的建立需要采用标签堆栈机制(后进先出)。LSR 可以在栈的顶端进行标签的进栈、替换和出栈操作。当采用隧道在域内转发一个分组时,标签栈中就有两个标签(域内标签由域的入口压入)。在 MPLS 中,每个转发都取决于标签栈中最顶层的标签。

如图 3.38 所示,假定有一条标签转发路径 LSP〈R1,R2,R3,R4〉。如果 R1 接收到一个没有标签的分组 P,经过标签绑定,P 获得一个标签 L1,R1 将 L1 压入标签栈。如果 R2 和 R3 不是直接相连的而是通过一条 LSP 隧道相连,即 P 的 LSP 是〈R1,R2,R21,R22,R23,R3,R4〉。其中 R2 和 R21 必须是 IGP 邻站,而 R2 和 R3 则不一定。

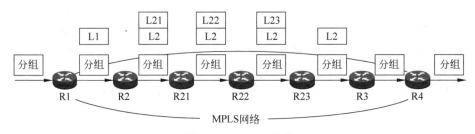

图 3.38 MPLS 隧道

当 R2 进行标签交换时,首先将标签栈中 L1 置换成对 R3 有意义的 L2,然后再将一个新的域内标签 L21 压入标签栈,L21 位于标签栈的最顶层,仅在 LSP 隧道内有意义。利用这个第二层(以最底层为第一层)标签,R21,R22,R23 可进行标签交换。位于 R2-R3 隧道中的倒数第二跳的 R23 取走第二层标签 L23,再利用第一层标签 L2 将分组传给 R3。本来 R3 应该将标签 L2 交换后(假设交换成 L3)交给 R4,但为了减轻出口 LER 的负担,这里引入了倒数第二跳(相对于出口而言)弹出(Penultimate Hop Popping,PHP)的概念。这里 R23 是第二层 LSP(R2-R3 隧道)的倒数第二跳,它把分组交给 R3 时将第二层标签弹出;R3 是第一层 LSP 的倒数第二跳,它要把栈中第一层标签弹出,并发送分组(此时分组已无标签)给 R4。

2. 环路处理

由于配置错误、故障的发生或者路由算法中信息传输慢(如慢收敛问题)等原因会导致 L3 出现环路。而 MPLS 是将 L3 路由映射到 L2 的 LSP 上的,因此 MPLS 必须有环路控制的机制。MPLS 有 3 种不同的层次来解决环路问题:环路暂存、环路检测和环路预防。

环路暂存是采用类似 IP 环路的解决办法。这种方法允许环路的短暂存在。当采用薄片方式封装标签时,由于标签中含有 TTL 字段,因此在形成 LSP 时,每经过一个 LSR,就将该字段减 1,当该字段的值为 0 时就认为发生了环路,于是将分组丢弃。

环路检测的方法也允许短暂形成到 L2 环路,但它能很快发现环路并去除 L2 环路,即去除上下游节点的输入输出标记间的转换关系。为此,每当路由改变时,可通过向一些有关联的目的地发送环路检测控制消息来检测环路。MPLS 可通过路径向量(Path Vector,PV)算法支持环路检测功能:在建立 LSP 过程中将经历过的 LSR 加入 PV 清单,如果再次经过 PV 清单中的 LSR 就认为发生了环路;或者每经过一个 LSR 就将跳数计数器加 1,当跳数计数器的值达到设定的最大值时就认为发生了环路。

环路预防是最严格也是最复杂的环路控制措施,旨在阻止 LSP 形成环路。当 L3 环路停留时间较长且没有措施可到达相应网络时应采用环路预防机制。环路预防机制可使用 PV 扩散算法,即每当 MPLS 节点发现对某 FEC 的下一跳有改变时,不立即进行新的标签分配,而是使用通过 PV 算法检出环路的方法,如果某 LSR 在 PV 清单中则不建立 LSP。另外也可通过增强的 RSVP 协议建立显式路由的方法来建立 LSP,即明确指定整个 LSP 中的部分或全部 LSR 来达到环路预防的目的。

3.4.6 MPLS 应用

1. 基于 MPLS 的 VPN 技术

VPN 属于远程访问技术,简单地说就是利用公用网络架设专用网络。利用 3.4.5 节介绍的由标签堆栈形成的 MPLS 隧道技术可以方便地构建基于 MPLS 的 VPN,具体内容请参考本书第 5 章。

2. 基于 MPLS 的流量工程

现有 IP 网络的路由选择算法是基于目的地 IP 地址和最短路径进行的,忽略了网络可用链路容量。这种机制将会导致某些链路过载或拥塞,而其他一些链路则处于利用率不足的不均匀现象,这种并非由于网络资源不足而引起的 QoS 降低及网络资源浪费的现象必须加以控制,这就是流量工程的意义所在,它通过对各种业务流进行合理地疏导来完成。

流量工程通过 QoS routing 等协议得到整个网络的拓扑情况、负载情况和管理情况,对网络进行统计、分析、预测,计算出应采取的策略。但它不进行具体的策略实施,而是给数据转发行为提供建议。

传统的 IP 选路是基于 hop by hop 的路由机制,每个路由器独立选路,无法要求其他路由器按指定路径传输,而 MPLS 是面向连接的,数据转发沿 LSP 进行,只要使 LSP 按照指定的流量策略建立,就能很好地引导业务流沿最合理的路径传送,从而达到流量工程的目的。具体可由 CR-LDP 协议和 RSVP 协议来确定 LSP 路径。

3.5 基于 MPLS-TP 的分组传送网

3.5.1 PTN

1. 概述

在向全 IP 发展的过程中,业内提出了 everything over IP 的思想,但这不可能一蹴而就。因而作为传送层,既要能够提供面向下一代网络的高性能 IP 信息传送,又要能兼容传统的传送层技术。分组传送网(Packet Transport Network,PTN)技术就属于这种技术。

这里的 PTN 专指面向连接的新一代基于分组的、多业务统一传送技术。PTN 独立于业务层和控制层,并可运行于各种物理层技术之上。目前的 PTN 主要是基于 MPLS-TP 技术术的分组传送网。

根据为客户提供分组传送业务的网络位置,PTN 网元可以分为 PE(Provider Edge,网络边缘)设备和 P(Provider,网络核心)设备,如图 3.39 所示。

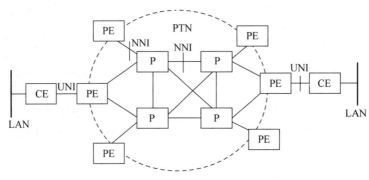

图 3.39　PTN 网络结构

PE 处在网络边缘位置,相当于标签边缘路由器(LER),其作用有两个:一是用来与 CE (Customer Edge,用户边缘)设备直接相连,PE 与 CE 相连的接口为 UNI(User to Network Interface);二是与其他 PTN 域间互通,此时是两个 PE 设备之间相连,其接口属于 NNI (Network to Network Interface)的域间接口 IrDI。

P 设备位于 PTN 网络环境中间位置,其主要作用是用来进行 LSP 的交换,相当于标签交换路由器(LSR),P 设备与 P 设备、P 设备与 PE 设备之间相连的接口属于 NNI 的域内接口 IaDI。

CE 通过连接一个或多个 PE 路由器为用户提供接入服务,它通常是一台 IP 路由器。

2. PTN 的分层结构

分组传送网(PTN)作为一个网络有其自身的分层体系(这里所讲述的分层与本章内容"传送层"中的分层方法不同),从上到下依次为:虚通道(Virtual Channel,VC)层、虚通路(Virtual Path,VP)层和虚段(Virtual Section,VS)层,如图 3.40 所示。PTN 向上为客户提供业务,向下是物理媒介层网络,可采用 IEEE 802.3 以太网技术或 PDH、SDH、OTN(光传送网)等面向连接的电路交换技术。

VC 层可提供点到点、点到多点、多点到多点的分组传送网络业务。这些业务通过 PTN VC 连接来提供,对采用 MPLS-TP 技术的 PTN 来说,VC 层主要采用点到点(P2P)或点到多点(P2MP)的伪线(PW)。

VP 层是分组传送路径层,通过配置点到点和点到多点 PTN 虚通路(VP)来支持 PTN VC 层。对采用 MPLS-TP 技术的 PTN 来说,VP 层采用点到点(P2P)

图 3.40　PTN 分层结构

或点到多点(P2MP)的 LSP。

VS 层通过提供点到点链路来支持 PTN VP 和 VC 层。这些点到点链路是通过点到点 PTN VS 路径来实现的,它一般与物理媒介层的连接具有相同的起始和终结点。这些链路在传送网络节点之间承载一个或多个 PTN VP 或 PTN VC 层信号。PTN 的 VS 层是可选的,对采用 MPLS-TP 技术的 PTN 来说,VS 层为 LSP 的段层。

3. PTN 的网络分域结构

为了使网络具有良好的可扩展性,可以采用将 PTN 分域的方法,将一个 PTN 从水平方向分割成若干个并列的管理域(如图 3.41 所示),域间通过 IrDI 接口相连,通过多段伪线互通;域内 P 路由器完成 LSP 交换,S-PE 路由器既参与 LSP 交换也完成 PW 交换。

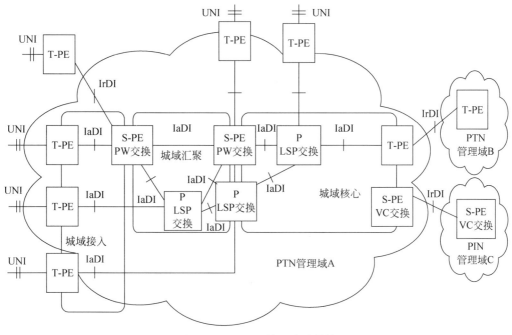

图 3.41 PTN 网络的分域结构

4. PTN 网元的功能模块结构

从功能上讲,PTN 网元由传送平面、管理平面和控制平面并列构成,三个平面各自完成自己的功能,如图 3.42 所示。

控制平面主要完成路由及信令/协议的功能如建立 LSP、建立 PW 等。

传送平面主要是采用面向连接的分组交换/转发方式完成用户业务的适配及传送如 IP 分组的传送、PW 仿真业务的传送等;同时也包括操作、管理和维护(Operation, Administration and Maintenance,OAM)报文的转发和处理、业务的服务质量(QoS)处理等功能。

管理平面主要完成网络的管理和业务流的管理,实现网元级和子网级的拓扑管理、配置管理、故障管理、性能管理和安全管理等功能,并提供必要的管理和辅助接口。

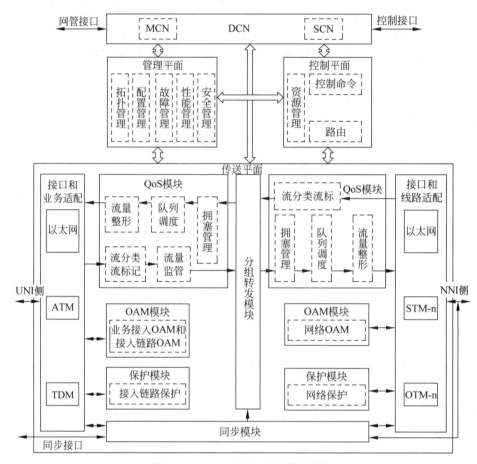

图 3.42　PTN 网元的功能模块结构

3.5.2　MPLS-TP 及其关键技术

1. MPLS-TP 的概述

3.4 节介绍的 MPLS 技术在发展过程中出现了很多版本,其中最具代表性的是 IETF 提出的 MPLS 和 ITU-T 提出的 T-MPLS,两者在一些技术细节上存在着不少差异。经过多次的讨论,最终 ITU-T 和 IETF 决定成立联合工作组,将标准统一为 Transport Profile for MPLS 即 MPLS-TP。

MPLS-TP 不仅可以承载 IP 业务,还可以承载 ATM、以太网、低速 TDM(指传统同步时分方式的业务如 PSTN 业务)和 SONET/SDH 等业务。其不仅可以承载在 PDH/SDH/OTN 物理层上,还可以承载在以太网物理层上。

MPLS-TP 与现有 MPLS 保持兼容,但去掉了对三层 IP 的处理,同时增加了端到端的 OAM 功能。MPLS-TP 可以用一个简单公式表述:MPLS-TP ＝ MPLS ＋ OAM － IP。MPLS-TP 支持多业务等级 QoS 保证,同时还继承了传统光传送网络的快速保护倒换功能。

2. 伪线仿真技术

1) 伪线简介

在 MPLS-TP 中采用边缘到边缘的伪线仿真技术(Pseudo-Wire Emulation Edge to Edge,

PWE3)来尽可能真实地模仿 ATM、以太网、TDM、SDH 等非 IP 业务,如图 3.43 所示。

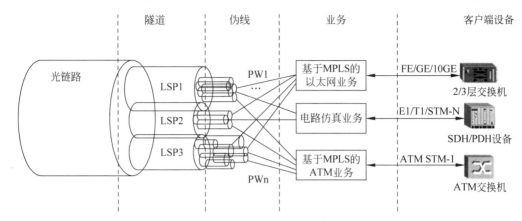

图 3.43 基于 PWE3 的非 IP 业务实现

图 3.43 中的 FE(Fast Ethernet)为快速以太网即百兆以太网,GE(Gigabit Ethernet)为千兆以太网,10GE 为万兆以太网,E1/T1 是低速 TDM 技术即 PDH 技术。

PWE3 网络的基本传输构件包括接入电路、隧道、伪线、转发器、PW 信令等,如图 3.44 所示。

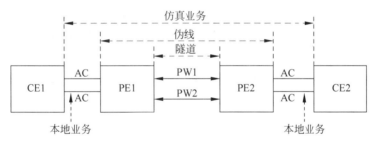

图 3.44 PWE3 网络参考模型

(1) 接入电路

接入电路(Attachment Circuit,AC)位于 CE 与 PE(相当于 MPLS 网络中的 LER)之间,对于以太网而言,AC 可能是快速以太网或千兆以太网本身,也可能是 VLAN;对于 TDM 而言,AC 可能是低速率 PDH 接口(如 E1),也可能是高速率 SDH 接口(如 STM-1);对于 ATM 而言,AC 可能是 VC/VP 或 STM-1 等。

(2) 隧道

关于隧道的概念在 3.4.5 节已经介绍,这里所讲述的隧道其实就是逻辑上的本地 PE 与对端 PE 间的直连通道,完成 PE 间的数据转发。其作用是承载伪线,一条隧道可以承载多条伪线,隧道可以是 MPLS 的 LSP 隧道,也可以是其他类型的如 GRE、TE 等隧道。

(3) 伪线

伪线(Pseudo Wire,PW)可以简单理解为一条 PW 就代表一个业务,它是双向的,而隧道是单向的,所以一条 PW 需要两条隧道来承载。PW 在隧道端口处建立,对用户接入的业务在入端口进行封装,在出端口去除封装(具体封装格式请参照文档 IETF 的官方文档 draft-ietf-pwe3-iana-X)。PW 的创建和维护需要通过 LDP、RSVP 等 PW 信令/协议来完成。

（4）转发器

转发器位于 PE 中,转发器的作用是利用从 AC 收到的数据帧根据 PW 标签来选定相应的 PW 从而将报文转发出去,转发器事实上就是 PWE3 的转发表。

2）多段伪线

网络中实际上经常有多段伪线(Multi Section Pseudo Wire,MS-PW)。支持 MS-PW 的 PTN 网元将 PE 进一步细分为进行 PW 终结的 PE(T-PE)和 PW 交换的 PE(S-PE)。如图 3.45 所示中有两条伪线,均由 2 段组成。

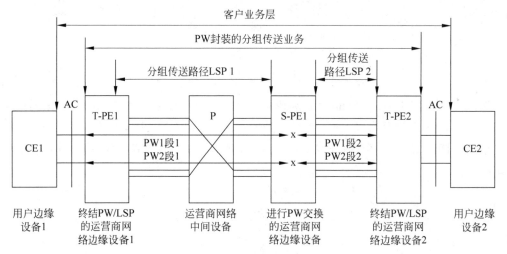

注：PW1段1和PW1段2是同一个MS-PW的不同段,PW2段1和PW2段2是另一个MS-PW的不同段。

图 3.45 支持多段伪线的 PTN 结构

3）PW 信令举例

下面以单段(从入口 PE 到出口 PE 只有一段 PW,如图 3.46 所示)为例,介绍采用 LDP 协议进行 PW 创建和拆除的信令流程。

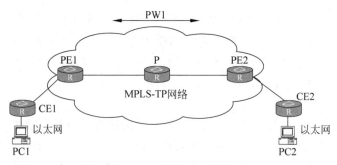

图 3.46 单段 PW 拓扑

在确定了对等节点后,首先在本端和对端 PE 之间建立隧道,然后在 PE1 与 PE2 之间建立 LDP 会话(会话建立过程见图 3.34)。如果标签分发采用 DoD(见 3.4.2 节内容)模式,则通过入口 PE(上游 LER)发送 Label Request 消息、出口 PE 回送 Label Mapping 消息的交互过程完成 PW 的创建;如果标签分配采用 DU 模式,则由出口 PE 直接发送 Label

Mapping 消息完成 PW 的创建(标签分配的过程实际上就是 PW 创建的过程)。中途由于 AC 或隧道等因故障而下线时或者故障恢复而上线时均发送 Notification 消息。当信息传送完毕需要拆除 PW 时,则通过 Label Withdraw 和 Label Release 的消息交互完成。上述过程中由于 PW 是双向的,所以两个方向的信令交互独立进行,具体如图 3.47 所示。值得一提的是上述过程中会涉及两个标签:隧道标签和 PW 标签。

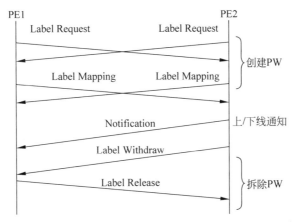

图 3.47 单段 PW 创建及拆除过程

4) PW 技术下报文转发流程

下面以图 3.46 为例,介绍 PW 技术下报文转发流程。图中 PC1 要发送报文给 PC2,连接 PC1 的 CE1 通过 AC 接入 PE1,PE1 收到报文后,由转发器选定相应的 PW(在 PW 创建完成的同时,PW 与 AC 的对应关系就已经确定并保存在 PE 中),由该 PW 的入口 PE 即 PE1 完成 PW 标签(该标签在 PW 创建时分配)的绑定,然后穿越隧道到达 PE2,PE2 根据 PW 标签将报文转发到相应 AC,最终通过 CE2 到达 PC2。

3. OAM 功能

OAM 信息通过 OAM 分组传送,在 MPLS-TP 中 OAM 分组的标签值固定为 14(表示这是 OAM,具体 OAM 信息由 OAM 分组中的功能类型区分),如图 3.48 所示。

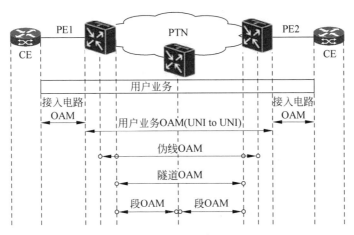

图 3.48 PTN 中的分层 OAM

在 OAM 中需要管理的实体称为 ME(Maintenance Entity)，如 MPLS-TP 的路径就是一个基本的 ME。满足一定条件(如在同一个管理域、相同的点到点或点到多点 MPLS-TP 连接等)的一组 ME 组成 MEG(Management Entity Group,管理实体组)。OAM 中的最重要的基本单元是 MEP(MEG End Point)和 MIP(MEG Intermediate Point),其中 MEP 是 MEG 的端点,它生成和终结 OAM 分组;MIP 是 MEG 的中间节点,对途经的 MPLS-TP 帧进行透传,它不能生成 OAM 分组,但能对某些 OAM 分组选择特定的动作。MEP 和 MIP 由管理平面或控制平面指定。

在 MPLS-TP 网络中将操作、管理和维护(OAM)功能进行分层实施,如图 3.48 所示。具体地说是实现段(相邻两节点之间)层、隧道层、伪线层、业务层和接入电路层的层次化 OAM。

不管是哪个层次的 OAM,其主要功能包括三部分:故障管理、性能管理和保护倒换。

故障管理 OAM 功能能够通过产生告警的方式有效定位故障,具体功能包括:连通性检测(两端 MEP 周期性发送报文,检查连接是否正常)、前向缺陷指示(报文由第一个检测到缺陷的节点产生并向下游发送)、后向缺陷指示(LSP 的目的端节点检测到缺陷后,沿反向路径将缺陷告知上游的源端节点)、环回检测(检测从 MEP 到 MIP 或者对端 MEP 之间的双向连通性)、锁定(故障排查中管理人员锁定某个 MEP,业务流到达此设备后被丢弃)、测试(主要是对带宽吞吐量、帧丢失、比特错误的检验)等。

性能管理 OAM 完成单向或双向丢包/丢包率测量、单程或双程时延/时延抖动测量。

保护倒换是指当其中一条链路出现故障时自动倒换到备用链路。

4. QoS 功能

随着因特网的普及,各种业务都设想通过 IP 网络承载,而每种业务自身由于其性能不同,因而对网络的要求也是不一样的。比如像语音、视频等对实时性要求比较高的业务比较关注时延,而数据类业务则对可靠性比较关注。服务质量(QoS,quality of service)是衡量网络提供给用户的服务性能的指标,主要包括时延、时延抖动、丢包率、带宽等参数。

IP 网络早期只提供尽力而为(Best Effort)的服务,对 QoS 不提供任何保障。后来为了增强其性能,提出了综合服务(Integrated Service)模型和区分服务(Differentiated Service)模型两种方法以改善 IP 网络的 QoS。其中综合服务主要通过 RSVP 协议来提高相应业务的 QoS 性能,而区分服务通过对业务的分类,不同业务提供不同网络服务的方式来尽可能提高 QoS 性能。

在 PTN 网络中应支持的 QoS 功能包括:流的分类及标记、流量监管(Policing)、拥塞管理、队列调度、流量整形(Shaping)、连接接纳控制(Connection Admission Control,CAC)等。其各功能介绍如下。

(1) 流的分类及标记功能类似于上述的区分服务模型,它按照一定的规则对业务流进行分类并对分类后的报文设置服务等级和优先级标记,对不同业务实现不同的 QoS。

(2) 流量监管功能是对分类后的每个业务流的速率(带宽)进行控制。

(3) 拥塞管理功能是通过一定算法对拥塞后的部分不太重要的报文优先丢弃,以缓解网络的拥塞程度。

(4) 队列调度功能是指在报文的接收速率大于发送速率而即将产生拥塞时采用队列调度机制来解除拥塞。

(5) 流量整形功能是指经过队列调度后的报文通过漏桶机制对各个优先级允许的流量

进行设定,对超出流量约定的报文暂不发送而是进行缓冲,在合适时(不超过设定的流量约定时)将缓冲的报文发送出去,从而使报文流能以相对均匀的速率发送,这样下游网元接收到的报文突发性大大减小,从而丢包率也大大减小。

(6) 连接接纳控制功能是对业务配置的带宽参数进行合法性检查,使业务流配置的带宽参数不会超出出口带宽,也不会超过上一级通道的带宽配置,无法满足的业务带宽参数请求将被拒绝。

有关 PTN 的 QoS 处理流程如图 3.49 所示,其各功能介绍如下。

(1) 802.1P 即 IEEE 802.1P,是有关流量优先级的 LAN 第二层 QoS/CoS(服务等级-Class of Service)协议,该规范使得第二层交换机能够提供流量优先级和动态组播过滤服务。

(2) DSCP 是区分服务代码点(Differentiated Service Code Point),在实施区分服务的网络中每一个转发设备都会根据报文的 DSCP 字段执行相应的转发行为,它和 VLAN、802.1P、IP 地址等均作为流分类的一种方法。

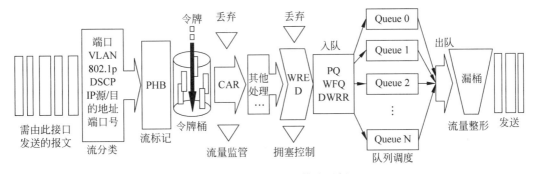

图 3.49 QoS 的功能模块示例

(3) PHB 全称为 Per Hop Behavior(逐跳行为),是区分服务节点的转发行为,转发行为一般分为加速转发(主要用于有较低的延迟、抖动和丢包率要求的业务)、确保转发(采用此转发行为的业务在没有超过最大允许带宽时能够确保转发,一旦超出最大允许带宽,则将转发行为分为 4 类,每类又可划分为 3 个不同的丢弃优先级,其中每一个确保转发类都被分配了不同的带宽资源。因此可以构成 12 个有保证转发的 PHB)和尽力转发(主要用于对时延、抖动和丢包不敏感的业务)。

(4) CAR(Commit Access Rate,约定访问速率)的典型作用是限制进入某一网络的某连接的流量,属于流量监管功能。在某个连接的报文流量过大时,CAR 方法就对该报文采取不同的处理动作,例如丢弃报文或重新设置报文的优先级等,CAR 利用令牌桶(Token Bucket)进行流量控制。

(5) WRED 是加权随机早期探测算法(Weighted Random Early Detection),属于拥塞管理功能,它将随机先期检测与优先级排队结合起来,当某个接口开始出现拥塞时,它有选择地丢弃较低优先级的通信,而不是简单地随机丢弃分组。

(6) PQ 是优先级队列(Priority Queue),它设置 4 个子队列,优先级分别是高级、中等、正常、低级。处理器首先服务高优先级的子队列,高优先级子队列里没有待处理数据后,再服务中等优先级子队列,依次类推。WFQ 是加权公平队列(Weighted Fair Queue),它是一个复杂的排队过程,可以保证相同优先级业务间公平,不同优先级业务间加权。DWRR

(Deficit Weighted Round Robin,加权差额循环调度)是另一种算法,这里不再赘述。

需要提示的是图 3.49 中令牌桶算法和漏桶算法是两种不同的速率限制方法。令牌桶算法中以恒定的速率源源不断地产生令牌到令牌桶中,发送数据包时需要消耗桶中的令牌(不同大小的数据包消耗的令牌数量不一样),如果被消耗的速度小于产生的速度,令牌就会不断地增多,直到把桶填满,后面再产生的令牌就会从桶中溢出;如果被消耗的速度大于产生的速度,令牌就逐渐减少,直到桶中令牌数量为 0,此时由于拿不到令牌而暂停发送;稍等片刻后由于新令牌的产生又可以恢复发送数据包。而漏桶算法的原理是到达的数据包被放置在底部具有漏孔的桶中,数据包以常量速率从漏桶中漏出并注入网络,如果数据包到达时漏桶已经满了,那么数据包就被丢弃。这两种算法之间最主要的差别在于:漏桶算法平滑了突发流量,而令牌桶算法只有在发送太快时才被限制,它允许某种程度的突发传输。在流量控制中,这两种方法往往结合起来使用。

3.5.3 PTN 组网应用

PTN 组网普遍应用于城域网,城域网一般分成核心层、汇聚层和接入层。在中小规模的城域网中,核心层和汇聚层功能合二为一,PTN 由城域接入层和城域核心汇聚层组成;在较大规模的城域网中,PTN 由接入层、汇聚层和核心层组成。这里以较大规模的城域网为例,介绍 PTN 的组网应用,如图 3.50 所示。在城域核心层的业务接入控制单元与城域接

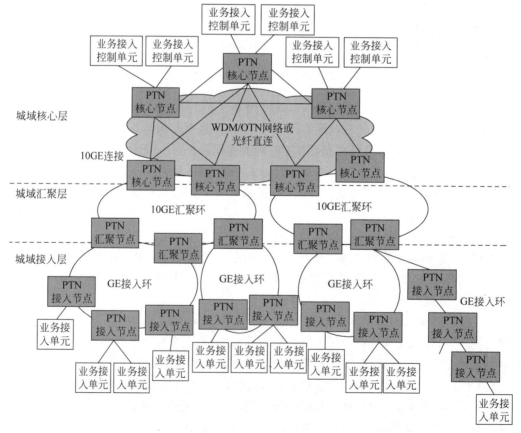

图 3.50 城域网的 PTN 组网应用

入层的业务接入单元之间提供端到端的传送服务,WDM/OTN 为基于光传送网(Optical Transport Network)的波分复用(Wavelength Division Multiplexing),业务接入单元指 BTS(Base Transceiver Station,基站收发台)、Node B(3G 移动基站的称呼)等,业务接入控制单元指 BSC(Base Station Controller,基站控制器)、MSC(Mobile Switching Center,移动业务交换中心)等。

3.6　本章小结

本章讲述的是通信网络垂直架构中的传送层技术。传送层独立于业务层和控制层,并为它们提供服务。传送层本身也分为数据平面、控制平面和管理平面,它们是水平并列的关系,各自完成相应的功能。在业务 IP 化的大背景下,传送层的主要任务就是将各种以 IP 数据报承载的信息以尽可能好的服务质量在相应设备之间传送,具体实现技术因网络的规模不同而不同。当然,对于传统的非 IP 业务也应提供良好的技术支持,以实现向全 IP 化进程的平滑过渡。

在信息传送局限于局域网范围时,这时涉及的主要是以太网技术。以太网属于 TCP/IP 模型的第二层,采用 MAC 地址进行通信。传统以太网采用共享式的总线结构,其最大缺陷是共享同一总线的终端不能同时传送信息;交换式以太网由于采用每个用户独享信道的方式,因此多对终端可以同时通信。交换式以太网虽然解决了信道冲突的问题,但没有很好解决广播域的问题,因此提出了 VLAN 技术。

当信息传送超越局域网的范围时,就需要用到路由器,路由器是传统的 IP 转发设备,它根据包含路由算法的路由协议生成的路由表来转发 IP 数据报。路由算法最常见的有两种:距离向量算法和链路状态算法。其中距离向量算法不需要了解整个 AS 的拓扑结构,但会产生慢收敛问题;链路状态算法需要掌握 AS 的拓扑结构。采用距离向量算法的路由协议是 RIP,采用链路状态算法的路由协议是 OSPF、IS-IS、BGP。

MPLS 是将三层路由与二层交换结合起来,采用"一次路由、多次交换"的方法,在速度上比路由器大大提高。MPLS 控制平面采用 LDP 或 RSVP-TE 等协议建立 LSP,数据平面采用标签沿 LSP 进行二层交换。MPLS 广泛应用于 VPN 和流量工程中。

在 MPLS 技术的发展历程中,IETF 提出的 MPLS 和 ITU-T 提出的 T-MPLS 最终走向统一,形成了 MPLS-TP,它是 PTN 所基于的主流技术。MPLS-TP 采用伪线仿真技术来支持传统的非 IP 业务。它同时还采用分层实施的 OAM 技术,并且通过流分类、流整形、流监管等方法实现 QoS 功能。

习题

3-1　交换式以太网与共享式以太网在网络结构、信息传送方式、地址构成上有何异同?

3-2　生成树协议的作用是什么?

3-3　VLAN(虚拟局域网)和 LAN(局域网)有何异同?

3-4　ARP 协议的作用是什么?

3-5　对网络地址 192.168.100.0 进行子网划分,所使用的子网掩码是 255.255.255.

224。此时可以划分为多少个子网？每个子网有多少台主机？请用十进制写出各子网的网络号及该子网的广播地址。

3-6　一种经常用于两台路由器之间点对点互连的 IP 地址配置方式为 192.168.0.1/30,该 IP 地址有哪些可以作为主机配置的 IP 地址？

3-7　从下层协议、采用的算法、应用的范围等角度分析 RIP 协议与 OSPF 协议的区别。

3-8　IP 网络中为什么会产生环路？怎样解决？

3-9　什么是最长地址前缀匹配原则？

3-10　三层交换与二层交换在地址、交换方式、应用范围等方面有什么不同？

3-11　MPLS 的隧道技术是怎样完成的？

3-12　什么是伪线仿真技术？

3-13　QoS 的含义是什么？PTN(分组传送网)有哪些措施可以提高网络的 QoS？

3-14　PTN 是如何进行 OAM 分层实施的？

参考文献

[1] LAN/MAN standards Communitee. IEEE. IEEE Standard for Ethernet：IEEE Std 802.3-2015[S]. New York：IEEE,2016.

[2] ANDREW S. TANENBAUM,DAVID J. WETHERALL. COMPUTER NETWORK[M]. FIFTH EDITION. New Jersey：Prentice Hall,2011.

[3] 杨靖,代谢寅,刘俊. 分组传送网原理与技术[M].北京：北京邮电大学出版社,2015.

[4] 糜正琨,陈锡生,杨国民. 交换技术[M].北京：清华大学出版社,2006.

[5] Rosen E, Viswanathan A, Callon R. Multiprotocol Label Switching Architecture：RFC 3031[S]. Reston：The Internet Society,2001.

[6] Andersson L, Minei I, Thomas B. LDP Specification：RFC 3036 [S]. Reston：The Internet Society,2001.

[7] Allan D, Nadeau T. A Framework for Multi-Protocol Label Switching (MPLS) Operations and Management (OAM)：RFC 4378[S]. Reston：The Internet Society,2006.

[8] Bocci M,Bryant S,Frost D,Levrau L,Berger L. A Framework for MPLS in Transport Networks：RFC 5921[S]. Reston：The Internet Society,2010.

[9] Bryant S,Pate P. Pseudo Wire Emulation Edge-to-Edge (PWE3) Architecture：RFC 3985. [S]. Reston：The Internet Society,2005.

[10] Martini L,Rosen E,El-Aawar N,Smith T,Heron G. draft-ietf-pwe3-control-protocol：RFC 4447[S]. Reston：The Internet Society,2006.

[11] 工业和信息化部. 分组传送网(PTN)总体技术要求：YD/T2374-2011[S]. 北京：人民邮电出版社,2012.

第 4 章

控制层技术

目前通信网的控制层技术主要是 IMS(IP Multimedia Subsystem,IP 多媒体子系统)技术。IMS 是 3GPP 在 Release 5 版本提出的支持 IP 多媒体业务的子系统,并在后来的版本中得到了进一步完善。它是一个在 PS 域上面的多媒体控制/呼叫控制平台,支持会话类和非会话类多媒体业务,为未来的多媒体应用提供一个通用的业务使能平台。IMS 是移动电话网和固定电话网融合比较合适的架构,4G 的语音直接承载方案 VOLTE(Voice over LTE)也是基于 IMS 的,通过在 LTE 核心网上叠加部署一个 IMS 网络的方式,让 LTE 网络直接承载用户的语音呼叫业务,为用户提供优质的语音服务。IMS 由于支持多种接入和丰富的多媒体业务,已成为全 IP 时代的核心网标准架构,是固定语音领域网络改造的主流选择,而且也被 3GPP、GSMA 确定为移动语音的标准架构。

4.1 IMS 概述及网络架构

4.1.1 IMS 的概念

IMS(IP 多媒体子系统)是叠加在分组交换(PS)域上的用于支持多媒体业务的子系统,目的是在基于全 IP 的网络上为移动用户提供多媒体业务。IP 是指 IMS 可以实现基于 IP 的传输、基于 IP 的会话控制和基于 IP 的业务实现,能够实现承载、业务与控制的分离。这里的多媒体是指语音、数据、视频、图片、文本等多种媒体的组合,可以支持多种接入方式,各种不同能力的终端。子系统是指 IMS 依赖于现有网络技术和设备,最大程度重用现有网络系统。

IMS 技术首先由国际标准化组织 3GPP 在 R5 版本中提出,它是基于 SIP(Session Initiation Protocol,会话初始化协议)的开放业务体系架构,是提升网络多媒体业务控制能力的重要手段。3GPP 提出 IMS 的初衷是为在移动通信网络上提供多媒体业务而设计一个业务体系框架,后来由于其良好的开放性和全分布式架构,能做到控制与业务分离、与接入无关和支持移动性管理,被业界公认为是比较完善的针对 IP 多媒体领域的解决方案,除了可以降低普通业务的成本,IMS 还具备开发全新业务的能力,可以通过融合不同媒体(语音、文本、图片、音频、视频等)和不同实现方案(分组管理、状态呈现等)在 PS 域提供实时多媒体业务。

IMS 将移动通信网技术与互联网有机结合起来,形成一个具有电信级 QoS 保证,能够对业务进行有效而灵活的计费且提供各类融合网络业务的系统。通过 IMS 技术,运营商能以简洁、快速、低成本的方式推出优质的互联网业务,从单纯的 IP 管道提供商角色转变为

IP 电信业务提供商,从而改变互联网商业模式对其不利的局面,所以 IMS 得到了各个运营商的青睐。目前 IMS 被认为是下一代网络的核心技术,也是解决移动与固网融合,引入语音、数据、视频三重融合等差异化业务的重要方式。

4.1.2 IMS 的技术特点

与传统网络相比,IMS 的网络架构更加合理、清晰,其特点主要体现在以下几个方面。

1. 基于 SIP 的会话控制

IMS 的核心功能实体是呼叫会话控制功能(CSCF)单元,并向上层的服务平台提供标准的接口,使业务独立于呼叫控制。为了实现接入的独立性及 Internet 互操作的平滑性,IMS 全部采用 SIP 协议进行会话控制和业务控制,实现了端到端的 SIP 协议互通,利用 SIP 简单、灵活、易扩展、媒体协商便捷等特点来提高网络的未来适应能力。

2. 接入无关性

IMS 网络的通信终端与网络都是基于 IP 的,这种端到端的 IP 连通性,使得 IMS 真正与接入无关,不再承担媒体控制器的角色,不需要通过控制综合接入设备(IAD)/接入网关(AG)等实现对不同类型终端的接入适配和媒体控制。

IMS 允许各种设备以 IP 方式接入 IMS,这种接入无关的特性为运营商全业务运营提供了有效保证。IMS 支持多种固定移动接入方式,通过向用户提供统一的接入点,可以支持 LAN/PON/CABLE 等固定接入,支持 2G/3G/4G/WLAN 等移动接入,还可以支持接入层的多种接入设备,如 AG(Access Gateway,接入网关)、IAD(Integrated Access Device,综合接入设备)、IP PBX 等,可以将传统的 POTS 话机接入 IMS,从而实现 SIP 硬终端、软终端、POTS 话机、移动终端的统一接入。

3. 业务与控制的分离

在 IMS 出现之前,软交换技术实现了控制层与承载层的分离,但没有实现控制层与业务层的严格分离。软交换设备与传统交换机一样,仍然承担了电信基本业务、承载业务、补充业务等。为进一步实现控制层和业务层的分离,IMS 定义了标准的基于 SIP 协议的 ISC(IMS Service Control,IMS 业务控制)接口,从而彻底实现了控制层与业务层的完全分离。基于 SIP 的 ISC 接口支持 3 种业务提供方式,即 SIP 应用服务器方式、智能网业务方式、能力开放业务方式。IMS 的核心控制网元不再需要处理业务逻辑,而是通过分析用户签约数据的 iFC(initial Filtering Criteria,初始过滤规则)触发到规则指定的应用服务器,由应用服务器完成业务逻辑处理。基于 ISC 接口,可以将不同的业务抽象为能力集,组合成不同的产品,有利于运营商灵活、快速地提供各种应用,有利于业务融合和节约业务开发成本,更有利于通信业务能力渗透入互联网领域。

4. 一致的归属业务提供能力

IMS 用户的呼叫控制和业务控制都由归属网络完成,保证了业务提供的一致性,易于实现私有业务扩展,促进归属运营商积极提供吸引客户的业务。IMS 使用用户归属地提供服务,漫游用户的所有业务可以由拜访地的 P-CSCF,或者归属地的 P-CSCF 路由到归属地的 S-CSCF,由归属地的 S-CSCF 控制用户业务并根据用户签约数据将业务触发到本网 AS 或者第三方的应用上,从而保障了业务的一致性、简单性,使得用户无论在何处接入,采用何种接入方式均可享受与在归属地一样的业务感受。

5．提供丰富而动态的组合业务

IMS给用户带来的一个直接的好处，就是实现了端到端的IP多媒体通信，与传统的多媒体业务是人到内容或人到服务器的通信方式不同，IMS是直接的人到人的多媒体通信方式。同时，IMS具有在多媒体会话和呼叫过程中增加、修改和删除会话和业务的能力，并且还可以对不同的业务进行区分和计费的能力。因此对用户而言，IMS业务以高度个性化和可管理的方式支持个人与个人以及个人与信息内容之间的多媒体通信，包括语音、文本、图片和视频或这些媒体的组合。

6．统一的用户数据管理

IMS网络中所有用户数据统一存储在HSS(Home Subscriber Server，归属用户服务器)，而且HSS既存储固定IMS用户的数据，也存储移动IMS用户的数据，数据库可同时为固定用户和移动用户提供服务，这是固定和移动网络融合的基础。

4.1.3 IMS 的标准化进程

编制IMS技术标准的国际标准化组织主要有3GPP(Third Generation Partnership Project，第三代合作伙伴计划)、3GPP2(Third Generation Partnership Project2，第三代合作伙伴计划2)、ETSI(European Telecommunications Standards Institute，欧洲电信标准化协会)和ITU-T(International Telecommunication Union-Telecommunication Standardization Sector，国际电信联盟通信标准化组织)。

3GPP成立于1998年，由许多地区电信标准化组织共同联合而成，其成立的初衷是为了在GSM的基础上开发一个全球统一的第三代移动通信技术标准，3GPP是IMS的起源者和主要贡献者，IMS最初是3GPP在Release5中提出，并在3GPP后续的版本中不断发展。从2002年冻结的R5版本到2015年3月冻结的R12版本，IMS标准在3GPP各版本中的标准化进程如下。

1．R5 版本

R5版本于2002年9月底冻结，目标是希望通过在移动核心网络的PS域上叠加一个会话控制和多媒体业务网络，从而能够在移动分组网络上提供基于IP的多媒体业务，该版本定义了IMS的基本功能、基本框架、计费功能、QoS控制、安全功能等，使得IMS网络具备了提供基本会话控制和多媒体业务的能力。

R5版本是全IP网络的第一个版本，网络结构从核心网到接入网全部采用IP技术。R5定义的IMS架构如图4.1所示。

2．R6 版本

R6版本于2005年9月底冻结，是第一个与接入无关的、完善的IMS标准版本。R6版本增加了部分IMS业务特性、IMS与其他网络的互通规范和无线局域网(WLAN)接入特性等，明确业务由IMS用户的归属地提供和控制，并且实现了基于IPv4的IMS的互通和迁移，使IMS真正成为一个可运营的网络技术。

在R6版本中，WLAN可以通过分组数据网关(Packet Data Gateway，PDG)接入到IMS。

3．R7 版本

R7版本于2008年3月冻结，加强了对固定移动融合的标准化制定。R7版本增加的功

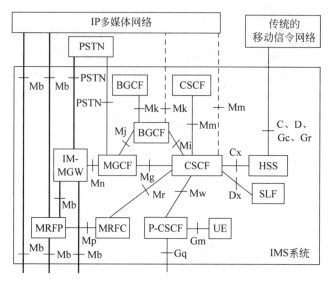

图 4.1　R5 定义的 IMS 架构

能包括 IMS 支持 xDSL 接入,支持基于 WLAN 的 IMS 语音、CS 域与 IMS 域多媒体业务互通、VCC(Voice Call Continuity,语音呼叫连续性,指 IMS 域和 CS 域进行语音切换呼叫),通过 PS 域提供紧急服务等。R7 引入了功能实体 E-CSCF,使得 IMS 建立紧急呼叫成为可能。

4. R8 版本

R8 版本于 2009 年 3 月冻结。R8 版本提出了两个重要的标准化项目 LTE 和 SAE。核心网去掉了电路域,只有分组域 EPC 和 IMS 域,并且控制面和用户面相分离。R8 版本还重点研究了 Common IMS(统一 IMS)、SRVCC(Single Radio Voice Call Continuity,单一无线语音呼叫连续性)和 CSFB(Circuit Switched Fall Back,CS 域回落)。

Common IMS 的网络能力包括注册、认证和授权,用户数据的集中管理,业务触发,IP多媒体会话控制,标识、编码和寻址,网络互通,SIP 压缩功能,完备的计费能力等。

5. R9 版本

R9 版本于 2010 年 3 月冻结,主要对 VOLTE(Voice over LTE,LTE 承载语音)的相关功能进行增强,引入的主要功能包括 IMS 支持紧急呼叫、IMS 彩铃、IMS 媒体面加密、IMS业务连续性、紧急呼叫支持 SRVCC 等。R9 引入了功能实体 EATF(Emergency Access Transfer Function,紧急接入切换功能),使得紧急呼叫支持 SRVCC 成为可能。

6. R10 版本

R10 版本于 2011 年 6 月冻结,它在无线方面主要研究 LTE-Advanced 技术指定的规范,如 MIMO 增强技术、载波聚合等。R10 版本还对 VOLTE 的功能进行了增强,增强的功能包括 SRVCC、性能优化(eSRVCC)、振铃阶段 SRVCC(aSRVCC)、跨终端业务连续性(IUT)等,VOLTE 技术方案从 R10 版本开始已经较为成熟。

7. R11 版本

R11 版本于 2013 年 3 月冻结,主要新功能涉及 VOLTE 和企业客户业务。VOLTE 相关新功能包括可视电话支持 SRVCC、反向 SRVCC 切换、网络侧提供位置信息、国际漫游架构等；企业客户业务相关功能包括企业 PBX 接入、IMS 过载控制等。

8. R12 版本

R12 版本于 2015 年 3 月冻结，支持基于 IMS 的多流网真会议；明确 Web RTC 接入 IMS 的方案、互通需求、网关能力；增强了 DRVCC 的功能；制定了 IMS 终结呼叫过程中 P-CSCF 故障时业务恢复增强方案等。

面向 CDMA2000 接入的 3GPP2 标准组、面向固网的 ETSI TISPAN 标准组均以 3GPP IMS 模型作为基础和参照，进行了相应 IP 多媒体网络架构和业务体系的定义。3GPP2 与 3GPP IMS 相对应的规范是 MMD（Multimedia Domain，多媒体域），3GPP2 以 3GPP 的 IMS 核心规范作为基础，重点解决底层分组和无线技术的差异。由于 CDMA 电话呼叫及 SMS 与 GSM 相应的流程不同，且 CDMA PS 域与 GPRS 的 PS 域也不同，所以 3GPP2 MMD 与 3GPP IMS 规范有一定的差别。TISPAN 定义了支持固网的 IMS 体系架构，它采用 3GPP 定义的 IMS 平台作为核心控制系统，并在 3GPP 规范的基础上对 IMS 系统进行扩展以支持更多的接入方式，包括 xDSL、WLAN、LAN、MAN 等。ITU-T 的 IMS 架构和 ETSI TISPAN 的基本相同，从支持固定接入方式的角度对 IMS 提出各种需求。

由于各个标准组织制定的 IMS 标准不能实现统一，阻碍了 IMS 的发展，2006 年 9 月，3GPP、3GPP2、TISPAN 等组织共同讨论了各个标准组织对 IMS 的需求和现状，确定将 TISPAN Release2 的内容分阶段迁移到 3GPP R8 中，称为 Common IMS（统一 IMS）。Common IMS 合并了 TISPAN 和 3GPP IMS 的研究成果，它基于统一的 Core IMS（3GPP 定义的，包括了主要的功能和实体），同时包容所有相关的接入方式，如固定接入、移动接入、Cable 接入、无线宽带接入等。

4.2　IMS 的网络架构

IMS 的网络架构采用业务控制与呼叫控制相分离，呼叫控制与承载能力相分离的分层体系架构，便于网络发展和业务部署。IMS 的网络架构如图 4.2 所示。业务层主要由各种不同的应用服务器组成，除了在 IMS 网络内实现各种基本业务和补充业务（SIP-AS 方式）外，还可以将传统的窄带智能网业务接入 IMS 网络中（IM-SSF 方式），并为第三方业务的开发提供标准的开放的应用编程接口（OSA SCS 方式），从而使第三方应用提供商可以在不了解具体网络协议的情况下，开发出丰富多彩的个性化业务。控制层主要完成 IMS 多媒体呼叫会话过程中的信令控制功能，包括用户注册、鉴权、会话控制、路由选择、业务触发、承载面 QoS、媒体资源控制以及网络互通等功能。承载层主要实现业务的接入和承载功能。

IMS 的主要功能实体包括呼叫会话控制功能（Call Session Control Function，CSCF）实体、归属用户服务器（Home Subscriber Server，HSS）、媒体网关控制功能（Media Gateway Control Function，MGCF）、媒体网关（Media Gate Way，MGW）等。IMS 功能实体的分类如下。

- 呼叫会话控制类：P-CSCF、I-CSCF、S-CSCF。
- 用户数据处理类：HSS、SLF。
- 互通类：BGCF、MGCF、SGW、IM-MGW。
- 业务控制类：SIP-AS、OSA-SCS、IM-SSF。

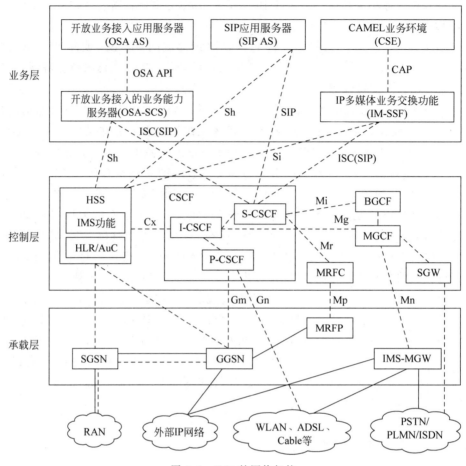

图 4.2　IMS 的网络架构

- 媒体资源处理类: MRFC、MRFP。
- 支撑实体类: THIG、SEG。
- 号码分析类: ENUM 服务器、DNS 服务器。
- 其他功能实体类: SBC、DHCP 服务器、NAT/ALG 设备、PDF。

4.2.1　IMS 功能实体介绍

1. 呼叫会话控制功能实体(CSCF)

呼叫会话控制功能(CSCF)是 IMS 系统中完成呼叫控制功能的核心组件,其主要功能包括用户注册、会话控制、信令路由、业务触发和计费控制等。按照功能分为三种类型,分别为代理呼叫会话控制功能(Proxy-CSCF,P-CSCF)、查询呼叫会话控制功能(Interrogating-CSCF,I-CSCF)和服务呼叫会话控制功能(Serving-CSCF,S-CSCF)。S/I/P-CSCF 在物理实体上完全可以是合一的,在实际组网时,其划分和部署需综合考虑 IMS 业务接入方式、CSCF 的容量、能力及用户业务量需求等因素。

1) P-CSCF

P-CSCF 位于访问网络中,是 UE 接入 IMS 系统的入口点,实现了在 SIP 协议中的

Proxy 和 User Agent 功能,所有 IMS 终端发起和终止于 IMS 终端的会话消息都要通过 P-CSCF。P-CSCF 的作用就像一个代理服务器,负责直接接受所有来自 UE 的 SIP 信令,并转发给相应的 S-CSCF 或 I-CSCF 处理,反向亦然。P-CSCF 可以处于拜访网络或归属网络。

P-CSCF 作为用户 IMS 业务的代理,主要负责验证用户请求,根据相关的路由规则,将其转发给指定的目标,并处理和转发后续的请求和响应。它还负责为节约无线网络资源进行的 SIP 信令压缩和解压缩功能、IPSec 安全关联、检测紧急会话建立请求以及发送计费有关的信息给计费采集功能 CCF 等。

2) I-CSCF

I-CSCF 位于归属网络中,是 SIP 消息进入归属 IMS 网络的入口点。主要负责提供本域用户服务节点分配、路由查询以及 IMS 域间拓扑隐藏功能。其具体功能包括:为一个发起 SIP 注册请求的用户指派 S-CSCF;将来自其他运营网络的 SIP 消息路由到 S-CSCF;参与呼叫控制,通过查询 HSS,获取用户所注册的 S-CSCF 的地址,并将 SIP 请求和响应消息转发到归属 S-CSCF;负责 IMS 相关计费话单产生,将计费请求(Accounting Request,ACR)通过 Diameter 协议送往 CCF(Charging Collecting Function,计费收集功能);支持网间拓扑隐藏网关(Topology Hiding Inter-network Gateway,THIG)功能,即在 IMS 会话跨越不同的运营商时,可通过对 SIP 地址信息的加密/解密,实现对 I-CSCF 所在运营商的网络配置、容量和网络拓扑结构的隐藏。

3) S-CSCF

S-CSCF 是 IMS 的核心控制功能实体,它位于用户归属网络,其作用类似于软交换系统中的软交换设备,主要完成用户的注册鉴权、会话控制、业务授权、业务触发、业务路由、计费等功能。所有 IMS 终端发出与接收的 SIP 信令都要通过 S-CSCF,它检查这些 SIP 信令,决定是否需要访问应用服务器(Application Server,AS),并将信令转发至最终目的地。当用户处于会话中时,S-CSCF 负责维持会话状态,并且根据网络运营商对服务支持的需要,与服务平台和计费功能交互。在一个运营商的网络中,可以有多个 S-CSCF,并且这些 S-CSCF 可以具有不同的功能。

2. 用户数据管理实体

1) 归属用户服务器(HSS)

HSS 是归属网络中存储用户相关信息的中心数据库,其功能和传统的 HLR 类似,用于存储所有与用户和业务相关的数据。HSS 中保存的主要信息包括 IMS 用户标识、号码和地址信息;IMS 用户安全信息,主要是用户网络接入认证的密钥信息;IMS 用户的路由信息,HSS 支持用户的注册,并且存储用户的位置信息;IMS 用户的业务签约信息,包括其他应用服务器的增值业务数据。

HSS 的主要功能如下:HSS 存储用户在运营商开户时设定的 IMS 签约信息,同时支持运营商或终端用户通过与业务管理系统的接口对签约数据进行定制和修改;在 IMS 注册过程中,HSS 通过基于 Diameter 协议的 Cx 接口为 I-CSCF 提供用户所要求的 S-CSCF 能力信息,并为 IMS 用户被叫流程提供查询被叫路由(S-CSCF 域名或地址信息)的服务;HSS 通过与 S-CSCF 间基于 Diameter 协议的 Cx 接口实现 IMS 注册过程中对 S-CSCF 域名路由信息的登记,并支持通过该接口将基本 IMS 签约信息下载到 S-CSCF;HSS 依据用户安全上下文信息进行鉴权元组计算并通过基于 Diameter 协议的 Cx 接口为 S-CSCF 提供用户/网络鉴权所需的鉴权元组信息。HSS 提供与 SIP AS 间基于 Diameter 协议的 Sh 接口,为增值业务提供签约数据,并且 HSS 负责对特定签约用户 AS 增值业务数据的透明存储,但语义上不做解析。

2) 订购关系定位功能(Subscription Locator Function,SLF)

SLF 是一种地址解析机制,当网络运营商内设置了多个独立可寻址的 HSS 的情况下,I-CSCF、S-CSCF 和 AS 通过 SLF 能够找到拥有给定用户标识所属的 HSS 域名地址。SLF 可与 HSS 合设。在一个单 HSS 的 IMS 系统中,不需要 SLF。

3. 互通功能实体

1) 出口网关控制功能(Breakout Gateway Control Function,BGCF)实体

BGCF 是一个具有路由功能的 SIP 实体,是 IMS 域与外部网络的分界点。它参与处理与 CS 域之间的会话,负责接收来自 S-CSCF 的请求,并选择到 CS 域的出口位置。所选择的出口既可以与 BGCF 处在同一网络,也可以是位于另一个网络。如果这个出口位于相同网络,那么 BGCF 选择媒体网关控制功能(MGCF)进行进一步的会话处理;如果出口位于另一个网络,那么 BGCF 将会话转发到相应网络的 BGCF。

2) 媒体网关控制功能(Media Gateway Control Function,MGCF)实体

MGCF 是实现 IMS 用户和 CS 用户之间的通信的网关,它完成 IMS 核心控制面与 PSTN 或 PLMN CS 网络的交互。MGCF 负责完成控制面信令流,包括 PSTN/CS 侧 ISUP/BICC 协议与 IMS 侧 SIP 协议的交互和呼叫互通,并通过 H.248 协议控制 IMS-MGW 完成用户面媒体流的互通,即 PSTN 或电路域 TDM 承载与 IMS 域用户面 RTP 的实时转换。MGCF 在 IMS 侧实现与 I-CSCF 和 S-CSCF 的互通,在 PSTN 或电路域侧实现 SIP 到 BICC/ISUP 的转换。

3) IMS 媒体网关功能(IMS-Media Gateway Function,IMS-MGW)实体

IMS-MGW 位于 IMS 核心网和 PSTN、PLMN 等网络之间,在 MGCF 的控制下实现这些网络之间承载层的互通,主要提供编解码转换等功能。IMS-MGW 可以终止来自电路交换网的承载信道和来自分组网的媒体流,可以支持媒体转换、承载控制和负荷处理(例如,多媒体数字信号编解码器、回声消除器、会议桥)。

总之,MGCF 和 IMS-MGW 是 IMS 与 PSTN 或 CS 域互通的功能实体,MGCF 负责控制信令的互通,而 IM-MGW 负责控制媒体流的互通。

4) 信令网关功能(SGW)实体

SGW 位于 IMS 核心网和传统 No.7 信令网之间,实现 SIP 与 No.7 信令之间的转换,支持 SIGTRAN。SGW 负责对 No.7 信令消息进行转接、翻译或终结处理,主要实现对 No.7 信令消息的底层适配,以便在 IP 网和 No.7 信令网之间传送 No.7 信令消息。信令网关可独立设置也可与媒体网关控制设备或媒体网关合设。

4. 业务提供和控制实体

IMS 采用统一、开放的业务接口,使得业务的开发和提供独立于下层的控制网络,实现了业务与控制的分离,从而促进了多媒体业务的发展。IMS 的业务能力可分为基本能力和增强能力,基本能力由 IMS 核心网提供,而增强能力则由应用服务器(AS)完成,应用服务器是一个提供增值多媒体业务的 SIP 实体,为 IMS 用户提供增值业务,可以位于用户归属

网络,也可以由第三方独立提供。应用服务器是应用业务存储和执行的场所,在业务逻辑的执行和操纵下,应用服务器可以处理、影响和控制从 IMS 发来的 SIP 会话;主动发起 SIP 请求,生成和发送计费信息给 CCF。

一个 AS 可以专门提供一种业务也可以多种业务,而每个用户可能订购一种或多种业务,因此,为每个用户提供服务的 AS 可能是一个也可能是多个。另外,在一个会话中可能有一个或多个 AS 的参与。

应用服务器包括 SIP 应用服务器(SIP AS)、IP 多媒体业务交换功能(IP Multimedia-Service Switching Function,IM-SSF)和开放业务接入的业务能力服务器(Open Service Access-Service Capability Servers,OSA-SCS)三类,分别用来支持运营商 IMS 网络直接提供的 SIP 业务、CAMEL 业务环境(CSE)提供的传统移动智能网业务和第三方提供的业务。第三方可以是一个网络或者仅是一个单独的应用服务器。AS 可以作用和影响 SIP 会话,代表运营商的网络支持此业务。应用服务器和 S-CSCF 之间使用统一的 ISC 接口,它通过 Sh/Si 等接口访问 HSS 以存取用户数据或业务数据。

1) SIP AS

SIP AS 是业务的存放及执行者,它可以基于业务影响一个 SIP 对话。SIP AS 主要用于实现基于 SIP 的增值业务,如即时消息(IM)、Presence 和 PoC 等业务。由于 IP 多媒体业务控制(IP multimedia Service Control,ISC)接口采用了 SIP,所以它可以直接与 S-CSCF 相连,减少了信令的转换过程。SIP 应用服务器主要是为因特网业务服务,这种结构使因特网业务可以直接移植到通信网中。

2) IM-SSF

IM-SSF 是一种特殊类型的应用服务器。它是 IMS 域中用来以传统的智能网方式提供业务的一个网络实体,位于 S-CSCF 和 SCP 之间,提供对 CAMEL(移动网络定制增强逻辑服务器)服务和传统智能网业务(使用 INAP 协议)的触发、CAMEL 业务交换状态机、IN 业务交换状态机等功能,使 IMS 网络可以和传统网络中的 SCP 等进行互通。在智能网中,CAMEL 业务是通过 CAP 协议接入到网络中的,为了使 CAMEL 业务接入到 IMS 中,在 CAMEL 服务器与 S-CSCF 之间设置了 IM-SSF 来完成 CAP 协议与 SIP 协议的转换。IM-SSF 允许 gsmSCF(GSM 服务控制功能)来控制 IMS 会话。支持 CAMEL 业务环境(CSE)中开发的继承业务。

3) OSA-SCS

OSA-SCS 向应用服务器和第三方服务器提供开放的、标准的接口,以方便业务的引入,并提供统一的业务执行平台。OSA 应用服务器用于实现基于 OSA 的应用,用户可以根据标准的 API(如 Parlay)在该服务器上进行增值业务开发,不用了解底层的网络,极大地缩短了业务的开发周期。OSA 应用服务器通过业务能力服务器 OSA-SCS 与 IMS 核心网进行交互,OSA-SCS 是 IMS 域向 OSA-AS 提供业务能力的一个接口实体,它完成 SIP 信令到 OSA API 的转换。OSA-SCS 实现了网络能力的开放,并为第三方 OSA 应用服务器安全接入 IMS 核心网络提供了标准方式,因为 OSA 体系自身就包含了初始接入、认证、授权、注册和发现等能力。通过使用 OSA,运营商能够利用诸如呼叫控制、用户交互、用户状态、数据通话控制终端性能、账户管理、计费和策略关联等业务能力特征进行业务的开发。

5. 媒体资源实体

1）媒体资源控制功能实体

MRFC(Multimedia Resource Function Controller)通过 H.248 控制 MRFP 中的媒体资源进行媒体处理和控制功能,包括媒体流的混合、分发、编解码转换及会议桥等;解析来自其他 S-CSCF 及应用服务器的 SIP 资源控制命令,转换为对 MRFP 的对应控制命令并产生相应计费信息。

2）媒体资源处理功能实体

MRFP(Multimedia Resource Function Processor)作为网络公共资源,在 MRFC 控制下完成要求的媒体处理和控制,包括媒体流的混合、分发、编解码转换及会议桥等。

6. 支撑实体

（1）网间拓扑隐藏网关(Topology Hiding Inter-network Gateway,THIG)。

（2）安全网关(Se SEG)。

（3）策略决策功能(Policy Function,PDF)。

7. 号码分析类实体

1）域名系统(Domain Name System,DNS)服务器

负责 URL 地址到 IP 地址的解析,可以直接借助 Internet 公网上的分层 DNS 服务器,也可直接在网内新建 DNS 服务器。

2）电话号码映射(E.164 Number URI Mapping,ENUM)服务器

负责电话号码到 URL 的转换,一般需 IMS 运营商新建。

8. 其他功能实体

1）会话边界控制器(Session Border Controller,SBC)

SBC 是 IMS 核心网的信令代理和媒体代理,它位于 IMS 核心网络边缘,主要目的是隔离接入网和 IMS 核心网,实现公私网穿越、NAT 穿越、防火墙穿越、Qos 控制、网络安全等功能。

2）动态主机配置协议(Dynamic Host Configuration Protocol,DHCP)服务器

在动态分配 IP 地址过程中向 DMS 终端指定 P-CSCF 的 URL 地址,这是在标准服务功能的基础上增加的处理功能。

3）NAT/ALG 设备

NAT(Network Address Translation,网络地址转换)/ALG(Application Level Gateway 应用层网关)设备负责将 IMS SIP 信令地址及 SIP 信令所包含的 SDP 地址信息进行转换或解析。

4）PDF

策略决策功能(Policy Decision Function,PDF)根据从应用层获得的会话和媒体协商信息来制定策略,作为策略决策点进行本地策略控制与管理,为 IMS 业务提供 QoS 保证。

4.2.2　IMS 的接口

如图 4.3 所示,IMS 的主要接口如下。

（1）Gm 接口:位于 UE 和 P-CSCF 之间,用于支持 UE 和 IMS 网络之间的所有信令交互,如用户注册及鉴权信令和会话控制信令。该接口采用 SIP 协议。

（2）Mw 接口：是 I-CSCF、P-CSCF 和 S-CSCF 之间的接口，用于在各类 CSCF 之间交互相关的信令消息，如注册信令和会话控制信令。该接口采用 SIP 协议。

（3）Mg 接口：位于 S-CSCF 和 MGCF 之间，其功能是实现各 MGCF 到被叫用户 S-CSCF，以及主叫用户 S-CSCF 到各 MGCF 的 SIP 会话双向路由功能，以便实现 IMS 网络和电路交换网络、固定软交换网络、移动软交换之间的互通。该接口采用 SIP 协议。

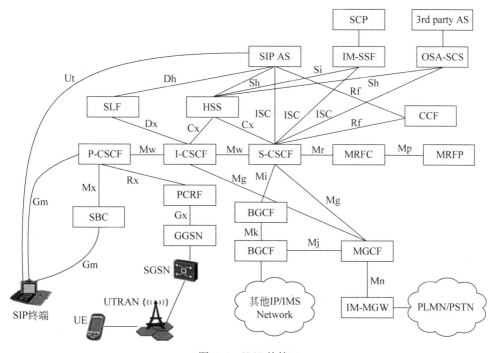

图 4.3　IMS 的接口

（4）Mr 接口：位于 S-CSCF 与 MRFC 之间，用于 S-CSCF 传递来自 SIP-AS 的资源请求消息到 MRFC，由 MRFC 控制 MRFP 完成与 IMS 终端用户之间的用户面承载建立。该接口采用 SIP 协议。

（5）Mn 接口：位于 MGCF 与 IM-MGW 之间，主要完成媒体网关控制、资源控制和管理功能。该接口采用 H.248 协议。

（6）Cx 接口：位于 I-CSCF、S-CSCF 与 HSS 之间，主要用于为注册用户指派 S-CSCF、从 HSS 查询路由信息、认证（如检查用户漫游是否许可）、鉴权相关信息传送、从 HSS 下载用户的过滤参数到 S-CSCF 上。

当 HSS 包含 SLF 功能时，还应该支持 Diameter 重定向机制向 I-CSCF、S-CSCF 返回其他 HSS 的地址信息。该接口采用 Diameter 协议。

Diameter 协议是由 IETF 开发的认证、授权和计费（AAA）协议，用来为众多的接入技术提供 AAA 服务。Diameter 基于远程拨入用户服务 RADIUS。Diameter 协议包括 Diameter 基础协议和各种应用协议。基础协议提供了作为一个 AAA 协议的最低需求，是 Diameter 网络节点都必须实现的功能，包括节点间能力的协商、Diameter 消息的接收及转发、计费信息的实时传输等。应用协议则充分利用基础协议提供的消息传送机制，规范相关节点的功能以及其特有的消息内容，来实现应用业务的 AAA。

（7）Sh 接口：是 SIP-AS、OSA-SCS 和 HSS 之间的接口，用于传送透明数据，如业务相关数据、用户相关信息，也可以传送其他用户相关数据，如用户业务相关数据、用户的位置、拜访网络能力等。该接口采用 Diameter 协议。

（8）ISC 接口：位于 S-CSCF 与 AS 之间，用于传送 S-CSCF 与 AS 之间的 SIP 信令，为用户提供各种业务。该接口采用 SIP 协议。

（9）Mi 接口：位于 BGCF 与 S-CSCF 之间，用于在 IMS 网络和 CS 域互通时，在 S-CSCF 与 BGCF 之间交互会话控制相关信令消息，S-CSCF 通过 BGCF 选择互通网元。该接口采用 SIP 协议。

（10）Mj 接口：位于 BGCF 与 MGCF 之间，用于在 IMS 网络和 CS 域互通时，在 BGCF 与 MGCF 之间交互会话控制相关信令消息，以提供边界控制功能。该接口采用 SIP 协议。

（11）Mp 接口：位于 MRFC 与 MRFP 之间，用于 MRFC 控制 MRFP 中的媒体资源，完成 IMS 域中的用户交互、会议控制、编解码转换等功能。该接口采用 H. 248 协议。

（12）Mk 接口：位于 BGCF 之间，用于一个 BGCF 将会话信息前转到另一个 BGCF。该接口采用 SIP 协议。

（13）Gx 接口：位于 PCRF 与 GGSN 之间，用于计费规则相关信息的传递，实现策略控制、流量计费、事件触发等功能。该接口采用 Diameter 协议。

（14）Rx 接口：位于 P-CSCF 与 PCRF 之间，用于在 P-CSCF 与 PCRF 之间传送应用层的会话信息，包括识别业务数据流的 IP 过滤器信息、用于 QoS 控制的媒体/应用带宽需求等。该接口采用 Diameter 协议。

（15）Dh 接口：是 SIP-AS 和 SLF 设备之间的接口，SIP-AS 可利用该接口获取为用户存储签约信息的 HSS 的地址。该接口采用 Diameter 协议。

（16）Dx 接口：是 I/S-CSCF 设备和 SLF 设备之间的接口。当 IMS 网络中配置了多个 HSS 时，该接口支持 Diameter 重定向机制，用于给 I/S-CSCF 提供为用户保存签约信息的 HSS 地址。

（17）Rf 接口：是 SIP-AS、S-CSCF 等和 CCF 之间的接口，用于 AS、S-CSCF、BGCF、MGCF、MRFC 与 CCF 进行离线计费。该接口采用 Diameter 协议。

（18）Ut 接口：是终端与 SIP AS 之间的接口，用于终端对 AS 内的用户数据进行管理和配置，如 Presence 列表及授权策略的配置。Ut 接口采用 XCAP 协议，并遵循 3GPP TS 23.228 及其他相关协议。

（19）Mx 接口：是 P-CSCF 与 SBC 之间的接口，用于两者之间信息的传递。

在 IMS 的网络架构中，使用 SIP 协议的接口如表 4.1 所示，使用 Diameter 协议的接口如表 4.2 所示，使用 H. 248 协议的接口如表 4.3 所示。

表 4.1 采用 SIP 协议的接口

接 口	连 接 实 体
Gm	UE、P-CSCF
Mw	P-CSCF、I-CSCF、S-CSCF
ISC	I/S-CSCF、AS

续表

接　　口	连 接 实 体
Mg	I/S-CSCF、MGCF
Mi	S-CSCF、BGCF
Mj	BGCF、MGCF
Mk	BGCF、BGCF
Mr	S-CSCF、MRFC
Mx	SBC、P-CSCF

表 4.2　采用 Diameter 协议的接口

接　　口	连 接 实 体
Cx	I-CSCF、S-CSCF、HSS
Dx	I-CSCF、S-CSCF、SLF
Rx	P-CSCF、PCRF
Gx	GGSN、PCRF
Rf	CCF、S-CSCF、AS、MRFC
Dh	SLF、SIP-AS
Sh	HSS、SIP-AS、OSA-SCS

表 4.3　采用 H.248 协议的接口

接　　口	连 接 实 体
Mn	MGCF、IM-MGW
Mp	MRFC、MRFP

4.3　IMS 的主要协议

IMS 业务的开放性和实用性是通过一系列协议来支持实现的。IMS 主要用到了 SIP 协议、Diameter 协议、通用开放策略服务（Common Open Policy Service，COPS）协议和 H.248 协议。

4.3.1　SIP

SIP（Session Initiation Protocol，会话初始化协议）是由 IETF 提出的在 IP 网络上进行多媒体通信的应用层控制协议，它被用来创建、修改和终结一个或多个参与者参与的会话进程。这些会话包括 Internet 多媒体会议、Internet 电话、远程教育以及远程医疗等，SIP 协议具有简单、易于扩展、便于实现等诸多优点，是下一代网络和 IMS 中的重要协议。

SIP 协议采用基于文本格式的客户—服务器方式，以文本的形式表示消息的语法、语义和编码，客户机发起请求，服务器进行响应。

1. SIP 的特点

（1）信令建立与能力协商分离，可支持多种会话能力。SIP 消息可分为消息头和消息体，消息体部分的内容可独立于 SIP 而存在，只要会话需要，任何类型的会话方式都可以内嵌到 SIP 作为一个整体使用。因此,SIP 具有强大的业务能力。

(2) SIP 是端到端的协议,从 NNI 接口到 UNI 接口都采用 SIP,因此可以最大程度上进行端到端业务的透明传送。

(3) SIP 集成 Internet 协议开放、简单、灵活的特点,采用文本方式,便于理解且实现简单。

(4) SIP 考虑并支持用户的移动性。SIP 定义了注册服务器、重定向服务器等不同的功能,当用户的位置发生变化时,其位置信息将随时登记到注册服务器。

(5) SIP 消息本身就具有一定的定位能力。SIP 消息头中 caller@caller.com 这种域名的标识方式可包含用户号码信息、位置信息、用户名及其归属信息等,是 SIP 消息表述方式的一大优点。

(6) SIP 可与其他很多 IETF 协议(如 SDP、RSVP 等)集成来提供各种业务,使 SIP 在业务的实现方面具有很大灵活性。

(7) SIP 的可扩展性较强。自发布以来根据业务需求和一些特征要求扩展定义了多个新消息,消息扩展时其前后兼容性较好。

(8) SIP 所定义的终端具有一定的智能性。当有新的业务需求时,只需对终端设备进行升级,网络就能够将用户的业务需求透明地传送到对端用户。

2. SIP 的基本功能

SIP 是一个应用层的控制协议,可以用来建立、修改和终止多媒体会话(或者会议),如 Internet 电话。SIP 也可以邀请参与者参加已经存在的会话,如多方会议,媒体可以在一个已经存在的会话中方便的增加或者删除。

SIP 在建立、维持和终止多媒体会话上,支持 5 个方面的能力。

(1) 用户定位:确定被叫 SIP 终端所在的位置。SIP 的最强大之处就是用户定位功能。SIP 本身含有向注册服务器注册的功能,也可以利用其他定位服务器如 DNS 等提供的定位服务器来增强其定位功能。

(2) 确定用户的可用性:确定被叫会话终端是否可以参加此会话。SIP 支持多种地址描述和寻址,包括用户名@主机地址、被叫号码@PSTN 网关地址和普通电话号码的描述等。这样,SIP 主叫按照被叫地址,就可以识别出被叫是否在传统电话网上,然后通过一个与传统电话网相连的网关向被叫发起并建立呼叫。

(3) 用户能力判断:确定被叫终端可用于参加会话的媒体类型及媒体参数。SIP 终端在消息交互过程中携带自身支持的媒体类型和媒体参数,这使得会话双方都可以明确对方的会话能力。

(4) 会话建立:建立主、被叫双方的会话参数。SIP 会话双方通过协商媒体类型和媒体参数,最终选择双方都具有的能力建立起会话。

(5) 会话管理:包括转移和终结会话、修改会话参数以及调用业务等。

作为应用层的控制协议,SIP 只定义应该如何管理会话,但描述这个会话的具体内容并不是 SIP 的任务,这方面的工作由其他协议(如会话描述协议 SDP)来完成。这也意味着 SIP 并不具有独立性,不能独立提供业务,业务的具体实现需要它与其他一系列协议联合使用。也正是有了这种灵活性,SIP 可以用于众多应用和服务中,包括交互式游戏、音乐/视频点播以及语音、视频和 Web 会议。

3. SIP 的体系结构

SIP 系统按照逻辑功能可划分为用户代理、代理服务器、重定向服务器和注册服务器 4 个主要部件,如图 4.4 所示。

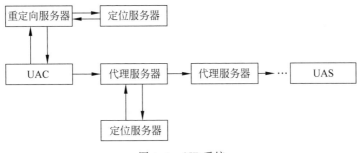

图 4.4 SIP 系统

(1) 用户代理(User Agent):就是 SIP 终端。按功能分为用户代理客户端(User Agent Client,UAC),负责发起呼叫;用户代理服务器(User Agent Server,UAS),负责接受呼叫并做出响应。二者组成用户代理存在于用户终端中。

(2) 代理服务器(Proxy Server):提供路由功能,负责将 SIP 用户请求和响应转发到相应的下一跳。代理服务器可解释或重写 SIP 消息的某些部分,包括消息正文。

(3) 重定向服务器(Redirect Server):用于在需要时将用户新的地址返回给呼叫方。呼叫方可以根据得到的新地址重新呼叫,而重定向服务器则退出这个呼叫控制过程。

(4) 注册服务器(Register Server):用来完成 UAS 的登录。在 SIP 系统中所有的 UAS 都要在网络上注册、登录,以便 UAC 通过服务器能找到。它的作用就是接收用户端的请求完成用户地址的注册。

这几种服务器可共存于一个设备,也可以分布在不同的物理实体中。SIP 服务器完全是纯软件实现,可以根据需要运行于各种工作站或专用设备中。

UAC、UAS、Proxy Server、Redirect Server 都是在一个具体呼叫事件中各物理实体所扮演的不同角色,而这样的角色不是固定不变的。一个用户终端在会话建立时扮演 UAS,而在主动发起拆除连接时,则扮演 UAC。一个服务器在正常呼叫时作为 Proxy Server,而如果其所管理的用户移动到了别处,则它将扮演 Redirect Server,告知呼叫发起者该用户新的位置。

4. SIP 的消息格式

SIP 消息用于会话连接的建立及修改。SIP 的消息格式与 HTTP 协议的格式很相似。SIP 消息分为请求消息和响应消息两类,请求消息有以下 6 个基本类型。

* INVITE:用于邀请用户或服务参加一个会话。
* ACK:是对于 INVITE 请求的响应消息的确认。ACK 只和 INVITE 请求一起使用。
* BYE:用于结束会话。
* OPTIONS:用于查询服务器的相关信息和功能。
* CANCEL:用于取消正在进行的请求,但不取消已经完成的请求。
* REGISTER:用于客户向注册服务器注册用户位置等消息。

响应消息主要有以下几种。

- 1xx：临时响应
- 2xx：成功
- 3xx：重定向
- 4xx：客户端错误
- 5xx：服务端错误
- 6xx：全局错误

SIP 消息包括如下三个部分。

- 起始行：位于消息的最开始，包含消息的类型和协议版本等基本内容。
- 消息头：描述消息的属性，类似于 HTTP 消息头的语法和语义，在一个消息中，头可以有多行。
- 消息体：主要是对消息所要建立的会话的描述。典型的消息体为 SDP(会话描述协议)格式，用来对所要建立的会话进行描述，例如建立一个多媒体会话的消息体中包含音频、视频编码及取样频率等信息的描述。消息体的类型采用 MIME(多目的互联网邮件扩展)所定义的代码进行标识，如 SDP 的类型标识为 application/SDP。除了 SDP，消息体也可以是其他各种类型的文本或二进制数据。

请求消息的起始行如下：

请求操作方法_请求 URI_SIP 版本号

其中请求操作方法包括 INVITE、ACK、BYE、OPTIONS、CANCEL、REGISTER 等，请求 URI 为被邀用户的当前地址。

以下是一个请求消息的例子：

```
INVITE sip:bob@beijing.com SIP/2.0
                                  //向 sip:bob@beijing.com 发起呼叫,协议版本号为 2.0
Via: SIP/2.0/UDP pc33.shanghai.com;branch = z9hG4bK776asdhds
                                  //通过 proxy: pc33.shanghai.com 转发
Max - Forwards: 70                //最大转发次数是 70
To: Bob < sip:bob@beijing.com >   //所要呼叫的用户标识为 sip:bob@beijing.com
From: Alice < sip:alice@shanghai.com >;tag = 1928301774
                                  //发起呼叫的用户标识为 alice@shanghai.com
Call - ID: a84b4c76e66710@pc33.shanghai.com    //对这一呼叫的唯一标识
CSeq: 1 INVITE                    //命令的序列号,标识一个事件
Contact: < sip:alice@pc33.shanghai.com >    //给出访问 Alice 的直接方式
Content - Type: application/SDP   //消息体的类型
Content - Length: 182            //消息体的字节长度
一个空白行标识消息头结束,消息体开始
v = 0                             //SDP 协议版本号
o = Alice 53655765 2353687637 IN IP4 128.3.4.5
                                  //会话建立者和会话的标识、会话版本、地址的协议类型、地址
s = Call from Alice.              //会话的名字
c = IN IP4 alice_ws.shanghai.com  //连接的信息
M = audio 3456 RTP/AVP 0 3 4 5    //对媒体流的描述:类型、端口,呼叫者希望收发的格式
```

响应消息的起始行如下：

SIP 版本_状态码_原因短语

其中状态码包括：1xx 临时响应；2xx 成功；3xx 重定向；4xx 客户端错误；5xx 服务器端错误；6xx 全局错误。

以下是一个响应消息的例子：

```
SIP/2.0 200 OK
Via:SIP/2.0/UDP server10.beijing.com;branch = z9hG4bKnashds8;received = 192.0.2.3
Via:SIP/2.0/UDP bigbox3.site3.shanghai.com;branch = z9hG4bK74c2312983.1;received = 192.0.
2.2
Via: SIP/2.0/UDP pc33.shanghai.com;branch = z9hG4bK776asdhds;received = 192.0.2.1
To: Bob < sip:bob@beijing.com >;tag = a6c85cf
From: Alice < sip:alice@shanghai.com >;tag = 1928301774
Call - ID: a84b4c76e66710
CSeq: 1 INVITE
Contact: < sip:bob@192.0.2.4 >
Content - Type: application/sdp
Content - Length: 131
[message body(SDP)]
```

5. SIP 的呼叫流程

SIP 支持 3 种呼叫方式：由 UAC 向 UAS 直接呼叫；由代理服务器代表 UAC 向被叫发起呼叫；由 UAC 在重定向服务器的辅助下进行重定向呼叫。

（1）两个 UA 之间直接通信的呼叫流程如图 4.5 所示。

从图 4.5 中可以看出，主叫 UA 发送一条 INVITE 命令到被叫 UA，邀请被叫加入一个特定会话，同时在 INVITE 请求中包含一个 SDP 会话描述，其中列出了一系列的媒体信息参数。被叫 UA 收到 INVITE 后先回送响应消息 100 Trying 说明该呼叫已经被路由，被叫 UA 指示被叫用户振铃，用户振铃后回送 180 Ringing 给主叫 UA，被叫用户应答后，被叫 UA 再回送 200 OK 响应消息，在 200 OK 响应的 SDP 会话描述中列出了被叫支持的一系列参数。然后主叫 UA 会再发送一个 ACK 请求来证实它已经收到被叫对 INVITE 的响应（200 OK）。当有一方想结束会话时，就直接发送一个 Bye 请求给对方，对方会回送一个 200 OK 响应，这样双方会话结束。

（2）通过代理服务器的呼叫流程如图 4.6 所示。

主叫 UA 发送一条 INVITE 命令到被叫 UA，该请求中提供了足够的信息以便被叫能参加该会话，包括媒体流的类型和格式以及地址和端口等信息。INVITE 请求被送到本地的 SIP 代理服务器（Proxy），代理服务器通过认证计费中心确认用户认证已通过后，检查请求消息中的 Via 头域中是否已包含其地址，若已包含，说明发生环回，返回指示错误的应答；如果没有问题，代理服务器在请求消息的 Via 头域插入自身地址，并向 INVITE 消息的 To 域所指示的被叫 UA 转送 INVITE 请求。然后代理服务器向主叫 UA 回送呼叫处理中的应答消息 100 Trying，接着被叫 UA 向代理服务器发送呼叫处理中的应答消息 100 Trying。被叫 UA 指示被叫用户振铃，用户振铃后，向代理服务器发送 180 Ringing，代理服务器收到后向主叫 UA 转发被叫用户振铃信息。被叫用户摘机后，被叫 UA 向代理服务器返回表示连接成功的响应 200 OK，该响应沿着原来的路径到达主叫 UA，然后主叫 UA 返回一个 ACK 确认，通过代理服务器转给被叫 UA，至此呼叫已经建立，可以开始在它们之间直接传输媒体流信息了。当有一方想结束会话时，就通过代理服务器发送一个 Bye 请求给对方，对方会通过代理服务器回送一个 200 OK 响应，这样双方会话结束。

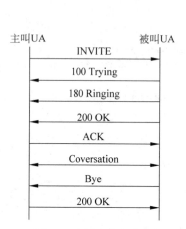

图 4.5　两个 UA 之间直接通信的呼叫流程

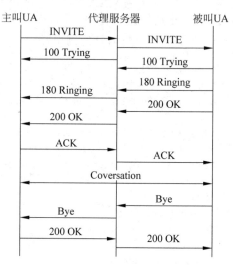

图 4.6　通过代理服务器的呼叫流程

（3）通过重定向服务器的呼叫流程如图 4.7 所示。

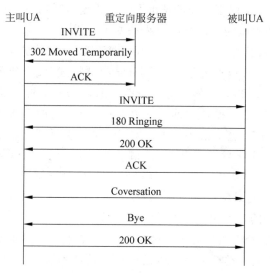

图 4.7　通过重定向服务器的呼叫流程

主叫对某个用户（被叫方）发起 INVITE 请求，该请求中提供了足够的信息以便被叫能参加该会话，包括媒体流的类型和格式以及地址和端口等信息。INVITE 请求被送到本地的 SIP 重定向服务器，本地的 SIP 重定向服务器经过查询，得到该 SIP 请求的被叫 IP 地址，并向主叫发送 302 响应（转移响应）。主叫向重定向服务器发送 ACK 证实，并根据 302 响应中的 Contact 头字段向被叫方直接发送 INVITE 请求，被叫接受该呼叫，并分别发回 180 Ringing 和 200 OK 响应到主叫，然后主叫方返回一个 ACK 确认（直接发到被叫方），至此呼叫已经建立，可以开始在它们之间直接传输媒体流信息了。当有一方想结束会话时，会直接发送一个 Bye 请求给对方,对方会回送一个 200 OK 响应,这样双方会话结束。

4.3.2 Diameter 协议

Diameter 协议是由 IETF 基于 RADIUS(Remote Authentication Dial In User Service,远程拨入用户认证服务)开发的认证、授权和计费(AAA)的协议,其中认证(Authentication)是指用户在使用网络系统中的资源时对用户身份的确认;授权(Authorization)是指网络系统授权用户以特定的方式使用其资源;计费(Accounting)是指网络系统收集、记录用户对网络资源的使用,以便向用户收取资源使用费用,或者用于审计等目的。

Diameter 协议支持移动 IP、NAS(Network Access Service,网络接入服务)请求和移动代理的认证、授权和计费工作,协议的实现与 RADIUS 类似,是 RADIUS 协议的升级版本。Diameter 协议详细规定了错误处理机制,支持分布计费,克服了 RADIUS 协议的很多缺点,被视为最适合未来移动通信系统的 AAA 协议。

Diameter 协议不是一个单一的协议,而是一个协议栈,如图 4.8 所示。它包括基本协议(Diameter Base Protocol)和各种由基本协议扩展而来的应用协议。Diameter 基础协议提供了一个 AAA 协议的最低需求,是 Diameter 网络节点必须实现的功能,包括节点间能力的协商、Diameter 消息的接受与转发和计费消息的实时传输等,Diameter 应用协议则利用基础协议提供的消息传送机制,规范相关节点的功能以及其特有的消息内容,来实现应用业务的 AAA,应用协议包括 NASREQ(Network Access Service Request-网络接入服务请求)协议、MIP(Mobile IP,移动 IP)、EAP(Extensible Authentication Protocol-可扩展认证协议)、CMS(Cryptographic Message Syntax,密码消息语法)协议等,每一个具体的应用协议都有一个应用标识(Application ID)来区分。基本协议一般不单独使用,往往被扩展成新的应用来使用,所有应用和服务的基本功能都是在基础协议中实现的,应用特定功能则是由扩展协议在基础协议的基础上扩展后实现的。

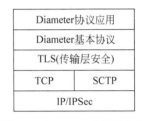

图 4.8 Diameter 协议栈结构

Diameter 基本协议使用传输控制协议(TCP)或者流传输控制协议(SCTP)作为传输协议,保证了传输的可靠性。它运行在 TCP 和 SCTP 传输协议的端口 3868 上。由于 Diameter 两端之间是面向连接的,所以使用 SCTP 更好一些,当向对等端发起连接时,首先尝试 SCTP 协议,然后才是 TCP 协议。Diameter 中使用 TLS(Transport Layer Security-传输层安全协议)和 IPSec 来保证连接的安全性,其中 TLS 在两个通信应用程序之间提供保密性和数据完整性。

3GPP 在制定 IMS 网络架构规范中对 Diameter 协议进行了扩展和增强,使之适用于 Cx、Dx、Sh 和 Dh 接口通信。

4.3.3 COPS 协议和 H.248 协议

1. COPS 协议

COPS(Common Open Policy Service,公共开放策略服务)协议是 IETF 制定的协议,用于策略的总体管理、配置和实施。它是一种简单的查询和响应协议,主要用于策略服务器与其客户端之间交换策略信息。服务器称为策略决策点(PDP),客户端称为策略执行点

(PEP)。COPS 协议采用客户机/服务器模型,其中,PEP 向 PDP 发送请求、更新和删除信息,然后 PDP 返回策略决策给 PEP。COPS 协议具有设计简单且易于扩展的特点,它使用传输层协议 TCP 为客户机和服务器提供可靠的信息交换。COPS 也能使用已有的安全协议,如 IPSEC 或 TLS 以认证和确保 PEP 和 PDP 之间的信道的安全性。

策略客户机的一个典型例子是 RSVP 路由器,它主要行使基于策略的允许控制功能。在每个受控管理域中至少有一个策略服务器。

2. H.248 协议

H.248 协议是 IETF、ITU-T 制定的媒体网关控制协议,用于媒体网关控制器 MGC 和媒体网关 MGW 之间的通信,是实现 MGC 对 MGW 控制的一个非对等协议。H.248 是在媒体网关控制协议 MGCP 的基础上,结合其他媒体网关控制协议的特点发展而成的,在媒体网关控制功能和兼容性方面较 MGCP 大大增强。

H.248 采用业务与控制分离、控制与承载分离的思想,定义了两个抽象的概念:终节点(termination)和关联(context)。终节点中封装有媒体流参数、调制解调器和承载能力等参数,是媒体网关逻辑实体,终节点可以发送或接收一个或者多个数据流。例如,在一个多媒体会议中,一个终结点可以支持多种媒体,并且发送或者接收多个媒体流。关联所描述的内容是在一些终节点之间的连接关系。终节点和关联都有许多描述符,对于终节点,其描述符有 Modem、Mux、Media、Singal、Event、DigitMap、observed Event、Statistics 等。

H.248 还定义了在媒体网关和媒体网关控制器之间的一组命令组,称为事务交互。每个事务交互包含一个或多个关联,每个关联包含一个或多个命令,每个命令包含一个或多个描述符。事务交互保证对命令的有序处理,即在一个事务交互中的命令是顺序执行的,但并不保证各个事务交互之间的有序处理,即对一个事务交互的处理可以以任何顺序进行,也可以同时进行。

4.4 IMS 用户编号方案

在任何一种类型的网络中,都需要唯一地标识一个用户,比如在 PSTN 网络中是通过电话号码来标识用户的,用来识别用户的电话号码有不同的格式:本地号码、长途号码和国际号码,它们本质上是同一电话号码的不同表示方式。另外,当网络提供一种新业务时,也需要对业务进行标识,典型的做法是通过一个特殊的前缀,比如 400 业务。IMS 网络同样需要标识用户和业务,其标识包括 IMS 用户标识、IMS 业务标识和 IMS 网络实体标识。通常使用 URI(Uniform Resource Identifier,统一资源标识符)方式进行标识,URI 是由 RFC 2396 进行了定义,通过一些简单字符串来识别一个抽象或者物理资源,用来唯一标识某类统一资源的标识符。TEL URI 和 SIP URI 是 IMS 网络中常用的两种 URI 方式,分别通过 TEL 号码方式、SIP 号码方式对用户或网络资源进行标识。

4.4.1 用户标识

IMS 用户标识分为 IMS 私有用户标识(IMS Private Identity,IMPI)和 IMS 公共用户标识(IMS Public Identity,IMPU),分别类似于 GSM 中的 IMSI(国际移动用户识别码)和

移动用户的电话号码 MSISDN。一个 IMS 用户可以有多个公共用户标识和多个私有用户标识。

1. 私有用户标识（IMPI）

私有用户标识是一个由归属网络运营商为用户定义的具有全球唯一性的身份标识，用于在归属网络中唯一地标识用户身份，它并不是标识用户本身，而是标识了用户与归属网络间的签约关系，在归属网络用户签约有效期内有效，主要用于用户接入 IMS 网络的注册、鉴权、认证和计费，不用于呼叫的寻址和路由。IMPI 类似于 GSM 网络中的 IMSI 号码或固定网络中的物理号码，一个 IMS 用户可以有一个或多个私有用户标识，其对用户而言是不可知的，当有 ISIM（IP Multimedia Service Identity Module，IP 多媒体业务标识模块）模块时，IMPI 被安全地保存于 UICC（通用集成电路卡）的 ISIM 中，如果没有 ISIM 模块，IMPI 可以由 USIM（Universal Subscriber Identity Module，通用订阅者标识符模块）中的 IMSI 临时派生。

UE 在注册过程中必须携带 IMPI，包括重注册和注销请求，以进行认证。IMPI 采用 IETF RFC2486 中定义的网络接入标识（NAI）的形式，其格式为用户名@归属网络域名，比如 xiaoming@js.chinamobile.com。

2. 公共用户标识（IMPU）

公共用户标识是用户对外公布的标识，用于和其他用户进行通信。在一个公共用户标识被用于发起 IMS 会话之前，这个公共用户标识必须先向网络进行注册。在注册过程中 IMS 网络会对用户进行认证，如通过认证则注册成功，之后该公共用户标识才可以发起会话请求。

一个 IMS 用户可以有一个或多个公有用户标识。IMPU 类似于 GSM 网络中的 MSISDN 号码或固定网络中的逻辑号码。在 IMS 中，ISIM 至少需要保存一个 IMPU，但不要求所有的 IMPU 都存储在 ISIM 中。IMPU 用于 SIP 消息的路由，其格式可以是 TEL URI 格式，也可以是 SIP URI 格式，但至少要有一个 IMPU 是 SIP URI 格式。

TEL URI 在 IETF RFC 3966 中定义，其格式采用 E.164 的编码规则，以"tel："开头，使用"tel：用户号码"方式进行标识，如 tel：＋861058761234，当 IMS 终端向 PSTN 电话发起呼叫时，就会用到 TEL URI，因为 PSTN 号码只能用数字表示。SIP URI 格式上以"sip："开头，使用"sip：用户名@归属网络域名"或"sip：用户号码@归属网络域名"方式进行标识，习惯上常采用"sip：用户号码@归属网络域名"的方式。其中，用户号码是分配给用户的 E.164 号码，如归属网络域名是 js.chinamobile.com 的一个 IMS 用户，它的号码是 13912345678，那么对应该用户的 IMPU 则是 sip：＋8613912345678@js.chinamobile.com。

如果采用 TEL URI 拨打 IMS 用户，由于 TEL URI 不能用于路由，CSCF 还需要首先通过 ENUM/DNS 进行查询，把 TEL URI 转换成用户对应的 SIP URI 进行路由。

3. 私有用户标识和公共用户标识的关系

IMS 签约是用户和 IMS 网络运营商之间的合同约定关系，一份 IMS 签约唯一地标识了一个用户以及该用户被赋予的 IMS 服务能力，根据私有用户标识的定义，一份 IMS 签约对应于一个私有用户标识。在 IMS 中，一个私有用户标识可以对应多个公共用户标识，每个公共用户标识对应一份业务配置（Service Profile）。

由于 IMPI 和 IMPU 被保存在 ISIM、USIM 或 SIM 卡中，而这些卡都是被插入到一个物理 UE 中使用的，所以当一个用户通过一个 UE 使用 IMS 服务时，先利用私有用户标识对用户身份进行认证，以表明该用户是真实的 IMS 签约用户，当用户身份被网络确认后，用户就可以通过 UE 享有该用户签约的 IMS 服务。当一个 IMPI 对应多个 IMPU，即一个 ISIM 卡中保存有多个 IMPU 时，说明一个 UE 同时拥有多个可被外界呼叫的号码，类似一机多号。这时，不同的 IMPU 表示的是不同的个性化业务。如一个 IMS 用户上班时间使用 IMPU1，下班以后使用 IMPU2，不同的号码都可以注册到同一个终端上。通常，一份 IMS 签约中的所有公共用户标识都在一个 S-CSCF 上完成注册。

另外，IMS 还允许多个私有用户标识共享同一个公共用户标识，这时就意味着一份 IMS 签约可以被多个私有用户标识来认证，无论使用哪个私有标识，都被网络唯一地指向同一个 IMS 签约。这就是说，一个用户与网络运营商进行了 IMS 签约，在该签约中，用户获得了两个 ISIM 卡，每个 ISIM 卡都有一个唯一的 IMPI，但这两个 ISIM 卡却共享同一个 IMPU，用户把这两个 ISIM 卡分别插入不同的 UE，实现一个 IMPU 被多个 UE 共享，类似于一号多机。该用户的 IMPU 做被叫时，所有的注册了该 IMPU 的终端都会同时振铃。但只要有一个接起，其他的终端就会停止振铃。

4.4.2　公共业务标识

IMS 系统为用户提供了丰富的业务，如 Presence、即时消息、会议和群组等，这些业务也需要被定位和标识，为此，IMS 引入了公共业务标识（Public Service Identities，PSI）。公共业务标识在标识上和用户标识很类似，但它标识的是 IMS 网络中的一种业务，或是一个 AS 上为某种业务所创建的特定资源，用于将 IMS 业务路由到相应的服务器。PSI 标识的业务由 AS 负责管理，并且在使用前不需要注册。PSI 可以采用 SIP URI 或者 TEL URI 的格式，如 sip：conference@ js. chinamobile. com，其中域名部分由运营商预先定义，而用户名部分可由用户或运营商灵活、动态地创建。运营商可以通过操作维护命令在 HSS 中创建、修改和删除 PSI，用户可通过 Ut 接口或者由运营商代替操作维护，在 AS 中创建和删除 PSI。

与公共用户标识不同，PSI 没有关联的私有用户标识。由于 PSI 可以直接对 AS 进行解析，因此 I-CSCF 便可以直接与 AS 进行接口，将以 PSI 标记的 SIP 请求发送给 AS。PSI 无须注册，可静态配置或者终端与 AS 动态协商生成。IMS 用户可以直接通过发起对 PSI 的请求实现该业务。假如某视频会议的公共业务标识是"12345678"，那么，IMS 用户可直接拨打"12345678"发起视频会议业务。

4.4.3　网络实体标识

IMS 网络实体标识用于标识 IMS 中的 P-CSCF、I-CSCF、S-CSCF 等网元设备，以便在 IMS 网络实体间进行路由和寻址。为了路由方便，IMS 网络实体都采用 SIP URI 方式来进行标识。SIP URI 用于在 SIP 消息头中标识这些网络实体，网络实体的地址解析可以通过公共的 DNS 服务器、运营商私有的 DNS 服务器或者通过静态配置来完成。为了易于标识，常采用网络实体功能的方式进行标识，如"cscf@js. chinamobile. com"。

4.5　IMS 的通信流程

IMS 系统中两个终端的通信流程包括 IMS 入口点 P-CSCF 的发现、终端注册、会话建立和会话释放 4 个阶段。下面通过对这 4 个阶段的分析来了解 IMS 中各个实体的功能和协作过程。

4.5.1　P-CSCF 发现流程

IMS 与用户的连接点是 P-CSCF，IMS 的入口点即 P-CSCF 的 IP 地址。为了能和 IMS 网络通信，用户设备（UE）必须知道 IMS 网络中至少一个 P-CSCF 的 IP 地址，UE 找到这些地址的机制被称作 P-CSCF 发现。3GPP 定义了两种 P-CSCF 发现机制：DHCP（动态主机配置协议）+DNS（域名系统）过程和 GPRS 过程。另外，还可以在 UE 中配置 P-CSCF 的名称或者 IP 地址。

1. DHCP＋DNS 过程

DHCP＋DNS 过程如图 4.9 所示。IP-CAN 作为 DHCP 中继代理，通过 DHCP 机制给出 P-CSCF 的域名或 IP 地址。

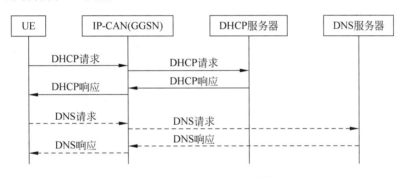

图 4.9　DHCP＋DNS 过程

在 DHCP＋DNS 过程中，UE 首先建立与 IP-CAN（IP-Connectivity Access Network，IP 连接接入网络，如 GPRS）之间的承载连接，然后发送一个 DHCP 请求给 IP-CAN，要求返回一个列有域名形式的 P-CSCF 的列表或者一个列有 P-CSCF 的 IP 地址的列表以及 DNS 服务器的 IP 地址；该 IP-CAN 会将这个请求转发给 DHCP 服务器；如果 DHCP 服务器的响应中返回的是 P-CSCF 的 IP 地址，则 IP-CAN 把 P-CSCF 的地址通过 DHCP 响应送给 UE 后流程结束；如果 DHCP 服务器的响应中返回的是域名列表，则 UE 需要执行一个 DNS 查询来找到 P-CSCF 的 IP 地址。DHCP＋DNS 过程是一种通用的机制，各种类型的接入都可以通过这个机制来发现 P-CSCF。

2. GPRS 过程

GPRS 过程是专门为通过 GPRS 网络连接到 IMS 的 UE 发现 P-CSCF 而设计的。该过程是在 UE 创建 PDP（Packet Data Protocol，分组数据协议）上下文的过程中完成的，其中 PDP 上下文可看作是 UE 与 GGSN 之间的数据通道。在这个过程中，UE 在 PDP 上下文激活请求中包含了 P-CSCF 地址请求标记,GGSN 在接收到这个请求后会通过一定的办法得到 P-CSCF 的 IP 地址,然后 GGSN 在 PDP 上下文成功建立的响应消息中将 P-CSCF 的 IP 地址通过 SGSN 发给 UE。如图 4.10 所示,UE 首先发送 PDP 激活请求给 SGSN,在请求中包含了 P-CSCF 的地址请求标记;SGSN 收到请求后选择相应的 GGSN 并将请求转发给它;GGSN 获取本网中的一个或者多个 P-CSCE 的 IP 地址后通过 PDP 关联响应将 P-CSCF 的 IP 地址转发给 SGSN;SGSN 将 P-CSCF 的 IP 地址包含在 PDP 激活响应中发送给 UE。这样 UE 可以从返回的响应中选择一个 P-CSCF 发起 IMS 的注册过程。

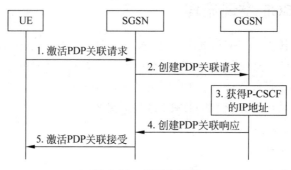

图 4.10   GPRS 过程

4.5.2   IMS 用户注册流程

UE 要想使用 IMS 的服务首先要进行注册,注册是将 UE 当前的 IP 地址和 IMPU 的绑定关系存储到 IMS 系统中,并在 UE、拜访网络和归属网络之间建立一条路由通道,用于传递后续的 IMS 信令。注册包括 UE 和网络的双向认证过程,无论用户在拜访网络还是归属网络,其注册过程是相同的。

IMS 的注册注销过程包括初始注册、重注册、隐式注册和注销等。

1. 用户初始注册

用户初始注册指的是用户第一次向 IMS 系统注册,或用户从 IMS 系统注销后再次发起注册请求。在初始注册过程中,IMS 网络会为该用户分配一个 S-CSCF,对用户进行认证和鉴权成功后,S-CSCF 会记录用户接入所使用的 P-CSCF,从 HSS 下载用户签约业务数据,而 P-CSCF 也会保存所分配的 S-CSCF 的地址,为后续会话和其他 SIP 事务请求的建立提供通路。

在进行注册之前,UE 必须先建立与 IMS 网络之间的 IP 承载连接,并且发现 IMS 系统的入口点 P-CSCF,在 GPRS 接入的情况下,UE 执行 GPRS 连接过程,并为 SIP 信令激活 PDP 关联。IMS 的用户初始注册流程如图 4.11 所示。

(1) UE 通过 P-CSCF 发现过程获得 P-CSCF 的地址,然后 UE 向 P-CSCF 发送一个 SIP REGISTER 的注册请求消息。这个请求消息包含一个需要被注册的公共用户标识(To 消息头中的内容)、私有用户标识(Authorization 消息头中的 Username 参数)、归属网络域名(I-CSCF 的地址)和 UE 当前的 IP 地址等信息。但注册消息中没包含完整的认证(Authorization)的信息,即 REGISTER 消息中 Authorization 头域相关认证授权信息为空。

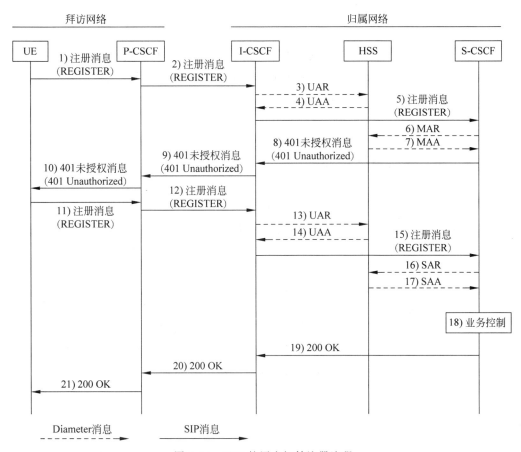

图 4.11 IMS 的用户初始注册流程

REGISTER 消息的示例如下：

```
REGISTER sip: home1.net SIP/2.0
Via:SIP/2.0/UDP[5555:: a: b: c: d]; branch = w9z8sh
Route:sip: [5555:: a: f: g: h];lr
Max-Forwards:70
From:< sip:user1_public1@home1.net >,tag = 3ab4
To: < sip: user1_public1@home1.net >
Contact:< sip:[5555:: a: b: c: d]; expires = 600000
Call-ID: apb03a0s09dkjdfglkj49111
CSeq: 1 REGISTER
Content-Length: 0
```

上述消息不是一个完整的 REGISTER 请求，其中隐去了一些消息头和参数，它只包含了为解释注册过程所需要的信息，后续的消息也是这样。

该消息的 Request URI 中标志为 sip：home1.net，这是从 ISIM 中读出的用户归属网络的域名。From 和 To 消息头中的公共用户标识都是 sip：user1_public1@home1.net，表明用户在注册自己，属于第一方（First-party）注册。

Contact 消息头中是公共用户标识对应的 IP 地址，SIP 注册的目的是告诉注册服务器，公共用户标识 sip：user1_public1@home1.net 是可以通过 Contact 消息头中所指出的 IP 地址访问到的。该 IP 地址包含一个 IPv6 前缀,这是 UE 在建立专用信令 PDP 上下文时分配的。

UE 将它的 IP 地址放到请求消息的 Via 消息头中,这使得对该请求的所有响应都可以路由回来。Via 消息头中还包含一个 Branch 参数,用于唯一标识该事务(Transaction)。路由上的每个实体都将加入它自己的 Via 消息头。

在 Contact 消息头中,UE 还指出自己目前的 IP 地址和 SIP URI 之间的绑定关系可以持续 600 000s,大约一星期,这是 IMS 中强制要求 UE 注册的时长,网络可以调整这个时长,如在 Register 请求的 200 OK 响应中缩短这个时长,或是通过注册状态事件通知来修改时长。

Route 消息头标明了路由途经的各个网元地址,每个网元收到 SIP 消息后将 SIP 消息里 Route 列表顶端自身的地址删掉,写上下一跳路由器的地址,这个 REGISTER 消息的下一跳是前面通过 P-CSCF 发现过程中得到的 P-CSCF 的地址,所以 Route 消息头中是 P-CSCF 的地址。"lr"参数表示该 PSCF 是一个宽松路由器(Loose Route),即它支持如 RC326 中描述的 S 路由机制。

Call-ID 消息头和 CSeq 消息头一起,标识该 REGISTER 事务(Transaction),Content-Length 消息头中内容为 0,表示该 REGISTER 请求的正文部分为空。

(2) 收到 REGISTER 消息之后,P-CSCF 根据用户的归属域名(如"homel. net")查询 DNS 服务器,获取归属域的 I-CSCF 的 IP 地址,将 SIP REGISTER 消息转发给归属域的 I-CSCF。

P-CSCF 从 Route 消息头中移去它自己的条目,这样 Route 消息头就空了,但 P-CSCF 并不把 I-CSCF 的地址放在 Route 消息头中,因为它不能确定该 I-CSCF 是否可以承担宽松路由器的功能。因此,P-CSCF 将 I-CSCF 的地址放在传送 SIP 请求的 UDP 分组中,直接作为 UDP 的目的地址。在发送 REGISTER 消息之前,P-CSCF 将自己的地址加入到 Via 消息头中,以便可以接收到对该请求的响应。此外,它还在 Via 消息头中增加了一个分支(Branch)参数。

P-CSCF 发到 I-CSCF 的 REGISTER 消息的示例如下:

```
REGISTER Sip: homel. net SIP/2.0
Via: SIP/2.0/UDP sip: pcscfl. visited1.net; branch = r4sctb
Via:SIP/2.0/UDP[5555:: a: b: c: d]; branch = w9z8sh
Max - Forwards:69
From:< sip:userl_publicl@homel.net >,tag = 3ab4
To: < sip: user1_publicl@homel.net >
Contact:< sip:[5555:: a: b: c: d]; expires = 600000
Call - ID: apb03a0s09dkjdfglkj49111
CSeq: 1 REGISTER
Content - Length: 0
```

(3) 归属域的 I-CSCF 收到 REGISTER 请求后,通过 Cx 接口发送 UAR(User Authorization Request,用户授权请求)消息给 HSS 查询用户注册情况,消息中包含 IMPU、IMPI 以及 P-CSCF 网络标识等信息。

(4) HSS 发 UAA(User Authorization Answer,用户授权响应)回应查询请求,对于已

经注册的用户则回应用户已经注册在哪个 S-CSCF,对于没有注册的用户,返回 S-CSCF 能力集,I-CSCF 会根据这个能力集选择一个具备这种能力的 S-CSCF 并把注册请求转发给它。

(5) I-CSCF 将自己的地址加入到 Via 消息头中,然后把这个 REGISTER 请求转发给选择的 S-CSCF。

I-CSCF 发到 S-CSCF 的 REGISTER 消息的示例如下:

```
REGISTER Sip: homel. net SIP/2.0
Via: SIP/2.0/UDP sip: icscfl. home1.net; branch = s5c2ta
Via: SIP/2.0/UDP sip: pcscfl. visited1.net; branch = r4sctb
Via:SIP/2.0/UDP[5555:: a: b: c: d]; branch = w9z8sh
Route: sip:scscfl. homel.net; lr
Max − Forwards: 68
From:< sip:userl_publicl@homel.net >,tag = 3ab4
To: < sip: user1_publicl@homel.net >
Contact:< sip:[5555:: a: b: c: d]; expires = 600000
Call − ID: apb03a0s09dkjdfglkj49111
CSeq: 1 REGISTER
Content − Length: 0
```

(6) S-CSCF 收到 REGISTER 消息后,发现该用户还没有被认证,于是发送包含 IMPU、IMPI 以及 S-CSCF 域名等信息的 MAR(Multimedia Authentication Request,多媒体认证请求)到 HSS,请求 UE 的认证数据。

(7) HSS 收到请求后为该用户保存 S-CSCF 的域名并回应 MAA(Multimedia Authentication Answer,多媒体认证响应),里面包含了认证的相关信息,即认证五元组(随机数 RAND、认证令牌 AUTN、期望响应值 XRES、完整性密钥 IK 和机密性密钥 CK)。

(8) S-CSCF 根据收到的 MAA 包含的认证信息,对本次注册进行判断,由于注册消息中没包含完整的认证信息,认为注册失败,需要用户终端重发包含完整认证信息的注册请求消息。S-CSCF 保留认证五元组中的 XRES,以便将来比较 UE 发回的认证响应中提供的 RES 是否和该 XRES 一致,判断认证是否成功。然后把其他认证参数封装在"401 未授权"消息中发给 I-CSCF,发起对 UE 的质询(Challenge)。

(9) I-CSCF 把"401 未授权"消息转发给 P-CSCF。

(10) P-CSCF 收到"401 未授权"消息后,把该消息中的 CK 和 IK 保存下来并将其从消息中删除,然后 P-CSCF 把包含了 IMPI、随机数 RAND 和认证令牌 AUTN 的"401 未授权"消息转发给 UE。

(11) UE 收到"401 未授权"消息后,利用 RAND、AUTN 和 ISIM 计算消息认证码 XMAC,并将其与 AUTN 中包含的 MAC 进行比较,如果一致,则完成 UE 对 IMS 网络的认证。同时,UE 计算出 RES、IK 和 CK,将 RES 放在 Authorization 消息头中,构造一个新的 REGISTER 请求发给 P-CSCF,该消息将通过 UE 和 P-CSCF 之间商定的 IPSec 安全联盟通道传送。后续 UE 和 P-CSCF 之间的所有消息都在该安全通道中传送。

(12) P-CSCF 收到 REGISTER 消息后根据用户的归属域名,向 DNS 发起归属域的 I-CSCF 地址的查询,然后发送 REGISTER 消息到 I-CSCF,除了 RES 等认证信息之外,该消息所包含的内容与步骤(2)大致相同。

（13）I-CSCF 接着会发 UAR 消息给 HSS 查询 S-CSCF 信息。

（14）HSS 根据记录信息查到 S-CSCF 地址,通过 UAA 消息发送给 I-CSCF。

（15）I-CSCF 把包含了 RES 等认证信息的 REGISTER 请求转发给 S-CSCF。

（16）S-CSCF 收到 REGISTER 消息后,比较认证响应值,如果 UE 返回的 RES 与期望响应值 XRES 一致,则完成网络对 UE 的认证,并保存 IMPU("To 消息头的内容")和当前实际联系的 IP 地址("Contact 消息头中的地址")之间的绑定关系。同时 S-CSCF 向 HSS 发送 SAR,通知 HSS 用户注册成功,要求 HSS 更新此 UE 的 S-CSCF 信息,存储 UE 的注册信息。

（17）HSS 回应 SAA 给 S-CSCF,表示此用户的 S-CSCF 的信息更新成功,SAA 还包含用户的配置数据(User Profile),里面包含了后续呼叫时要用到的业务触发规则和签约信息。

（18）S-CSCF 根据业务信息进行业务控制,根据 iFC(初始过滤准则)选择 AS,通知 AS 进行第三方注册。

（19）S-CSCF 向 I-CSCF 发"200 OK",表示注册成功,消息包含 S-CSCF 的地址。

（20）I-CSCF 把"200 OK"消息转发给 P-CSCF。

（21）P-CSCF 保存 UE 归属网络的 S-CSCF 的地址,把"200 OK"消息转发给 UE,完成注册。

一旦 UE 注册成功,UE 就能够发起和接受会话了。在注册的过程中,UE 和 P-CSCF 都会知道网络中的哪个 S-CSCF 将会为 UE 提供服务。

注册过程中各主要网元的功能如表 4.4 所示。各网元保存的信息如表 4.5 所示。

表 4.4　注册过程中各主要网元的功能

网　元	功　能
P-CSCF	• 检查 IMPI、IMPU 和归属域; • 根据归属域查询 DNS 获取 I-CSCF 的地址并转发注册请求
I-CSCF	• 查询 HSS 进行 S-CSCF 的选择并指定 S-CSCF; • 向 S-CSCF 转发注册请求
S-CSCF	• 从 HSS 下载鉴权数据,对终端进行鉴权; • 鉴权成功后从 HSS 下载用户的业务配置数据(Service Profile); • 根据 iFC 进行第三方鉴权
HSS	• 与 I-CSCF 交互确定 S-CSCF; • 下发鉴权数据和用户业务签约数据,记录用户注册状态

表 4.5　注册过程中各网元保存的信息

网　元	注　册　前	注　册　中	注　册　后
终端	IMPI、IMPU、域名、P-CSCF 名或地址、认证密码	IMPI、IMPU、域名、P-CSCF 名或地址、认证密码	IMPI、IMPU、域名、P-CSCF 名或地址、认证密码
P-CSCF	DNS 地址	I-CSCF 地址、UE IP 地址、IMPI、IMPU	S-CSCF 地址、UE IP 地址、IMPI、IMPU
I-CSCF	HSS 地址	S-CSCF 地址(临时)	无信息保存

续表

网　　元	注　册　前	注　册　中	注　册　后
S-CSCF	HSS 地址	HSS 地址 User profile P-CSCF 地址 P-CSCF Network ID UE IP 地址、IMPI、IMPU	HSS 地址 User profile P-CSCF 地址 P-CSCF Network ID UE IP 地址、IMPI、IMPU
HSS	Service Profile	P-CSCF Network ID	S-CSCF IP 地址

2. 用户重注册/注销

在完成初始注册后,用户还必须进行周期性的注册更新,以保持其注册处于激活状态,这个过程叫做重注册。如果 UE 没有更新其注册信息,则 S-CSCF 会在注册计时器超时的时候清除注册信息,并且不会发出通知。当 UE 想要解除在 IMS 中的注册时,它就简单地发送一个 REGISTER 请求,该请求中的超时时间设置为 0s。IMS 的用户注销流程如图 4.12 所示。

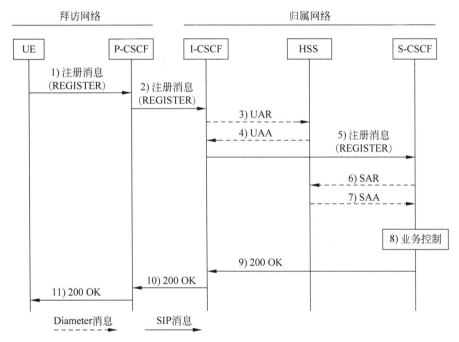

图 4.12　IMS 的用户注销流程

（1）UE 发送一个 REGISTER 请求（超时时间为 0s）发起注销。

（2）P-CSCF 收到 REGISTER 消息之后,根据用户的归属域名查询 DNS 服务器,获取归属域的 I-CSCF 的 IP 地址,将 REGISTER 消息转发给归属域的 I-CSCF。

（3）I-CSCF 发送 UAR 到 HSS,查询为该用户提供注册服务的 S-CSCF 地址。

（4）HSS 发现该 UE 已经注册,于是通过 UAA 消息把给用户提供服务的 S-CSCF 地址发送给 I-CSCF。

（5）I-CSCF 将注销请求发送到 S-CSCF。

（6）S-CSCF 收到注销请求后向 HSS 发送 SAR，通知 HSS 将该 IMPU 设置为"未注册"状态。

（7）HSS 回应 SAA 给 S-CSCF。

（8）基于过滤准则 iFC，S-CSCF 将注销请求发送给相关的 AS 并执行相应的业务控制，AS 删除所有和该 IMPU 相关的信息。

（9）S-CSCF 返回 200 OK 给 I-CSCF，然后释放所有和该 IMPU 相关的注册信息。

（10）I-CSCF 发送 200 OK 给 P-CSCF。

（11）P-CSCF 发送 200 OK 给 UE 并释放所有和该 IMPU 相关的注册信息，完成注销过程。

4.5.3 IMS 基本会话建立流程

UE 完成 P-CSCF 发现和注册后就可以发起会话建立请求了，以主被叫用户都在归属网络内，并且主被叫用户属于不同的归属网络的场景为例，介绍 IMS 的基本会话建立流程，如图 4.13 所示。

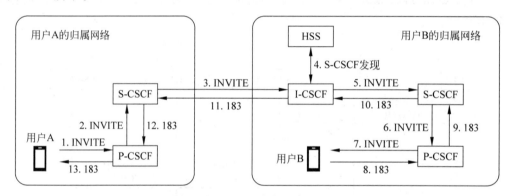

图 4.13　IMS 基本会话建立流程

（1）当用户 A 想呼叫用户 B 时，用户 A 就发起一个 SIP INVITE 请求消息，并通过 Gm 接口发送到 P-CSCF。该消息中包含了主被叫的地址和媒体属性等。

（2）因为 3GPP 规定 UE 和 P-CSCF 之间传输的 SIP 信令消息要进行压缩以节省无线信道资源，所以 P-CSCF 收到 INVITE 请求消息后首先将其解压缩，然后验证主叫用户的身份，之后 P-CSCF 将这个 INVITE 请求通过 Mw 接口转发给为用户 A 提供服务的 S-CSCF，这个 S-CSCF 的地址是 P-CSCF 在用户 A 注册时记录下来的。

（3）S-CSCF 收到 INVITE 请求消息后先验证用户的业务属性，进行 SDP 的鉴权，然后触发主叫用户的业务控制逻辑。业务控制逻辑触发的具体过程为：S-CSCF 在 INVITE 消息中提取相关的业务触发点（Service Point Triggers，SPT）信息，然后将 SPT 信息与初始过滤准则 iFC 中定义的规则进行匹配。iFC 是存储在 HSS 的用户签约数据中的一部分，在用户注册时下载到为用户分配的 S-CSCF。IMS 中的业务触发是基于签约数据中的 iFC 检测，iFC 按照不同优先级定义了业务触发的条件和目的 AS，S-CSCF 在处理用户业务请求时进行 iFC 匹配检测，符合触发条件则向指定的 AS 触发。如果某个业务被匹配成功需要触发，则 S-CSCF 会在收到的 INVITE 请求消息的 Route 消息头中增加一个最顶端的条目，其内容为 AS 的标识，然后将 INVITE 消息通过 ISC 接口转发到业务所在的 AS。等 AS 回复了 INVITE 消息后，S-CSCF 将该请求通过 Mw 接口转发给用户 B 的归属网络中的入口点

I-CSCF,I-CSCF 的地址是 S-CSCF 通过分析 INVITE 消息中用户 B 的用户标识符得到的。

（4）I-CSCF 收到 INVITE 请求后通过 Cx 接口向 HSS 进行查询,以获取为被叫提供服务的 S-CSCF。

（5）I-CSCF 将这个请求通过 Mw 接口发送到被叫的 S-CSCF。

（6）S-CSCF 验证被叫的业务属性,并触发被叫业务控制逻辑。然后将这个 INVITE 请求通过 Mw 接口发送给 P-CSCF。

（7）在进一步处理之后（例如压缩和私密检查）,P-CSCF 通过 Gm 接口将 INVITE 请求转发给了被叫用户 B。

（8）用户 B 产生一个应答消息,183 会话进行中（183 Session Progress）发送给 P-CSCF,里面携带了用户 B 的媒体能力。

（9）P-CSCF 将 183 应答消息发送给 S-CSCF。

（10）S-CSCF 将 183 应答消息发送给 I-CSCF。

（11）I-CSCF 将 183 应答消息发送给主叫用户 A 的归属网络中的 S-CSCF。

（12）S-CSCF 将 183 应答消息发送给 P-CSCF。

（13）P-CSCF 将 183 应答消息发送给主叫用户 A。

图 4.13 中着重说明了会话建立过程中消息的路由过程,在这两个消息之后两个用户还要进行几次信令消息的交互才能完成会话的建立。在这些消息交互的过程中主叫和被叫 UE 将会对会话过程中需要交互的媒体类型及各种媒体对 QoS 的要求进行协商,确定媒体 IP 地址、媒体流类型和编解码方式,其中媒体类型包括视频、音频、文本等,每种媒体类型包括多种编码方式,如音频包括 PCMU、G.726 编码等,视频包括 MPV、H.262 编码等。双方经过协商在媒体的类型和编码方式达成一致之后还要进行资源预留,即无线链路需要为主叫和被叫用户分配无线链路资源以保证此次会话的 QoS,只有双方资源预留都成功才能建立起这个会话。资源预留成功后对被叫振铃,被叫用户应答后会话建立,主被叫 UE 就可利用先前交换的 IP 地址和端口号（不同媒体使用不同端口号）开始发送多媒体数据。

4.5.4 IMS 会话的释放过程

会话的释放分为用户发起的会话释放、P-CSCF 执行网络发起的会话释放和 S-CSCF 执行网络发起的会话释放。下面简单介绍这三种情况。

用户发起的会话释放即一方用户想要结束这个会话,这时他会发送一个 BYE 请求给另一方,这时对方会返回一个 200 OK 响应,会话结束。P-CSCF 执行网络发起的会话释放就是用户的 P-CSCF 发现该用户已经离开了网络所覆盖的区域从而失去了与接入网络的连接,这时 P-CSCF 就会代替该用户向对方发出一个 Bye 请求。S-CSCF 执行网络发起的会话释放是用户在使用预付费卡并且余额已经用光,在这种情况下 S-CSCF 会向该用户发送一个 Bye 请求,同时发送一个 Bye 请求给另一方用户。

4.6 本章小结

IMS 是叠加在分组交换域上的用于支持多媒体业务的子系统,目的是在基于全 IP 的网络上为移动用户提供多媒体业务。IMS 由于支持多种接入和丰富的多媒体业务,已成为全

IP 时代的核心网标准架构,也是解决移动与固网融合比较合适的架构。

IMS 的主要特点①基于 SIP 的会话控制;②接入无关性;③业务与控制的分离;④一致的归属业务提供能力;⑤提供丰富而动态的组合业务;⑥统一的用户数据管理。

IMS 的网络架构采用业务控制与呼叫控制相分离,呼叫控制与承载能力相分离的分层体系架构,便于网络发展和业务部署。IMS 的主要功能实体包括呼叫会话控制功能(CSCF)实体、归属用户服务器(HSS)、媒体网关控制功能(MGCF)、媒体网关(MGW)等。IMS 业务的开放性和实用性是通过一系列协议来支持实现的,IMS 主要用到了 SIP、Diameter 协议、COPS 协议和 H.248 协议。

SIP 协议是由 IETF 提出的在 IP 网络上进行多媒体通信的应用层控制协议,它被用来创建、修改和终结一个或多个参与者参与的会话进程。SIP 系统按照逻辑功能可划分为用户代理、代理服务器、重定向服务器和注册服务器 4 个主要部件,使用 SIP 消息进行会话连接的建立及修改。SIP 的消息格式与 HTTP 协议的格式很相似,分为请求消息和响应消息两类。SIP 支持 3 种呼叫方式:由 UAC 向 UAS 直接呼叫;由代理服务器代表 UAC 向被叫发起呼叫;由 UAC 进行重定向呼叫。

IMS 中定义了两种用户标识:私有用户标识和公共用户标识。私有用户标识是一个由归属网络运营商为用户定义的具有全球唯一性的身份,用于在归属运营商中从网络的角度唯一地标识用户,主要用于对用户的认证,也可以用于计费和管理。公共用户标识是 IMS 用户用于请求与其他用户通信时所使用的身份,在一个公共用户标识被用于发起 IMS 会话之前,这个公共用户标识必须先向网络进行注册。在注册过程中 IMS 网络会对用户进行认证,如通过认证则注册成功,之后该公共用户标识才可以发起会话请求。

完成一个 IMS 会话要经过 4 个过程:IMS 入口点的发现、注册、会话建立和会话释放。IMS 入口点的发现,即指用户终端获得 IMS 网络中 P-CSCF 的 IP 地址,只有完成这个过程用户才可以接入 IMS 网络。注册过程主要用于 IMS 网络对用户的认证和鉴权,只有完成注册过程 IMS 网络才能允许用户使用 IMS 服务。会话的建立比较复杂,涉及主被叫双方的归属网络的 P-CSCF 和 I-CSCF 等功能实体之间的交互。在这个过程中通信双方要对媒体进行协商,这包括会话所要使用的媒体及其相应的编码方案等,协商之后双方还要进行资源预留以保证此次会话的 QoS,只有双方资源预留都成功才能建立起这个会话。会话的释放分为三种情况:用户发起的会话释放、P-CSCF 发起的会话释放和 S-CSCF 发起的会话释放。

习题

4-1 IMS 的主要特点是什么?

4-2 简述 IMS 的标准化进程。

4-3 IMS 的网络架构中各层有哪些主要功能实体?

4-4 CSCF 功能实体分为哪几种?请简要描述其各自的功能。

4-5 HSS 的功能是什么?它与 CSCF 之间采用何种接口?该接口上采用的协议是什么?

4-6 IMS 用户编号方案中包含哪几类标识?

4-7　IMS 入口点的发现有哪些机制？请对其过程进行简要描述。

4-8　简述 IMS 的注册流程。

4-9　简述 IMS 的基本会话建立流程。

4-10　IMS 的会话释放有哪几种情况？

参考文献

［1］　梁雪梅,等.IMS 技术行业专网应用［M］.北京：人民邮电出版社,2016.

［2］　马忠贵,等.现代交换原理与技术［M］.北京：机械工业出版社,2017.

［3］　崔鸿雁,等.现代交换原理［M］.4 版.北京：电子工业出版社,2017.

［4］　罗国明,等.现代网络交换技术［M］.北京：人民邮电出版社,2010.

［5］　Mikka Poikselka,等.IMS：IP 多媒体子系统概念与服务（原书第 3 版）［M］.望育梅,等译. 北京：机 械工业出版社,2011.

［6］　庞韶敏,等. 移动通信核心网［M］. 北京：电子工业出版社,2016.

［7］　唐宝民,等. 通信网基础［M］.北京：机械工业出版社,2007.

［8］　林铮.软交换中的关键技术：SIP［J］.通信世界,2002(19)：38-39.

第 5 章

通信网业务

5.1 前言

电信网早期主要通过电路交换技术提供基本话音业务,20 世纪 80 年代,智能网业务的出现使得基本话音业务与业务提供和控制平台相分离,十分便于业务的开发和部署,涌现了大量基于基本话音服务的增值业务,如 800、虚拟网等。21 世纪初,电信网与计算机网络相互融合,出现了基于 IP 网络的、独立的控制层和业务层。控制层以 IMS 会话控制为主,业务层则以 SIP 应用服务器以及 Parlay 应用服务器提供开放的业务开发平台和技术。计算机网络则在应用层提供了开放的业务开发技术,如使用十分广泛的 Web 应用等。

现代通信网已经是电信网与计算机网络充分融合、基于 Internet、具有良好移动性的网络。其提供的业务也不仅仅局限在业务层或应用层,广义上可以认为,通信网在承载层、控制层以及应用层等都为用户提供了形式多样的各类业务。

本章根据目前被广泛提供的业务,结合本书在前面各章学习的通信网各层知识,来介绍承载层面上提供的安全可靠的虚拟专用网业务、应用层面上一种适用于流媒体分发的新型网络技术-内容分发网络,以及通过控制层提供的 VoLTE(Voice on LTE)业务及技术。

5.2 虚拟专用网概念

5.2.1 VPN 定义和基本技术要求

VPN(Virtual Private Network,虚拟专用网)是指利用密码技术和访问控制技术在公共网络(如 Internet)中建立的专用通信网络(如图 5.1 所示)。在虚拟专用网中,任意两个节点之间的连接并没有传统专用网所需的端到端的物理链路,而是利用某种公众网的资源动态组成,虚拟专用网络对用户端透明,用户好像使用一条专用线路进行通信。

虚拟专用网是网络互联技术和通信需求迅猛发展的产物。互联网技术的快速发展及其应用领域的不断推广,使得许多部门(如政府、外交、军队、跨国公司)越来越多地考虑利用廉价的公用基础通信设施构建自己的专用广域网络,进行本部门数据的安全传输,它们客观上促进了 VPN 在理论研究和实现技术上的发展。

VPN 具有如下特点。

（1）VPN 有别于传统网络,它并不实际存在,而是利用现有公共网络,通过资源配置而成的虚拟网络,是一种逻辑上的网络。

（2）VPN 只为特定的企业或用户群体所专用。从 VPN 用户角度看来,使用 VPN 与传统专网没有区别。VPN 作为私有专网,一方面与底层承载网络之间保持资源独立性,即在一般情况下,VPN 资源不会被承载网络中的其他 VPN 或非该 VPN 用户的网络成员所使用;另一方面,VPN 提供足够安全性,确保 VPN 内部信息不受外部的侵扰。

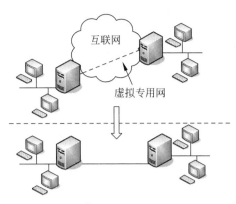

图 5.1　VPN 示意图

（3）VPN 不是一种简单的高层业务。该业务建立专网用户之间的网络互联,包括建立 VPN 内部的网络拓扑、路由计算、成员的加入与退出等,因此 VPN 技术就比各种普通的点对点的应用机制要复杂。

VPN 具有如下优势。

（1）在远端用户、驻外机构、合作伙伴、供应商与公司总部之间建立可靠的安全连接,保证数据传输的安全性。这一优势对于实现电子商务或金融网络与通信网络的融合将有特别重要的意义。

（2）利用公共网络进行信息通讯,一方面使企业以明显更低的成本连接远地办事机构、出差人员和业务伙伴,另一方面极大地提高了网络的资源利用率,有助于增加 ISP(Internet Service Provider,因特网服务提供商)的收益。

（3）只需要通过软件配置就可以增加、删除 VPN 用户,无须改动硬件设施。这使得 VPN 的应用具有很大灵活性。

（4）支持驻外 VPN 用户在任何时间、任何地点的移动接入,这将满足不断增长的移动业务需求。

（5）构建具有服务质量保证的 VPN(如 MPLS VPN),可为 VPN 用户提供不同等级的服务质量保证,通过收取不同的业务使用费用可获得超额利润。

实际应用中,虽然各 VPN 供应商可以采取多种不同的实现技术,但一个高效、成功的 VPN 必须满足以下基本要求。

（1）安全保障:所有的 VPN 均应保证通过公用网络平台传输数据的专用性和安全性。在安全性方面,由于 VPN 直接构建在公用网上,实现简单、方便、灵活,但同时其安全问题也更为突出。VPN 用户必须确保其传送的数据不被攻击者窥视和篡改,并且要防止非法用户对网络资源或私有信息的访问。VPN 可以利用加密技术对经过隧道传输的数据进行加密,以保证数据仅被指定的发送者和接收者了解,从而保证数据的私有性和安全性。

（2）QoS(Quality of Service,服务质量)保证:不同的用户和业务对服务质量保证的要求差别较大,VPN 应当为它们提供不同等级的服务质量保证。如移动办公用户,提供广泛的连接和覆盖性是保证 VPN 服务的一个主要因素;而对于拥有众多分支机构的专线 VPN 网络,交互式的内部企业网应用则要求网络能提供良好的稳定性。在网络优化方面,QoS 通过流量预测与流量控制策略,可以按照优先级分配带宽资源,实现带宽管理,使得各类数据能够被合理地先后发送,并预防阻塞的发生。

(3) 可扩展性和灵活性：VPN 必须能够支持通过 Intranet 和 Extranet 的任何类型的数据流,方便增加新的节点,支持多种类型的传输媒介,可以满足同时传输语音、图像和数据等新应用对高质量传输以及带宽增加的需求。

(4) 可管理性：VPN 的管理主要包括安全管理、设备管理、配置管理、访问控制列表管理、QoS 管理等内容。VPN 用户虽然可以将一些次要的网络管理任务交给服务提供商去完成,但自己仍需要完成许多网络管理任务。所以,一个完善的 VPN 管理系统是必不可少的。VPN 管理的目标为：减小网络风险、具有高扩展性、经济性、高可靠性等优点。

5.2.2 VPN 的基本组网应用和分类

以某企业为例,通过 VPN 建立的企业内部网如图 5.2 所示。

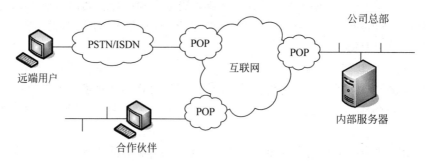

图 5.2　VPN 组网

企业内部资源享用者通过 PSTN/ISDN 网或局域网就可以连入本地 ISP 的 POP(Point of Presence,因特网接入点)服务器,从而访问公司内部资源。而利用传统的 WAN 组建技术,相互之间要有专线相连才可以达到同样的目的。虚拟网组成后,远端用户和外地客户甚至不必拥有本地 ISP 的上网权限就可以访问企业内部资源,这对于流动性很大的出差员工和分布广泛的客户来说是很有意义的。

企业开设 VPN 业务所需增加的设备很少,只需在资源共享处放置一台支持 VPN 的服务器(如一台 Windows NT 服务器或支持 VPN 的路由器)就可以了。资源享用者通过 PSTN/ISDN 网或局域网连入本地 POP 服务器后,直接呼叫企业的远程服务器(VPN 服务器),呼叫接续过程由 ISP 的接入服务器与 VPN 服务器共同完成。

IP VPN 是指利用 IP 设施(包括公用的 Internet 或专用的 IP 骨干网)实现 WAN 设备专线业务(如远程拨号、DDN 等)的仿真。IP VPN 可有以下几种分类方法。

1. 按运营模式划分

(1) CPE-based VPN(Customer Premises Equipment based VPN,基于客户端设备的虚拟专用网)：用户不但要安装价格昂贵的设备及专门认证工具,还要负责繁杂的 VPN 维护(如隧道维护、带宽管理等)。这种方式组网复杂度高、业务扩展能力弱。

(2) Network-based VPN：将 VPN 的维护等外包给 ISP 实施(也允许用户在一定程度上进行业务管理和控制),并且将其功能特性集中在网络侧设备处实现,这样可以降低用户投资、增加业务灵活性和扩展性,同时也可为运营商带来新的收入。MPLS VPN 是一种广泛使用的典型 Network-based VPN。

2. 按隧道所属的层次划分

根据是在 OSI 模型的第二层还是第三层实现隧道，VPN 可以分为两层 VPN 和三层 VPN，实现的隧道协议分为第二层隧道协议和第三层隧道协议。

(1) 第二层隧道协议：是将整个 PPP(Point-to-Point Protocol，点对点协议)帧封装在内部隧道中。现有的第二层隧道协议如下：

PPTP(Point-to-Point Tunneling Protocol，点到点隧道协议)：由微软、朗讯、3COM 等公司支持，在 Windows NT 4.0 以上版本中支持。该协议支持点到点 PPP 协议在 IP 网络上的隧道封装，PPTP 作为一个呼叫控制和管理协议，使用一种增强的 GRE(Generic Routing Encapsulation，通用路由封装)技术为传输的 PPP 报文提供流量控制和拥塞控制的封装服务。

L2F(Layer 2 Forwarding，二层转发)协议：由北方电信等公司支持。支持对更高级协议链路层的隧道封装，实现了拨号服务器和拨号协议连接在物理位置上的分离。

L2TP(Layer 2 Tunneling Protocol，二层隧道协议)：由 IETF 起草，微软等公司参与，结合了上述两个协议的优点，为众多公司所接受。并且已经成为标准 RFC。L2TP 既可用于实现拨号 VPN 业务，也可用于实现专线 VPN 业务。

(2) 第三层隧道协议：起点与终点均在 ISP 内，隧道内只携带第三层报文。现有的第三层隧道协议主要如下：

GRE 协议：通用路由封装协议，用于实现任意一种网络层协议在另一种网络层协议上的封装。IPSec(IP Security，IP 安全)协议：IPSec 协议不是一个单独的协议，它给出了 IP 网络上数据安全的一整套体系结构。包括 AH(Authentication Header)、ESP(Encapsulating Security Payload)、IKE(Internet Key Exchange)等协议。GRE 和 IPSec 主要用于实现专线 VPN 业务。

MPLS VPN 也是一种三层 VPN，通过 MPLS 隧道连接多个处于不同 IP 网段的用户内网。MPLS VPN 的应用非常广泛，在 5.3 节将重点介绍。

(3) 第二、三层隧道协议之间的异同

第三层隧道与第二层隧道相比，优势在于它的安全性、可扩展性与可靠性。从安全性的角度看，由于第二层隧道一般终止在用户侧设备上，对用户网的安全及防火墙技术提出十分严峻的挑战；而第三层隧道一般终止在 ISP 网关上，因此不会对用户网的安全构成威胁。

从扩展性的角度看，第二层 IP 隧道内封装了整个 PPP 帧，这可能产生传输效率问题。其次，PPP 会话贯穿整个隧道并终止在用户侧设备上，导致用户侧网关必须要保存大量 PPP 会话状态与信息，这将对系统负荷产生较大的影响，也会影响到系统的扩展性。此外，由于 PPP 的链路控制及网络控制协商都对时间非常敏感，这样 IP 隧道的效率会造成 PPP 对话超时等一系列问题。相反，第三层隧道终止在 ISP 的网关内，PPP 会话终止在网络接入服务器处，用户侧网关无须管理和维护每个 PPP 对话的状态，从而减轻了系统负荷。

一般地，第二层隧道协议和第三层隧道协议都是独立使用的，如果合理地将这两层协议结合起来使用，将可能为用户提供更好的安全性(如将 L2TP 和 IPSec 协议配合使用)和更佳的性能。

3. 按业务用途划分

(1) Intranet VPN(企业内部虚拟专网)

Intranet VPN 通过公用网络进行企业内部各个分布点互联，是传统的专线网或其他企业网的扩展或替代形式。

（2）Access VPN（远程访问虚拟专网）

AccessVPN 向出差流动员工、远程办公人员和远程小办公室提供了通过公用网络与企业的 Intranet 和 Extranet 建立私有的网络连接。Access VPN 的结构有两种类型，一种是用户发起的 VPN 连接，另一种是接入服务器发起的 VPN 连接。

（3）Extranet VPN（扩展的企业内部虚拟专网）

ExtranetVPN 是指利用 VPN 将企业网延伸至供应商、合作伙伴与客户处，使不同企业间通过公网来构筑 VPN。

4. 按组网模型划分

（1）VLL（Virtual Leased Line，虚拟租用线）

VLL 是对传统租用线业务的仿真，通过使用 IP 网络对租用线进行模拟，提供非对称、低成本的数字数据网业务。从虚拟租用线两端的用户来看，该虚拟租用线近似于过去的租用线。

（2）VPDN（Virtual Private Dialup Network，虚拟专用拨号网络）

VPDN 是指利用公共网络（如 ISDN 和 PSTN）的拨号功能及接入网来实现虚拟专用网，从而为企业、小型 ISP、移动办公人员提供接入服务。

（3）VPLS（Virtual Private Lan Service，虚拟专用 LAN 业务）

VPLS 借助 IP 公共网络实现 LAN 之间通过虚拟专用网段互连，是局域网在 IP 公共网络上的延伸。

（4）VPRN（Virtual Private Routing Network，虚拟专用路由网）

VPRN 借助 IP 公共网络实现总部、分支机构和远端办公室之间通过网络管理虚拟路由器进行互连，业务实现包括两种：一种是使用传统 VPN 协议（如 IPSec、GRE 等）实现的VPRN，另一种是 MPLS 方式的 VPRN。

5.2.3　VPN 的安全技术

VPN 的安全技术是其所有技术中最关键的技术。目前，VPN 主要采用四项技术来保证安全，这四项技术分别是隧道技术（tunneling）、加密技术（encryption）、密钥管理技术（key management）和身份认证技术（authentication）。

1. 隧道技术

隧道技术是 VPN 的基本技术，类似于点对点连接技术，它在公用网建立一条数据通道（隧道），让数据包通过这条隧道传输（如图 5.3 所示）。隧道实质上是一种封装，它把一种协议 A 封装在另一种协议 B 中传输，实现协议 A 对公用网络的透明性。隧道根据相应的隧道协议来创建。

隧道可以按照隧道发起点位置，划分为自愿隧道（voluntary tunnel）和强制隧道（compulsory tunnel）。自愿隧道由用户或客户端计算机通过发送 VPN 请求进行配置和创建，此时，用户端计算机作为隧道客户方成为隧道的一个端点。强制隧道由支持 VPN 的拨号接入服务器配置和创建，此时，用户端的计算机不作为隧道端点，而是由位于客户计算机和隧道服务器之间的远程接入服务器作为隧道客户端，成为隧道的一个端点。

隧道技术在 VPN 的实现中具有如下主要作用。

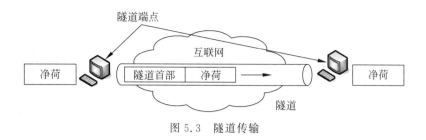

图 5.3 隧道传输

(1) 一个隧道可以调整任何形式的有效负载,使远程用户能够透明地拨号上网来访问企业的 IP、IPX 或 AppleTalk 网络。

(2) 隧道能够利用封装技术同时调整多个用户或多个不同形式的有效负载。

(3) 使用隧道技术访问企业网时,企业网不会向 Internet 报告它的 IP 网络地址。

(4) 隧道技术允许接受者滤掉或报告个人的隧道连接。

2. 加密技术

加密技术是数据通信中一项较成熟的技术。利用加密技术保证传输数据的安全是 VPN 安全技术的核心。为了适应 VPN 工作特点,目前 VPN 中均采用对称加密体制和公钥加密体制相结合的方法。

对称加密体制(也称常规加密体制)的通信双方共享一个秘密密钥,发送方使用该密钥将明文加密成密文,接受方使用相同的密钥将密文还原成明文。对称加密算法运算速度快,因而 VPN 中将其用于加密要传输的数据,为了加大保密强度和便于程序实现,实际运用中多采用分组密码算法。

VPN 目前常用的对称密码加密算法有:DES、3DES、RC4、RC5、IDEA、CAST、BLOWFISH 等。

公钥加密体制,或称非对称加密体制,是通信各方使用两个不同的密钥,一个是只有发送方知道的秘密密钥,另一个则是与之对应的公开密钥,公开密钥不需要保密。在通信过程中,发送方用接收方的公开密钥加密消息,并且可以用发送方的秘密密钥对消息的某一部分或全部加密,进行数字签名。接收方收到消息后,用自己的秘密密钥解密消息,并使用发送方的公开密钥解密数字签名,验证发送方身份。

当前常见的公钥体制有 RSA、D-H 等,相应的加密算法都已应用于 VPN 实际实现中。

3. 密钥管理技术

密钥管理技术的主要任务是如何实现在公用数据网上安全地传递密钥而不被窃取。现行密钥管理技术分为 SKIP 与 ISAKMP/OAKLEY 两种。

SKIP 是由 SUN 公司提出的因特网简单密钥管理协议,它基于一个 D-H 公钥密码体制数字证书,通信双方分别使用各自的公钥 g^{xi} 和 g^{xr} 来产生共享密钥 g^{xi*xr},作为进一步协商数据加密密钥的密钥。SKIP 隐含地在通信双方实现了一个 D-H 交换,它简单易行,对公钥操作次数少,节省了系统资源,但由于公钥长期暴露,因而存在着安全隐患。

ISAKMP 是由美国 NSA 提出的因特网安全关联和密钥管理协议,它是一个建立和管理安全关联(SA)的总体框架。它定义了缺省的交换类型、通用的载荷格式、通信实体间的身份鉴别机制以及安全关联的管理等内容。Oakley 协议实际上提出了一种密钥生成方案,通过这种方案,可以使经过认证的通信双方,利用 D-H 密钥交换方法,来协商产生安全的秘密密钥材料。而 SKEME 协议则是一种能提供匿名性、可否认性的密钥生成方案。

ISAKMP/OAKLEY 协议(又称 IKE),即通常所说的因特网密钥交换协议。它综合了 Oakley 和 SKEME 的优点,使用了 ISAKMP 的语言,规范和综合了两者的密钥交换方案,形成了一套具体的验证加密材料生成技术,以协商共享的安全策略。

4. 身份认证技术

VPN 中最常用的身份认证技术是用户名/口令或智能卡认证等方式。身份认证是通信双方建立 VPN 的第一步,保证用户名/口令,特别是用户口令的机密性至关重要。在 VPN 实现上,除了强制要求用户选择安全口令外,还特别采用对口令数据加密存放或使用一次性口令等技术。智能卡认证具有更强的安全性,它可以将用户的各种身份信息及公钥证书信息等集中在一张卡片上进行认证,做到智能卡的物理安全就可以在很大程度上保证认证机制的安全。

5.2.4　VPN 的隧道协议

IETF 工作组已制定或研究出许多关于 VPN 的隧道协议,它们主要可分为第二层(链路层)隧道协议和第三层(网络层)隧道协议,以及工作在高层的 Socks 和 SSL 协议。

1. 链路层隧道协议

链路层隧道协议是先把各种网络协议封装到 PPP 帧中,再把整个数据包装入隧道协议中。这种双层封装方法形成的数据包靠链路层协议进行传输。链路层隧道协议有 PPTP、L2F、L2TP 等。L2TP 协议是目前 IETF 的标准,由 IETF 融合 PPTP 与 L2F 而形成。

(1) PPTP

PPTP 由美国微软公司设计,用于将 PPP 数据帧封装在 IP 数据报内通过 IP 网络传送。PPTP 还可用于专用局域网络之间的连接。

PPTP 使用一个 TCP 连接对隧道进行维护,可以先对负载数据进行加密或压缩,再使用通用路由封装(GRE)技术把数据封装成 PPP 数据帧,通过隧道传送。PPTP 在逻辑上延伸了 PPP 会话,从而形成了虚拟的远程拨号。

PPP 协议属于链路层,因此 PPTP 是作用在数据链路层的封装。封装后的分组被装入 IP 分组中,在 IP 网络上发送。图 5.4 描述了 PPTP 协议在协议栈中的位置。

图 5.4　PPTP 协议在协议栈中的位置

(2) L2F

L2F 是 Cisco 公司提出的隧道技术。它对链路层的数据帧进行封装传递,使得传统的 PPP/SLIP 拨号分组能穿越各种异构的网络环境,并使得拨号用户在地域上完全与拨号协议终点设备相分离,从而使得对包括 Modem、访问服务器、ISDN 等通用访问设施的共享成为可能,并能将各种非 IP 传统协议分组封装发送,成功地利用了已有的传统网络设施。

L2F 在协议栈中的位置如图 5.5 所示。

（3）L2TP

L2TP 的设计者结合 PPTP 和 L2F 协议，希望它能够综合二者的优势。L2TP 支持封装的 PPP 帧在 IP、X.25、帧中继或 ATM 等的网络上进行传送。当使用 IP 作为 L2TP 的数据报传输协议时，可以使用 L2TP 作为 Internet 网络上的隧道协议。L2TP 还可以直接在各种 WAN 媒介上使用而不需要使用 IP 传输层。

IP 网上的 L2TP 使用 UDP 和一系列的 L2TP 消息对隧道进行维护。L2TP 同样使用 UDP 将 L2TP 协议封装的 PPP 通过隧道发送，可以对封装 PPP 帧中的负载数据进行加密或压缩。

L2TP 在协议栈中的位置如图 5.6 所示。PPTP 和 L2TP 都使用 PPP 协议对数据进行封装，然后添加附加包头用于数据在互联网络上的传输。尽管它们有许多相似之处，但存在下面一些明显区别。

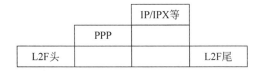

图 5.5 L2F 封装在协议栈中的位置

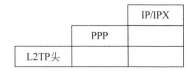

图 5.6 L2TP 封装在协议栈中的位置

PPTP 要求互联网络为 IP 网络。L2TP 只要求隧道媒介提供面向数据包的点对点的连接。L2TP 可以在 IP（使用 UDP）、帧中继、永久虚拟电路（PVC）、X.25 虚拟电路（VC）或 ATM VC 网络上使用。

PPTP 只能在两端点间建立单一隧道。L2TP 支持在两端点间使用多隧道。使用 L2TP，用户可以针对不同的服务质量创建不同的隧道。

L2TP 可以提供包头压缩。当压缩包头时，系统开销（Over head）占用 4 个字节，而 PPTP 协议下要占用 6 个字节。

L2TP 可以提供隧道验证，而 PPTP 则不支持隧道验证。但是当 L2TP 或 PPTP 与 IPSec 共同使用时，可以由 IPSec 提供隧道验证，不需要在第二层协议上验证隧道。

2. 网络层隧道协议

网络层隧道协议是把各种网络协议直接装入隧道协议中，形成的数据包依靠网络层协议进行传输。网络层隧道协议有 GRE、IP-In-IP、IPSec 等，其中最著名的是 IPSec。

（1）GRE

GRE 被指定为第 47 号 IP 协议。GRE 给出了如何将任意类型的网络层分组封装入另外一种网络分组的规范。它忽略了不同协议间的各种细微差别，因此更具有通用性。GRE 的另一特点，它是一种基于策略路由的轻型封装。

为方便理解，将运载 GRE 分组的网络层协议称为递交协议，相应的分组称为递交分组；而受 GRE 封装的网络协议称为载荷协议，相应协议的分组称作载荷分组。GRE 封装可以由图 5.7 表示。

（2）IP-In-IP 封装

IP-In-IP 协议给出了将 IP 分组作为载荷数据封装于另一 IP 分组之中的方法。这种封装将提供原 IP 分组的不透明传输，使得在隧道中间节点的分组路由与原 IP 分组的地址信息无关。IP-In-IP 的这一特点使得封装前 IP 分组能够使用私有 IP 地址。这种封装还可以利用外部 IP 头影响传输途径，从而为通信提供一定程度的保密安全。

在原 IP 头之前，加入外部 IP 头，即为 IP-In-IP 封装。按照策略需要，在外部 IP 头和内部 IP 头之间，可以插入中间隧道头，如 AH 头。可以认为，IPSec 是 IP-In-IP 的一种特例。一般情况下，假定在外部 IP 头和内部 IP 头之间没有任何中间隧道头，IP-In-IP 封装如图 5.8 所示。

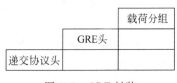

载荷分组
GRE头
递交协议头

图 5.7　GRE 封装

原IP头
IP载荷
外部IP头
原IP头
IP载荷

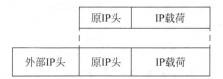

图 5.8　IP-In-IP 封装

(3) IPSec 协议

IPSec 协议是 VPN 最常用的安全协议。它是 IETF IPSec 工作组为了在 IP 层提供通信安全而制定的一套协议族，包括安全协议部分和密钥协商部分。安全协议部分定义了对通信的各种保护方式；密钥协商部分定义了如何为安全协议协商密钥参数，以及如何对通信实体的身份进行鉴别。

IPSec 协议提供了两种通信保护机制：ESP(封装安全载荷)和 AH(认证头标)。其中 ESP 机制为通信提供机密性、完整性保护；AH 机制为通信提供完整性保护。ESP 和 AH 机制都能为通信提供抗重放攻击。

对于 IP 分组，ESP 提供两种封装模式：传输模式和隧道模式。在传输模式下，对原 IP 头保持不变，仅对传输层的数据进行加密封装(如图 5.9 所示)。在隧道模式下，对整个 IP 数据进行加密、封装，并附加一个新的 IP 头(如图 5.10 所示)。

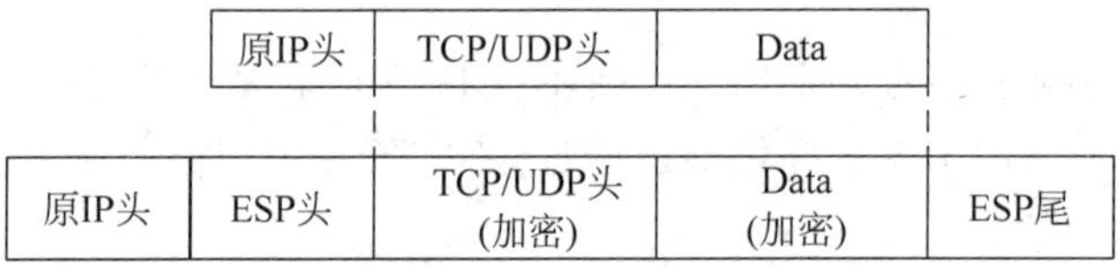

原IP头
TCP/UDP头
Data
原IP头
ESP头
TCP/UDP头
(加密)
Data
(加密)
ESP尾

图 5.9　传输模式下的 ESP 封装

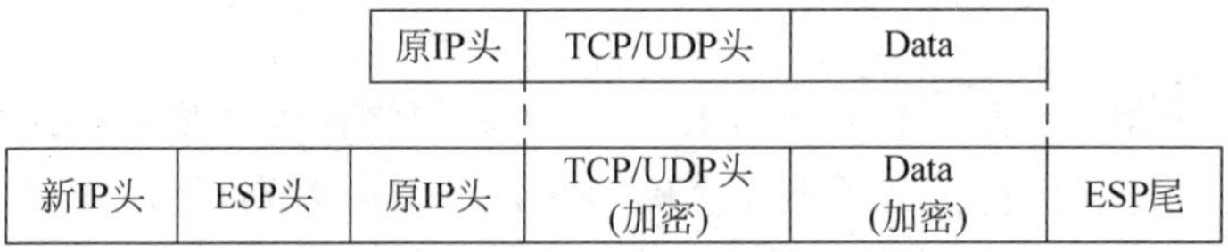

原IP头
TCP/UDP头
Data
新IP头
ESP头
原IP头
TCP/UDP头
(加密)
Data
(加密)
ESP尾

图 5.10　隧道模式下的 ESP 封装

IPSec 协议使用 IKE 协议实现安全协议的自动安全参数协商，IKE 本质上是 ISAKMP 协议的一个实例。IKE 协商的安全参数包括加密及认证算法、加密及认证密钥、通信的保护模式(传输或隧道模式)、密钥的生存期等。

3. Sock5 与 SSL 协议

Sock5 由 NEC 公司开发,是建立在 TCP 层上的安全协议,更容易为与特定 TCP 端口相连的应用建立特定的隧道,它最适合用于客户机到服务器的连接模式,适用于外部网 VPN 和远程访问 VPN。用 Sock5 的代理服务器可隐藏网络地址结构,能为认证、加密和密钥管理提供插件模块,可以让用户自由地采用所需要的技术。

SSL(Security Socket Layer,安全套接字层)协议是网景公司提出的基于 Web 应用的安全协议,包括服务器认证、客户认证(可选)、SSL 链路上的数据完整性和 SSL 链路上的数据保密性。对于内、外部应用来说,使用 SSL 可保证信息的真实性、完整性和保密性。目前 SSL 协议被广泛应用于各种浏览器,也可以应用于 Outlook 等使用 TCP 协议传输数据的 C/S。正因为 SSL 协议被内置于 IE 等浏览器中,使用 SSL 协议进行认证和数据加密的 SSL VPN 就可以免于安装客户端。

当 Sock5 同 SSL 协议配合使用时,可以作为建立高度安全的虚拟专用网的基础。Sock5 协议的优势在于访问控制,其性能比低层次协议差,需要协同 IPSec、L2TP、PPTP 等一起使用,制定更加复杂的安全管理策略,因此适合用于安全性较高的虚拟专用网。Sock5 现在被 IETF 协议作为建立虚拟专用网的标准,尽管还有一些其他协议,但 Sock5 协议得到了一些著名公司如 Microsoft、Netscape、IBM 的支持。

5.3 基于 MPLS 的虚拟专用网

5.3.1 MPLS VPN 概念

1. MPLS VPN 体系架构

MPLS VPN 是基于网络服务提供商的主干网络所提供的一种高性能虚拟网络技术,通过 MPLS 隧道连接多个处于不同 IP 网段的用户内网,是一种 L3VPN。MPLS VPN 使用 BGP 在服务提供商骨干网上发布私网路由,并在骨干网上转发 VPN 报文,其基本组成如图 5.11 所示,主要包括 3 种网络设备。

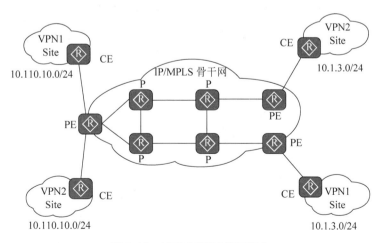

图 5.11 MPLS VPN 体系架构

（1）CE(Customer Edge,用户网络边缘设备)：有接口直接与服务提供商 PE 相连。CE 可以是路由器或交换机,也可以是一台主机。通常情况下,CE"感知"不到 VPN 的存在,也不需要支持 MPLS。

（2）PE(Provider Edge,服务提供商网络的边缘设备)：与 CE 直接相连。在 MPLS 网络中,对 VPN 的所有处理都发生在 PE 上,所以对 PE 性能要求较高。

（3）P(Provider,服务提供商网络中的骨干设备)：不与 CE 直接相连。P 设备只要具备基本 MPLS 转发能力,不维护 VPN 信息。

PE 和 P 设备仅由服务提供商管理,CE 设备仅由用户管理,除非用户把管理权委托给服务提供商。一台 PE 设备可以接入多台 CE 设备,一台 CE 设备也可以连接属于相同或不同服务提供商的多台 PE 设备。

MPLS VPN 的全称是 BGP/MPLS IP VPN,这个名称的各部分理解如下。

（1）BGP：使用 BGP 协议在 MPLS 骨干网上发布用户站点的私网 IPv4 路由,使隧道两端的 PE 能相互学习到对方所连接的用户网络路由信息。

（2）MPLS：要使用 MPLS 协议建立隧道,用户数据包使用 MPLS 标签(而不是依据 IP 路由表)在运营商网络中进行转发。

（3）IP：指在 VPN 隧道中承载的是 IP 报文,所连接的用户网络也是 IP 网络。

（4）VPN：这是一个 VPN 解决方案,可以实现通过服务运营商网络连接属于同一个 VPN、位于不同地理位置的用户站点。

2. MPLS VPN 的基本概念

（1）Site(站点)

Site 就是用户内部网络,一个 VPN 可以看成是多个需要相互通信的 Site 集合。Site 通过 CE 连接到运营商网络。一个 Site 可以包含多个 CE(用于连接多个运营商),但一个 CE 只属于一个 Site。一个 Site 可以属于多个 VPN。图 5.12 中的 SiteA、SiteB、SiteC 连接到同一运营商网络,划分为 VPN1、VPN2 两个不同的 VPN 网络。

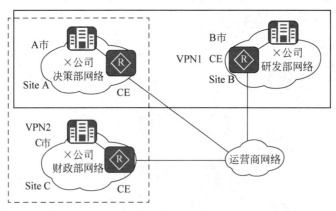

图 5.12　Site VPN 示例

（2）VPN 实例

PE 上存在多个路由转发表,其中包括一个公网(骨干网)路由转发表,以及一个或多个为所连接的各 Site 配置的 VPN 实例,如图 5.13 所示。VPN 实例也称为 VRF(VPN

Routing and Forwarding-table，VPN 路由转发表），是 PE 为直接相连的 Site 建立并维护的一个专门实体。PE 上的各个 VPN 实例之间相互独立，并与公网路由转发表相互独立。每个 VPN 实例就是一台虚拟的路由器，维护独立的地址空间，并有连接到对应 Site 私网的接口。

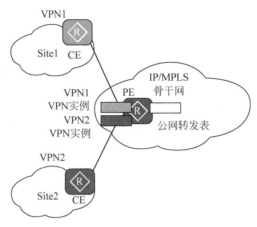

图 5.13　VPN 实例

VPN 实例中包含了对应的 Site 的 VPN 成员关系和路由规则等信息。具体包括 IP 路由表、标签转发表、与 VPN 实例绑定的 PE 接口以及 VPN 实例的管理信息。管理信息包括 RD（Route Distinguisher，路由标识符）、路由过滤策略、成员接口列表（一个 CE 可以双线甚至多线连接一个或多个 PE，对应有多个 CE 连接 PE 的接口）等。

公网路由转发表与 VPN 实例的区别如下。

① 公网路由表包括所有 PE 和 P 设备的 IPv4 路由，由骨干网的路由协议或静态路由产生。公网转发表是根据路由管理策略，从公网路由表提取出来的转发信息，用于骨干网设备的三层连通。

② VPN 路由表包括属于该 VPN 实例的 Site 的所有路由，通过 CE 与 PE 之间，以及两端 PE 之间的 VPN 路由信息交互获得。VPN 转发表是根据路由管理策略从对应的 VPN 路由表提取出来的转发信息。

PE 通过将与 Site 连接的接口与 VPN 实例关联，来实现该 Site 与 VPN 实例的关联。同一 PE 上不同 VPN 之间的路由隔离是通过 VPN 实例实现的。

（3）地址空间重叠

VPN 是一种私有网络，通过私有 IP 地址段进行路由通信。各 VPN 独立管理自己所使用的网络地址范围称为地址空间（address space），也是指 VPN 隧道两端 PE 所连接的用户 Site 内网的 IP 地址空间。不同 VPN 的地址空间是相互独立的，就会产生地址空间重叠。如图 5.11 中，VPN1 和 VPN2 使用相同的内部网段。

（4）RD 和 VPN-IPv4 地址

因为传统 BGP 所采用的是标准的 IP 地址，所以无法正确处理地址空间重叠的 VPN 的路由。在图 5.11 中，VPN1 和 VPN2 中 CE 和 PE 连接的接口上都使用了 10.110.10.0/24 网段的地址，并各自发布了一条去往此网段的路由。虽然本端 PE 通过不同的 VPN 实例可以区分地址空间重叠的 VPN 的路由，但是这些路由发往对端 PE 后，对端 PE 将根据 BGP

选路规则只选择其中一条 VPN 路由,从而导致去往另一个 VPN 的路由丢失。

在 MPLS VPN 中,PE 之间使用 MP-BGP(Multiprotocol Extensions for BGP-4,BGP4 的多协议扩展)发布 VPN 路由,并使用 VPN-IPv4(简称 VPNv4)地址来解决地址空间重叠的问题。VPN-IPv4 地址是在标准 IPv4 地址前缀前面加上一个特定的标识符即 8 字节的 RD(Route Distinguisher,路由标识符),如图 5.14 所示。

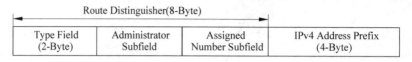

图 5.14　VPNv4 地址结构

因为在原来的 IPv4 地址前缀前面加了一个唯一的 RD,所以 RD 可用于区分使用相同地址空间的 IPv4 前缀,从而使各 Site 的 VPN-IPv4 路由前缀全局唯一,来解决多个 VPN 的地址空间重叠问题。需要注意:RD 不用于 P 节点的 IP 数据包转发,仅用于 PE 来区分一个 P 数据包所属的 VPN 实例。在图 5.11 中,一个 PE 连接了两个 Site,他们发布的私网路由的前缀都是 10.110.10.0/24,此时必须在 PE 为来自这两个 Site 的私网路由加上唯一的 RD。由此可见,RD 并不是与 VPN 一一对应,而是与 VPN 实例一一对应。

在图 5.14 中,RD 一共 8 字节,包括两个主要部分:Type 子字段 2 字节,后面的 Administrator 和 Assigned Number 两个子字段一共 6 字节,都属于 value(值)部分,即是 RD 的真正赋值。Type 子字段的值(只有 0、1、2 三个取值)决定了 RD 的格式和取值。

① Type 为 0 时,Administrator 子字段占 2 字节(16 位),必须包含一个公网 AS 号;Assigned number 子字段占 4 字节(32 位),包含由服务提供商分配的一个数字。即 RD 的最终格式为:16 位自治系统号:32 位用户自定义数字,例如 100:1。这是缺省的格式。

② Type 为 1 时,Administrator 子字段占 4 字节,必须包含一个公网 IPv4 地址;Assigned number 子字段占 2 字节,包含由服务提供商分配的一个数字。即 RD 的最终格式为:32 位 IPv4 地址:16 位用户自定义数字,例如 172.1.1.1:1。

③ Type 为 2 时,Administrator 子字段占 4 字节,必须包含一个 4 字节的公网 AS 号;Assigned number 子字段占 2 字节,包含由服务提供商分配的一个数字。即 RD 的最终格式为:32 位自治系统号:6 位用户自定义数字,其中的自治系统号最小值为 65536,例如 65536:1。

VPN-IPv4 地址对客户端设备来说是不可见的,VPN-IPv4 路由只在公网中可见,只用于公网上路由信息的分发。启用了 MP-BGP 协议后,PE 从 CE 接收到标准的 IPv4 路由后会通过添加 RD 转换为全局唯一的 VPN-IPv4 路由,然后再在公网上发布。RD 的结构使得每个服务供应商可以独立地为每个 Site 分配唯一的 RD。

(5) VPN Target

MPLS VPN 使用 BGP 扩展属性中的 VPN Target(也称为 RouteTarget,路由目标)来控制 VPN 路由信息的发布和接收。每个 VPN 实例可配置一个或多个 VPNTarget 属性。VPN Target 属性有以下两类。

① Export Target(导出目标):本地 PE 从直连 Site 学到 IPv4 路由后,转换为 VPN-IPv4 路由,并为这些路由设置 Export Target 属性发布给其他 PE。Export Target 属

性作为 BGP 的扩展团体属性随 BGP 路由信息发布。当从 VRF 表中导出 VPN 路由时,要用 Export Target 对 VPN 路由进行标记。

② Import Target(导入目标):PE 收到其他 PE 发布的 VPN-IPv4 路由时,检查其 Export Target 属性,仅当 Export Target 属性值与对应 VPN 实例中配置的 Import Target 属性值一致时,方可把该 VPN-IPv4 路由加入到对应的 VRF 中。

通过 VPN Target 属性的匹配检查,最终使得 VPN 所连接的两 Site 间可相互学习对端的私网 VPN-IPv4 路由,实现三层互通。

与 RD 类似,VPN Target 也有 3 种表示形式。

① 16 位 AS 号:32 位用户自定义数字,例如:100:1。

② 32 位 IPv4 地址:16 位用户自定义数字,例如:172.1.1.1:1。

③ 32 位 AS 号:16 位用户自定义数字,其中的 AS 号最小值为 65536,例如:65536:1。

在 MPLS VPN 网络中,通过 VPN Target 属性来控制 VPN 路由信息各 Site 之间的发布和接收,VPN Export Target 和 Import Target 的设置相互独立,并且都可以设置多个值,能够实现灵活的 VPN 访问控制,从而实现多种 VPN 组网方案。

5.3.2 MPLS VPN 组网结构

1. Intranet VPN

Intranet VPN 的组网方式是指一个 VPN 中的用户相互之间能够进行流量转发,但 VPN 中的用户不能与任何本 VPN 以外的用户通信,其站点通常是属于同一个组织。对于这种组网,需要为每个 VPN 分配一个 VPN Target,同时作为该 VPN 的 Export Target 和 Import Target,并且各 VPN 的 VPN Target 唯一。

如图 5.15 所示,PE 为 VPN1 分配的 VPN Target 值为 100:1,为 VPN2 分配的 VPNTarget 值为 200:1。VPN1 的两个 Site 之间可以互访,VPN2 的两个 Site 之间也可以互访。但 VPN1 和 VPN2 的 Site 之间不能互访。

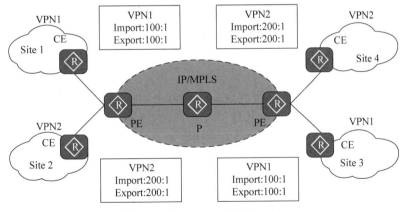

图 5.15 Intranet VPN 组网结构

2. Extranet VPN

如果一个 VPN 用户希望访问其他 VPN 中的某些站点,可以使用 Extranet 组网方案。如果某 VPN 需访问共享站点,则该 VPN 的 Export Target 必须包含在共享站点的 VPN 实例的 Import Target 中,其 Import Target 须包含在共享站点 VPN 实例的 Export Target 中,在这种情形下,不同 VPN 实例的 VPN Target 没有唯一性要求。

如图 5.16 所示,VPN1 的 Site3 能够同时被 VPN1 和 VPN2 访问,因为 Site3 所连的 PE3 的 Import Target 同时包含了 VPN1 的 PE1 中的 Export Target 100：1 和 PE2 中的 Export Target 200：1。另外,Site3 也可同时访问 VPN1 的 Site1 和 VPN2 的 Site2,因为 Site3 所连接的 PE3 的 Export Target 同时包含了 VPN1 的 PE1 中的 Import Target 100：1 和 VPN2 的 PE2 中的 Import Target 200：1。但 VPN1 的 Site1 和 VPN2 的 Site 2 之间不能够互访,因为他们一端的 Export Target 与另一端的 Import Target 没有任何包含关系。

这样,PE3 能够同时接收 PE1 和 PE2 发布的 VPN-IPv4 路由;PE3 发布的 VPN-IPv4 路由也能够同时被 PE1 和 PE2 接收。但 PE3 不把从 PE1 接收的 VPN-IPv4 路由发布给 PE2,也不把从 PE2 接收的 VPN-IPv4 路由发布给 PE1。

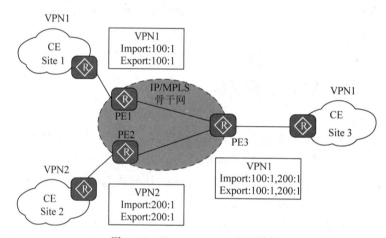

图 5.16　Extranet VPN 组网结构

3. Hub and Spoke

如果希望在 VPN 中设置中心访问控制设备,其他用户的互访都通过中心访问控制设备进行,可以使用 Hub and Spoke 组网方案。其中,中心访问控制设备所在站点称为 Hub 站点,其他用户站点称为 Spoke 站点。Hub 站点侧接入 VPN 骨干网的设备称为 Hub-CE, Spoke 站点侧接入 VPN 骨干网的设备称为 Spoke-CE。VPN 骨干网侧接入 Hub 站点的设备称为 Hub-PE,接入 Spoke 站点的设备称为 Spoke-PE。Spoke 站点需要把路由发布给 Hub 站点,再通过 Hub 站点发布给其他 Spoke 站点。Spoke 站点之间不直接发布路由。 Hub 站点对 Spoke 站点之间的通讯进行集中控制。

对于这种组网情况,需要在 PE 上设置两个 VPN Target,一个表示"Hub",另一个表示"Spoke",如图 5.17 所示。各 PE 上的 VPN 实例的 VPN Target 设置规则如下。

(1) Spoke-PE：Export Target 为"Spoke"(代表 VPN 路由从 Spoke 发出),Import Target 为"Hub"(代表 VPN 路由来自 Hub)。任意 Spoke-PE 的 Import Target 属性不与其他 Spoke-PE 的 Export Target 属性相同,其目的是使任意两个 Spoke-PE 之间不直接发布 VPN 路由,不让这些 Spoke 之间直接互通。

(2) Hub-PE：Hub-PE 上需要使用两个接口或子接口分别属于不同的 PN 实例：一个

用于接收 Spoke-PE 发来的路由,其 VPN 实例的 Import Target 为 Spoke(代表 VPN 路由来自 Spoke);另一个用于向 Spoke-PE 发布路由,其 VPN 实例的 Export Target 为 Hub(代表 VPN 路由从 Hub 发出)。

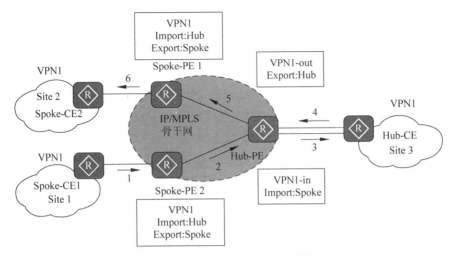

图 5.17 Hub and Spoke 组网结构

Hub and Spoke 组网方案中,最终实现的结果如下。

(1) Hub-PE 能够接收所有 Spoke-PE 发布的 VPN-IPv4 路由。

(2) Hub-PE 发布的 VPN-IPv4 路由能够为所有 Spoke-PE 接收。

(3) Hub-PE 将从 Spoke-PE 学到的路由发布给 Hub-CE,并将从 Hub-CE 学到的路由发布给所有 Spoke-PE。因此,Spoke 站点之间可以通过 Hub 站点互访。

(4) 任意 Spoke-PE 的 Import Target 属性与其他 Spoke-PE 的 Export Target 属性不相同。因此,任意两个 Spoke-PE 之间不直接发布 VPN-IPv4 路由,Spoke 站点之间不能直接互访。

在图 5.17 中,以 Site1 向 Site2 发布路由为例介绍 Spoke 站点之间的路由发布过程:

(1) Site1 中的 Spoke-CE1 将站点内的私网路由发布给 Spoke-PE1。

(2) Spoke-PE1 将该路由转变为 VPN-IPv4 路由后通过 MP-BGP 发布给 Hub-PE。

(3) Hub-PE 将该路由学习到 VPN1-in 的路由表中,并将其转变为普通 IPv4 路由发布给 Hub-CE。

(4) Hub-CE 通过 VPN 实例路由再将该路由返回发布给 Hub-PE,Hub-PE 将其学习到 VPN1-out 的路由表中。

(5) Hub-PE 将 VPN1-out 路由表中的私网路由转变为 VPN-IPv4 路由,通过 MP-BGP 发布给 Spoke-PE2。

(6) Spoke-PE2 将 VPN-IPv4 路由转变为普通 IPv4 路由发布到站点 2。

5.3.3 MPLS VPN 工作流程

MPLS VPN 的工作流程主要包括私网 VPN-IPv4 路由的发布、利用 VPN-IPv4 路由进行报文转发。

在基本的 MPLS VPN 组网中,VPN 路由信息的发布只涉及 CE 和 PE,CE 设备只维护骨干网的路由,不需要了解任何 VPN 路由信息。PE 设备维护所有 VPN 路由。VPN 路由信息的发布过程包括三步。

(1) 源端 CE 把普通 IPv4 路由发布到直连的 PE 上,然后转换成 VPN-IPv4 路由;

(2) 源端 PE 把 VPN-IPv4 路由发布到目的端 PE,MPLS 隧道两端的 PE 相互学习对端的私网路由;

(3) 目的端 PE 把所学到的源端 VPN-IPv4 路由转换成普通的 IPv4 路由发布到直连的 CE 上,使 MPLS 隧道两端的 Site 间相互学习对方的私网路由。

步骤(1)和(3)都是 CE 与 PE 间的路由发布和接收,在 MPLS VPN 中,CE 与 PE 之间可以通过各种路由方式连接,如 OSPF、ISIS 或 BGP 路由等。CE 与直接相连的 PE 建立邻居或对等体关系后,把本 Site 的普通 IPv4 路由发布给直接连接的 PE。相反,PE 也可以向直连的 CE 发布转换后的另一端 Site 的 IPv4 私网路由。

在 MPLS VPN 中,关键是步骤(2),是 PE 间相互学习私网 VPN-IPv4 的过程。

1. PE 间 VPN-IPv4 路由发布原理

在 MPLS VPN 中,同一个 VPN 的各 PE 间要建立 MP-IBGP 对等关系,通过 MP-BGP Update 消息发布本端的 VPN-IPv4 路由,以便相互学习对端所连接的用户网络 VPN-IPv4 私网路由,并加入到自己对应的 VPN 实例中。

PE 间私网路由的发布和学习过程包括私网路由标签分配、私网路由交叉、公网隧道迭代和私网路由的选择。分别介绍如下。

1) 私网路由标签分配

MPLS VPN 中的 PE 设备在收到用户报文后要进行 MPLS 标签封装,而且需要封装两层 MPLS 标签:外层的公网隧道 MPLS 标签、里层的私网路由 MPLS 标签。

私网路由标签是由 MP-BGP 分配的,用于在 MP-BGP 对等体间唯一标识一条路由或一个 VPN 实例。该标签是在本端 PE 设备接收到私网路由更新、加入到对应的 VPN 实例,并引入到本地 BGP 路由表中后由 BGP 分配的。

PE 在利用 MP-BGP 向对端 PE 发布私网路由时,会通过 MP-BGP 的 Update 报文携带该私网标签(还携带对应 VPN 实例配置的 RD、VPN-Target 属性),其目的是当对端 PE 连接的 Site 中的用户通过该 VPN-IPv4 路由访问本端所连接的对应 Site 中的目的用户时,VPN 报文中会带上这层 MPLS 标签(作为内层标签),到达本端 PE 时,就可以直接根据报文中所携带的私网标签找到对应的路由表项,然后转发给对应 Site 中的目的用户。

2) 私网路由交叉

当 PE 通过 MP-BGP 的 Update 消息接收到其他 PE 发来的 VPN-IPv4 路由时,首先进行路由策略过滤,然后将通过的路由和本地各个 VPN 实例中的 Target 属性进行匹配,如果一致,就交叉成功,作为候选加入到该 VPN 实例的 VPN 路由中。

3) 公网隧道迭代

私网路由交叉成功后,需要根据 VPN-IPv4 路由的目的 IPv4 前缀进行路由迭代,查找合适的隧道,以便确定到达目的网络的报文所用的 VPN 隧道。将路由迭代到相应隧道的过程叫作"隧道迭代"。在一个 PE 上每个隧道都有一个唯一的 Tunnel ID,迭代得到的 Tunnel ID 供后续转发报文时使用。

4）私网路由的选择

隧道迭代成功后，VPN 实例根据私网路由选择规则来决定是否将该路由加入对应的路由表。VPN 报文转发时在对应的路由表项中查找对应的 Tunnel ID，然后从隧道上发送出去。

以上步骤，如图 5.18 所示。

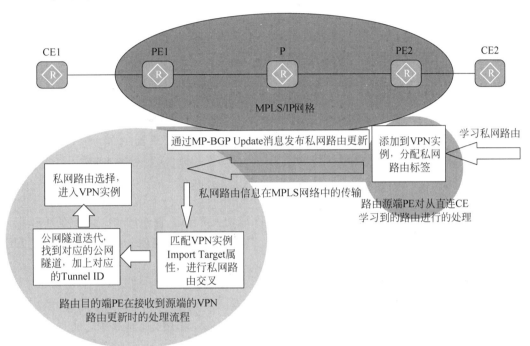

图 5.18　从入口 PE 到出口 PE 之间的私网 VPN 路由发布的流程

下面以图 5.19 为例（PE-CE 之间使用 BGP，公网隧道为 MPLS LSP），说明将 CE2 的一条路由发布到 CE1 的整个过程。

（1）CE2 BGP 引入所连接网段的 IGP 路由。

（2）CE2 将该路由随 EBGP 的 Update 消息一起发布给 Egress PE。Egress PE 从连接 CE2 的接口收到 Update 消息，根据入接口所绑定的 VPN 实例，把该路由转化为 VPN-IPv4 路由，加入对应的 VPN 实例的 VRF 中。

（3）Egress PE 为该路由分配 MPLS 标签（是内层标签），并将标签、VPN 路由信息、Export Target 属性加入 MP-IBGP 的 Update 消息中。再将 Update 消息发送给其 MP-BGP 对等体的 Ingress PE。

（4）Ingress PE 对收到来自 Egress 的路由进行路由交叉。路由交叉成功后，根据路由目的地的 IPv4 地址进行隧道迭代，查找合适的隧道。如果迭代成功，则保留该隧道的 Tunnel ID 和 MPLS 标签（内层标签），最后将该路由加入到对应 VPN 实例 VRF 中。

（5）Ingress PE 根据对应 VPN 实例所绑定的接口，把该路由通过 BGP Update（本示例中 PE 与 CE 之间也采用 BGP 路由）发布给 CE1。此时发布的路由是普通路由。

（6）CE1 收到该路由后，把该路由加入 BGP 路由表。通过在 IGP 中引入 BGP 路由的方法可使 CE1 把该路由加入 IGP 路由表。

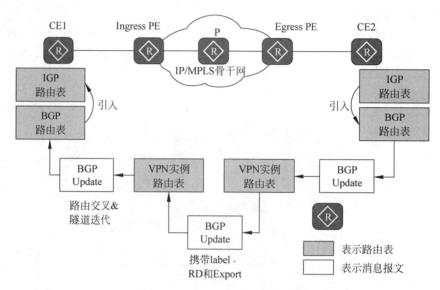

图 5.19　VPN-IPv4 路由发布示例

通过以上步骤就把 CE2 端的私网路由依次成功发布到了直连的 PE、远端的 PE,以及远端 CE1 上,完成整个 VPN 路由的发布过程。要实现 CE1 与 CE2 的互通,还需要将 CE1 的路由发布给 CE2,其过程与上面的步骤类似。

2. MPLS VPN 的报文转发

在基本 MPLS VPN 应用中(不包括跨域的情况),VPN 报文转发采用两层标签方式。

外层(公网)标签在骨干网内部进行交换,指示从本端 PE 到对端 PE 的一条 MPLS LSP。VPN 报文利用这层 LSP 标签可以沿 LSP 到达对端 PE。内层(私网)标签在从对端 PE 到达对端 CE 时使用,指示报文应被送到哪个 Site。当 PE 之间在通过 MP-BGP 相互发布 VPN-IP4 路由时,会将本端所学习的每个私网 VPN-IPv4 路由所分配的私网标签通告给了对端 PE,这样对端 PE 根据报文中所携带的私网标签可以找确定报文所属的 VPN 实例,通过查找该 VPN 实例的路由表,将报文正确地转发到相应的 Site。

下面以图 5.20 为例说明 MPLS VPN 报文的转发过程。图中是 CE1 发送报文到 CE2 的过程,其中,I-L 表示内层标签,O-L 表示外层标签。本例中内、外层标签均为 MPLS LSP 标签。

(1) CE1 向 Ingress PE 发送一个要访问远端 CE2 所连接 Site 中目标主机的 VPN 报文。

(2) Ingress PE 从绑定了 VPN 实例的接口上接收 VPN 数据包后进行如下操作。

① 先根据绑定的 VPN 实例的 RD 查找对应 VPN 的 VRF。

② 匹配 VPN 报文中的目的 IPv4 前缀,查找对应的 Tunnel ID,然后将报文打上对应的私网(内层)标签(I-L),根据 Tunnel 找到隧道。

③ 将 VPN 报文从找到的隧道发送出去,发出之前 VPN 报文要加装一层公网(外层) MPLS 标签(O-L1),此时 VPN 报文中携带有两层 MPLS 标签.

④ 接着,该报文携带两层 MPLS 标签穿越骨干网。骨干网的每台 P 设备都仅对报文的外层标签进行交换,内层私网路由标签保持不变。

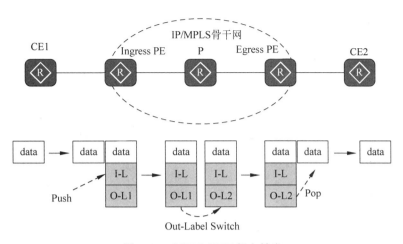

图 5.20　MPLS VPN 报文转发

（3）Egress PE 收到该携带两层标签的报文后，交给 MPLS 协议模块处理，MPLS 将去掉外层标签（本示例最后的外层标签是 O-L2，但如果应用了 PHP 特性，则此标签会在到达 Egress PE 之前的一跳 P 弹出，Egress PE 只能收到带有内层标签的报文）

（4）剥离了外层 LSP 标签后，Egress PE 就可以看见内层标签 I-L，先根据内层私网路由标签查找到 VPN 实例，然后通过查找该 VPN 实例的路由表，可确定报文要转发的目的 Site 和出接口。

同时，Egress PE 发现报文中的内层标签处于栈底，于是将内层标签剥离，根据对应的 VPN 实例路由表项将报文发送给 CE2。此时报文是个纯 IP 报文这样，报文就成功地从 CE1 传到 CE2 了，CE2 再按照普通的 IPv4 报文转发过程将报文传送到目的主机。

5.4　内容分发网络

5.4.1　CDN 定义和网络结构

网络技术的飞速发展使 Internet 成为信息社会的基础载体，而由此导致的网络用户急剧增长，使得网络的负担始终处于饱和状态。同时，Internet 的访问速度和服务质量还有待于提高，主要表现在长时间的传输延迟和这种延迟的不可预知性。随着 Internet 上流媒体传输的增加，这个问题已经变得越来越严重。解决问题一个重要思路是，将放置终端客户所请求的内容的服务器推到 Internet 的边缘，这样从本地服务器访问内容会取得好的性能（低延时、高传输率、高质量），并付出较少的网络代价。

CDN（Content Delivery Network，内容分发网络）技术是为全球内提供内容服务而提出一种新型网络架构与技术。它采用分布式缓存/复制、负载均衡、流量工程和客户端重定向等技术，设立若干分支节点，尽量将用户请求的内容存储到距离用户最后一公里的边缘节点上，在 Internet 上构筑一个地理上分布的内容分送网络，将信息资源向网络边缘推进，用户可以在最近的位置快速访问到所需的内容，大大提高了终端用户的访问速度和服务质量。

1. CDN 的网络体系结构

CDN 需要首先对网络流量特征、带宽分布、访问频率、Cache 命中率、复制内容、刷新周期、通信线路状况、用户访问特征、服务器地理分布、服务器响应时间等因素进行数学化的定量分析,然后才能决定如何将网络内容在全网进行分送。一个典型 CDN 网络结构主要由 4 部分组成,如图 5.21 所示。

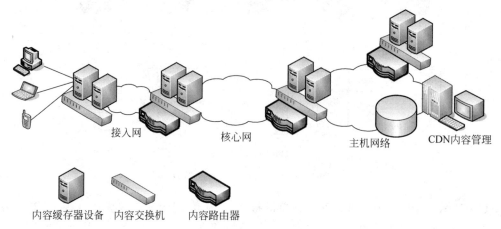

图 5.21　CDN 的网络结构

(1) 内容分发和控制系统:负责内容的管理,包括内容的实时分发、内容访问的统计和计费,同时还需要对各个分支节点进行管理。当创建或删除一个分支节点时,需要由内容分发系统进行记录,并保证该节点缓存的内容与原始服务器一致。同样,分支节点必须及时向内容分发系统报告,共同完成内容访问的统计和计费工作。

(2) 内容缓存设备:一般位于用户接入的集中点或骨干网的接入点,负责内容的本地缓存,将内容分发和控制系统所发布的内容缓存到本地的 Cache 服务器,利用 Cache 服务器的快速响应能力来为本地用户提供快捷的访问,减少访问原始服务器的次数,提高系统的处理能力。

(3) 内容交换设备:处于用户接入集中点,IDC(Internet Data Center,互联网数据中心)和 POP 点,负责基于内容的服务器负载均衡和重定向处理,通过服务器负载均衡技术在原始服务器的前端实现每个分支节点内部的流量调度,保证服务器群的高度可用性和可扩展性,并通过重定向技术在分支节点内部实现 Cache 的重定向功能,将用户的请求导向到响应速度快速的 Cache 服务器,进一步减小响应时间。

(4) 内容路由设备:在各内容交换设备之前,负责基于内容的路由策略的管理和实施,通过根据设定的内容路由策略来将用户请求导向到不同的分支节点,分支节点的选择可基于用户和分支节点之间的拓扑距离,也可以基于分支节点当前的负载或分支节点的响应时间。

2. CDN 工作流程

当用户访问已经加入 CDN 服务的网站时,首先通过 DNS(Domain Name System,域名解析系统)重定向技术确定最接近用户的最佳 CDN 节点,同时将用户的请求指向该节点。当用户的请求到达指定节点时,CDN 的服务器负责将用户请求的内容提供给用户。用户访问的基本流程如下。

(1) 用户在自己的浏览器中输入要访问的网站的域名。

(2) 浏览器向本地 DNS 请求对该域名的解析。

（3）本地 DNS 将请求发到网站的主 DNS，主 DNS 再将域名解析请求转发到本地 DNS。

（4）本地 DNS 根据路由策略确定当时最适当的 CDN 节点，并将解析的结果（IP 地址）发给用户。

（5）用户向给定的 CDN 节点请求相应网站的内容。

（6）CDN 节点中的服务器负责响应用户的请求，提供所需的内容。

5.4.2　CDN 中的关键技术

1. 负载均衡技术

负载均衡技术将网络的流量尽可能均匀地分配到几个能完成相同任务的服务器或网络节点上去执行和处理，由此来避免部分网络节点过载而另一部分节点空闲的不利状况，这样既可以提高网络流量，又可以提高网络的整体性能。

在 CDN 中，负载均衡又分为服务器负载均衡和全局负载均衡（也称服务器整体负载均衡）。在 CDN 的方案中服务器整体负载均衡将发挥重要作用，其性能高低将直接影响整个CDN 的性能。

1）服务器负载均衡

SLB（Server Load Balancing，服务器负载均衡技术）就是解决如何根据各服务器的处理能力动态地分配任务，解决服务器访问速度问题。服务器负载均衡功能最初是由通用主机平台上的负载均衡软件实现的，随着业务对性能要求的逐渐提高，相继出现了基于专门硬件平台的负载均衡设备和基于三层交换机平台的负载均衡模块。

根据负载均衡算法的不同，服务器的负荷可通过轮询（Round Robin）、加权轮询（Weighted Round Robin）、最小连接数、加权最小连接数、源或目的 IP 地址哈希等方式进行分担。这些负载均衡算法可根据应用场合灵活选择，例如，在进行 Cache 重定向时通常采用目的地址哈希方法，而在进行 WWW 服务器负载均衡时，则可采用轮转或加权轮转方法。

利用服务器负载均衡技术，能够在性能不同的服务器之间进行任务分配，既保证性能差的服务器不成为系统的瓶颈，也能保证性能高的服务器资源得到充分利用，从而加快了Web 服务器的访问速度。

2）全局负载均衡

GSLB（Global Server Load Balancing，全局负载平衡）主要用于同一域名对应地理上分布多处的若干服务器群的情况，在用户发起请求时，系统按照既定的算法将用户请求转发到最适合的服务器群。目前对用户请求的全局负载均衡包括三种工作机制：DNS 机制、三角转发机制和利用应用层协议重定向机制。

① DNS 机制：由于用户在访问服务器之前，首先通过 DNS 解析域名得到服务器的 IP地址，因此在进行 DNS 解析时，由对应的授权 DNS 服务器依据一定的规则，从地理上分布的若干服务器群中选择一个最合适的，将其 IP 地址返回给用户，实现不同地域之间流量的负载均衡。站点选择所依据的因素很多，如根据用户 IP 地址判断各数据中心与客户的拓扑距离，或各数据中心与客户交互的响应时间，也可根据服务器和网络的负荷，甚至还可以为服务器和服务程序的可用性。

② 三角转发机制：用户经过 DNS 解析出一个固定的 IP 地址，由该地址对应的责任站

点根据用户请求和其他站点的状态进行选择,将用户的请求发送到选择的站点,该站点在返回应答时直接发送给用户,而不经过责任站点形成了一个三角形单向前进的路径。在三角转发过程中,客户发往服务器的分组总是先到达责任站点,再由责任站点转发到相应的处理站点,这种方式比较适合于 FTP、RTSP 等持续时间长且来回流量不对称的网络应用。

③ 利用应用层协议重定向机制:应用层协议重定向机制包括 HTTP/RTSP 重定向和动态修改 HTML 页面连接的两种方式。在 HTTP 协议中,服务器可以向客户返回一个 300 系列的状态码和一个带有指定 URL 的 Refer to 头字段,表明该 URL 对应的内容已经被转移到另一个 URL。用户在接收到这样的应答之后,需要再次解析新的 IP 地址,然后向该 IP 地址发起 HTTP 请求。通过动态页面内容也可以实现全局服务器的负载均衡:当服务器收到用户请求时,根据一定的规则,判断出距离用户最近的站点,然后动态地生成 HTML 页面,其内嵌入对象的连接,指向所选择站点的 IP 地址,用户在接收到该页面的 HTML 文件之后,直接到对象连接所指定的站点获取剩余的内容。

2. 内容缓存技术

内容缓存技术通过缓存用户经常访问的站点内容,将用户最关心的内容放到离用户最近的地方,将网络传输中各种不确定的因素排除出去,并通过自己经过充分优化的响应系统响应用户的请求,充分利用到用户最后一公里的高带宽,达到提高最终用户响应速度的目的。Web 内容缓存服务通过代理缓存服务、透明代理缓存服务、使用重定向服务的透明代理缓存服务等几种方式,来改善用户的响应时间。内容缓存技术在解决宽带技术应用问题中得到了广泛采用,是 CDN 采用的又一个主要技术。

1) Forward-Proxy 正向代理

Forward-Proxy 正向代理需要客户的 Web 浏览器配置 Web 代理服务器的 IP 地址及 TCP 端口号,这样客户的所有 Web 请求都经过 Cache 缓存服务器的代理访问 Internet。在 Cache 缓存服务器代理用户请求访问 Internet 之前,它先检查自身是否已经缓存了用户请求访问的 Web 对象(每一个页面都是由单独的 WebObject 构成的,每一个 URL 都唯一对应一个 Web 对象),如果已经缓存并且没有过期,那么就用本地缓存的 Web 对象响应客户的请求,从而加快用户的访问时间,节省宝贵的广域网链路带宽资源。

2) Transparent-Cache 透明缓存

Transparent-Cache 透明缓存与 Forward-Proxy 正向代理类型的唯一区别在于,无须在客户的 Web 浏览器中配置任何信息。

3) Reverse-Proxy 反向代理

Reverse-Proxy 反向代理与客户端无关,提供对 Web 服务器端的加速访问。Reverse-Proxy 反向代理的应用方式是缓存服务器放置在 Web 服务器前端,代理 Web 服务器接受所有客户的 HTTP 请求(通过 DNS 服务器配置实现),Cache 缓存服务器类似于一台 Web 服务器,也在 TCP80 端口接受 HTTP 请求访问。根据 Internet 上的统计表明,超过 80% 的客户经常访问的是 20% 的网站内容。按照这个规律,缓存服务器可以处理大部分的客户静态请求,而原始的 Web 服务器只需处理约 20% 左右的非缓存请求和动态请求,这样就大大加快了客户请求的响应时间,并降低了原始 Web 服务器的负载。

3. 动态内容分发与复制技术

网站访问响应速度快慢取决于诸如网络的带宽是否有瓶颈、传输途中的路由是否有阻塞和延迟、网站服务器的处理能力及访问距离等因素。大多数情况下,网站响应速度和访问者与网站服务器之间的物理距离有密切的关系：如果访问者和网站之间的距离过远的话,它们之间的通信需要经过重重的路由转发和处理,网络延误不可避免。一个有效的方法就是利用内容分发与复制技术,将占网站主体的大部分静态网页、图像和流媒体数据分发复制到各地的加速节点上。

CDN 可以采用智能路由和流量管理技术,及时发现与访问者最近的加速节点,并将访问者的请求转发到该加速节点,由该节点提供内容服务。利用内容分发与复制机制,托管客户不需要改动原来的网站结构,只需修改少量的 DNS 配置,就可以加速网络的响应速度,提高网络的服务质量。

4. 动态内容路由技术

当用户访问加入 CDN 服务的网站时,域名解析请求将最终由重定向 DNS 负责处理,它通过一组预先定义好的策略(如内容类型、地理区域、网络负载状况等),将当时最接近用户的节点地址提供给用户,使用户可以得到快速的服务。同时,重定向 DNS 还与分布在世界各地的所有 CDNC(CDN Control,CDN 控制)节点保持通信,搜集各节点的健康状态,确保不将用户的请求分配到任何一个已经不可用的节点上。最后,重定向 DNS 还具有在网络拥塞和失效的情况下,自适应调整路由的能力。

动态内容路由技术通过预先定义好的策略(如内容类型、地理区域、网络负载状况等),将当时最接近用户的节点地址提供给用户,使用户可以得到快速的服务。同时,它还与分布在不同地点的 CDN 节点保持通信,确保将用户的请求分配到可用的节点上。高速缓存服务则在用户访问网页时将 WAN 或 Internet 的流量降至最低,改善用户的响应时间,降低企业通信成本。

5. Cache 重定向技术

内容交换设备可在网络的出口提供透明的 Cache 重定向服务,这种方式可使用户访问的内容从本地 Cache 中快速得到。目前广泛应用的 Cache 服务器类型包括 Web Cache 和流媒体 Cache。在以前,Cache 通常采用串联在网络中的方式或通过专有协议(如 WCCP)下挂在路由器上,通常都会对网络的性能造成负面影响,使其他业务流量的传输时延增大,路由器性能下降。但是,利用交换机的 Cache 重定向能力,可将需要访问缓存的用户请求重定向到本地 Cache 服务器上,使用户请求在本地得到快速处理,既提高了响应速度,降低了对骨干网带宽的消耗,同时又不影响其他业务的流量和设备性能。

5.4.3 CDN 的发展和趋势

CDN 的网络架构和关键技术以应用为向导,以网络内容服务方式的翻新、需求的提高为推动力,以最快的响应速度直接为各种新兴的网络应用服务。近年来 SNS(Social Network Sites,社会网络站点)结合了论坛、个人主页、博客等应用,逐渐发展成一种能够提供丰富应用的网络社区系统,拥有 1 亿多用户。数千万的月访问用户数对图片、视频等媒体内容的动态应用交互也造成了服务带宽和计算能力的沉重负载,亟须 CDN 提供合适的解决方案。另一方面,互联网发展至今已经不仅限于计算机终端,无线网络、移动网络和电视网络使互联网覆盖范围扩展到个人移动设备和家庭娱乐设备。智能手机、数字电视机顶盒及家用游戏机都具备了一定的网络功能。用户对网络应用在移动多媒体、高清视频等新领域的服务质量的期望更胜于计算机终端,并且对各种应用整合服务的需求也更加显著。

CDN 从第一代边缘缓存、第二代架设光纤骨干网连接的数据中心,到利用 P2P 技术融入用户终端的第三代,在应用的推动下不断进化发展。不难看出,在充分利用网络资源、提高服务能力、降低内容分发成本的同时,CDN 在网络服务中所扮演的角色逐渐从幕后走向台前,从透明化用户服务到融入用户终端。下一代 CDN 将会在互联网基础上结合宽带无线网络、移动网络、高清电视网络,提供更丰富的网络应用支持和更高质量用户体验。

5.5　VoLTE 业务与技术

5.5.1　LTE 话音业务解决方案

LTE 网络的频谱利用率高,在 20MHz 的带宽内,可以提供下行最大 100Mb/s,上行最大 50Mb/s 的峰值速率。在接入网方面,LTE 采用了 OFDM(Orthogonal Frequency Division Multiplexing,正交频分复用)、MIMO(Multiple Input Multiple Output,多输入多输出)、AMC(Adaptive Modulation and Coding,自适应调制编码)等无线空口技术。在核心网方面,LTE 完全放弃了 2G/3G 网络的 CS(Circuit Switch,电路域),采用纯粹的 PS(Packet Switch,分组域)来提供各种业务。

话音业务是移动通信网为用户提供的基础业务之一,也是运营商最重要的业务收入来源之一。在 2G/3G 网络,话音业务由核心网电路域提供支持。由于 LTE 只有分组域而没有电路域,所以在 LTE 中提供话音业务是一种全新的端到端(包括无线接口)的全 IP 承载话音的重要技术。

围绕 LTE 时代的话音业务,业界提出了多种解决方案,可供商用选择。

(1) SVLTE(Simultaneous Voice and LTE)方案:终端同时驻留在 2G/3G 和 LTE 网络中。传统的电路域提供话音业务,LTE 网络提供数据业务,数据和话音同时并发。

(2) CSFB(Circuit Switch Fallback)方案:LTE 只提供数据业务。当用户发起或接受话音业务时,回落到原有网络,如 GSM/UMTS/cdma2000 1x。

(3) VoLTE 方案:话音业务由 LTE 分组域提供支持,LTE 通过 IMS 提供基于 IP 数据分组的话音业务。

VoLTE 方案基于 LTE 的分组域进行,而其他方案如 CSFB 和 SVLTE 则通过电路域来提供话音业务。使用电路域资源提供话音业务的方案一般应用在 LTE 部署初期、LTE 用户数量较少的情况下,只能作为一种过渡方案。相对于电路域方案来说,使用 LTE IMS 提供 VoLTE 话音业务有以下优势:一是,LTE 具有很高的频谱利用率;另一是,LTE IMS 能提供更好的用户体验,话音清晰、时延短,并且可以融合视频多媒体等多种业务。

以上 3 种话音解决方案在承载方式、网络要求、终端要求、网络覆盖要求、并发需求、时延等方面各有不同,总结见表 5.1。

表 5.1　3 种话音解决方案比较

	SVLTE	CSFB	VoLTE
话音承载方式	2C/3G 电路域	2G/3C 电路域	LTE 数据域
网络要求	无网络改造要求	对网元和接口有要求	基于 IMS 提供业务

续表

	SVLTE	CSFB	VoLTE
终端要求	双收双发；电池消耗大	无需双收双发；电池消耗较小	无需双收双发；终端支持 SIP 的 VoIP
网络覆盖要求	无需 LTE 全覆盖	无需 LTE 全覆盖	目前需要 LTE 良好覆盖
话音/数据并发	可话音/数据并发	对 1 x CSFB 方案,在双收双发时才可实现话音/数据并发	可话音/数据并发
话音建立时延	与电路域相同	稍逊于电路域时延	比电路域更快
运营商应用	Verizon 等 CDMA 运营商	AT&T、NTT DoCoMo、SK 电讯	LG U+、SK 电讯、Metro PCS 等

5.5.2 VoLTE 架构和业务流程

2009 年 11 月,"One Voice"联盟(由几个主要的运营商和设备制造商组成)发布了与 3GPP 标准兼容的基于 IMS 的话音业务框架。基于 One Voice,GSMA 在 2010 年 2 月发布了 LTE 分组域话音业务方案,即 VoLTE 方案。该方案基于 IMS,提供全 IP 化的话音服务。VoLTE 采用了宽带 AMR 话音编码(W-AMR)技术,音频范围可覆盖 50～7000Hz,能实现更丰富、更自然的高清话音通话。

1. VoLTE 网络架构

VoLTE 方案基于 3GPP 的 IMS 规范,已经被业界公认为解决 LTE 网络中话音服务的主要方案。VoLTE 方案的网络架构如图 5.22 所示。其中,PCRF(Policy Control Rule Function)实现业务策略控制功能,P/I/S-CSCF 实现 IMS 呼叫会话控制功能,P-CSCF 负责接收请求并向后传递,I-CSCF 负责接收来自网络内部的任何指向寄存器的连接,S-CSCF 负责处理注册、路由、维持承载、向 HSS 下载用户信息和服务配置。

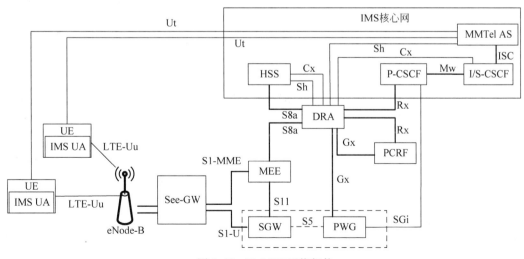

图 5.22 VoLTE 网络架构

2. VoLTE 业务流程

VoLTE 业务遵循 IMS 的话音业务流程,包含漫游和非漫游场景下的起呼、被叫等。端到端的 VoLTE 呼叫流程如图 5.23 所示。VoIP 话音业务流程主要分为 LTE 终端开机、VoLTE 呼叫建立、VoLTE 呼叫释放 3 个过程。首先通过 UE 与 eNode B 的建立无线连接、EPS 注册、默认承载建立、VoLTE 支持发现,完成 IMS 的注册及用户鉴权。然后建立 UE 与 AS 间的 IMS VoIP 会话,建立 EPS 专用承载,并开始 VoIP 话音会话。最后在呼叫结束后,进行 IMS VoIP 会话和专用承载的释放。

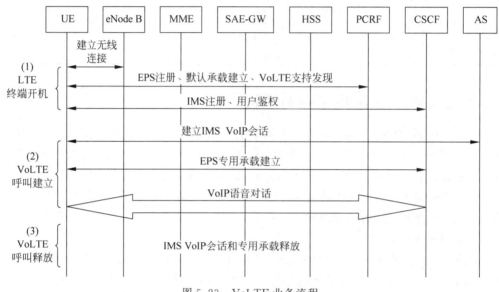

图 5.23　VoLTE 业务流程

5.5.3　VoLTE 关键技术

尽管 VoLTE 的技术标准、网络架构及业务流程非常清晰,但在实际的 VoLTE 建设和业务部署中,仍然存在很多困难和挑战。例如,LTE 网络建设初期的覆盖连续性问题、VoLTE 话音质量保障、支持 VoLTE 的终端不足等。本节介绍以下几个关键技术用以提高 VoLTE 业务的用户体验,加快 VoLTE 业务的开展。

1. VoLTE 与 2G/3G 网络互操作

在 LTE 网络建设初期多采用阶段性的覆盖方式。在 LTE 未覆盖的区域,需要由原有网络提供话音业务来保证业务的连续性。3GPP 在 R8 版本制定了 SRVCC(Single Radio Voice Call Continuity)方案,在 LTE 覆盖的边缘区域,将 LTE 上的 VoIP 呼叫切换到 1x 的 CS 域上。

在 SRVCC 方案中,呼叫始终锚定在 IMS 上,电路域连接被当作标准的 IMS 会话,电路域承载被当作 IMS 的媒介资源。因此,IMS 可以提供连续服务,而不管其接入网的类型。这个概念被称作 ICS(IMS centralized service,IMS 集中式服务)。

在 CDMA 网络中通过 SRVCC 实现话音业务的互操作,需要新建网元 1xCS IWS 以及 S102 接口,如图 5.24 所示。在 1xRTT MSC 看来,1xCS IWS 是一个 BSC。该 BSC 的空中接口实际上是 E-UTRAN。这样使得 E-UTRAN 到 1xRTT 的切换在 1xRTT MSC 看来是一个跨 BSC 的切换。UE 和 1xRTT MSC 之间的信令通过 EPS 信令连接、S102 隧道传送。该隧道使得 UE 同时和 EPS 的核心网以及 1xRTT 的核心网保持联系。即 UE 可以从 E-

UTRAN 向 1xRTT MSC 进行预注册和呼叫的预建立,从而使得 LTE 到 1xRTT 的切换速度大大加快。

SRVCC 方案目前尚未完全成熟,在 SRVCC 完全成熟以后,VoLTE 可以利用原有 2G/3G 网络提供业务连续性支持,在 LTE 网络覆盖空洞的地方提供业务连续性支持。

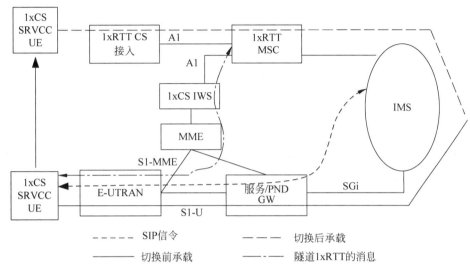

图 5.24 SRVCC 方案网络架

2. QoS 保障技术

为了在 LTE 网络的数据域上提供具有与传统网络相似甚至更好的用户体验的话音业务,需要由 LTE 网络提供良好的 QoS 保障。

首先,LTE 网络在设计之初就考虑到为不同的业务提供不同的服务质量,通过对 E2E 承载,配置不同的 QoS 参数来区分业务等级。LTE 为每一个承载都对应一个 QoS 类别标识(QCI),见表 5.2。其中,QCI=1 的承载,用户时延为 100ms,分组丢失率为 0.01,可以用来提供话音服务;QCI=5 的承载,优先级最高,时延 100ms,分组丢失率为 0.000001,可以用来传输 SIP 信令。3GPP 中的 QoS 保障机制,是 LTE 网络中提供话音服务的重要基础。另外,为了保障 VoIP 业务的 QoS 指标,LTE 还引入了一些优化手段,包括以下几个关键技术。

表 5.2 3GPP 规定的 QCI

QCI	资源类型	优先级	时延	分组丢失率	典 型 业 务	说　　明
1	GBR	2	100ms	10^{-2}	语音会话	VoLTE 话音媒体流
2	GBR	4	150ms	10^{-3}	会话视频(实时器)	
3	GBR	3	50ms	10^{-3}	实时游戏	
4	GBR	5	300ms	10^{-6}	非会话视频(缓存流)	
5	NGBR	1	100ms	10^{-6}	IMS 信令	VoLTE SIP 指令
6	NGBR	6	300ms	10^{-6}	视频(缓存流)	
7	NGBR	7	100ms	10^{-6}	互动游戏	
8	NGBR	8	300ms	10^{-6}	视频(缓存流,如网页浏览、邮件、聊天、FTP 等)	
9	NGBR	9	300ms	10^{-6}	—	

1）半静态调度

每隔固定的周期在相同的时频资源位置上进行该业务数据的发送或接收。使用半静态调度传输，可以充分利用话音数据分组周期性到达的特点，降低系统开销并减少时延，提高 QoS。

2）TTI(Transmission Time Interval,传输时间间隔)绑定

对于上行的连续 TTI 进行绑定，分配给同一用户，在这些 TTI 上发送相同数据块的不同冗余版本，接收机进行合并。TTI 绑定可以提高边缘用户的服务质量。

3）ROHC(Robust Header Compression,鲁棒报头压缩)压缩

LTE 系统中规定，PDCP 子层支持由 IETF 定义的 ROHC 协议对 IP/UDP/RTP 进行报头压缩，这样可以有效地提高信道利用效率。

3. 网络与终端要求

VoLTE 的网络建设和业务部署对网络和终端提出了一系列的要求。

1）网络架构方面

要求新增 IMS 相关网元，包括 IMS 核心网、HSS、MGCF/MGW、媒体服务器、应用服务器。并要求 IMS 连通与 LTE 网络 PGW、PCRF、MME 的接口。在与传统网络的互通方面，也要求与 2G/3G/PSTN 进行网络的互通。

2）终端方面

主要的形态包括软终端的话音业务，即"LTE 数据卡＋软终端＋计算机"方式、硬终端"LTE CPE＋固定话机"方式以及支持 IOS、Android 等操作系统为代表的智能手机。以智能手机为例，要求支持 SIP 协议栈、安装 VoLTE 客户端、支持 QCI＝1 专用承载和所需编解码方式等。要求 VoLTE 提供 AMR-WBG 高清话音编解码，支持 VoLTE、短消息、融合通信等多媒体通信的无缝集成，以期提供更好的业务体验。以实际 VoLTE 商用案例来看，部分开展了该业务的国外运营商也提供了有益的经验借鉴，如 GUI 深度集成、设定专门的VoLTE 按键、运营商和终端厂商深度合作定制手机等。

5.6　本章小结

本章学习了通信网中基于承载层提供的安全可靠的虚拟专用网业务、应用层面适用于流媒体分发的新型网络技术-内容分发网络，以及通过控制层提供的 VoLTE 业务及技术。

VPN 是指利用密码技术和访问控制技术在公共网络（如 Internet）中建立的专用通信网络。在 VPN 中，任意两个节点之间的连接并没有传统专用网所需的端到端的物理链路，而是利用某种公众网的资源动态组成，VPN 对用户端透明，用户好像使用一条专用线路进行通信。VPN 主要采用四项技术来保证安全，这四项技术分别是隧道技术、加密技术、密钥管理技术和身份认证技术。其中隧道技术是最常用和重要的技术，它们主要可分为第二层（链路层）隧道协议和第三层（网络层）隧道协议，以及工作在高层的 SOCKS 和 SSL 协议。本章重点介绍了使用 MPLS 搭建 VPN，是现在业界的一种主流技术。MPLS VPN 通过 MPLS 隧道连接多个处于不同 IP 网段的用户内网，它使用 BGP 在服务提供商骨干网上发布私网路由，并在骨干网上转发 VPN 报文。

CDN 技术是为全球内提供内容服务而提出一种新型网络架构与技术。它采用分布式

缓存/复制、负载均衡、流量工程和客户端重定向等技术,设立若干分支节点,尽量将用户请求的内容存储到距离用户最后一公里的边缘节点上,在 Internet 上构筑一个地理上分布的内容分送网络,将信息资源向网络边缘推进,用户可以在最近的位置快速访问到所需的内容,大大提高了终端用户的访问速度和服务质量。CDN 网络架构由内容分发和控制系统、内容缓存设备、内容交换设备、内容路由设备构成。

　　VoLTE 基于 IMS 提供全 IP 化的话音服务。VoLTE 采用了宽带 AMR 话音编码(W-AMR)技术,音频范围可覆盖 50～7000Hz,能实现更丰富、更自然的高清话音通话。VoLTE 业务遵循 IMS 的话音业务流程,包含漫游和非漫游场景下的起呼、被叫等。VoIP 话音业务流程主要分为 LTE 终端开机、VoLTE 呼叫建立、VoLTE 呼叫释放 3 个过程。首先通过 UE 与 eNode B 的建立无线连接、EPS 注册、默认承载建立、VoLTE 支持发现,完成 IMS 的注册及用户鉴权。然后建立 UE 与 AS 间的 IMS VoIP 会话,建立 EPS 专用承载,并开始 VoIP 话音会话。最后在呼叫结束后,进行 IMS VoIP 会话和专用承载的释放。

习题

5-1　简述 VPN 的定义和特点。

5-2　实现 VPN 的基本技术要求是什么?

5-3　简述隧道的定义和实质。

5-4　简述隧道技术在 VPN 中的主要作用。

5-5　简述链路层隧道协议之间的区别。

5-6　简述隧道协议的基本类型以及各自在协议栈中的位置。

5-7　整理 MPLS VPN 中 VRF、RT、RD 的概念,并说明各自的作用。

5-8　简述 MPLS VPN 的工作流程。

5-9　简述 CDN 的定义和特点。

5-10　简述 CDN 网络的网络结构以及各部分的作用。

5-11　简述 CDN 的工作流程。

5-12　理解 CDN 网络中的关键技术。

5-13　简述在 LTE 中提供话音业务的主要方法和各自优缺点。

5-14　理解 VoLTE 的基本流程,并与 IMS 基本流程作比较。

参考文献

[1]　王达. 华为 VPN 学习指南[M]. 北京:人民邮电出版社,2017.

[2]　王达. 华为 MPLS VPN 学习指南[M]. 北京:人民邮电出版社,2018.

[3]　雷葆华,等. CDN 技术详解[M]. 北京:电子工业出版社,2012.

[4]　梁洁,等. 内容分发网络(CDN)关键技术、架构与应用[M]. 北京:人民邮电出版社,2013.

[5]　Christopher Cox. LTE 完全指南 LTE、LTE-Advanced、SAE、VoLTE 和 4G[M]. 2 版. 严炜烨,译. 北京:机械工业出版社,2017.

[6]　周峰,等. VoLTE 业务与技术实现方案的研究与分析[J]. 电信科学,2013,2:31-35.

[7]　曹毅,等. CDN 网络关键技术研究[J]. 现代计算机,2014,10:36-39.

［8］　蒋东毅,等. VPN 的关键技术分析［J］.计算机工程与应用,2003,15：173-177.

［9］　Eric C. Rosen et al. RFC 4364-BGP/MPLS IP Virtual Private Networks（VPNs）［J/OL］. https：// tools. ietf. org/html/rfc4364,2006.

［10］　Suresh Krishnan et al. RFC 6071-IP Security（IPSec）and Internet Key Exchange（IKE）［J/OL］. https：//tools. ietf. org/html/rfc6071,2011.

［11］　Jagruti Sahoo et al. A Survey on Replica Server Placement Algorithms for Content Delivery Networks ［J］. IEEE Communications Surveys &. Tutorials，2017,19(2)：1002-1026.

网络性能分析

对通信网建立数学模型并进行分析是本书要讨论的内容之一。目前与网络性能分析和设计有关的数学理论主要有两个方面：图论和排队论。当涉及网络拓扑结构和网络流量问题分析时，常用到图论；当涉及网络性能参数分析时，常用到排队论。本章首先介绍图论基础知识，在此基础上，分析最短路径问题和网络流量问题；然后介绍排队论基础知识，在此基础上，分析分组交换网的性能参数和指标；最后分析传输网的性能。

6.1 图论基础

6.1.1 网络和图

通信网是由诸多路由设备、交换设备、传输设备或终端设备及其传输路径所组成的，因此，可以用图来表示网的模型。图是网络的一种表示形式，与路径的媒体的性质无关（例如光纤、无线或卫星），也与处于路径连接的节点设备所完成的功能（例如路由、交换、交叉连接或信息的输入/输出）无关。

图是由点和连接它们的线的有限集所组成，点相当于节点，线相当于链路。节点指交换局、集中器、终端等，链路则指传输路径。在图论中，对节点常使用顶点、端这些术语，而对链路则使用诸加边、弧或分支等术语。

1. 图的定义

设有端集：$V = \{v_1, v_2, \cdots, v_n\}$

边集：$E = \{e_1, e_2, \cdots, e_m\}$

当边集 E 代表端集 V 中两个元素的关联关系 R 时，

$$V \times V \xrightarrow{R} E$$

V 和 E 组成图 G，即 $G = \{V, E\}$。

由上述定义可知，图 G 中的 V 集可任意给定，而 E 集只是代表 V 集中两个元素的关系。

当 V_i 对 V_j 有邻接关系时，才有某一 $e_r \in E$，每一个 e_r 所对应的两个端 V_i 和 V_j 称为与 e_r 有关联的端，存在 e_r 的两个端称为邻接端。

根据端间关系的性质，可分为有向图和无向图，当 V_i 对 V_j 有某种关系等价于 V_j 对 V_i 有某种关系，就称该图为无向图，反之则称为有向图。

图是集合 V 及其关系集 E 的综合 $\{V,E\}$，集合论中的许多概念都可以移植过来。

若图 A 的端集和边集分别是图 G 的端集和边集的子集，则图 A 是图 G 的子图，表示为 $A \subset G$。若 $A \subset G$ 但 $A \neq G$，则称 A 是 G 的真子图；若 $A \subset G$，且 $G \subset A$，则必有 $A = G$。

2. 图的运算

设 A,B 为任意集合。

- $A \cup B$ 称为 A 与 B 的并集(union set)，定义为 $A \cup B = \{x \mid x \in A \lor x \in B\}$，$\cup$ 称为并运算。

- $A \cap B$ 称为 A 与 B 的交集(intersection set)，定义为 $A \cap B = \{x \mid x \in A \land x \in B\}$，$\cap$ 称为交运算。

- $A - B$ 称为 A 与 B 的差集(difference set)，定义为 $A - B = \{x \mid x \in A \land x \notin B\}$，$-$ 称为差运算。

- $\overline{A}$ 称为 A 的补集(complement set)，定义为 $\overline{A} = U - A = \{x \mid x \notin A\}$，$^-$ 称为补运算，它是一元运算，是差运算的特例。

1）并图

设图 G_a、G_b 如图 6.1(a)和(b)所示，G_c 如图 6.1(c)所示。

从图中看出，G_c 中的端集和边集分别是 G_a 和 G_b 中的端集和边集的并，称图 G_c 是 G_a 和 G_b 的并图。

记为 $G_c = G_a \cup G_b$

对于边集和端集则有

$$V_c = V_a \cup V_b$$
$$E_c = E_a \cup E_b$$

2）交图

G_d 如图 6.1(d)所示，则 G_d 是 G_a 和 G_b 的交图，G_d 是 G_a 和 G_b 的公共部分，同时有

$$V_d = V_a \cap V_b$$
$$E_d = E_a \cap E_b$$

3）差图

G_e 如图 6.1(e)所示，这是从 G_a 中去掉 G_a 和 G_b 的共有边和共有端，但保留未去掉的边关联的端。

G_e 是 G_a 和 G_b 的差图。

记为 $G_e = G_a \sim G_b$

4）环和图

G_f 如图 6.1(f)所示，这是从 $G_a \cup G_b$ 中去掉 G_a 和 G_b 的共有边。

G_f 是 G_a 和 G_b 的环和图。

记为 $G_f = G_a \oplus G_b$

一般来说存在 $G_a \sim G_b = G_a - G_a \cap G_b$

若 $G_a \cap G_b = \varnothing$，则 $G_a \cup G_b = G_a + G_b$，称为它们的直和。

若 $G_b \subset G_a = G_a - G_b$，称为它们的直差。

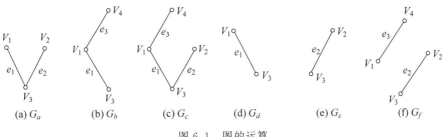

图 6.1 图的运算

6.1.2 图的矩阵表示

图可以借助于矩阵来表示,采用的矩阵是和图一一对应的。根据图可以写出矩阵,有了矩阵就能画出图,当然这样画出的图形可以不一样,但在拓扑上是一致的,也就是满足图的抽象定义。

图的矩阵表示为利用计算机来进行网络的分析和运算打下了必要的基础。常用的图的矩阵有关联阵和邻接阵。

1. 图的关联阵表示

关联阵是表达图的端与边的关联性的矩阵。

若图含有 m 条边,n 个端,则图的关联阵 A 是行数为端数,列数为边数的 $n \times m$ 阵,

$$A = [a_{ij}]_{n \times m}$$

对于无向图,则有

$$a_{ij} = \begin{cases} 1 & \text{若 } e_j \text{ 与 } v_i \text{ 关联} \\ 0 & \text{若 } e_j \text{ 与 } v_i \text{ 不关联} \end{cases}$$

对于有向图,则有

$$a_{ij} = \begin{cases} 1 & \text{若 } e_j \text{ 与 } v_i \text{ 的射出边} \\ -1 & \text{若 } e_j \text{ 与 } v_i \text{ 的射入边} \\ 0 & \text{若 } e_j \text{ 与 } v_i \text{ 不关联} \end{cases}$$

对于如图 6.2 所示的有向图,其关联矩阵可表示为:

$$A = \begin{array}{c} \\ v_1 \\ v_2 \\ v_3 \\ v_4 \\ v_5 \end{array} \begin{array}{c} \begin{array}{ccccccc} e_1 & e_2 & e_3 & e_4 & e_5 & e_6 & e_7 \end{array} \\ \begin{bmatrix} 1 & 1 & 0 & 0 & 0 & 0 & 0 \\ -1 & 0 & -1 & 1 & 0 & 0 & 0 \\ 0 & -1 & 1 & 0 & 1 & 1 & 0 \\ 0 & 0 & 0 & -1 & -1 & 0 & -1 \\ 0 & 0 & 0 & 0 & 0 & -1 & 1 \end{bmatrix} \end{array}$$

从图的关联矩阵可以进一步来计算图的生成树的数量。

连通图的生成树的数量可以用式(6.1)来表示:

$$S = |AA^{\mathrm{T}}| \tag{6.1}$$

式中 A 是连通图的关联矩阵,A^{T} 是 A 阵的转置。

以图 6.2 为例,生成树数目可以由式(6.1)算得:

$$S = |AA^{\mathrm{T}}| = \begin{vmatrix} 2 & -1 & -1 & 0 \\ -1 & 3 & -1 & -1 \\ -1 & -1 & 4 & -1 \\ 0 & -1 & -1 & 3 \end{vmatrix} = 21$$

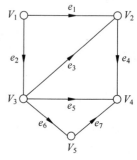

图 6.2 关联矩阵计算

即此图有生成树 21 棵。

以上所讨论的图为有向图,对于无向图,可以在图上任意加箭头,得到相应的有向图,这样就可求得无向图的生成树的数目。

2. 图的邻接阵表示

图也可以用端与端之间的关系矩阵,即邻接阵来表示,邻接阵的行和列都与图的端相对应。对于一个有几个端的图,邻接阵是一个 $n \times n$ 的方阵,即

$$C = [c_{ij}]_{n \times n}$$

其中

$$c_{ij} = \begin{cases} 1 & \text{若 } v_i \text{ 到 } v_j \text{ 有边} \\ 0 & \text{若 } v_i \text{ 到 } v_j \text{ 无边} \end{cases}$$

对于图 6.2 所示的有向图,其邻接阵为:

$$C = \begin{array}{c} \\ v_1 \\ v_2 \\ v_3 \\ v_4 \\ v_5 \end{array} \begin{array}{c} \begin{array}{ccccc} v_1 & v_2 & v_3 & v_4 & v_5 \end{array} \\ \begin{bmatrix} 0 & 1 & 1 & 0 & 0 \\ 0 & 0 & 0 & 1 & 0 \\ 0 & 1 & 0 & 1 & 1 \\ 0 & 0 & 0 & 0 & 0 \\ 0 & 0 & 0 & 1 & 0 \end{bmatrix} \end{array}$$

对于无向图,则有 $c_{ij} = c_{ji}$,因此,无向图的邻接阵是一个对称阵。

6.1.3 最小生成树及其算法

1. 树和生成树

树是图论中一个十分重要的概念,在网络的组播、路由选择中都有着广泛的应用。下面说明树的定义以及树的求法。

树定义为一个不包括环路的连通图,它具有以下性质。

(1) 树是无环的连通图,当对于任何不同的节点 i 和 j 都有一个从 i 到 j 的路由时,图是连通图。

(2) 树是最小的连通图,即树中去掉任一边就成为非连通图,失去了连通性,所以是最小的。

(3) 若树有 m 条边及 n 个端,则有 $m = n - 1$,这可用数学归纳法来证明。因此,树可定义为有 m 个端,$n - 1$ 条边的连通图。

树的例子如图 6.3 所示。

生成树是树中的重要一类,定义如下。

设 T 是连通图 G 的子图。$T \subset G$,若 T 含有 G 的所有端,则称 T 是 G 的生成树。也就

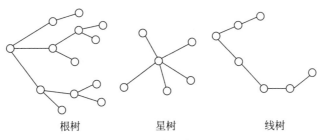

图 6.3　树的例子

是说,生成树是覆盖连通图所有端的树。

只有连通图才有生成树,反之,有生成树的图必然是连通图。

对于图中的某一生成树而言,生成树上的边称为树枝,非树枝的边称为连枝,生成树就是树枝集,连枝的边集称为连树集或树补。

在通信网的设计过程中,常涉及以下的问题:已给定一组固定的节点,在这些节点上找出一棵使全部链路的权值最小的生成树。这里的链路的权值,可以表示各种物理值,如费用、距离、带宽、时间延迟等。

在某些情况下,所求的树可能还受到某些约束条件的限制,如一个典型的约束就是必须把节点连通而使它们承载的业务量不致造成链路过载。

求最小生成树(Minimum Spanning Tree,MST),需要借助于有效的算法。下面首先讨论求解具有最小权值但不受任何约束的一棵树的算法,然后找出有约束条件的具有最小权值的树。

2. 无约束的最小生成树

如前所述,连通图 G 若本身不是一棵树,其生成树不止一个,但满足一定条件的最小生成树至少存在一个。寻找最小生成树是一个常见的优化问题。

已知连通图 G 有 n 个端,端间距离为 $d_{ij}(i,j=1,2,\cdots,n)$,若 v_i 和 v_j 之间无边,可令 $d_{ij}=\infty$,求最小生成树,即 $n-1$ 条边的权和最小的连通子图。这个问题可分为两种情况:一种是无约束条件;另一种是有约束条件的。下面讨论无约束条件的情况。

1) 普列姆(Prim)算法

为了得到最小生成树,人们设计了很多算法,常用的有 Prim 算法和 Kruskal 算法。

Prim 算法的具体操作是:从图中任意一个顶点开始,首先把这个顶点包括在 MST 里,然后在那些一个端点已在 MST 里,另一个端点还不是 MST 里的边中,找权值最小的一条边,并把这条边和其不在 MST 里的那个端点包括进 MST 里。如此进行下去,每次往 MST 里加一个顶点和一条权最小的边,直到把所有的顶点都包括进 MST 里。

假设 V 是图中顶点的集合,E 是图中边的集合,TE 为最小生成树中的边的集合,则 Prim 算法的步骤如下:

(1) 初始化:$U=\{u_0\}$,$TE=\{\}$。此步骤设立一个只有节点 u_0 的节点集 U 和一个空的边集 TE 作为最小生成树的初始状态,在随后的算法执行中,这个状态会不断地发生变化,直到得到最小生成树为止。

(2) 在所有 $u\in U$,$v\in V-U$ 的边 $(u,v)\in E$ 中,找一条权最小的边 (u_0,v_0),将此边加

进集合 TE 中,并将此边的非 U 中顶点加入 U 中。此步骤的功能是在边集 E 中找一条边,要求这条边满足以下条件:首先,边的两个顶点要分别在顶点集合 U 和 $V-U$ 中;其次,边的权要最小。找到这条边以后,把这条边放到边集 TE 中,并把这条边上不在 U 中的那个顶点加入到 U 中。这一步骤在算法中应执行多次,每执行一次,集合 TE 和 U 都将发生变化,分别增加一条边和一个顶点,因此,TE 和 U 是两个动态的集合,这一点在理解算法时要密切注意。

(3) 如果 $U=V$,则算法结束;否则重复步骤(2)。可以把本步骤看成循环终止条件。可以算出当 $U=V$ 时,步骤(2)共执行了 $n-1$ 次(设 n 为图中顶点的数目),TE 中也增加了 $n-1$ 条边,这 $n-1$ 条边就是需要求出的最小生成树的边。

该算法的特点是当前形成的集合 T 始终是一棵树。将 T 中 U 和 TE 分别看作红点和红边集,$V-U$ 看作蓝点集,算法的每一步均是在连接红、蓝点集的紫边中选择一条轻边扩充进 T 中。MST 性质保证了此边是安全的。T 从任意的根 r 开始,并逐渐生长直至 $U=V$,即 T 包含了 C 中所有的顶点为止。MST 性质确保此时的 T 是 G 的一棵 MST。

下面举例来说明上述算法。图 6.4 所示为 Prim 算法用图,边上的数字就是各 d_{ij}。

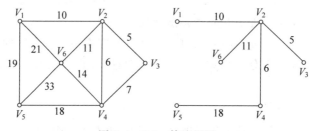

图 6.4　Prim 算法用图

依 Prim 算法可顺序得:

$$U_1 = \{V_2\}$$
$$U_2 = \{V_2, V_3\} \qquad d_{23} \text{ 最小}$$
$$U_3 = \{V_2, V_3, V_4\} \qquad d_{24} \text{ 最小}$$
$$U_4 = \{V_2, V_3, V_4, V_1\} \qquad d_{21} \text{ 最小}$$
$$U_5 = \{V_2, V_3, V_4, V_1, V_6\} \qquad d_{26} \text{ 最小}$$
$$U_6 = \{V_2, V_3, V_4, V_1, V_6, V_5\} \quad d_{45} \text{ 最小}$$

其邻接阵为:

$$C = \begin{array}{c} \\ V_1 \\ V_2 \\ V_3 \\ V_4 \\ V_5 \\ V_6 \end{array} \begin{array}{c} \begin{array}{cccccc} V_1 & V_2 & V_3 & V_4 & V_5 & V_6 \end{array} \\ \begin{bmatrix} 0 & 1 & 0 & 0 & 0 & 0 \\ 1 & 0 & 1 & 1 & 0 & 1 \\ 0 & 1 & 0 & 0 & 0 & 0 \\ 0 & 1 & 0 & 0 & 1 & 0 \\ 0 & 0 & 0 & 1 & 0 & 0 \\ 0 & 1 & 0 & 0 & 0 & 0 \end{bmatrix} \end{array}$$

树枝的总长度为：

$$d_{23} + d_{24} + d_{21} + d_{26} + d_{45} = 50$$

2) 克鲁斯格尔(Kruskal)算法

另一个算法是顺序取边的克鲁斯格尔算法，简称 K 算法。K 算法每次选择 $n-1$ 条边，所使用的准则是：从剩下的边中选择一条不会产生环路的具有最小耗费的边加入已选择的边的集合中。注意到所选取的边，若产生环路，则不可能形成一棵生成树。K 算法分 e 步，其中 e 是网络中边的数目。按耗费递增的顺序来考虑这 e 条边，每次考虑一条边。当考虑某条边时，若将其加入到已选边的集合中会出现环路，则将其抛弃，否则，将它选入。

假设 $G = \{V, E\}$ 是一个含有 n 个顶点的连通网，K 算法的步骤如下。

（1）先构造一个只含 n 个顶点，而边集为空的子图，若将该子图中各个顶点看成是各棵树上的根节点，则它是一个含有 n 棵树的一个森林。

（2）从网的边集 E 中选取一条权值最小的边，若该条边的两个顶点分属不同的树，则将其加入子图。也就是说，将这两个顶点分别所在的两棵树合成一棵树；反之，若该条边的两个顶点已落在同一棵树上，则不可取，而应该取下一条权值最小的边再试之。以此类推，直至森林中只有一棵树，也即子图中含有 $n-1$ 条边为止。

仍用图 6.4 来说明此算法。此时

$$d_{23} < d_{24} < d_{34} < d_{12} < d_{26} < d_{46} < d_{45} < d_{15} < d_{16} < d_{56}$$

得到：

$$G_1 = \{V_2, V_3\}$$
$$G_2 = \{V_2, V_3\} \bigcup \{V_2, V_4\} = \{V_2, V_3, V_4\}$$
$$G_3 = G_2 \bigcup \{V_3, V_4\}$$

形成环路，删去这条边。

$$G_4 = G_2 \bigcup \{V_1, V_2\} = \{V_2, V_3, V_4, V_1\}$$
$$G_5 = G_4 \bigcup \{V_2, V_6\} = \{V_2, V_3, V_4, V_1, V_6\}$$
$$G_6 = G_5 \bigcup \{V_4, V_6\}$$

形成环路，删去这条边。

$$G_7 = G_6 \bigcup \{V_4, V_5\} = \{V_2, V_3, V_4, V_1, V_6, V_5\}$$

G_7 就是最小生成树。

3. 有约束条件的最小生成树

下面讨论有约束条件的最小生成树，以 E-W 算法作为例子来进行讨论。

E-W 算法用图如图 6.5 所示，图中 1 是中心节点，其他 2、3、4、5 为端站，链路上的权值为 $d_{ij}(i, j = 1, 2, \cdots, n)$，各个端站的业务量为 $F_i(i = 1, 2, \cdots, n)$，d_{ij} 的值示于图 6.5 的各边上，F_i 的值示于图 6.5 的各端上。

约束条件：要求任意一个端所到 v_j 链路数（边数）小于 k，即转接次数小于 $k-1$，边上的总业务量不大于 M。

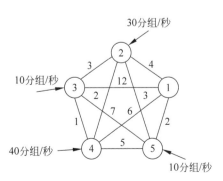

图 6.5 E-W 算法用图

其中 k 是给定的整数,而 M 是给定的实数,本例中设 $k=3$，$M=50$ 分组/秒,求符合约束条件的最小生成树。

根据公式 $e_{ij}=d_{ij}-D_{1i}$

$$D_{1i}=\min_{v_i\in G_i}d_{1i}$$

计算的 e_{ij} 的矩阵为:

$$
\begin{array}{c}
\quad\quad v_1\quad\quad v_2\quad\quad v_3\quad\quad v_4\quad\quad v_5 \\
\begin{array}{c}v_2\\v_3\\v_4\\v_5\end{array}
\left[\begin{array}{ccccc}
0 & 0 & -1 & -2 & -1 \\
0 & -9 & 0 & -11 & -5 \\
0 & -4 & -5 & 0 & -1 \\
0 & 1 & 5 & 3 & 0
\end{array}\right]
\end{array}
$$

① 矩阵中 e_{34} 最小,取该边。经核对满足约束条件。

② 重新计算 e_{ij} 的矩阵得

$$
\begin{array}{c}
\quad\quad v_1\quad\quad v_2\quad\quad v_3\quad\quad v_4\quad\quad v_5 \\
\begin{array}{c}v_2\\v_3\\v_4\\v_5\end{array}
\left[\begin{array}{ccccc}
0 & 0 & -1 & -2 & -1 \\
0 & -4 & 0 & -11 & 0 \\
0 & -4 & -5 & 0 & -1 \\
0 & 1 & 5 & 3 & 0
\end{array}\right]
\end{array}
$$

③ 取 $e_{43}=-5$ v_4,v_3 已有边。

④ 取 $e_{42}=-4$ v_4,v_2 相连后,总业务量 $=10+40+30=80$,不符合约束条件。

⑤ 取 $e_{32}=-4$，$e_{24}=-2$，$e_{35}=0$,均不符合约束条件。

⑥ $e_{25}=-1$,满足约束条件,取该边。

⑦ 取 $e_{51}=0$,符合约束条件。

⑧ 取 $e_{41}=0$,符合约束条件。

⑨ 取 $e_{35}=0$,不符合约束条件。

得如图 6.6 的解。

业务量如图 6.6 所示,节点上的数字为该节点的业务量。

图 6.7 是无约束条件下的最小生成树,可以和有约束条件下的生成树加以比较,说明约束条件在求解过程中的影响。

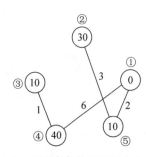

图 6.6　有约束条件下的最小生成树

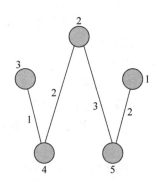

图 6.7　无约束条件下的最小生成树

6.2 最短路径问题

在固定路由选择中,常按照最短路径的原则来确定节点的路由表。下面讨论求解最短路径的3个算法,一个是 Bellman-Ford 算法,是求解到固定点的最短路径算法;另一个是 Dijkstra 算法,用来求解源节点到网中所有其他节点的最短路径;还有一个是 Floyd 算法,用来求解网中任意两个节点之间的最短路径。

当网络中标定的数值不是链路长度,而是链路费用或者链路时延时,应用上述算法求出的就是两节点之间的最小费用或最少时延。因此,上述算法在对网络进行优化时具有普遍的意义。

6.2.1 Bellman-Ford 算法

Bellman-Ford 算法(也叫作 Ford-Fulkerson 算法)是用来求解到固定点的最短路径算法。其原理是:如果某个节点在 A 和 B 之间的最短路径上,则该节点到 A 的路径必定是最短路径;同样,该节点到 B 的路径也必定是最短路径。作为一个例子,假定希望求得图 6.8 中节点 2 到节点 6(目的地)的最短路径,为了到达目的地,节点 2 的分组必须首先通过它的邻居节点:节点 1、节点 4 或节点 5 中的某个节点。如果已经知道节点 1、节点 4、节点 5 到目的地(节点 6)的最短路径分别是 3,3,2,这样,如果节点 2 的分组首先通过节点 1,则总距离(也可叫作总费用)就等于 3+3=6;如果分组首先通过的是节点 4,则总距离是 1+3=4;如果分组首先通过的是节点 5,则总距离是 4+2=6。因此,从节点 2 到目的地的最短路径就是分组首先通过节点 4 时所得到的路径。

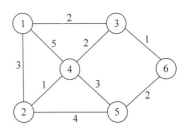

图 6.8 Bellman-Ford 算法

为了使这种想法形式化,首先固定目的地节点,并定义 D_j 是节点 j 到目的地的最小费用(或最短距离)的当前预测值;C_{ij} 是节点 i 到节点 j 的线路费用。例如,在图 6.8 中,$C_{12}=C_{21}=3$,$C_{45}=3$,而从节点 i 到其自身的费用定义为 0(即 $C_{ii}=0$)。如果节点 i 到节点 k 之间没有直接相连的线路,则它们之间的线路费用定义为无穷大。例如,在图 6.8 中,$C_{15}=C_{23}=\infty$。根据这些定义,可以求得从节点 2 到目的地节点(节点 6)的最小费用为:

$$D_2 = \min\{C_{21}+D_1, C_{24}+D_4, C_{25}+D_5\} = \min\{3+3, 1+3, 4+2\} = 4$$

因此,节点 2 到节点 6 的最小费用为 4,且下一个访问的节点是节点 4。

在计算节点 2 到节点 6 的最小费用时,假定已经知道了节点 1、4、5 分别到目的地的最小费用。而实际上,这些节点并没有执行同样的计算,它们到目的地的最小费用并不是已知的,因此,为了得到这些节点的最小费用,应用同样的原理对这些节点进行计算。例如:

$$D_1 = \min\{C_{12}+D_2, C_{13}+D_3, C_{14}+D_4\}$$

$$D_4 = \min\{C_{41}+D_1, C_{42}+D_2, C_{43}+D_3, C_{45}+D_5\}$$

可以看出,由于 D_2 依赖于 D_1,而 D_1 又依赖于 D_2,因此这些方程是循环的。令人难以置信的是,只要不断地对这些方程进行迭代和更新,这个算法将收敛到正确的结果。为了说明这一点,假定开始时 $D_1=D_2=\cdots=D_5=\infty$,可以看到,在每次迭代时 $D_1,D_2,\cdots,D_5$ 最终必定收敛。

现在定义 d 是目的地节点,则可以将 Bellman-Ford 算法总结如下:

① 初始化。

$$D_i = \infty, \quad i \neq d$$
$$D_d = 0$$

② 更新。对每个 $i \neq d$,按式(6.2)计算。

$$D_i = \min_j \{C_{ij} + D_j\}, \quad j \neq i \tag{6.2}$$

重复步骤②,直到迭代中没有新的变化出现。

例:求最小费用。

利用 Bellman-Ford 算法,求出图 6.8 中每个节点到节点 6(目的地节点)的最小费用,并求出沿最短路径的下一个节点。

现在用符号 (n, D_i) 表示每个节点,这里 n 是沿当前最短路径的下一个节点,D_i 是节点 i 到目的地的当前最小费用。从给出最小费用的方程中的 j 值可以求得下一个节点。如果下一个节点没有定义,就将 n 设置为 -1。表 6.1 所示为 Bellman-Ford 算法在每次迭代结束时的结果。由于第 3 次迭代结束后不再有变化出现,因而算法在此时结束。表中的最后一行即每个节点到节点 6 的最短路径费用及该路径上的下一个节点。

表 6.1　Bellman-Ford 算法计算结果示例

迭　　代	节点 1	节点 2	节点 3	节点 4	节点 5
初始化	$(-1, \infty)$	$(-1, \infty)$	$(-1, \infty)$	$(-1, \infty)$	$(-1, \infty)$
1	$(-1, \infty)$	$(-1, \infty)$	$(6, 1)$	$(-1, \infty)$	$(6, 2)$
2	$(3, 3)$	$(5, 6)$	$(6, 1)$	$(3, 3)$	$(6, 2)$
3	$(3, 3)$	$(4, 4)$	$(6, 1)$	$(3, 3)$	$(6, 2)$

对于上面的例子,可以画出每个节点到目的地节点的最短路径。由表 6.1 中的最后一行可以看出,在每个节点的最短路径上,节点 1 的下一个节点是节点 3;节点 2 的下一个节点是节点 4;节点 3 的下一个节点是节点 6。

Bellman-Ford 算法的一个良好特性是它容易分布实现,这样,每个节点就可以独立计算该节点到每个目的地的最小费用,并将最小费用矢量周期地广播给它的邻居节点。为加快收敛,路由表中的变化也可用来触发节点向它的邻居节点广播最小费用,这种技术叫作触发更新。可以证明,在适当的假设条件下,分布式算法也可以收敛到正确的最小费用上。一旦收敛,每个节点就会知道每个目的地的最小费用以及最短路径上相应的下一个节点。由于相邻节点之间交换的只有费用矢量(或距离矢量),分布式 Bellman-Ford 算法也常被称为距离矢量算法。参与距离矢量算法的每个节点都按式(6.3)和式(6.4)进行计算:

$$D_{ij} = 0 \tag{6.3}$$
$$D_{ij} = \min_k \{C_{ik} + D_{kj}\}, \quad \forall k \neq i \tag{6.4}$$

这里,D_{ij} 是节点 i 到目的地节点 j 的最小费用。一旦更新,节点 i 就向它的相邻节点广播矢量 $[D_{i1} \quad D_{i2} \quad D_{i3} \quad \cdots]$。分布实现方式能够适应线路费用的变化或者是拓扑结构的变化。

6.2.2 Dijkstra 算法

1. Dijkstra 算法原理

利用图 6.9 中所示的网作为例子来讨论 Dijkstra 算法,其目的是求出源节点到网中所有其他节点的最短路径。在求解过程中,采取步进的方式,建立一个以源节点 1 为根的最短路径树,直到包括最远的节点在内为止。到第 k 步,计算出到源节点最近的 k 个节点的最短路径。这些路径定义在集合 N 内。

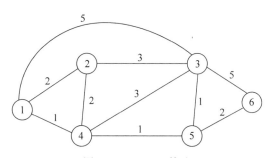

图 6.9 Dijkstra 算法

设 $D(v)$ 为从源节点 1 到 v 节点的距离,$l(ij)$ 为节点 i 和 j 之间的距离。算法分两步执行。

第 1 步:初始化。令 $N=\{1\}$,对于不在 N 中的每个节点 v,设置 $D(v)=l(1,v)$。(对于与 1 不直接相连的节点取为∞)

第 2 步:找到一个不在 N 中的使 $D(w)$ 最小的节点 w,并将 w 加进集合 N 中去,然后按式(6.5)计算,以修改不在 N 中的所有其他节点的 $D(v)$:

$$D(v)=\min[D(v),D(w)+l(w,v)] \tag{6.5}$$

重复第 2 步直至全部节点包括在 N 中。

表 6.2 所示为计算图 6.9 中节点 1 到其他节点最短路径的过程。在表中画圆圈的数字表示该步骤中 $D(w)$ 的最小值。这样,相应的节点 w 就加到 N 中,$D(v)$ 的值就按要求更改。因此,在初始化后的第 1 步,距离最小 $D(4)=1$,节点 4 就加进集合 N 中;在第 2 步,$D(5)=2$,节点 5 加进 N 中;如此不断继续下去。第 5 步以后,所有的节点都在 N 中,算法终止。

表 6.2 算法的计算过程

步　骤	N	$D(2)$	$D(3)$	$D(4)$	$D(5)$	$D(6)$
初始	$\{1\}$	2	5	1	∞	∞
1	$\{1,4\}$	2	4	①	2	∞
2	$\{1,4,5\}$	2	3	1	②	4
3	$\{1,2,4,5\}$	②	3	1	2	4
4	$\{1,2,3,4,5\}$	2	③	1	2	4
5	$\{1,2,3,4,5,6\}$	2	3	1	2	④

图 6.10(a)中示出了以源节点 1 为根的最短距离树。它的产生过程是:当一个节点加入集合 N 时,它就连接到已在 N 中的适当点。每个节点下面圆圈内的数字代表在第 n 步

该节点加入树的结构。由节点 1 的最短距离树可以得到节点 1 的路由选择表,如图 6.10(b)所示。该选择表指明了到相应的目的地节点所应选的下一节点。同理,可以求得节点 $2,3,\cdots,6$ 的路由选择表。

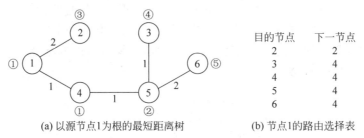

(a) 以源节点1为根的最短距离树　　　　(b) 节点1的路由选择表

图 6.10　节点 1 到其他节点的最短距离

2. Dijkstra 算法的应用

Dijkstra 算法有时也被称为最短路径优先(Shortest Path First,SPF)算法,它是 OSPF 路由协议的基础。该算法将每一个路由器作为根(Root)来计算其到每一个目的地路由器的距离,每一个路由器根据一个统一的数据库计算出路由域的拓扑结构图,该结构图类似于一棵树,在 SPF 算法中,被称为最短路径树。在 OSPF 路由协议中,最短路径树的树干长度,即 OSPF 路由器至每一个目的地路由器的距离,称为 OSPF 的 Cost。

作为一种典型的基于链路状态的路由协议,OSPF 还得遵循链路状态路由协议的统一算法。链路状态的算法非常简单,在此将链路状态算法概括为以下 4 个步骤。

① 当路由器初始化或当网络结构发生变化(例如增减路由器,链路状态发生变化等)时,路由器会产生链路状态广播数据包(Link-State Advertisement,LSA),该数据包里包含路由器上所有相连链路,即所有端口的状态信息。

② 更新自己的数据库,并将该链路状态信息转送给与其相邻的路由器,直至稳定的一个过程。

③ 当网络重新稳定下来,也可以说 OSPF 路由协议收敛下来时,所有的路由器会根据其各自的链路状态信息数据库计算出各自的路由表。该路由表中包含路由器到每一个可到达目的地的 Cost 以及到达该目的地所要转发的下一个路由器(next-hop)。

④ 当网络状态比较稳定时,网络中传递的链路状态信息是比较少的,或者说,当网络稳定时,网络中是比较安静的。这一步实际上是指 OSPF 路由协议的一个特性。这也正是链路状态路由协议区别于距离矢量路由协议的一个特点。

6.2.3　Floyd 算法

求网中的任意两节点之间的最短路径是由 Floyd 提出的。Floyd 算法的基本思想是从初始距离矩阵开始,依次把网中的各节点作为中间节点来考虑,不断地更新距离矩阵,直至矩阵中的数值收敛。

设所讨论的网中:有 N 个节点;S 为距离矩阵,S_{jk} 为矩阵中的元素,表示节点 j 与节点 k 之间的距离;R 为后续节点矩阵,r_{jk} 为 R 矩阵中的元素。

Floyd 算法按照下列步骤进行。

① 初始化。对于 $j=1,2,\cdots,N$;$k=1,2,\cdots,N$;置 $S_{jk}=d_{jk}$。其中,d_{jk} 是节点 j 与节

点 k 之间的直达距离。如果两个节点不直接相连,则 d_{jk} 取为 ∞。置 $r_{jk} \leftarrow k$,当 $j=k$ 时,$r_{jk} \leftarrow 0$。

② 对于 $i=1,2,\cdots,N$,进行步骤③~步骤⑤。

③ 对于 $j=1,2,\cdots,N$;$j \neq i$,进行步骤④~步骤⑤。

④ 对于 $k=1,2,\cdots,N$;$k \neq j$,$k \neq i$,进行步骤⑤。

⑤ 对 S_{jk} 和 r_{jk} 进行更新。当 $S_{ji}+S_{ik}<S_{jk}$ 时,置 $S_{jk} \leftarrow S_{ji}+S_{ik}$ 和 $r_{jk} \leftarrow i_0$。

算法的执行过程从矩阵 $\boldsymbol{S}^0$ 开始,$S_{jk}^{(0)}$ 等于直达距离中 d_{jk},然后以 $i=1$ 为中间节点,$S_{jk}^{(1)}$ 等于从 j 到 k 的最短路径。当节点 $1,2,\cdots,N$ 都是中间节点时,矩阵 $\boldsymbol{S}^{(N)}$ 具有等于从 j 到 k 的最短路径长度 $S_{jk}^{(N)}$,每次迭代均利用式(6.6)进行:

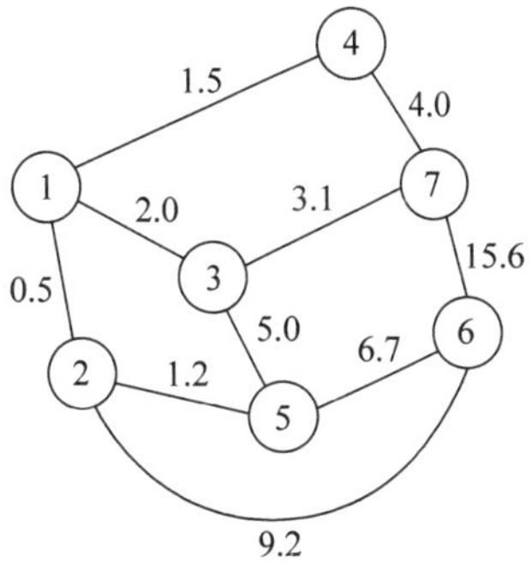

图 6.11 Floyd 算法用网

$$S_{jk}^{(i)} = \min(S_{jk}^{(i-1)}, S_{ji}^{(i-1)}+S_{ik}^{(i-1)}) \qquad (6.6)$$

下面结合具体例子进一步说明 Floyd 算法。图 6.11 所示为一个 7 节点的网络,节点之间的直达距离已在图中标明,求此图的最短路径矩阵。

在图 6.11 的例子中,开始时有:

$$\boldsymbol{S}^0 = \begin{bmatrix} 0 & 0.5 & 2.0 & 1.5 & \infty & \infty & \infty \\ 0.5 & 0 & \infty & \infty & 1.2 & 9.2 & \infty \\ 2.0 & \infty & 0 & \infty & 5.0 & \infty & 3.1 \\ 1.5 & \infty & \infty & 0 & \infty & \infty & 4.0 \\ \infty & 1.2 & 5.0 & \infty & 0 & 6.7 & \infty \\ \infty & 9.2 & \infty & \infty & 6.7 & 0 & 15.6 \\ \infty & \infty & 3.1 & 4.0 & \infty & 15.6 & 0 \end{bmatrix}$$

$$\boldsymbol{R}^0 = \begin{bmatrix} 0 & 2 & 3 & 4 & 0 & 0 & 0 \\ 1 & 0 & 0 & 0 & 5 & 6 & 0 \\ 1 & 0 & 0 & 0 & 5 & 0 & 7 \\ 1 & 0 & 0 & 0 & 0 & 0 & 7 \\ 0 & 2 & 3 & 0 & 0 & 5 & 0 \\ 0 & 2 & 0 & 0 & 5 & 0 & 7 \\ 0 & 0 & 3 & 4 & 0 & 6 & 0 \end{bmatrix}$$

在已经以 $i=2$ 完成步骤②之后,也就是在已经试验过其中节点 1 或 2 可能是中间节点的所有路由之后,有:

$$\boldsymbol{S}^2 = \begin{bmatrix} 0 & 0.5 & 2.0 & 1.5 & 1.7 & 9.7 & \infty \\ 0.5 & 0 & 2.5 & 2.0 & 1.2 & 9.2 & \infty \\ 2.0 & 2.5 & 0 & 3.5 & 3.7 & 11.7 & 3.1 \\ 1.5 & 2.0 & 3.5 & 0 & 3.2 & 11.2 & 4.0 \\ 1.7 & 1.2 & 3.7 & 3.2 & 0 & 6.7 & \infty \\ 9.7 & 9.2 & 11.7 & 11.2 & 6.7 & 0 & 15.6 \\ \infty & \infty & 3.1 & 4.0 & \infty & 15.6 & 0 \end{bmatrix}$$

$$\boldsymbol{R}^2 = \begin{bmatrix} 0 & 2 & 3 & 4 & 2 & 2 & 0 \\ 1 & 0 & 1 & 1 & 5 & 6 & 0 \\ 1 & 1 & 0 & 1 & 2 & 2 & 7 \\ 1 & 1 & 1 & 0 & 2 & 2 & 7 \\ 2 & 2 & 2 & 2 & 0 & 6 & 0 \\ 2 & 2 & 2 & 2 & 5 & 0 & 7 \\ 0 & 0 & 3 & 4 & 0 & 6 & 0 \end{bmatrix}$$

在这里注意,例如,$S_{46}=11.2$,路由为 $(4,1)$、$(1,2)$、$(2,6)$;在前次以 $i=2$ 通过步骤②时,S_{42} 的值曾以它的初值 ∞(节点 4 和 2 没有一个链路加以连接)变到值 2.0,即从 4 经过 1 到 2 的路由的长度。

最后,在算法结束时,找到:

$$\boldsymbol{S}^7 = \begin{bmatrix} 0 & 0.5 & 2.0 & 1.5 & 1.7 & 8.4 & 5.1 \\ 0.5 & 0 & 2.5 & 2.0 & 1.2 & 7.9 & 5.6 \\ 2.0 & 2.5 & 0 & 3.5 & 3.7 & 11.7 & 3.1 \\ 1.5 & 2.0 & 3.5 & 0 & 3.2 & 9.9 & 4.0 \\ 1.7 & 1.2 & 3.7 & 3.2 & 0 & 6.7 & 6.8 \\ 8.4 & 7.9 & 11.7 & 9.9 & 6.7 & 0 & 13.5 \\ 5.1 & 5.6 & 3.1 & 4.0 & 6.8 & 13.5 & 0 \end{bmatrix}$$

$$\boldsymbol{R}^7 = \begin{bmatrix} 0 & 2 & 3 & 4 & 2 & 2 & 3 \\ 1 & 0 & 1 & 1 & 5 & 5 & 1 \\ 1 & 1 & 0 & 1 & 1 & 5 & 7 \\ 1 & 1 & 1 & 0 & 1 & 1 & 7 \\ 2 & 2 & 2 & 2 & 0 & 6 & 2 \\ 5 & 5 & 5 & 5 & 5 & 0 & 5 \\ 3 & 3 & 3 & 4 & 3 & 3 & 0 \end{bmatrix}$$

以图 6.11 的例子可以示出使用 $\boldsymbol{R}$ 矩阵来产生一个特定节点对之间最短路由的方式。如果打算描述节点 2 和节点 7 之间的最短路由,从节点 2 到 $\boldsymbol{R}$ 矩阵中在全部算法完成之后由 r_{27} 所指示的节点,也就是进到节点 1,且在想要的路由中第一个链路是 $(2,1)$。然后,进到如同 r_{17} 所给出的编号的节点,也就是 3,因而继续增添链路 $(1,3)$。最后,知道在最短路由从 3~7 中,3 的后继者是 7,因而得出的路由是 $(2,1)$、$(1,3)$、$(3,7)$,其长度是 $S_{27}=5.6$。

6.3 网络流量问题

网络的目的是把一定的业务流从源端送到宿端。流量分配的优劣将直接关系到网络的使用效率和相应的经济效益。网络的流量分配受限于网络的拓扑结构,边和端的容量以及路由规划。本节关于流量的内容均在有向图上考虑,并且均是单商品流问题,即网络中需要输出的只有一种商品或业务。通信网络的服务对象有随机性的特点,本节中假设网络源和宿的流量为常量。

6.3.1 基本概念

1. 可行流

给定一个有向图 $G=(V,E)$，$C(e)$ 是定义在 E 上的一个非负函数，称为容量；对边 e_{ij} 的边容量为 C_{ij}，表示每条边能通过的最大流量。设 $f=\{f_{ij}\}$ 是上述网络的一个流，若能满足下述两个限制条件，称为可行流。

(1) 非负有界性：$0\leqslant f_{ij}\leqslant C_{ij}$；

(2) 连续性：对端 v_i 有

$$\sum_{v_j\in\Gamma(v_i)}f_{ij}-\sum_{v_j\in\Gamma'(v_i)}f_{ji}=\begin{cases}F & v_i\ \text{为源端}\\-F & v_i\ \text{为宿端}\\0 & \text{其他}\end{cases}$$

式中 $\Gamma(v_i)=\{v_j:(v_i,v_j)\in E\}$ 流出 v_i 的边的末端集合；

$\Gamma'(v_i)=\{v_j:(v_j,v_i)\in E\}$ 流入 v_i 的边的始端集合；

$F=v(f)$ 为源宿间流 $\{f_{ij}\}$ 的总流量。

流量优化需要解决的问题分为两类：一类是最大流问题，即在确定流的源和宿的情况下，求一个可行流 f，使 $v(f)=F$ 为最大；另一类是最小费用流问题，即在确定流的源和宿的情况下，求一个可行流 f，使费用为最小。其中流费用 ϕ 的定义如式(6.7)，式中 $d_{i,j}$ 为单位流费用。

$$\phi=\sum_{(i,j)\in E}d_{i,j}f_{i,j} \tag{6.7}$$

2. 割量

设 X 是 V 的真子集，且 $v_s\in X$，$v_t\in X^c$，(X,X^c) 表示起点和终点分别在 X 和 X^c 的边集合，这个集合当然为一个割集，割集的正方向为从 $v_s\sim v_t$。

割量定义为这个割集中边容量的和，如式(6.8)所示。

$$C(X,X^c)=\sum_{v_i\in X,v_j\in X^c}C_{ij} \tag{6.8}$$

对可行流 $\{f_{ij}\}$：

$f(X,X^c)$ 表示前向边的流量(和)$\sum f_{ij}$，其中 $v_i\in X$，$v_j\in X^c$

$f(X^c,X)$ 表示反向边的流量(和)$\sum f_{ji}$，其中 $v_i\in X$，$v_j\in X^c$

则源为 v_s，宿为 v_t 的任意流 f 有：

(1) $v(f)=f(X,X^c)-f(X^c,X)$，其中 $v_s\in X$，$v_t\in X^c$

证明：

对任 $v_i\in X$：$\quad\sum_{v_j\in V}f_{ij}-\sum_{v_j\in V}f_{ji}=\begin{cases}F & v_i=v_s\\0 & v_i\neq v_s\end{cases}$

对所有 $v_i\in X$，求和上式：

$$\sum_{v_i\in X}\sum_{v_j\in V}f_{ij}-\sum_{v_i\in X}\sum_{v_j\in V}f_{ji}=\sum_{v_i\in X}\sum_{v_j\in X^c}f_{ij}-\sum_{v_i\in X}\sum_{v_j\in X^c}f_{ji}$$

$$=f(X,X^c)-f(X^c,X)=F=v(f)$$

源端 s：$f_{s1}+f_{s2}+f_{s3}$

中转端 1：f_{14} $-(f_{s1}+f_{21})$

中转端 2：$f_{21}+f_{23}$ $-(f_{s2})$

中转端 3：f_{3t} $-(f_{s3}+f_{23}+f_{53})$

$$\sum_{v_i \in X}\sum_{v_j \in X^c} f_{ij} - \sum_{v_i \in X^c}\sum_{v_j \in X} f_{ji} = f_{14}+f_{3t}+f_{53} = f(X,X^c)-f(X^c,X) = F$$

(2) $F \leqslant C(X,X^c)$

由步骤(1)及 $f(X,X^c)$ 非负,可得:

$$F = f(X,X^c)-f(X^c,X) \leqslant f(X,X^c) \leqslant C(X,X^c)$$

3. 可增流路

从端 s 到端 t 的一个路,有一个自然的正方向,然后将路上的边分为两类:前向边集合和反向边集合。对于某条流,若在某条路中,前向边均不饱和($f_{ij}<c_{ij}$),反向边均有非 0 流量($f_{ij}\neq 0$),称这条路为可增流路径(或增广链)。在可增流路上增流不影响连续性条件,也不改变其他边上的流量,同时可以使从源端到宿端的流量增大。

若流 $\{f_{i,j}\}$ 已达最大流,f 则从源至宿端的每条路都不可能是可增流路,即每条路至少含一个饱和的前向边或流量为 0 的反向边。

6.3.2 最大流问题

所谓最大流问题,在确定流的源端和宿端的情况下,求一个可行流 f,使 $v(f)$ 为最大。对于一个网络,求最大流的方法采用可增流路的方法,下面的定理 6.1 为这种方法提供了保证。

如果网络为图 $G=(V,E)$,源端为 v_s,宿端为 v_t。

定理 6.1(最大流-最小割定理) 可行流 $f^*=\{f^*_{i,j}\}$ 为最大流当且仅当 G 中不存在从 $v_s \sim v_t$ 的可增流路。

证明:

必要性:设 f^* 为最大流,如果 G 中存在关于 f^* 的从 $v_s \sim v_t$ 的可增流路 μ。

令 $0<\theta=\min\left[\min\limits_{(i,j)\in \mu^+}(C_{i,j}-f^*_{i,j}), \min\limits_{(i,j)\in \mu^-}(f^*_{i,j})\right]$,$\theta$ 是存在的。

构造一个新流 f 如下:

如果 $(i,j)\in \mu^+$,$f_{i,j}=f^*_{i,j}+\theta$

如果 $(i,j)\in \mu^-$,$f_{i,j}=f^*_{i,j}-\theta$

如果 $(i,j)\notin \mu$,$f_{i,j}=f^*_{i,j}$,不难验证新流 f 为一个可行流,而且 $v(f)=v(f^*_{i,j})+\theta$,矛盾。

充分性:设 f^* 为可行流,G 中不存在关于这个流的可增流路。

令 $X^*=\{v|G$ 中存在从 $v_s \sim v_t$ 的可增流路$\}$,从而 $v_s \in X^*$,$v_t \notin X^*$。

对于任意边 $(i,j)\in (X^*,X^{*c})$,有 $f^*_{i,j}=c_{i,j}$

对于任意边 $(i,j)\in (X^{*c},X^*)$,有 $f^*_{i,j}=0$

这样,$v(f^*)=c(X^*,X^{*c})$,那么流 f^* 为最大流,(X^*,X^{*c}) 为最小割。证毕。

网络处于最大流的情况下,每个割集的前向流量减反向流量均等于最大流量且总存在一个割集 (X^*,X^{*c}),其每条正向边都是饱和的,反向边都是零流量;其割量在诸割中达最小值,并等于最大流量。

推论：如果所有边的容量为整数,则必定存在整数最大流。

求最大流的基本思想是：在一个可行流的基础上,找 $v_s \to v_t$ 的可增流路,然后在此路上增流,直至无可增流路时,停止。

具体方法(M 算法)：从任一可行流开始,通常以零流 $\{f_{i,j}=0\}$ 开始。

① 标志过程：从 v_s 开始给邻端加标志,加上标志的端称已标端。

② 选查过程：从 v_s 开始选查已标未查端;查某端,即标其可能增流的邻端;所有邻端已标,则该端已查。标志宿端,则找出一条可增流路到宿端,进入增流过程。

③ 增流过程：在已找到的可增流路上增流。

步骤：

M0：初始令 $f_{i,j}=0$

M1：标源端 v_s：$(+,s,\infty)$

M2：从 v_s 开始,查已标为查端 v_i,即标 v_i 的满足下列条件的邻端 v_j：

若 $(v_i,v_j)\in E$ 且 $c_{i,j}>f_{i,j}$,则标 v_j 为：$(+,i,\varepsilon_j)$,其中 $\varepsilon_j=\min(c_{i,j}-f_{i,j},\varepsilon_i)$,$\varepsilon_i$ 为 v_i 已标值。

若 $(v_j,v_i)\in E$ 且 $f_{j,i}>0$,则标 v_j 为 $(-,i,\varepsilon_j)$,其中 $\varepsilon_j=\min(\varepsilon_i,f_{j,i})$,其他端 v_j 不标。

所有能加标的邻端 v_j 已标,则称 v_i 已查。倘若所有端已查且宿端未标,则算法终止。

M3：若宿端 v_i 已标,则沿该可增流路增流。

M4：返回 M1。

上面的算法是针对有向图且端无限制的情况。若是有无向边,端容量及多源多宿的情况,可以进行一些变换,化为上述标准情形。

如果端 i 和端 j 之间为无向边,容量为 $C_{i,j}$,那么将它们化为一对单向边 (i,j) 和 (j,i),并且它们的容量均为 $C_{i,j}$。

如果端 i 有转接容量限制 C_i,那么将 V_i 化为一对顶点 V_i'、V_i'',原终结于 V_i 的边全部终结于 V_i',原起始于 V_i 的边均起始于 V_i'',且从 V_i' 至 V_i'' 有一条边容量为 C_i。

对多源多宿的情况,设原有源为 $V_{s1},V_{s2},\cdots,V_{sl}$,原有宿为 $V_{t1},V_{t2},\cdots,V_{tk}$,要求从源集到宿集的最大流量,可以虚拟一个新的源 V_s 和新的宿 V_t,源 $V_s \sim V_{s1},V_{s2},\cdots,V_{sl}$ 的各边容量均为无限大,$V_{t1},V_{t2},\cdots,V_{tk}$ 到宿 V_t 的各边容量也为无限大,这样多源多宿的问题就化为从 $V_s \sim V_t$ 的最大流问题,如图 6.12 所示。

仔细考虑会发现,前面介绍的算法在任何网络中是否一定会收敛,会不会不断有增流路,但却不收敛于最大流呢？如果边的容量均为有理数,则不会出现这种情况,即一定会收敛。但若边的容量为无理数,就不一定收敛。对于计算量的问题,Ford 和 Fulkerson 曾给出下面的例子。

如图 6.13 所示,对一个 4 节点的网络,求 $v_s \sim v_t$ 的最大流量。假设按前述算法,并且按如下顺序从 $f=0$ 开始增流：

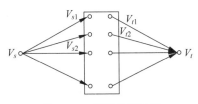

图 6.12　多源多宿问题

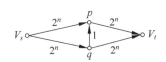

图 6.13　4 节点网络

$$v_s \rightarrow q \rightarrow p \rightarrow v_t \text{ 增流 } 1;$$
$$v_s \rightarrow p \rightarrow q \rightarrow v_t \text{ 增流 } 1;$$

显然,这样需要 2^{n+1} 步增流才能找到 $v_s \rightarrow v_t$ 的最大流,流量为 2^{n+1}。这个例子说明前述算法虽然能够达到最大流,但是由于没有指明增流方向,导致有可能像这个例子一样,效率很低,这个例子的计算工作量与边容量有关。1972 年,Edmonds 和 Karp 修改了上述算法,在 M2 步骤中采用 FIFO 原则(在选哪个端查时),从而解决了这个问题;新算法一方面收敛,同时也为多项式算法。后来,人们提出了许多改进的算法,如 Dinits 算法和 MPM 算法,其主要思想是赋予网络一些新的结构可以使算法更有效率等。

6.3.3 最小费用流问题

如果网络为图 $G=(V,E)$,源端为 v_s,宿端为 v_t。边 (i,j) 的单位流费用为 $d_{i,j}$,流 f 的费用为:

$$\phi = \sum_{(i,j) \in E} d_{i,j} f_{i,j}$$

所谓最小费用流问题:在确定流的源和宿的情况下,求一个可行流 f,使 ϕ 为最小。

最小费用流问题是线性规划问题,但也可用图论方法求解,效率更高。对于它的存在性可以这样理解,流量为 F 的可行流一般不是唯一的,这些不同的流的费用一般也不一样,有一个流的费用最小。

寻找最小费用流,用负价环法(Klein,1967)。所谓负价环的意义是:负价环为有向环,同时环上费用的和为负。负价环算法的具体步骤如下。

K0:在图 G 上找任意流量为 F 的可行流 f;

K1:做流 f 的补图;其方法如下:

对于所有的边 $e_{i,j}$,如果 $c_{i,j} > f_{i,j}$,构造边 $e_{i,j}^1$,容量为 $c_{i,j} - f_{i,j}$,单位流费用为 $d_{i,j}$。

对于所有的边 $e_{i,j}$,如果 $f_{i,j} > 0$,构造边 $e_{i,j}^2$,容量为 $f_{i,j}$,单位流费用为 $-d_{i,j}$。

K2:在补图上找负价环 C^-。若无负价环,算法终止。

K3:在负价环 C^- 上沿环方向使各边增流,增流数:

$$\delta = \min_{(i,j) \in C^-} (c_{i,j}^*)$$

K4:修改原图每边的流量,得新可行流。

K5:返回 K1。

如图 6.14 所示,已知 $c_{i,j}$、$d_{i,j}$,要求 $F=9$。求最小费用流。

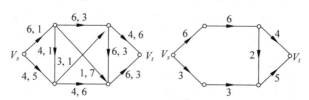

图 6.14　最小费用流用图

上面可行流安排总费用为 $\phi = 102$。下面做补图,寻找负价环,调整可行流。具体如图 6.15 所示。

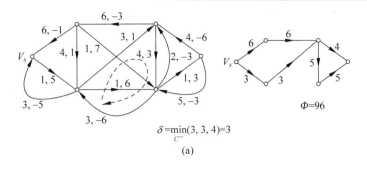

$$\delta = \min_{C^-}(3,3,4)=3$$

(a)

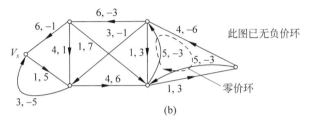

此图已无负价环

零价环

(b)

图 6.15 调整可行流

零价环上增流：得另一最小费用流，如图 6.16 所示。

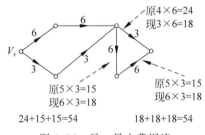

图 6.16 另一最小费用流

前面负价环的算法中，如何寻找负价环？这个问题可以应用 Floyd 算法解决。最小费用流问题是网络流问题中比较综合的问题，和线性规划问题的关系非常密切。

6.4 排队论基础

排队论是通信网性能分析中的常用工具。在电话网中，当用户发生出局呼叫时，需要占用交换局间中继线。如果这时中继线空闲，则呼叫成功，否则呼叫被阻塞。为了保证呼叫能达到较高的成功率，交换局间应设置足够的中继线。那么究竟应该设置多少中继线才合适呢？这个问题要用排队理论来分析解决。在分组交换网中，分组信息在交换过程中，每个节点由于存储缓冲而产生延时，延时的长短与传输链路的速率有关。由于延时的大小会影响分组交换的性能，因此，在设计分组交换网时，要选择合适的缓冲器容量和链路速率，保证分组信息的延时性能。对于这个问题，同样要通过排队理论来分析解决。因此，在分析研究通信网性能之前，先要学习一些有关排队论的基础知识。

6.4.1 排队模型基本概念

排队服务是日常生活中司空见惯的现象，排队理发、排队买票等。排队服务现象同样存在于通信服务中。排队论就是专门研究各种排队现象统计规律的数学,属于概率论与随机过程的一个部分。只有一个服务员的单服务员排队模型是最简单的排队模型。它由一个服务员和一个代表队列的方框组成,如图 6.17 所示。图中的 λ 是顾客到达率或系统负荷,例如,在电话网中它表示单位时间内发生的呼叫次数(呼叫/秒);在分组交换网中表示单位时间发生的分组信息数(分组/秒)。μ 是顾客离去率或称服务率或系统容量,它的单位与 λ 相同。例如,在分组网中,μ 是由分组长度(b/s)和链路传输速率(b/s)所决定,其单位是分组/秒。例如,一条速率 $C=2400\text{b/s}$ 的传输链路,在传输一个长度为 1000b 的分组时,其服务率 $\mu=2.4$ 分组/秒。

系统负荷与系统容量之比称为服务强度或链路利用率,即 $\rho=\lambda/\mu$,这是排队论中的一个重要的参数。对于单服务员排队模型,当 ρ 趋近或超过 1 时,就会进入阻塞,时延迅速增大,到达的分组被阻塞。

对于一般的排队系统,有一套 $A/B/C$ 表示符号,A 表示顾客到达的分布特性;B 表示服务员的服务分布特性;C 表示服务员的个数。有时采用 $A/B/C/K/M$ 这样的符号,A、B、C 的含义不变;K 表示排队系统的容量,省略这一项表示 $K\to\infty$;M 表示潜在的顾客数,对于潜在顾客数 $M\to\infty$ 时,也可省去此项。常见的几种排队系统模型符号表示如下。

$M/M/1$ 排队:表示泊松到达、指数服务特性、一个服务员的排队系统。这里符号 M 来自马尔可夫(Markov)过程,用来表示泊松过程或相应的指数分布。

$M/M/m$ 排队:表示泊松到达、指数服务分布特性、m 个服务员的排队系统。

$M/G/1$ 排队:表示泊松到达、服务时间服从一般分布的单服务员排队系统。

$M/D/1$ 排队:表示泊松到达、服务时间为常数的单服务员排队系统。

泊松过程常用于描述排队系统特性的随机过程,广泛应用于电路交换网和分组交换网的性能分析过程中,很多关于网络性能的计算公式是在泊松到达的前提下得到的。

用下面 3 个表述来对泊松过程进行定义。在时间轴上取一个很小的时隙 Δt,如图 6.18 所示。

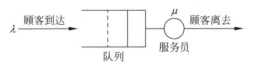

图 6.17　单服务员排队模型

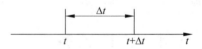

图 6.18　用于定义泊松过程的时隙

① 在时隙 Δt 中有一个顾客到达的概率定义为 $\lambda\Delta t+o(\Delta t)$,$o(\Delta t)$ 表示 Δt 的更高阶项,当 $\Delta t\to 0$ 时,它更快地趋于 0;λ 是一比例常数,且 $\lambda\Delta t\ll 1$。

② 在 Δt 中没有顾客到达的概率是 $1-\lambda\Delta t+o(\Delta t)$。

③ 到达是无记忆的,即在长度为 Δt 的一个时隙内的顾客到达,与以前或以后的时隙中的到达无关。

符合上述 3 点的随机过程即为泊松过程。由于在马尔可夫过程中,事件在 $t+\Delta t$ 出现的概率只取决在时间 t 出现的概率,因此泊松过程是马尔可夫过程的一个特例。

利用上述 3 点,可以求得在 T 间隔内有 k 个顾客到达的概率 $p(k)$ 为:

$$p(k)=(\lambda T)^{k}\mathrm{e}^{-\lambda T}/k!\quad(k=0,1,2,\cdots) \tag{6.9}$$

这就是熟知的泊松分布。其平均值 $E(k)$ 和方差 σ_{k}^{2} 由式(6.10)和式(6.11)给出。

$$E(k) = \sum_{k=0}^{\infty} k p(k) = \lambda T \qquad (6.10)$$

$$\sigma_k^2 = E(k^2) - E^2(k) = E(k) = \lambda T \qquad (6.11)$$

式中，λ 为速率参数，它代表泊松到达的平均速率。

图 6.19 所示为随机到达的示意图，相继到达之间的时间间隔为 τ，显然，τ 是一个连续分布的正随机变量。对于泊松到达，可以证明 τ 服从指数分布，其概率密度函数 $f(\tau)$ 可由下式给出：

$$f(\tau) = \lambda e^{-\lambda \tau} \quad (\tau \geqslant 0)$$

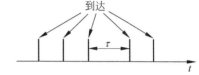

图 6.19　泊松到达的时间间隔

这一指数分布的平均值 $E(\tau)$ 为：

$$E(\tau) = \int_0^{\infty} \tau f(\tau) d\tau = 1/\lambda$$

它的方差 σ_τ^2 为：$\sigma_\tau^2 = 1/\lambda^2$

例如，某电话局忙时平均呼叫率为每小时 1000 次，则平均来话间隔 $E(t) = 3.6s$，平均来话间隔为 10s 的概率为 0.94。

由此可见，如果到达是个泊松过程，则到达的时间间隔 τ 服从指数分布，反之亦然。

值得指出的是泊松过程有一附加特性。假定有 m 个各具任意速率 $\lambda_1, \lambda_2, \cdots, \lambda_n$ 的独立泊松流，则复合流本身也是泊松过程，其速率参数 $\lambda = \sum_{i=1}^{m} \lambda_i$。这个特性使得有多个输入端节点的性能分析得以简化。

6.4.2　$M/M/1$、$M/G/1$、$M/D/1$ 排队模型

1. $M/M/1$ 排队模型

$M/M/1$ 排队模型是一个符合泊松到达、指数服务时间、按先进先出（FIFO）规则服务的单服务员排队模型。图 6.20 所示为 $M/M/1$ 排队模型，图中顾客到达率为 λ。

首先利用此模型来分析该系统的相关统计特性：即系统中的平均顾客数 $E(n)$、平均排队长度 $E(q)$、顾客在系统中的平均逗留时间 $E(T)$ 和平均等待时间 $E(w)$ 等。

假设，当系统中有 n 个顾客时，称此系统处于状态 n，与此对应出现该状态的概率为 P_n。由此，可以用图 6.21 表示 $M/M/1$ 排队系统的状态转移关系。例如，图中"1"表示系统中有一个顾客，相应出现概率为 P_1，以此类推。

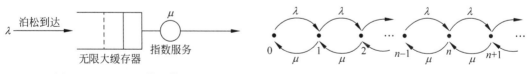

图 6.20　$M/M/1$ 排队模型　　　　　图 6.21　$M/M/1$ 排队系统的状态

在图 6.21 中，有顾客到达时，状态以 λ 速率向右转移一步；有顾客完成服务时状态以速率 μ 向左移动一步。在系统处于统计平衡状态下，可列出系统统计平衡方程：

$$\lambda P_0 = \mu P_1$$

$$(\lambda + \mu) P_1 = \lambda P_0 + \mu P_2$$

$$\vdots$$

$$(6.12)$$

$$(\lambda + \mu)P_n = \lambda P_{n-1} + \mu P_{n+1}$$

平衡方程是通过稳态平衡原理来建立的,等式两边分别表示脱离状态 n 的速率与由状态 $n-1$ 或 $n+1$ 进入状态 n 的速率。在系统稳态平衡条件下,脱离 n 状态与进入 n 状态保持平衡,所有等式两边相等。根据此平衡方程,可以得到:

$$P_1 = \frac{\lambda}{\mu}P_0 = \rho P_0$$

$$P_2 = (1 + \rho)P_1 - \rho P_0 = \rho^2 P_0$$

$$\vdots$$

$$P_n = \rho^n P_0$$

在 $M/M/1$ 排队系统的存储容量为无穷大时,可以利用概率归一性条件:

$$\sum_{n=0}^{\infty} P_n = 1$$

求得:

$$P_0 = 1 - \rho$$

于是,可以得到无限存储容量 $M/M/1$ 排队的平衡状态概率:

$$P_n = (1 - \rho)\rho^n \quad (\rho < 1) \tag{6.13}$$

式中, $\rho < 1$ 是上式能够成立的必要条件。为使平衡得以存在,队列的到达率或负荷必须小于输出容量 μ。如果在无限长排队模型中 P_n 这一条件不满足,队列就会随时间持续不断地增长,而永远达不到平衡点。图 6.22 所示为当 $\rho = 0.5$ 时状态概率的图形表示。

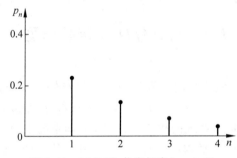

图 6.22　$M/M/1$ 状态概率($r=0.5$)

根据所得到的状态概率 P_n,可以求得不同的排队统计特性。根据随机变量平均值的定义,排队系统中的平均顾客数(包括正在被服务的一个)可以表示为:

$$E(n) = \sum_{n=0}^{\infty} nP_n = \frac{\rho}{1 - \rho} \tag{6.14}$$

由平均队长可以求得排队平均时延,这可以利用 Little 公式进行。Little 公式是排队论中的一个重要公式,它说明了平均到达率 λ、平均时延 $E(T)$ 和平均队长 $E(n)$ 三者之间的关系。

$$E(n) = \lambda E(T) \tag{6.15}$$

应用 Little 公式, $M/M/1$ 排队的平均时延 $E(T)$ 可以表示为:

$$E(T) = \frac{E(n)}{\lambda} = \frac{1/\mu}{1 - \rho} = \frac{1}{\mu - \lambda} \tag{6.16}$$

式(6.16)的图形表示如图 6.23 所示,这一关系式对所有排队系统,包括具有优先级排队规则的系统都是适用的。

上面已经分析了 $E(n)$ 和 $E(T)$。在 $M/M/1$ 排队中还有另外两个统计量,即平均等待时间 $E(w)$ 和平均等待顾客数量 $E(q)$,它们之间的关系为:

$$E(T) = E(W) + 1/\mu \qquad (6.17)$$

$$E(q) = \lambda E(T) - \lambda/\mu = E(n) - \rho \qquad (6.18)$$

这 4 个统计量可以归纳为与 λ、μ 的关系:

$$E(n) = \frac{\lambda}{\mu - \lambda} \quad (\text{系统平均顾客数})$$

$$E(T) = \frac{1}{\mu - \lambda} \quad (\text{系统平均时延})$$

$$E(q) = \frac{\rho\lambda}{\mu - \lambda} \quad (\text{平均等待顾客数})$$

$$E(w) = \frac{\rho}{\mu - \lambda} \quad (\text{顾客平均等待时延})$$

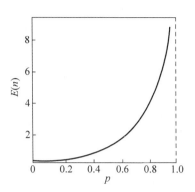

图 6.23　$M/M/1$ 排队的平均队长

可以将上述分析推广到存储容量为 N 的有限队列排队系统。与无限队列排队系统相比,这时平衡方程还是维持原状,所不同的是边界条件 $n = N$。N 对应的状态概率的归一性条件为:

$$\sum_0^N P_n = 1 \qquad (6.19)$$

我们可以求得:

$$P_0 = \frac{1 - \rho}{1 - \rho^{N+1}} \qquad (6.20)$$

所以有限队列 $M/M/1$ 排队的状态概率为:

$$P_n = \frac{(1 - \rho)\rho^n}{1 - \rho^{N+1}} \qquad (6.21)$$

排队系统全满的概率为:

$$P_N = \frac{(1 - \rho)\rho^N}{1 - \rho^{N+1}} \qquad (6.22)$$

上述公式可用于计算分组的丢失率。

2. $M/G/1$ 和 $M/D/1$ 排队

对于排队模型的到达过程和服务时间分布来说,它们是以马尔可夫无记忆特性为基础的。在本节中,将要分析推广到另一种情况,即一般服务时间分布,因此,分组或呼叫可以有任意(但已知)长度或服务分布。然而,到达过程仍为泊松的,假定是单服务机且队列缓存器(等候室)是无限大的。根据 Kendall 标记法,这种排队称作 $M/G/1$ 排队,其中 G 显然指一般(General)服务分布。

为简单起见,在本节中只集中讨论平均占用量和平均时延。在专门讨论排队论的书中有更为一般的讨论,参见 L. Kleinrock《排队论系统》。可以证明平均队列长度 $E(n)$ 和经过队列的平均时延 $E(T)$ 分别由下列公式确定。

$$E(n) = \left(\frac{\rho}{1 - \rho}\right)\left[1 - \frac{\rho}{2}(1 - \mu^2\sigma^2)\right] \qquad (6.23)$$

以及

$$E(T) = \frac{E(n)}{\lambda} = \frac{1/\mu}{(1-\rho)}\left[1 - \frac{\rho}{2}(1 - \mu^2\sigma^2)\right] \tag{6.24}$$

这些公式是以两个俄国数学家命名的,称为 Pollaczek-Khinchine 公式(帕拉恰克-辛钦公式)。参数 ρ 仍由 $\lambda/\mu = \lambda E(\tau)$ 给出,λ 为平均到达率(泊松),$E(\tau) = 1/\mu$ 为平均服务时间。参量 σ^2 为服务时间分布的方差。

这两个表达式与 $M/M/1$ 的相应结果(两式中括号前的项)看来是紧密相联的。这是一个值得注意的结果:泊松到达和任意服务分布排队的平均队列占用量(和相应的时延)可由具有相同平均服务时间的指数服务分布排队的结果乘以一个校正因子得到。式(6.23)和式(6.24)括号中的校正因子与服务分布的方差 σ^2 和服务率平均值的平方 $1/\mu^2$ 之比有关。

回忆指数分布的方差为 $\sigma^2 = 1/\mu^2$,即平均值的平方。在式(6.23)和式(6.24)中,设 $\sigma^2 = 1/\mu^2$,则可得到以前推导的 $M/M/1$ 排队的结果。当 σ^2 增大,$\sigma^2 > 1/\mu^2$ 时,相应的平均队长和时延也随之增大。另一方面,当 $\sigma^2 < 1/\mu^2$ 时,平均队长和时延比 $M/M/1$ 的结果小。作为一个特例,令所有顾客(分组或呼叫)都具有相同的服务长度 $1/\mu$。这样,$\sigma^2 = 0$,则有:

$$E(n) = \frac{\rho}{(1-\rho)}\left(1 - \frac{\rho}{2}\right) \quad \sigma^2 = 0 \tag{6.25}$$

以及

$$E(T) = \frac{1/\mu}{(1-\rho)}\left(1 - \frac{\rho}{2}\right) \quad \sigma^2 = 0 \tag{6.26}$$

顾客服务时间固定不变的排队称作 $M/D/1$ 排队,字母 D 表示确定的(Deterministic)服务时间。这是 $M/G/1$ 排队的一个特例,它的排队长度和时延最小。如果 ρ 不太大,可利用 $M/M/1$ 的结果得到 $E(n)$ 和 $E(T)$。当 $\rho \to 1$,$M/D/1$ 的结果与 $M/M/1$ 的结果相差 50%。

对于 $M/G/1$ 的一般结果见式(6.23)和式(6.24),分母中的 $(1-\rho)$ 项总是对平均排队长度和时延起着决定性作用。不论服务分布如何,所有无限缓存器排队当 $\rho = \lambda/\mu \to 1$ 时,却显示出相同的排队——拥塞特性。那些服务分布方差较大的排队产生较长的平均排队长度和时延,这是可以想象到的,因为大的方差就意味着服务时间变化大,相应地出现较长的服务时间的概率就大,这就导致更易拥塞。

式(6.23)可用于求得排队平均等待时间 $E(w)$ 的紧凑、通用的形式。回顾 $E(T)$ 和 $E(w)$ 是由下式联系起来的:

$$E(w) = E(T) - 1/\mu \tag{6.27}$$

将式(6.26)的 $E(T)$ 代入式(6.27)并简化,可得 $M/G/1$ 排队平均等待时间 $E(w)$ 的下列简单结果:

$$E(w) = \frac{\lambda E(\tau^2)}{2(1-\rho)} \tag{6.28}$$

$E(\tau^2)$ 项式是服务时间分布的二阶矩,由下式给出:$E(\tau^2) = \sigma^2 + 1/\mu^2$

此式比式(6.23)的形式简单易记。可用于讨论优先级排队中的等待时间。

6.4.3 $M/M/m$ 排队

$M/M/m$ 排队系统是一个多服务员指数排队系统,属于到达率和离去率依赖于系统状态的排队系统。例如没有"顾客等候室"的电路交换系统属于这一种。

到达率与离去率依赖于系统状态的排队系统如图 6.24 所示,其相应的状态转移关系如图 6.25 所示。参数 λ_{n-1} 表示系统由状态$(n-1)$进入状态 n 的顾客到达率,P_n 表示系统处于状态 n 的平衡概率,μ_n 是在系统处于状态 n 条件下的顾客离去率。根据离开状态 n 的离去率等于进入状态 n 的到达率,可以得到系统的平衡方程:

$$\lambda_0 P_0 = \mu_1 P_1$$
$$(\lambda_1 + \mu_1)P_1 = \lambda_0 P_0 + \mu_2 P_2$$
$$\vdots$$
$$(\lambda_n + \mu_n)P_n = \lambda_{n-1}P_{n-1} + \mu_{n+1}P_{n+1}$$

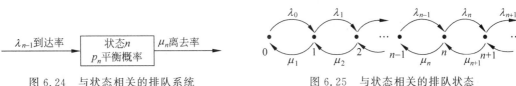

图 6.24 与状态相关的排队系统　　　　　图 6.25 与状态相关的排队状态

解平衡方程,可以求得系统的平衡概率 P_n:

$$P_n = P_0 \frac{\prod_{i=0}^{n-1}\lambda_i}{\prod_{i=1}^{n}\mu_i} \tag{6.29}$$

式中,P_0 为概率常数,可以利用概率归一性条件来求解。

$M/M/m$ 排队是与状态相关的排队的一个例子。在一个分组交换网中,如果统计集中器或分组交换机有 m 条出局中继线,且输出队列的到达和离去均为指数统计特性,则该系统就是 $M/M/m$ 排队系统,其排队模型如图 6.26 所示。在此系统中,如果只有一个分组要传输,它立即以服务率 μ 受到任一中继线服务。如果有 m 个或更多的分组,则 m 条中继线都被占用。因此在系统中,可以得到:

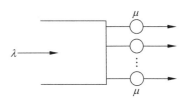

图 6.26 $M/M/m$ 排队模型

$$\lambda_i = \lambda$$
$$\mu_i = i\mu \quad (i < m)$$
$$\mu_i = m\mu \quad (i \geq m)$$

利用上述条件和式(6.29),可以得到平衡概率:

$$P_n = \begin{cases} P_0 \dfrac{\rho^n}{n!} & (n < m) \\ P_0 \dfrac{\rho^n}{m!\, m^{n-m}} & (n \geq m) \end{cases} \tag{6.30}$$

式中:

$$P_0 = \left[\sum_{k=0}^{m-1}\frac{1}{k!}\rho^k + \frac{1}{m!}\frac{1}{1-\rho}\rho^m\right]^{-1} \quad (\rho \equiv \lambda/\mu) \tag{6.31}$$

$M/M/m$ 排队的一个特殊情况是 m 为无穷大,这相当于在分组交换或电路交换的情况

下,传输线或中继线的数量总是等于需要传输的分组和呼叫数,因而永远不会有阻塞的可能性,这时平衡状态概率为:

$$P_n = P_0 \frac{\rho^n}{n!}$$

$$P_0 = e^{-\rho}$$

与状态相关的排队的第 2 个例子是 $M/M/N/N$ 系统,这是一个有 N 个服务员但没有等待室的排队系统,并当 $n = N$ 时,将所有的到达阻塞掉。这一系统的排队模型如图 6.26 所示。这里 $\lambda_n = \lambda$,$\mu_n = n\mu$,$1 \leqslant n \leqslant N$。

图 6.27 所示的模型代表下列实际系统:顾客以平均速率为 λ 的泊松过程到达,并总能找到一条中继线,直到全部中继线占完,这时,顾客就不允许再进入了。这一模型再加上指数服务时间的假设,多年来一直用作电话交换局的基本设计模型。

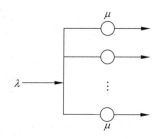

图 6.27　$M/M/N/N$ 排队模型

在这个系统中,$\lambda_n = \lambda$,$\mu_n = n\mu$,概率归一性条件 $\sum\limits_{n=0}^{N} P_n = 1$,把这些条件应用于式(6.30)中,可以求得:

$$P_n = \frac{\dfrac{\rho^n}{n!}}{\sum\limits_{l=0}^{N} \dfrac{\rho^l}{l!}} \tag{6.32}$$

当 $n = N$ 时出现阻塞,因此阻塞概率 P_B 为:

$$P_B = \frac{\dfrac{\rho^N}{N!}}{\sum\limits_{l=0}^{N} \dfrac{\rho^l}{l!}} \quad (\rho = \lambda/\mu) \tag{6.33}$$

这一公式就是求解电话系统阻塞概率的爱尔兰 B 公式。

6.5　分组交换网时延分析

分组交换采用存储转发方式,它有两种服务方式,虚电路与数据报。所谓虚电路方式是指用户在数据传送之前先要建立端到端的虚连接,它与电路交换建立的实的物理连接不同之处在于,虚连接只在有信息要传送(即信息"突发")时此连接才被"占用"。但又和数据报服务方式不同,同一呼叫的各个"突发"分组信息的传送路径是相同的。由于虚电路并不独占线路,在一个物理线路上可以同时接纳多个虚电路,因此,这种虚电路方式不仅在呼叫开始建立时会有呼损,而且在通信过程中每个"突发"分组到达时还会有阻塞问题(传送阻塞)。不像电路交换,一旦连接建立后,在传送期间是无阻塞的。虚电路服务方式属于面向连接方式。以下有关平均时延、吞吐量等性能分析不考虑"传送阻塞"。

根据分组长度是否固定,分组交换又可分为两种。固定长度的分组交换和不固定长度的分组交换。本节着重研究不固定长度的分组交换网的性能。

6.5.1　节点时延

在分组交换网中,分组信息在每一个节点被存储、转发而产生时延。交换节点的存储、转发功能可以用一个带有有限容量缓冲器的 $M/M/1$ 排队模型来表示,如图 6.28 所示。

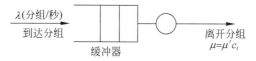

图 6.28　交换节点中的缓冲过程模型

为了分析分组信息时延,假定分组信息到达时,在缓冲器内已有 n 个分组在等待发送。因此,要发送的分组信息通过节点的时延由等待时间和服务时间两部分组成,即:

$$T = 等待时间 + 服务时间$$

等待时间是分组信息在节点上等待链路空闲所消耗的时间,服务时间是分组在链路传输时间的总和。在分组网中,每个分组信息在链路 i 上的服务时间 T_s 即传输时间为:

$$T_{si} = \frac{1}{\mu} = \frac{1}{\mu' c_i} \tag{6.34}$$

式中 $1/\mu'$ 是分组信息的平均长度(比特/分组),c_i 是链路 i 的容量或速率(b/s)。

为了计算在节点的等待时间,仍保持单服务员排队系统的假设条件,于是可求得平均等待时间为:

$$T_{wi} = \frac{\dfrac{\lambda_i}{\mu' c_i}}{\mu' c_i - \lambda_i} \tag{6.35}$$

式中 λ_i 是链路 i 的分组到达率,单位为(分组/秒)。

则分组通过节点和链路 i 的平均时延为:

$$T_i = T_{si} + T_{wi} = \frac{1}{\mu' c_i} + \frac{\dfrac{\lambda_i}{\mu' c_i}}{\mu' c_i - \lambda_i} = \frac{1}{\mu' c_i - \lambda_i} \tag{6.36}$$

6.5.2　端-端平均时延

图 6.29 所示为由多个节点组成的分组交换网。分析端-端的平均时延,需要考虑从源点到目的地所经过的路由上每段链路造成的时延影响。同时,由于路由中途经的节点处可能会有新的分组发生,因此,计算从源点发生的分组在经过路由中各节点对时延的影响时,要同时考虑这些节点处发生的新分组。

如前所述,$1/\mu'$ 表示分组的平均长度,且假设分组长度为负指数分布。在实际过程中,分组一旦从用户终端发出,在整个传输过程中长度始终不变。如果在这一条件下求解时延,在数学处理上有严重困难。这

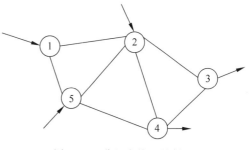

图 6.29　分组交换网的例子

时引入一个假设叫独立假设,即分组网中的节点每次收到分组以后加以存储,然后转发到下一个节点,在每一个节点给分组随机的选择一个新的长度。这一假设虽然与实际不符,但根据这一假设作出的分析仍与实际很接近。根据独立假设和每一链路模型为 $M/M/1$ 排队,可以得到分组经过链路 i 的平均时延仍可采用公式(6.16)。分组信息经过 m 个级联的 $M/M/1$ 排队,端到端的平均时延为:

$$T_e = \sum_{i=1}^{m} T_i \tag{6.37}$$

例:网络结构如图 6.30 所示。图中节点边上的数字 $n(x)$ 表示每秒有 n 个分组进入该节点,该分组的目的地是 x。各节点发生的所选的路由如图中所示。链路速率为 4800b/s,分组平均长度 200bit,求分组从节点 $A \to D$ 的平均时延。

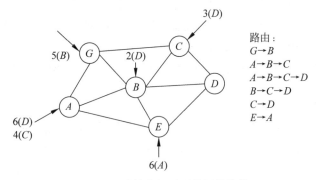

图 6.30 计算分组时延的网的结构

解:根据图中所示的路由,先求出链路 $A \to B$、$B \to C$、$C \to D$ 的到达率:

$$\lambda_{A \to B} = 6 + 4 = 10(\text{分组} / \text{秒})$$

$$\lambda_{B \to C} = 6 + 4 + 2 = 12(\text{分组} / \text{秒})$$

$$\lambda_{C \to D} = 6 + 2 + 3 = 11(\text{分组} / \text{秒})$$

$$\mu' = 4800 \times \frac{1}{200} = 24(\text{分组} / \text{秒})$$

一个分组从节点 $A \to D$ 的平均时延为:

$$T_{A \to D} = \sum_{i=1}^{m} \frac{1}{\mu'C - \lambda_i} = \frac{1}{24 - 10} + \frac{1}{24 - 12} + \frac{1}{24 - 11} = 0.246(\text{秒})$$

对分组交换而言,信息在系统中的平均时延还应包括链路传播时间和节点处理时间。该链路的传播时间为 T_{pi},节点处理时间为 T_k。如将服务时间、等待时间、链路传播时间、节点处理时间加在一起,可求得单个分组信息在系统中的平均时延:

$$T_{sp} = T_k + \sum_i \left(\frac{\lambda_i}{\gamma}\right) \left[\left(\frac{1}{\mu'C_i}\right) + T_w + T_{pi} + T_k\right] \tag{6.38}$$

式中,γ 为送入网络中数据分组的总到达率。

6.5.3 全网平均时延

计算全网平均时延,首先要讨论开放排队网的情况。开放排队网如图 6.31 所示。将一维和二维平衡方程的概念扩展一下,可以建立矢量概率 $p(n)$ 的多维整体平衡方程,然后证明这一整体方程满足乘积形式解。具体说,令脱离状态 n 的可能速率等于进入该状态的速率。

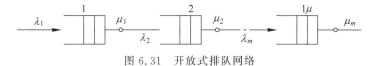

图 6.31 开放式排队网络

这就引出整体平衡方程见公式(6.39)。为简化标记,用表示式 $p(n-I_i)$ 代表 $p(n_1, n_2, \cdots, n_{i-1}, n_{i+1}, \cdots, n_M)$,因此单位矢量 I_i 代表从状态 n_i 出发的一个单位的变化。类似地,用 $p(n-I_i+I_j)$ 代表 $p(n_1, n_2, \cdots, n_{i-1}, \cdots, n_{i+1}, \cdots, n_M)$。按这种标记,使脱离状态 n 的总速率等于进入状态 n 的速率的整体平衡方程可以很容易地写出:

$$\left[\lambda + \sum_{i=1}^{M} \mu_i\right] p(n) = \lambda \sum_{i=1}^{M} q_{si} p(n-I_i) + \sum_{i=1}^{M} q_{id}\mu_i p(n+I_i) +$$
$$\sum_{i=1}^{M} \sum_{j=1}^{M} q_{ji}\mu_j p(n+I_j-I_i) \tag{6.39}$$

式(6.39)左边代表脱离状态 n 的速率之和,可以有一个速率为 λ 的到达,或者从 M 个队列中的任意一个队列以相应的速率 μ_i 离去。式(6.39)右边代表从不同方向进入状态 n 的速率之和。作为一例,当队列 i 处于状态 n_{i-1} 时,只要有 1 个到达队列 i 就会从状态 $n-I_i$ 进入状态 n。在两种方式下可以发生这种情况:一个分组以速率 λq_{si} 从外部源到达,或者它以速率 $q_{ji}\mu_j$ 从队列 j($1 \leqslant j \leqslant M$)到达。在后一种情况下,队列 j 必须已处于状态 n_j+1。一个分组也可以直接脱离队列 i,到达目的站 d,这就在式(6.39)中产生一个附加项。

为了解这一整体方程,首先用代入信息流守恒方程的办法消去 q_{si}。下列等式满足所得的方程:

$$\lambda_i p(n-I_i) = \mu_i p(n) \tag{6.40}$$

此式还隐含了下列等式:$\lambda_j p(n-I_i) = \mu_j p(n-I_i+I_j)$。具体说,当式(6.40)代入约简的式(6.39)后,会发现除了下列最后一组以外,所有各项都抵消了。

$\lambda p(n) = \sum_{i=1}^{M} q_{id}\mu_i p(n+I_i)$,由于 $\lambda_i p(n) = \mu_i p(n+I_i)$ 此式容易化简为等式 $\lambda = \sum_{i=1}^{M} q_{id}\lambda_i$,这正是从源到目的的流量守恒条件。这就证明了平衡方程式(6.39)事实上可由式(6.40)来满足。

将式(6.40)展开可得:

$$p(n) = \left(\frac{\lambda_i}{\mu_i}\right) p(n_1, n_2, \cdots, n_{i-1}, \cdots, n_M)$$

重复 n_i 次,得到:

$$p(n) = \left(\frac{\lambda_i}{\mu_i}\right)^{n_i} p(n_1, n_2, \cdots, n_{i-1}, \cdots, n_M)$$

现在对每一个队列进行同样的运算,最终得到:

$$p(n) = \prod_{i=1}^{M} \left(\frac{\lambda_i}{\mu_i}\right)^{n_i} p(0) \tag{6.41}$$

为了求 $p(0)$,即所有 M 个队列全空的概率,对所有可能的状态求整体状态概率 $p(n)$

的和,如往常一样,令所得的和为 1。因而有:

$$\sum_n p(n) = p(0)S = 1 \tag{6.42}$$

其中和 S 由下式给出:

$$S \equiv \sum_n \left[\prod_{i=1}^{M} \left(\frac{\lambda_i}{\mu_i} \right)^{n_i} \right] \tag{6.43}$$

为得到一个合理的解,S 必定是有限值。如果是这样,理论指出该解将是唯一的。$S < \infty$ 时,和与乘积可以互换。求和并用 ρ_i 代替 λ_i/μ_i 就得到:

$$S = \prod_{i=1}^{M} \sum_{n=0}^{\infty} \rho_i^{n_i} = \sum_{i=1}^{M} (1 - \rho_i)^{-1} \tag{6.44}$$

由式(6.43)、式(6.44)和式(6.42)得到最终结果:

$$p(n) = \prod_{i=1}^{M} (1 - \rho_i)\rho_i^n \tag{6.45}$$

要使 $S < \infty$,必须 $\rho_i < 1$ 才有开放排队网整体状态概率的解,式(6.45)属于乘积形式并在实际上表明了 M 个队列中的每一个都可以当作 $M/M/1$ 排队来处理。到达率 $\lambda_i(i=1\sim M)$ 可唯一性地由流量守恒方程来确定。

虽然这里是用一个源目的地的特例来证明的,但是式(6.45)可普遍应用于具有泊松到达率和指数服务率的任何开放网。隐含在推导过程中的假设是服务速率是相互独立的。这正是早先分析端对端窗式控制时采用的假设:曾假定当分组沿路径从源到目的地的过程中,在每一条出站链路上,其长度的选择是独立进行的。

作为应用式(6.45)的一个简例,来研究指数分布的分组流在从源点移向目的地过程中所经历的平均端对端时延。在这一简例中不考虑拥塞控制。假定在源节点处分组到达率是泊松分布的,其平均值为 λ。分组沿着一条虚电路移动,在有 M 个区段的虚电路中,如果链路 i 的平均服务时间为 $1/\mu_i$(可能由于每条链路的传输容量不同或者由于其他通信量的影响而降低了可用容量),端对端时延是由 M 个级联的 $M/M/1$ 排队引起的,并由下式给出:

$$E(T) = \sum_{i=1}^{M} \frac{1}{\mu_i - \lambda_i} = \sum_{i=1}^{M} \frac{1/\mu_i}{1 - \rho_i} \quad \rho_i = \lambda_i/\mu_i \tag{6.46}$$

现在来一般性地讨论一个 M 条链路的网:其第 i 条链路的服务能力为 μ_i 分组/秒。访问该链路的平均到达率为 λ_i 分组/秒。沿任意一条路径(即一组级联的链路,每条链路均可看成一个 $M/M/1$ 队列)的时延,如同前面两个例子一样,是构成该路径的 $M/M/1$ 时延之和。不过,想要知道对 M 条链路求均值的平均网络时延。引用 Little 公式和本节的乘积形式解就能容易求得。根据 Little 公式,对全网平均时延 $E(T)$ 正是:

$$\gamma E(T) = E(n) \tag{6.47}$$

其中,γ 为进网的净到达率,$E(n)$ 为网中的平均分组(顾客)数。但是 $E(n) = \sum_{i=1}^{M} E(n_i)$,其中 $E(n_i)$ 为链路 i 上正在服务或排队的平均分组数。这样,$E(n_i)$ 就等于 $\lambda_i T_i$,其中 $T_i = 1/(\mu_i - \lambda_i)$ 是链路 i 的 $M/M/1$ 平均时延。因此,全网平均时延为:

$$E(T) = \frac{1}{\gamma} \sum_{i=1}^{M} \lambda_i T_i = \frac{1}{\gamma} \sum_{i=1}^{M} \frac{\lambda_i}{\mu_i - \lambda_i} \tag{6.48}$$

6.6　分组交换网其他性能分析

6.6.1　分组交换网的 QoS

分组交换网的 QoS 指标主要是丢包率、时延和时延抖动。

1. 时延

由于当前 IP 分组网使用低比特语音编解码器,使得 VoIP 语音分组的端到端时延要比电路交换网中的时延大得多,组成部分也更为复杂,VoIP 应用中网络通信结构和底层传输协议的多样性,决定了时延成分的多样性。

端到端的时延可以分成两个部分,即固定时延和可变时延。固定时延包括编解码器引入的时延和打包时延。固定时延和采用的压缩算法、打包的语音数据量相关。可变时延包括承载网上的传输、节点中排队、服务处理时延和去抖动时延,这些和设备的端口速率、网络的负载情况、经过的网络路径、设备对 QoS 的支持方式、实现的 QoS 算法等密切相关。特别是去抖动时延和承载网络的抖动指标密切相关,通过采用合适的网络技术可以显著降低语音通过网络时引入的抖动,减少去抖动时延。

IP 网中语音分组的端到端时延,100ms 以下的时延,对于大多数应用来说是可接受的;150~400ms 的时延,在用户预知时延状况的前提下可以接受;大于 400ms 的时延不可接受。

目前,不同级别的网络设备,在正常情况下的数据包处理时延为几十微秒到几毫秒,能够满足单跳时延要求,但承载网的跳数设计不能超过以上端到端的时延要求,而且跳数越少越好。

2. 时延抖动

时延抖动是指时延在平均值上下的起伏,根据实际测量发现,抖动大于 500ms 是不可接受的,而抖动达到 300ms 时,是可以接受的,此时为了消除抖动会引起较大的时延,综合时延对语音质量的影响来考虑,要求承载网的抖动小于 80ms。

抖动会引起端到端的时延增加,会引起语音质量的降低。影响抖动的因素一般和网络的拥塞程度相关。网络节点流量超忙,数据包在各节点缓存时间过长,使得到达速率变化较大。由于语音同数据在同一条物理线路上传输,语音包通常会由于数据包的突发性而导致阻塞。

3. 丢包率

丢包形成的原因主要有两点:一是传统 IP 传输过程中的误码,这种情况在目前的网络条件下发生的概率极低;另一个是不能保障业务带宽造成的,当网络流量越拥塞,影响就越强烈,丢包发生率也就越大。

丢包对 VoIP 语音质量的影响较大,当丢包率大于 10% 时,已不能接受,而在丢包率为 5% 时,基本可以接受,因此,要求 IP 承载网的丢包率小于 5%。

软交换网对 IP 承载网的要求包括媒体流和信令流两部分,其中媒体流对承载网的最高 QoS 指标为丢包率≤1%、网络抖动≤20ms、时延≤100ms;信令流对承载网基本 QoS 的要求为丢包率≤0.1%、包差错率≤10^{-4}、时延≤100ms。

6.6.2 分组语音节点的时延

对于分组网络中的语音业务,采用排队模型来描述它。对于分组语音业务,最直观的排队模型是输入流看作是多周期流的叠加。对于分组语音网络节点,用 $\sum D_i/D/1$ 排队模型来代表这一类的节点。$\sum D_i/D/1$ 排队模型,其输入过程是固定数量周期流的叠加,而其中的每一流的特征是固定服务时间分布,而流的相位则是随机选择的。

根据 $\sum D_i/D/1$ 排队模型来计算由语音业务流产生的排队延迟,也可导出缓冲器的需求值。有文献对于 $\sum D_i/D/1$ 和较简单的 $M/D/1$ 排队之间的性能进行了比较,在链路的利用率是高的。复用的流是少量的情况下,$M/D/1$ 排队模型的计算结果偏大,而对于链路利用率是低的,复用的流较多的情况下,$M/D/1$ 和 $\sum D_1/D/1$ 的排队模型应用在 IP 的网络中时延的计算结果是相近的。因此,在大多数情况下,用 $M/D/1$ 来代替 $\sum D_i/D/1$ 排队模型,对时延的估算同样有较大的准确性。

分组交换网络中的语音通信量是基于分组语音技术进行的,其排队时延可采用 $M/D/1/\infty$ 队列模型来处理。$M/D/1$ 排队,字母 D 表示确定的(Deterministic)服务时间。这是 $M/G/1$ 排队的一个特例,作为一个特例,令所有顾客(分组或呼叫)都具有相同的服务长度 $1/\mu$。这样,$\sigma^2 = 0$,则有:

$$E(n) = \frac{\rho}{1-\rho}\left(1 - \frac{\rho}{2}\right) \quad \sigma^2 = 0 \tag{6.49}$$

以及

$$E(T) = \frac{1/\mu}{1-\rho}\left(1 - \frac{\rho}{2}\right) \quad \sigma^2 = 0 \tag{6.50}$$

以下给出分组交换网络语音时延分析的例子。

例: 设某交换网络节点是 $M/D/1$ 排队模型,分组到达率 70 000 分组/秒,分组的平均长度为 1000bit(位),链路容量为 155Mb/s,求节点的平均时延和平均队列长度。

解: 平均队列长度:

$$E(n) = \frac{\rho}{1-\rho}\left(1 - \frac{\rho}{2}\right) = 0.43$$

平均时延:

$$E(T) = \frac{1/\mu}{1-\rho}\left(1 - \frac{\rho}{2}\right) = 0.0091\text{ms}$$

6.6.3 分组交换网吞吐量

除了用平均分组时延表示分组交换网的性能外,还有网络吞吐量。吞吐量是进入节点的分组数与完成传送的输出分组数之比。当输入节点的分组数在其传输容量范围以内时,它将全部输出送往目的地,输入与输出数量成比例,输入分组数接近输出容量时吞吐量趋于饱和。然而实际情况是,当输入量增加太快时,交换节点或路由器不再能够应付,输出分组数反而下降,导致情况恶化。在通信量非常高的情况下,网络完全阻塞,几乎没有分组能够发送。输入负荷与吞吐量的关系如图 6.32 所示。

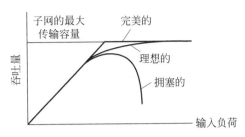

图 6.32 分组交换网输入负荷与吞吐量

造成拥塞的原因很多,如果突然之间分组流同时从 3 个或 4 个输入线到达,并且要求输出到同一线路,就将建立起队列。如果没有足够的缓冲空间保存这些分组,有些分组就会丢失,在某种程度上增加缓冲器容量会有所帮助。但是,当队列过大,拥塞不但不会变好,反而会更糟。因为当分组走到队列前面时,它已经过时了,可能副本已被重发。这些分组都被发送到下一个节点或路由器,加重了线路的负荷。

处理器的速度慢也会导致拥塞。如果路由器的 CPU 处理速度太慢,以至于不能正确执行像缓冲区排队、更新路由表等操作,那么即使有多余的线路容量也可能使队列饱和。类似地,低带宽线路也会导致拥塞。只升级线路不提高处理器性能,或反之,不会有多大作用。

拥塞会导致恶性循环,如果节点没有空余缓冲区,它必须丢掉新到的分组,当扔掉一个分组时,发送分组的节点会因超时而重传该分组(可能重传多次)。由于发送方在没有收到确认之前不能扔掉该分组,故接收端的拥塞迫使发送者不能释放在正常情况下早应释放了的缓冲区,使拥塞加重。

6.7 传输网性能分析

6.7.1 误码性能分析

1. 不同业务的平均误码率要求

在数字传输系统中,误码是指接收码元和发送码元之间的差别。误码的严重程度通常用平均误码率和误码时间率来衡量。

平均误码率是指在测量时间内错误码元数与总的码元数之比,用公式表示为:

$$P_e = \frac{N}{T_0 f_0} \tag{6.51}$$

式中,T_0 为测量时间,N 为时间 T_0 内的错误码元数,f_0 为码元速率。当传输数字信号为二进制序列时,误码率也就是误比特率。

对于各种不同的业务,误码所造成的影响是不同的。对于语音,误码将造成"喀哧"样的噪声;对于数据通信,误码将会造成重发,从而引起传输效率的降低;对于传真,则会造成画面的紊乱现象。因此,不同业务对误码率的要求是不同的。电话通信中误码率的门限值是取主观听觉"刚可觉察到的恶化",对于数据通信,取传输效率为 95% 以上。各种不同业务的误码率门限值如表 6.3 所示。

表 6.3 不同业务的平均误码率要求

业务种类			门 限 值
窄带业务	电话	PCM(64Kb/s)	3×10^{-5}
		ADPCM(32Kb/s)	10^{-4}
		APC-AB(16Kb/s)	
	数据(16～64Kb/s)		3×10^{-6}
	可视图文(1.6～64Kb/s)		
宽带业务	立体声(384Kb/s)		10^{-6}
	数据(384～614Kb/s)		$10^{-6}\sim10^{-7}$
	图像	直线 PCM	5×10^{-7}
	4MHz 带宽	ADPCM(32Mb/s)	10^{-7}
		三维(1.5～6.3Mb/s)	$10^{-9}\sim10^{-10}$
	高清晰度电视		未知

由于误码发生机制的复杂性,在测量时间 T_0 内的误码率随时间而起伏变化,如图 6.33 所示。由于误码的时变特性,使得仅依靠长期平均误码率来衡量各种业务的传输质量是不充分的。

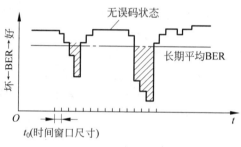

图 6.33 误码率随时间而起伏变化

2. 窄带网的误码性能

基于误码的时变性质,ITU-T 提出用误码时间率来作为估计系统误码性能的另一指标。误码时间率可以准确地评价错误码元数的时间变动量,使得用同一尺度来衡量不同业务的传输质量成为可能。在 ITU-T G.821 建议中,对误码时间率具体定义为:在一个相当长的时间(T_L)内,误码率超过某一门限值(BER)的时间间隔(T_0)数占总的时间的百分数。在图 6.33 中,斜线所示的为超过门限值的时间。依照 T_0 和 BER 的不同取值,可以得到不同的指标,常用的有如下 3 个(针对 64Kb/s 的数字链接)。

误码秒百分数(%ES)。在每个测量秒内出现误码,则该秒为误码秒,占可用秒的百分数为误码百分数。

劣化分钟百分数(%DM)。1min 内平均误码率劣于门限值 1×10^{-6},则该分钟为劣化分钟,它占可用分钟的百分数称为劣化分钟的百分数。

严重误码秒百分数(%SES)。1s 间隔内平均误码率劣于门限值 1×10^{-3},则这 1s 称为严重误码秒,占可用秒的百分数称为严重误码秒的百分数。

(1)误码时间率的分配

一个国际 ISDN 连接(64Kb/s 连接)的误码性能指标如表 6.4 所示,国际 ISDN 连接应同时满足表 6.4 中的全部要求,如果这些要求中的任何一个不满足,那么连接就不能满足指标。

表 6.4 国际 ISDN 网 64Kb/s 连接的误码性能指标

性 能 分 类	指 标
严重误码秒	BER 劣于 1×10^{-3} 的 1s 间隔数可用秒的百分数小于 0.2%
劣化分钟	BER 劣于 1×10^{-6} 的 1min 间隔占可用分钟的百分数小于 10%
误码秒	有任意个误码的 1s 间隔占可用秒的百分数小于 3%

误码性能分配用假想参考连接如图 6.34 所示。一般把国际电路划分为高级电路,把国内电路划分为中级电路,把用户环路划分为本地电路。误码时间率的分配如表 6.5 所示。

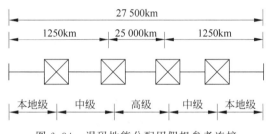

图 6.34 误码性能分配用假想参考连接

表 6.5 误码时间率的分配

电 路 类 别	各级分配比例	$DM\%$	$ES\%$	$SES\%$
整个连接	100%	10%	8%	0.2%
高级	40%	4.0%	3.2%	0.08%
中级	15%×2	1.5%×2	1.2%×2	0.03%×2
本地级	15%×2	1.5%×2	1.2%×2	0.03%×2

(2) 误码指标的比较与相互关系

① 平均误码率和误码秒百分数、劣化分钟百分数的关系。假定误码的产生服从泊松分布,则在时间 T_0 内出现 n 个误码的概率为:

$$p(n) = \frac{(f_0 T_0 P_e)^n}{n!} \exp\{-f_0 T_0 P_e\} \tag{6.52}$$

式中,f_0 为信号速率,p_e 为平均误码率。

在此假定条件下,可求得 $\%ES$、$\%DM$ 和 p_e 之间的关系为:

$$\%ES = 1 - p(0) = 1 - \exp\{-f_0 P_e\} \tag{6.53}$$

$$\%DM = 1 - \sum_{n=0}^{n_b} \frac{(60 f_0 P_e)^n}{n!} \exp\{-60 f_0 P_e\} \tag{6.54}$$

式中,$n_b = \text{int}(60 f_0 P_T)$,$P_T = 1 \times 10^{-6}$。

图 6.35 中给出了当 $f_0 = 64\text{Kb/s}$ 时 $\%ES$ 和 $\%DM$ 与长期平均误码率 p_e 之间的关系。

② 信号速率与 $\%ES$ 的关系。因为误码是随机发生的,当信号的传输速率不同时,即使长期平均误码率 p_e 相同,$\%ES$ 也不相等。在式(6.53)中,f_0 代入不同数值,则可求出各

种不同速率的情况下,%ES 与长期平均误码率之间的关系,如图 6.36 所示。

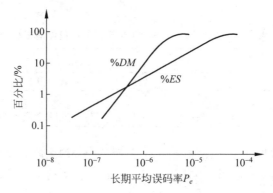

图 6.35　%ES 和%DM 与长期平均误码率 p_e 之间的关系

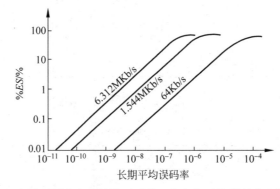

图 6.36　各种不同速率的情况下,%ES 与长期平均误码率之间的关系

3. 宽带网的误码性能

随着传输网的传输速率越来越高,以比特为单位衡量系统的误码性能有其局限性。传统的误码性能通常采用长期平均误码率(BER)度量,其基本度量间隔是用秒表示的。它有两个缺点:①不能反映误码分布的特点,因而仅在泊松分布条件下才有意义;②测量误码需要中断业务。为克服这两个缺点,ITU-T 建立了以"块"为基础的性能参数。

目前高比特率通道的误码性能是以块为单位进行度量的(B1、B2、B3 监测的均是误码块),由此产生出以块为基础的一组参数。这些参数的定义如下:

1) 误块秒(ES)和误块秒比(ESR)

当块中的比特发生传输差错时称此块为误块。当某一秒中发现 1 个或多个误码块时称该秒为 ES,在规定测量时间段内出现的误块秒总数与总的可用时间的比值称之为 ESR。

2) 严重误块秒(SES)和严重误块秒比(SESR)

某一秒内包含有不少于 30% 的误块或者至少出现一个严重扰动期(SDP)时认为该秒为严重误块秒。其中严重扰动期是指测量时在最小等效于 4 个连续块时间或者 1ms(取二者中较长时间段时)间段内所有连续块的误码率 $\geqslant 10^{-2}$ 或者出现信号丢失。

在测量时间段内出现的 SES 总数与总的可用时间之比称为 SESR。

严重误块秒一般是由于脉冲干扰产生的突发误码,所以 SESR 往往反映出设备抗干扰的能力。

3）背景误块（BBE）和背景误块比（BBER）

扣除不可用时间和 SES 期间出现的误块称为 BBE。BBE 数与在一段测量时间内扣除不可用时间和 SES 期间内所有块数后的总块数之比称为 BBER。

若测量时间较长,那么 BBER 往往反映的是设备内部产生的误码情况,与设备采用器件的性能稳定性有关。

可用时间和不可用时间定义如下。

（1）单向通道。对于一个单向通道,当接收端检测到 10 个连续的严重误块秒事件时不可用时间开始,这 10s 也算作不可用时间的部分。当接收端检测到 10 个连续的非严重误块秒事件时,一个新的可用时间开始,这 10s 算作可用时间的部分。在不可用时间内,用作性能评估的性能事件数的统计应被禁止。

（2）双向通道。对于一个双向通道,只要两个方向中有一个方向处于不可用,该双向通道即为不可用。在不可用期间,两个方向用作性能评估的性能事件数的统计都应被禁止。

4. SDH 网误码性能的要求

（1）误码性能在线测试的块长。SDH 采用比特间插奇偶校验码（BIP）进行在线监测,SDH 通道的在线测试块长规定如表 6.6 所示。当对 SDH 系统进行停业务测试时,也应基于块进行误码性能参数评估,停业务测试应采用与在线测试相应的块长,以使测试结果具有可比性。

表 6.6 误码性能在线测试块长

通 道 类 型	携带 BIP 的开销字节	BIP 类型	块 数 每 秒	比特数每块
VC-12	V5(b1,b2)	BIP-2	2000	1120
VC-2	V5(b1,b2)	BIP-2	2000	3424
VC-3	B3	BIP-8	8000	6120
VC-4	B3	BIP-8	8000	18 792
VC-4-4C	B3	BIP-8	8000	75 168

（2）通道误码性能指标。误码性能指标是长期指标,测试时间不少于 1 个月。

（3）全程端到端通道的性能指标。SDH 网络全程端到端 27 500km 假设参考通道的误码性能指标如表 6.7 所示。只要有任一误码性能参数不满足,就认为该通道不满足性能要求。

表 6.7 全程端到端通道误码性能指标

国 际				
VC 速率(Kb/s)	2240(VC-12)	48 960(VC-3)	150 336(VC-4)	601 334(VC-4-4C)
ESR	1.008×10^{-4}	4.62×10^{-4}	9.24×10^{-4}	待定
SESR	2.016×10^{-5}	4.62×10^{-5}	4.62×10^{-5}	2.016×10^{-4}
BBER	5.04×10^{-7}	5.04×10^{-7}	1.008×10^{-6}	1.008×10^{-6}
国 内				
VC 速率(Kb/s)	2240(VC-12)	48 960(VC-3)	150 336(VC-4)	601 334(VC-4-4C)
ESR	2.31×10^{-4}	4.62×10^{-4}	9.24×10^{-4}	待定
SESR	4.62×10^{-5}	4.62×10^{-5}	4.62×10^{-5}	4.62×10^{-4}
BBER	1.155×10^{-6}	1.155×10^{-6}	2.31×10^{-6}	2.31×10^{-6}

6.7.2 滑码性能分析

1. 滑码的产生

在数字网的程控交换局间,采用的传输系统通常是 PCM 基群或 PCM 高次群系统,同时一个交换局通常和几个交换局相连。为了准确地进行时隙交换,从其他局来的数字信号流的一帧中的首位和末位应在同一时间内开始和结束,即各局的信号之间必须帧定位。由于各局之间的时钟频率存在偏差,加上传输介质时延的影响,要做到这一点很难。为了解决这个问题,通常在进行时隙交换之前设置一缓冲器,通过对脉冲同时读出,来吸收传输时延所引起的相位差别。

图 6.37 所示为在交换局的输入端设置缓冲器。图中 A 局和 B 局的数字信号到达 C 局,它们的时钟信号频率分别为 f_a、f_b 和 f_c,并且在同一基准频率上下略有偏差。这里,f_a、f_b 是写时钟频率,f_c 是读时钟频率,当它们之间误差积累到一定程度时,在数字信号流中产生滑码。

首先以缓冲器的容量为 1bit 为例来讨论滑码的产生。图 6.38 所示为由于时钟频率偏差引起滑码。在图 6.38(a)中,写时钟频率大于读时钟频率,这里,时间轴上方是读时钟脉冲,下方是写时钟脉冲,写脉冲和读脉冲之间的时间间隔称为读写时差 T_d。当 $f_a > f_c$ 时,读写时差随时间的增加而增加。当它超过 1bit 时,则产生一次漏读现象,这时将丢失这个码元(在图中的第 6 个码元处),同时读写时差将产生一个跳跃。图 6.38(b)所示为 $f_b < f_c$ 的情况,当读写时差减少至 0 时则产生一次重读现象,这时将增加一个码元。这种数码的丢失或增加称为滑码,滑码是一种数字网的同步损伤。

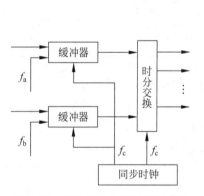

图 6.37 交换局输入端设置缓冲器

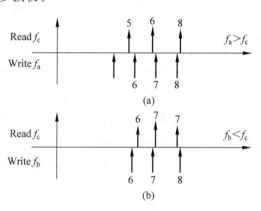

图 6.38 缓冲器容量为 1bit 时的滑码

当缓冲器的容量为 1bit 时,滑码一次丢失或增加的码元数为 1bit,这时将引起帧失步,从而造成在失步期间全部信码的丢失。解决的方法是扩大缓冲器的容量。在实际的数字交换机中,缓冲器的容量可取为 1 帧或大于 1 帧,把滑码一次丢失或增加的码元数控制为 1 帧。这样做的优点,一是减少了滑码的次数,二是由于滑码一次丢失或增加的码元数量为 1 帧,防止了帧失步的产生。这种滑码一次则丢失或增加一个整帧的码元常称为滑帧。由于滑码一次丢失或增加码元数是确定的,也常称其为受控滑码。

图 6.39 所示为缓冲器的容量为 1 帧时滑码产生的情况。图 6.39(a)中,$f_a > f_c$,即对于缓冲器是写得快而读得慢,缓冲器中存储的数码逐渐增加,当增加至一帧时,将产生一次

滑码,从而丢失 1 帧的数码。图 6.37(b)所示为 $f_b < f_c$ 的情况,这时情况和刚才相反,滑码一次,数码将增加 1 帧。

图 6.40 所示为读写时差的变化情况,当读写时差超过门限值 NT_0 时(N 为滑码一次增加或丢失的码元数),则产生一次滑码。

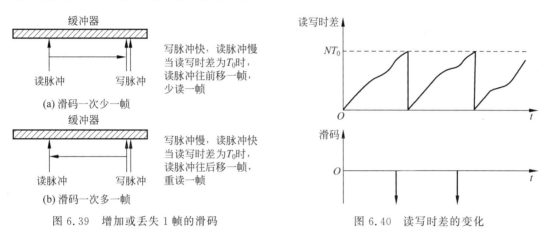

图 6.39 增加或丢失 1 帧的滑码

图 6.40 读写时差的变化

2. 滑码率的计算

数字网中各节点的时钟频率存在偏差是引起滑码的主要原因。下面分析时钟的准确度与滑码速率之间的关系。如前所述,当读写时差 T_d 大于 NT 或者小时就产生滑码,因此,滑码速率也就是读写时差超过门限值的速率。设 f 表示基准时钟频率,Δf 表示时钟频率与基准频率之间的偏差,则 $\Delta f / f$ 是节点时钟频率的相对误差,$2\Delta f / f$ 是两个节点之间的最大的频率相对误差读写时差等于频率相对误差与时间的乘积,因此,两次滑码之间的时间间隔 T 可以表示为:

$$T_s = \frac{NT_0}{2\left|\dfrac{\Delta f}{f}\right|}$$

$$T_s = \frac{N}{2\left|\dfrac{\Delta f}{f}\right|f} \tag{6.55}$$

因此,滑码速率 R_s 可以表示为:

$$R_s = \frac{2\left|\dfrac{\Delta f}{f}\right|f}{N} \tag{6.56}$$

当输入信号流为 PCM 基群信号流,且一次滑码增加或丢失的码元数 N 为 256bit(位)时,上式可以改写为:

$$R_s = 2\left|\frac{\Delta f}{f}\right|F_s$$

式中,F_s 为 PCM 基群的帧频,等于 8kHz。

例如,设两个时钟的相对频差为 1×10^{-11},滑码一次增加或丢失的码元数为 256bit(位),对 2048Kb/s 的基群码流求最大的可能滑码速率为:

$$R_s = 2\left|\frac{\Delta f}{f}\right|F_s = 1/6\,250\,000(s) = 1/72.34(天)$$

表 6.8 所示为在 2048Kb/s 的码率时,滑码一次丢失或增加一个整帧时,时钟准确度与滑码间隔时间的关系。

表 6.8　时钟准确度与滑码间隔时间的关系

时钟准确度	发生一次滑码间隔的时间	每小时发生滑码的次数	每天发生滑码的次数
$\pm10^{-11}$	72.3 天	5.76×10^{-4}	0.0138
$\pm10^{-10}$	7.2 天	5.76×10^{-3}	0.138
$\pm10^{-9}$	17.4h	5.76×10^{-2}	1.38
$\pm10^{-8}$	1.7h	0.576	13.8
$\pm10^{-7}$	10.4min	5.76	138
$\pm10^{-6}$	1.0min	57.6	1380

3. 滑码的影响

滑码对语音的影响较小。一次滑码对于 PCM 基群将丢失或增加一个整帧,但对于 64Kb/s 的一路语音信号则丢失或增加一个取样值,这时感觉到的仅是轻微的"喀呖"声。由于语音波形的频带很宽,而且动态变化,能够有效地掩蔽这种滑码的影响,对于电话而言可以允许每分钟滑码 5 次。

对于 PCM 系统中的随路信号而言,滑码将造成复帧失步。复帧失步后的恢复时间一般为 5ms,因此,一次滑码将造成随路信号 5ms 的中断。对于公共信道信号,由于 7 号信令系统采用检错重发(ARQ)方式,发生滑码以后则要求发端将有关的信号重发一次,因此滑码将使呼叫接续的速度变慢,而不致造成接续的错误。

对于 64Kb/s 及中速的数传,受滑码而丢失或增加的数据可以为检错程序所发现,并要求前一级将此数据重发,虽然不会发生错误,但延迟了信息传送时间,降低于电路利用率。如果要求无效时间小于 1%～5%,则每小时滑码可以允许 1～7 次。

4. 滑码率的分配

ITU-T 对于 64Kb/s 的国际数字连接的滑码率的指标如表 6.9 所示。

表 6.9　滑码率的指标

性 能 级 别	平均滑码率	一年中的时间比率%
a 级	24h 内≤5 次	>98.9
b 级	24h 内>5 次 1h 内≤30 次	<1.0
c 级	1h 内>30 次	<0.1

表 6.9 所列的滑码率性能考虑了满足 ISDN 中一个 64Kb/s 数字连接上的电话及非话业务的要求,而且参照 27 500km 长的标准数字假想参考连接规定。27 500km 长的标准数字假想参考连接包括 5 个国际局、6 个国内长途局和 2 个市话局。

表 6.9 中的滑动性能指针分为 a、b、c 三个级别,要求一年内绝大多数时间(98.9%)都工作在 a 级范围内,此时各种业务的质量可以得到保证。工作在 b 级范围时,某些业务质量将变劣,但可勉强工作。在 c 级范围内,虽然业务仍可保持,但质量严重下降,就认为是不允许的。

以上给出的是滑码率的全程性能指标。必须把指标分配给每一个部分,在分配时,考虑到在一个 64Kb/s 的数字连接中,不同部分的链路出现滑码时造成的影响是不同的,因此,分配给国际中继链路的滑码指标要少,分配给国内部分链路的稍多,而分配给本地链路的最多,因为在本地链路上的滑码只带有局部性的影响。ITU-T 建议的分配比例如表 6.10 所示。

表 6.10　滑码率的分配

HRX 连接中的部位	各部分滑码率分配百分比(%)	不同性能级别 1 年允许的时间百分比(%)		
		a 级	b 级	c 级
国际部分	8.0	99.912*	0.08	0.008
国内长途部分	6.0	99.934*	0.06	0.006
市内部分	40.0	99.56*	0.4	0.04
全程	100*	98.9*	1.0*	0.1*

* 补列的数据。

6.7.3　同步性能分析

1. 时钟的技术指标

1) 抖动

抖动是指数字信号相对于其理想位置的瞬时偏离。这里瞬时的含义是指相位振荡的频率大于或等于 10Hz,10Hz 的限制意味着对抖动通过等效单极点高通滤波器(其极点频率为10Hz)进行测量。

偏离包括超前或滞后,指定时信号以它自身的频率围绕着理想位置前后摆动,表征偏离有幅度和频率两个参数,幅度表示实际位置偏离理想位置的大小;频率表示相位变化的速率;偏离的幅度通常用 UI、ns、ms 来表示,UI 表示一个比特的脉冲宽度,在 1.544Kb/s 的T1 系统中 UI 等于 648ns,在 2048Kb/s 的 T1 系统中,UI 等于 488ns,对于偏离的频率,以10Hz 为界限,10Hz 以上的偏离为抖动,10Hz 以下的偏离为漂移。定时信号的抖动如图 6.41 所示。

图 6.41 中示出了含有单一频率的定时信号抖动,图 6.41(a)表示数据脉冲偏离它的理想位置,其前沿的变化范围从 $+\theta$ 到 $-\theta$;图 6.41(b)所示为用示波器测量得到的实际波形;图 6.41(c)所示为一条记录抖动的函数曲线,代表相位随时间的变化,这一曲线反映了抖动幅度和抖动频率的大小。

在数字网中,抖动是传输损伤中最麻烦的问题之一,像模拟网中的噪声一样,数字网中的抖动会随着数字信号的传输距离的增加而增加,也会随着运行环境的复杂而增加。在实际的系统中,抖动不是单一频率的,而是由很多频率分量组成的复合波型。

通常抖动分为系统性抖动和待时性抖动。系统性抖动是由再生中继器在恢复数字脉冲信号时产生的,将随着通过多个再生中继器而形成累积。待时性抖动是由于在信号复接和解复接过程中产生的,在复接过程中由于要加入或去掉其中的开销比特,在信号流中产生了间隙和等待时间,这些间隙形成了相位移动,从而形成了抖动。

SDH/SONET 系统中的指针调节也将产生抖动,这种调节使得脉冲信号移动 8UI 之

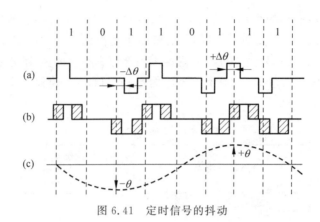

图 6.41　定时信号的抖动

多,当发生一次调整时,一次群信号产生一次对应的相位跃变,因此,SDH 系统不适宜于用来传输基准定时信号。

2) 漂移

漂移是指数字信号相对于其理想位置的缓慢偏离,这里缓慢是指其相位振荡的频率小于 10Hz,这里 10Hz 的限制意味着漂移通过极点频率为 10Hz 的等效低通滤波器进行测量,漂移通常用最大时间间隔误差(MTIE)、时间方差(TVAR)和时间偏差(TDEV)进行衡量。

3) 时钟的准确度和稳定度

时钟的准确度是以时钟信号相对于理想值的长期偏离衡量的一个技术指针,可以表示为

$$时钟的准确度 = \frac{f - f_d}{f_d}$$

式中: f 是时钟的实际数值; f_d 是时钟的理想值。

时钟的准确度也就是时钟的相对误差,是衡量时钟准确程度向一个常用指标。对于时钟的要求常用时钟准确度来表征,如对基准钟的要求为相对误差小于 1×10^{-11} 。

时钟的稳定度是衡量时钟随时间变化的另一技术指标,当考察时钟稳定度时,仍可用公式来估算,但公式中的 f_d 表示时钟的期望值而不是理想值。

一般来说,准确度用来衡量时钟在自由运行模式下的性能指标,而稳定度则用来衡量时钟在保持模式下的性能指标。

4) 时间方差(TVAR)

TVAR 是衡量时钟信号漂移的一个指标,考察的是在某一频谱范围内的时钟信号相位变化的均方值,该项指标的测量是让相位噪声信号通过一带通滤波器,带通滤波器的高端截止频率为观察时间 s 的倒数,低端截止频率为高端的十分之一。

TDEV 是时间方差的均方根值,表示为:

$$TDEV = (TVAR)^{\frac{1}{2}}$$

在实际中经常使用的是时间偏差(TDEV),其量纲为时间,用 ns 来表示,用来考察相位噪声的谱分量。

5) 时间间隔误差

时钟准确度是一个长期平均值,不足以反映时钟随时间变化的规律,因此,引入了时间间隔误差(Time Interval Error,TIE)这一指标。

TIE 定义为在一段特定的时间间隔内,给定的时钟信号相对于理想时钟信号的时间延迟。

TIE 的定义可以通过图 6.42 来进一步说明,图中的横坐标 t 表示时间,纵坐标 ΔT 是节点时钟和标准时间之间的误差,观察时间 s 时的时间间隔误差是在时间 t 时 ΔT 与在时间 $t+s$ 时的 ΔT 之间的差值,可以用公式表示为 $\mathrm{TIE}(s) = |\Delta T(t+s) - \Delta T(t)|$

频率偏差和 TIE 之间的关系可以表示为 $\dfrac{\Delta f}{f} = \dfrac{\mathrm{TIE}(s)}{s}$

时间间隔误差反映了时钟信号随时间变化的情况,通常所说的这只钟一天内快或慢了多少,就是反映了观察时间为一天时的时间间隔误差为多少。

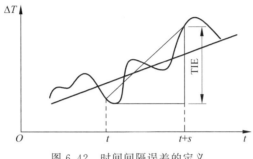

图 6.42 时间间隔误差的定义

除了时间间隔误差之外,还常会用到最大时间间隔误差(MTIE)、最大相对时间间隔误差(MRTIE),下面分别加以说明。

MTIE 是在观察时间 s 内出现的 TIE 的最大值,MTIE 和 TIE 之间的关系如图 6.43 所示,图中横坐标是时间 t,当观察时间 s 发生变化时,TIE 和 MTIE 就会取不同的值。

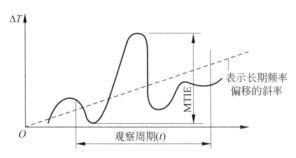

图 6.43 TIE 和 MTIE 之间的关系

最大相对时间间隔误差(MRTIE)是时钟信号与某一指定的参考时钟信号相比较时得到的最大时间间隔误差,MTIE 和 MRTIE 的区别在于前者是以理想时钟信号为参照信号而得到的时延值,而后者是以一特定的时钟信号作为参照信号得到的时延值。

2. 基准钟的定时特性

时钟的定时特性可以分为基准时钟和从钟来进行讨论,基准时钟是指高稳定度的铯钟,从钟指长途局或市话局时钟,是在基准时钟的控制下的时钟输出,对于这两时钟 ITU-T 在 G.811 和 G.812 对它们的特性作了相应的规定,下面先讨论基准时钟的定时特性。

1) 频率准确度

在各种应用运行条件下,对于大于 7 天的连续观察时间,基准时钟频率准确度应优于

$\pm 1 \times 10^{-11}$。

2）噪声产生

基准时钟的噪声产生表示在其输出接口产生的相位噪声量。噪声产生又分为漂移产生和抖动产生两类。用最大时间间隔误差（MTIE）和时间方差（TDEV），对噪声产生性能进行测量。

以最大抽样时间 $\tau_0 = 1/30 s$，通过一个等效的 10Hz 单极点低通滤波器来测量 MTIE 和 TDEV。TDEV 的最小测量时间 T 应是积分时间 τ 的 12 倍，即 $T = 12\tau$。对于更长观察时间的测量，需要特殊考虑测量滤波器带宽或抽样时间。

（1）漂移产生。在基准时钟输出接口，在 τ 观察时间内 MTIE 不应超过表 6.11 中的限值。

表 6.11　基准时钟的 MTIE 限值

观察时间 $\tau(s)$	MTIE 要求(μs)
$0.1 < \tau \leqslant 1000$	$0.275 \times 10^{-3} \cdot \tau + 0.025$
$\tau > 1000$	$10^{-5} \cdot \tau + 0.29$

在 τ 积分时间内 TDEV 不应超过表 6.12 中的限值。

表 6.12　基准时钟的 TDEV 的限值

观察时间 $\tau(s)$	TDEV 要求(μs)
$0.1 < \tau \leqslant 100$	3
$100 < \tau \leqslant 1000$	$0.03t$
$1000 < \tau \leqslant 10\ 000$	30

（2）抖动产生。在 2048kHz 和 2048Kb/s 输出接口，当采用一个转折频率分别为 20Hz 和 100Hz 的单极点带通滤波器测量时，在 60s 内测得固有抖动不应超过 0.05UI。

3）相位不连续性

在基准时钟输出接口（2048kHz 或 2048Kb/s），由于时钟内部操作而引起的任何相位不连续性都不应超过 1/8UI。

4）输出接口

规定基准时钟的定时基准输出接口为 2048kHz 和 2048Kb/s 两种。这两种接口均应符合 G.703 的要求。接口的抖动和漂移应符合前述要求。

3. 从节点时钟的定时特性

一个时钟的相位锁定于从上一级节点传送过来的定时信号上，该时钟称为从钟。

从钟具有以下 4 种工作模式。

（1）理想工作模式：是指从钟锁定于主钟，而接收到的基准时钟信号没有受到传输扰动的影响，虽然这种假设不符合实际情况，但是在这种模式下进行讨论，有利于确定时钟性能的界限。

（2）强制工作模式：这时从钟锁定于基准时钟信号，但在基准时钟信号的传输过程中它受到了传输损伤，时钟在基准钟的控制下进行工作。

（3）保持工作方式：在失去定时基准信号的情况下，时钟将工作于保持工作模式。这时以锁相环记忆电路中存储的时钟信号作为比较基准,输出时钟的准确度主要受初始频率偏差和存储时钟信号的缓慢偏移的影响,保持功能的优劣是衡量某一级时钟性能的重要方面。

（4）自由运行工作模式：此时系统失去定时基准信号,也失去定时记忆信号,进入自由振荡状态。

下面对从节点时钟的主要技术指标进行讨论。

1）频率准确度

以基准时钟为参考基准,在连续同步工作 30 天之后,保持一年时间的情况下,2 级节点时钟和 3 级节点时钟的频率准确度要求如表 6.13 所示。

表 6.13　2 级节点时钟和 3 级节点时钟频率准确度

2 级节点时钟	3 级节点时钟
优于 $\pm1.6\times10^{-8}$	优于 $\pm4.6\times10^{-6}$

2）牵引入/保持入范围

无论内部振荡器频率偏差是什么,2 级节点时钟和 3 级节点时钟的最小牵引入/保持入范围如表 6.14 所示。

表 6.14　2 级节点时钟和 3 级节点时钟牵引入/保持入范围

	最小牵引入范围	最小保持入范围
2 级节点时钟	$\pm1.6\times10^{-8}$	$\pm1.6\times10^{-8}$
3 级节点时钟	$\pm4.6\times10^{-6}$	$\pm4.6\times10^{-6}$

注：

① 牵引入范围(Pull-in range)：是指从钟参考频率和规定的标称频率间的最大频率偏差范围,在这个范围之内,无论参考频率如何缓慢变化,从钟都工作在锁定状态。

② 牵引出范围(Pull-out range)：是指从钟参考频率和规定的标称频率间的频率偏差范围,在这个范围之内从钟工作在锁定状态,在这个范围之外从钟不能工作在锁定状态,而无论参考频率如何变化。

③ 保持入范围(Hold-range)：是指从钟参考频率和规定的标称频率间的最大频率偏差范围,在这个范围之内,无论参考频率如何缓慢变化,从钟都工作在锁定状态。

3）噪声产生

当从钟具有理想参考信号或进入保持状态时,其噪声产生表示在输出接口产生的相位噪声量,包括漂移和抖动对噪声产生的性能用最大时间间隔误差(MTIE)和时间方差(TDEV)来进行测量。

测试条件：以最大抽样时间 $\tau_0=1/30\mathrm{s}$,通过一个等效的 10Hz 单极点低通滤波器来测量 MTIE 和 TDEV。TDEV 的最小测量时间 T 应是积分时间 τ 的 12 倍。

（1）漂移产生。当从钟工作在锁定状态时,在恒温(±1℃之内变化)条件下,MTIE 的限值如图 6.44 所示,TDEV 的限值如图 6.45 所示。

（2）抖动产生。虽然节点时钟性能中绝大多数要求与测量它的输出接口无关,但对于抖动产生却不是这样,抖动产生要求则根据不同接口类型有不同的限制。为和其他抖动要求相一致,其值以 1 为单位,其中 UI 相当于接口比特速率的倒数。

· 2048kHz 和 2048Kb/s 接口的输出抖动。

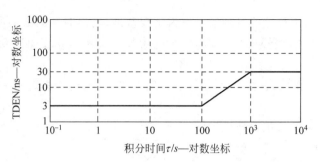

图 6.44　2 级节点时钟和 3 级节点时钟漂移产生要求（MTIE）

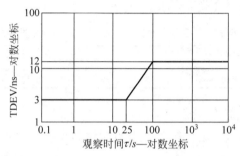

图 6.45　2 级节点时钟和 3 级节点时钟漂移产生要求（TDEV）

在没有输入抖动的情况下，当通过一个转折频率分别为 20Hz 和 100kHz 的单极点带通滤波器进行测量时，以 60s 为测量间隔在 2048kHz 和 2048Kb/s 输出接口产生的固有抖动峰-峰值应不超过 0.05UI。

- STM-N 接口的输出抖动。

在同步接口不存在输入抖动的情况下，以 60s 为测量间隔，在 STM-N 光输出接口产生的固有抖动不超过表 6.15 中所给出的限值。STM-1 电接口所允许的固有抖动也在表 6.15 中给出。

表 6.15　STM-N 接口的抖动产生

接口类型	测量滤波器（−3dB 频率点）	峰峰幅度（UI）
STM-1 电接口	500Hz～1.3MHz	0.50
	65kHz～1.3MHz	0.075
STM-1 光接口	500Hz～1.3MHz	0.50
	65kHz～1.3MHz	0.10
STM-4 光接口	1000Hz～5MHz	0.50
	250kHz～5MHz	0.10
STM-16 光接口	5000Hz～20MHz	0.50
	1MHz～20MHz	0.10

注：① 对于 STM-1 接口，1UI＝6.43ns。

② 对于 STM-4 接口，1UI＝1.61ns。

③ 对于 STM-16 接口，1UI＝0.40ns。

测量滤波器的低端滚降频率特性为 $20dB$/十倍频程，高端滚降频率特性为 $60dB$/十倍频程。

6.8 本章小结

本章主要讲述如何通过图论和排队论等数学理论进行通信网的性能分析。首先介绍了图论相关基础知识，包括图的定义、图的矩阵表示和最小生成树算法，并在此基础上，分析最短路径问题和网络流量问题；然后介绍了排队论基础知识和常见的排队模型，并在此基础上，分析分组交换网的时延、丢包率和吞吐量等性能参数；最后分析了传输网的误码性能、滑码性能和同步性能指标。

习题

6-1 最小生成树是如何定义的？如何求图中所有的生成树？

6-2 用 Prim 和 Kruskarl 算法求图 6.46 所示中的最小生成树。

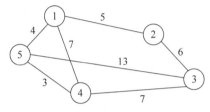

图 6.46 一个 5 节点网

6-3 网络的结构如图 6.47 所示，用 Dijkstra 算法求节点 1 到其他节点之间的路由。

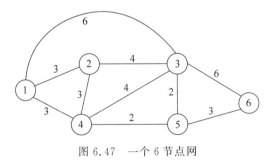

图 6.47 一个 6 节点网

6-4 网络的结构如图 6.48 所示，用 Floyd 算法求任意两点之间的最短路由。

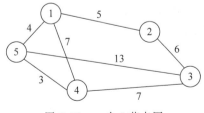

图 6.48 一个 5 节点网

6-5 分布式自适应路由选择是根据相邻节点的信息来更新节点的路由表，网的结构如图 6.49 所示，送到 J 节点的相邻节点的延迟信息如表 6.16 所列，求 J 节点的新的路由表。

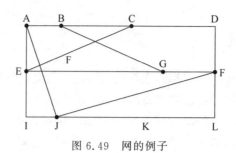

图 6.49 网的例子

表 6.16 送到 J 节点的相邻节点的延迟信息

节　　点	A	I	H	K
A	0	23	19	20
B	11	35	30	27
C	24	17	18	35
D	39	26	7	23
E	13	6	29	21
F	22	19	18	39
G	17	30	5	30
H	16	19	0	18
I	20	0	13	21
J	8	10	6	9
K	23	21	21	0
L	28	32	8	8

6-6　已知话务服从泊松分布,一交换节点平均每分钟有 4 次来话,求在任意选定的 30s 间隔内出现 7 次以上来话的概率是多少?

6-7　某电话局忙时平均呼叫率为每小时 1000 次,求平均来话间隔时间小于等于 10s 的概率。

6-8　假定一群用户为具有每分钟一次来话率的泊松流,中继群有足够的信道能立即传送全部话务量,又假定平均占用时间是 2min,求前 5 条电路传送的总话务量的百分比是多少? 其余电路传送的话务量的百分比是多少?

6-9　求 $M/M/2$ 排队的平均队长和排队的平均时延。

6-10　设分组到达率为 5(分组/秒),平均分组的长度为 500bit,链路容量为 C＝9600bits。求分组的平均时延。若分组正确传送的概率为 0.9,求分组的平均时延。

6-11　设一个 3 节点网如图 6.50 所示。到达率依次为 $\beta_{12}=1$(分组/秒),$\beta_{13}=2$(分组/秒),$\beta_{23}=-2$(分组/秒),$\beta_{21}=3$(分组/秒),$\beta_{31}=3$(分组/秒),$\beta_{32}=4$(分组/秒)。分组的平均长变为 1000bit,链路容量均为 64Kb/s,求该网的平均时延。

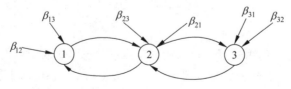

图 6.50　一个 3 节点网

6-12 若网的结构和路由选择的规则均如图 6.51 所示,到达率如表 6.17 所示,假设总的链路容量 C 为 64Kb/s,平均分组的长度为 150bit,求各链路的最优容量和系统的平均时延。

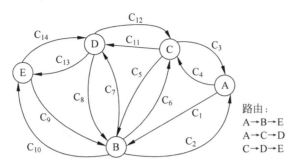

图 6.51 用以容量分配的网的结构

表 6.17 分组到达率(分组/秒)

源	目 的 地				
	A	B	C	D	E
A	—	0.90	8.34	0.51	1.94
B	0.90	—	0.72	0.13	0.508
C	8.34	0.72	—	0.528	1.40
D	0.51	0.13	0.528	—	0.653
E	1.94	0.508	1.40	0.653	—

6-13 衡量传输系统误码的指标有哪些? 分别加以说明。

6-14 数字信号流的速率为 64Kb/s,平均误码率 $Pe = 2 \times 10^{-6}$,若误码服从泊松分布,求无误码秒和劣化分钟的百分数。

6-15 说明时钟抖动和漂移的区别,漂移可以用哪些指标来加以衡量?

6-16 基准时钟的准确度为 1×10^{-11},说明经过多少时间基准钟误差 1min。

6-17 若数字信号流的速率为 8448Kb/s,求在观察时间为 10s 时对基准时钟的时间间隔误差的要求。

参考文献

[1] 唐宝民,江凌云.通信网技术基础[M].北京:人民邮电出版社,2009.

[2] 田丰,马仲蕃.图与网络流理论[M].北京:科学出版社,1987.

[3] 周炯磐.通信网理论基础[M].北京:人民邮电出版社,1991.

[4] 徐光辉.随机服务系统[M].北京:科学出版社,1987.

[5] 盛友招.排队论及其在现代通信中的应用[M].北京:人民邮电出版社,2007.

[6] Bondy J. A. and U. S. R. Murtly. Graph theory with applications, The Macmillan Press Ltd,1976.

[7] Leonard Kleinrock. Queueing Systems, Volume 1:Theory. Wiley-Interscience,1975.

[8] Leonard Kleinrock. Queueing Systems:Problems and Solutions. Wiley-Interscience, 1996.

第 7 章

通信网新技术

　　全球化竞争的压力迫使各个运营商和企业要不断利用技术创新来提高自己的竞争力,这个过程中,IT 技术不断发展、转变,来适应这种需求。IT 技术的这种发展和转变从云服务提供商(百度、腾讯、亚马逊)到电信运营商都发生了显著的变化,数据中心中多租户环境的创建,为应用带来了很多好处,但是操作的复杂性给传统 IP 网络架构带来了沉重的压力。以下从数据中心网络或者运营商网络的变化来看网络发展的趋势。

　　(1) 数据中心的复杂化。越来越多的企业为了减少内部网络的投入,将部分网络或者全部网络移到了公有云提供商处,相当于很多的中小数据中心被合并到一个很大的数据中心。对这些大的数据中心来说,需要提供更多的设备、更复杂的布线和更多的网络流量。

　　(2) 服务器的虚拟化。为了达到降低成本、充分利用资源和减少宕机事件,数据中心里面部署了虚拟化服务器。大量的虚拟服务器和访问它们的虚拟网络被集成到了物理网络基础架构中,如何有效地管理这些数量巨大的虚拟机和虚拟网络是个非常重要的问题。

　　(3) 应用模式的新型化。当前很多企业或组织正大量部署基于 Web 的应用,例如在线课程、MOOC、在线实验等。只要有标准的浏览器,就可以使用很多网络资源。这些应用需要数据中心创建大量服务器到服务器之间的通信连接,而且要求不同应用之间要相互隔离。这要求数据中心从传统的基于数据转发的模式转换到基于服务的递交模式,于是传统的网络架构不再适合。

　　(4) 终端的多样化。现在越来越多的员工携带自己的 IT 设备到单位上班,包括笔记本电脑、智能手机、PAD 等。而且因为现在在国内无线网络的覆盖的普及,人们在很多地方可以很方便地接入网络。这对现有无线网络的流量、安全和管理带来了压力。

　　综上所述,网络业务的发展要求管理员能够管理越来越复杂的网络和设备,部署各种各样复杂的应用,以及应对越来越大的数据流量。面对这些情况,如何能够方便快捷地部署和管理这些应用、设备、网络,减少操作失误和操作时间,减少网络故障概率和恢复时间,就变得尤为重要。

　　为克服上述问题,近年来出现了 SDN(Software Defined Network,软件定义网络)、NFV(Network Function Virtualization,网络功能虚拟化)、云计算、雾计算和移动边缘计算等新技术。SDN 重新定义了网络架构,通过控制平面和转发平面的解耦,实现了网络资源的池化,彻底改变了原来垂直封闭的产业形态,使网络实现更加集中和更具全局视图的管理,以确保更佳的网络资源配置、更高的效率和更简单的软件升级。而 NFV 通过软硬件解耦及功能抽象化,构建云资源池,使得网络设备功能将不再取决于个别硬件、网元可以共享统一的硬件平台,实现了设备的通用化、业务快速部署,从而大大提高了网络资源利用率、部署和运维的效率、缩短了业务上市时间。而 SDN 和 NFV 技术的出现与发展,都和云计算有着密切的关联。

本章首先从通信网络发展趋势出发介绍 SDN 技术,包括 SDN 网络架构、工作流程、标准和典型应用;然后,介绍 NFV 技术,包括基本概念、标准、体系架构和网络编排;接着介绍云计算技术,包括云计算服务的分类、云计算的特点、5G 中新技术的应用、雾计算基本概念;最后介绍 MEC 技术,包括 MEC 的特点、标准、关键技术和部署。其重点掌握 SDN 网络的分层结构、各层的主要功能、各接口的主要功能、SDN 网络工作流程;掌握 NFV 体系架构和各部分的主要功能;掌握云计算服务的分类;掌握 MEC 的特点。

了解 SDN/NFV 标准、在 5G 中的应用、SDN 与 NFV 以及云计算之间的关系。

7.1　SDN 技术

传统路由器包括数据面和控制面,控制面负责路由协议解析,但是随着网络应用的不断增加,网络需要支持更多的新协议,使得控制平面变得越来越复杂,传统网络的架构严重阻碍了网络的创新发展。用户希望网络具有更多的可编程能力,从而能够实现网络管理的自动化、智能化。

SDN 是一种新型的网络架构,其将控制平层和转发层相分离,同时将编程接口软件化、开放化,极大地提高了网络控制和业务部署的灵活性。新的管控策略,可以很容易在 SDN 网络中进行部署;而当用户对网络提出新的需求时,也可以快速地将应用部署到网络中。

本节首先介绍 SDN 的三层三接口结构,其次介绍 SDN 网络的工作流程,最后对 SDN 的标准和应用也做简单介绍。

7.1.1　SDN 网络架构

ONF(Open Networking Foundation,开放网络基金会)从用户角度定义 SDN 架构,包括三个层和三个接口,依次是基础设施层、控制层、应用层、南向接口、北向接口和东西向接口。SDN 网络架构如图 7.1 所示。

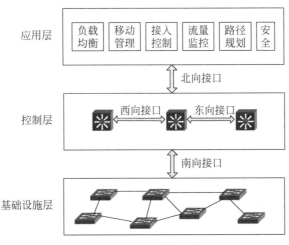

图 7.1　SDN 网络架构

1. SDN 分层结构

1) 基础设施层(Infrastructure Layer)

基础设施层也称为网络设备(Network Devices)层,负责数据处理、转发和状态收集。这一层的功能被抽象为转发(Forwarding),因此被称为转发面或者数据面。实际设备可以是物理的硬件交换机,也可以是虚拟的软件交换机,还可以是路由器等物理设备。这些设备中存储转发表(SDN 网络中称为流表),用户数据报文被按照流表处理和转发。

2) 控制层

控制层(Control Layer)是 SDN 网络的核心,向上提供应用程序的编程接口,向下控制网络设备。负责处理数据平面资源的编排,维护网络拓扑、状态信息等。一个 SDN 网络里面可以有多个控制器,控制器之间可以是主从关系,也可以是对等关系。一个控制器可以控制多台设备,一台设备也可以被多个控制器所控制。通常控制器都是运行在一台独立的服务器上,比如一台 x86 的 Linux 服务器或者 Windows 服务器。

3) 应用层

应用层(Application Layer)也称为服务层(Service Layer),SDN 应用程序可通过编程方式实现不同的网络应用,例如负载均衡(load balancing)、安全(security)、拥塞监测和管理、时延监测和管理、拓扑发现(LLDP-Link Layer Discovery Protocol,链路层发现协议)、网络运行情况监测(monitoring)等。这些应用最终都以软件应用程序的方式表现出来,代替传统的网管软件来对网络进行控制和管理。应用可以与控制器位于同一台服务器上,也可以运行在别的服务器上。

4) 南向接口

南向接口(Southbound Interface)是控制层与基础设施层之间的接口。这个接口主要用于控制器和转发器之间的数据交互,包括从设备收集拓扑信息、标签资源、统计信息、告警信息等,也包括控制器下发的控制信息,比如各种流表,SDN 交换机根据流表对报文进行处理和转发。通过 SDN 控制器实现了网络的可编程,从而实现资源的优化利用,提升网络管控效率。

OpenFlow 协议是最知名的南向接口协议,也有 Netconf、PCEP、BGP 等其他协议,控制器用这些协议作为转控分离协议。OVS(Open vSwitch,开放虚拟交换标准)交换机支持 OpenFlow 协议。在传统网络中,由于控制面是分布式的,通常不需要这些转控分离协议。目前该接口研究的主要问题包括多高性能转发技术、SDN 交换机与传统交换机的混合组网等。

5) 北向接口

北向接口(Northbound Interface)是应用层与控制层之间的接口。因为 SDN 应用需求多变,使得这个接口比南向接口复杂得多。通过该接口,可以直接在网络中部署一个业务,例如虚拟网络业务,而不用关心网络内部具体如何实现这个业务,这些业务的实现都是由控制器内部的程序完成的。北向接口协议通常包括 Rest API(Representational State Transfer,表述性状态传递)接口、Netconf 接口以及 CLI(Command Line Interface,命令行接口)等传统管理接口协议。

6) 东西向接口

东西向接口(West-East Interface)是控制器之间的接口。对于 SDN 东西向接口的研究目前还处于初级阶段,标准的 SDN 东西向接口应与 SDN 控制器解耦,能实现不同厂家控制器之间通信。东西向接口有垂直和水平两种架构,垂直架构是在多个控制器之上再叠加一层高级控制层,用于协调多个异构控制器之间的通信,从而完成跨控制器的通信请求。水平架构中所有的节点都在同一层级,身份也相同,没有级别之分。目前比较常见的架构为水平架构,例如华为的 SDNi。垂直架构目前在中国移动提出的 SPTN(Software-defined Packet Transport Network,软件定义分组传送网)架构中有涉及。

控制器需要考虑东西向接口,并且需要实现传统的跨域协议,比如 BGP(Broad Gateway Protocol,边界路由协议)等,来完成传统网络以及跨运营商网络之间的对接。目前各家控制器平台能够很好地支持和传统网络互通的很少,比如 ODL(Open Day Light)开源控制目前就不支持,其主要原因是 ODL 是面向数据中心设计的,不是面向运营商网络设计的。也有一些厂家的控制器对此支持得很好,比如华为的控制器,是面向运营商 WAN 和 DC 网络的统一控制器,能够支持与各种传统东西向接口对接。

2. SDN 网络架构与传统网络的区别

从 1969 年 ARPA NET 网络开始运行算起,传统 IP 网络已经发展了半个世纪。IP 网络的发展可以分为纯 IP 网络、基于 MPLS 的网络和 SDN 网络。

纯 IP 网络,设备之间通过口口相传进行通信。连通是这个阶段的主要目的,通过 IGP 和 BGP 路由协议,路由器可以获取 AS 域内和域间路由,路由器或交换机根据路由表,形成 IP 报文转发表。传统 IP 网络报文的转发是在每个路由器运行路由协议生成了路由转发表之后,按照逐跳转发的方式,在每个路由器节点中采用最长匹配原则来转发报文,使得转发速度低。

MPLS 网络在支持 MPLS 协议的路由器之间,通过运行路由协议、标记分配协议之后,生成标记转发表,从而形成标记转发路径。此时不再需要最长匹配,报文可以按照这条来转发报文,提高了报文转发速度。MPLS 开发了一系列服务,例如 VPN(Virtual Private Network,虚拟专用网)、TE(Traffic Engineering,流量工程)等。MPLS 服务的共性弱点是多层协议累加带来的复杂度和协议之间的配合问题,导致 MPLS 的许多服务不能得到大规模应用。

IP/MPLS 网络中路由器的结构包括两部分,一是运行路由协议(包括标记分配协议)的平面,称为控制面。另一是包含了转发表的平面,称为数据平面,负责将用户的业务数据转发到指定的目的地。这两个部分包含在同一个设备,也就是路由器中。

IP/MPLS 网络中有对网络运行维护管理的网管平台,称为管理面。管理面主要完成网络设备管理和业务管理。设备管理负责对设备的电源、风扇、温度、硬件板卡、指示灯等的管理。业务管理负责对设备上的业务进行配置,包括业务数据配置、网络协议配置、安全数据配置等。例如运营商设备中配置了手机号码,才可以打电话、可以漫游通信;学校服务器配置了 VPN 功能,可以在家中免费下载知网和国外数据库的文献。

管理平面把路由协议等信息配置到每个路由器中以后,这些路由器按照路由协议的规则独立的分布式运行,所以控制面是分布式控制。因为控制面和数据面合在一起,因此数据面也是分布式。所以,传统 IP/MPLS 网络是一种分布式控制的网络。

现在 IP/MPLS 网络使用的路由协议均是动态协议(例如 RIP/OSPF/BGP),报文转发路径都是通过这些动态协议计算的,管理员很难知道某个业务的报文走了哪条路径,也比较难去搞清楚哪里发生了拥塞,以及是不是有更优的路径存在。如果有,也很难快速把这个业务切换到更优的路径上去,因为路径不是管理员指定的,而是协议计算出来的。如果要改变报文转发路径,就是要对协议进行修改,而修改协议,只能对 IP 地址等有限的参数进行修改。

SDN 技术从路由器的结构上进行创新,具有以下特点。

(1)控制面和转发面解耦。控制面和数据面相互独立,网络的控制和转发相互分离。数据平面的设备称为 SDN 交换机,数据平面的功能是报文转发,还是原来的分布式工作方式。将数据转发层面与控制层面分离开,从而使得控制功能从转发层面独立出来,不再统一集成在网络硬件设备中,从根本上打破了传统网络中控制与转发一体的封闭模式。

(2)控制功能集中。一个控制器可以控制多个转发器,形成了集中式的控制平面。网络管理者可以通过应用层软件的控制器对整个网络进行集中调度和管理,可以从控制器中获得网络的实时状态信息,并可以根据不同的业务需求对网络资源进行统一管理调度以及分配,集中控制还能提高网络的安全性和稳定性,使得网络不必再像传统的网络一样需要花很大精力去维护。

(3)接口标准化。通过南向接口,控制器可以收集交换机的各种信息(例如接纳的用户数、端口速率等),从而掌握网络运行的状态。通过北向接口,应用程序可以调用控制器中的这些信息,从而可以根据某种策略,去影响交换机的报文转发规则,快速动态的调整网络资源,实现网络资源使用的最优化,满足用户业务的服务质量要求。南北向接口统一后,网络呈现出良好的拓展性和兼容性。网络管理者可以通过软件应用来自定义开发网络业务并自行调配网络中的数据交换设备等,以满足用户的业务需求,实现了网络的开放可编程。

这种结构上的改变,使得原来需要程序员在每台路由器上操作的各不相同的上万条指令,在 SDN 架构下却可以自动进行。SDN 架构,使得网络像软件一样可以灵活编程和修改,大大提升了网络新业务部署速度,优化了网络流量,降低了网络结构的复杂程度,最终实现了网络业务的快速自动化部署。

7.1.2　SDN 网络工作流程

1. OpenFlow 交换机

OpenFlow 交换机包括 4 部分:(1)OpenFlow 通道,用于连接控制器。控制器通过这个通道接受来自交换机的信息以及通过这个通道实现对交换机的管理。控制器通过 OpenFlow 通道对交换机进行传送消息,因此对于管控非常重要。(2)一个或多个流表,用于完成包的查找和转发。每个流表项是对报文进行处理的规则,用于告诉交换机应该如何处理进来的流,每个流表项会对应一个行为。(3)一个组表,包括若干组表项。每个表项包含一系列操作集合(action buckets),每个操作集合包含一系列动作(action)以及参数,使得 OpenFlow 可以实现额外的转发方法。(4)OpenFlow 协议,是提供给控制器和交换机之间交流的一种开放的、标准的方式。交换机与控制器的通信,以及控制器对交换机的管理都是通过 OpenFlow 协议。OpenFlow 交换机结构如图 7.2 所示。由于 OpenFlow 有多个版本,版本之间有不小的差别,而目前最为成熟且常用的版本为 OpenFlow1.3,所以本节以 1.3 版本为例进行介绍。

流表:是对网络设备的数据转发功能的一种抽象。传统的网络设备如交换机和路由器,它们在转发数据时是依据设备中保存的二层 MAC 地址转发表或者三层 IP 地址路由

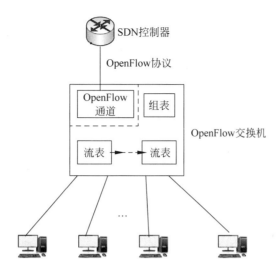

图 7.2 OpenFlow 交换机结构

表,而在 OpenFlow 交换机中用流表定义了 OpenFlow 交换机中的数据包处理行为。不过在 OpenFlow 交换机表项中整合了网络中各个层次的网络配置信息,从而在进行数据转发时可以使用更丰富的规则。

控制器使用 OpenFlow 的协议,可以添加、更新和删除流表中的表项。在 OpenFlow 交换机中,流表由很多个流表项组成,每个流表项就是一个转发规则。进入交换机的数据包通过查询流表来获得转发的目的端口。流表项结构如图 7.3 所示。

匹配域 Match Fileds	优先级 Priority	计数器 Statistics	指令 Instructions	失效时间 Timeouts	Cookie

图 7.3 流表项结构

OpenFlow 使用多级流表,每张流表有独立的序号,从序号最小的流表开始匹配,每张流表有独立的处理和动作。

匹配域(match fields),它是之前 1.0 版本的拓展,匹配的内容除了二到四层的寻址信息(MAC、IP、PORT),还增加了对 MPLS(城域网)、IPv6、PBB(Provider Backbone Bridge,运营商骨干桥接技术)、Tunnel ID 等的支持。1.0 版本能匹配 12 个信息,1.3 版本能匹配 39 个信息。

优先级(priority):用于标志流表匹配的优先顺序,优先级越高越早匹配,默认优先级为 0。

计数器(statistics):主要对每张表、每个端口、每个流等进行计数,方便流量监管,在原有 1.0 版本的基础上,加入了对每一个组、每一个动作集(队列)的计数。

失效时间(timeouts):用于标志该流表项老化的时间,超过了时间限制就删除该流表项,节省了内存资源。

附属信息(cookie):由控制器选择的不透明数据值。控制器用来过滤流统计数据、流改变和流删除,但处理数据包时不能使用。

指令(instructions):包括必备指令(require instructions)和可选指令(optional

instructions)。其中,必备指令是需要由所有的 OpenFlow 交换机默认支持的,而可选指令则需要由交换机告知控制器它所能支持的指令种类。

- 必备指令:包括 Write-Actions action(s),将指定的行动添加到正在运行的行动集中;Goto-Table next-table-id,指定流水线处理进程中的下一张表中的 ID(pipeline,流水线,定义多级流表的匹配);Apply-Actions action(s),立即执行指定的行动,而不改变指令集(这个指令经常用来修改数据包,在两个表之间或者执行同类型的多个行动时)。
- 可选指令:包括 Merter merter id,直接将计流量包丢弃;Clear-Actions,在行动集中立刻清除所有的动作;Write-Meterdata meterdata/mask,在元数据区域记录元数据。

匹配从第一个流表(Table 0)开始,并可能会使用到额外的流表。流表里流表项按优先级的顺序排序,匹配时从每个表的第一个匹配表项开始。如果找到匹配的项,那么按照流表项指令去执行。如果在流表中未找到匹配项,结果取决于缺失表(Table-Miss)的流表项配置(例如,数据包可被转发到控制器或者丢弃)。具体过程如图 7.4 所示。

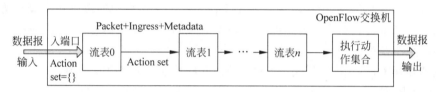

图 7.4 OpenFlow 交换机中数据处理流程

当 OpenFlow 交换机接收到一个数据包时,将按照优先级依次匹配其本地保存的流表中的表项,并以发生具有最高优先级的匹配表项作为匹配结果,并根据相应的动作对数据包进行操作。OpenFlow 交换机执行的操作至少包括以下几种行为:

(1) 把该数据包转发给相应的端口。

(2) 封装该流的数据包并通过安全通道发送给控制器。最典型的场景是交换机对于到达的一个新流并不知道该如何处理,就会将这个流的第一个数据包通过 Packet-in 消息发送给控制器,由控制器来决定如何处理该数据包。

(3) 将该流的数据包丢弃。可以用于遏制服务攻击等安全保护或者减少杂乱的广播影响等。

(4) 将该流的数据包通过正常的管理进行处理。

2. SDN 网络基本工作流程

SDN 网络基本工作流程如下。

(1) 控制器和交换机之间建立控制通道。

(2) 控制器和交换机建立控制协议连接后,控制器从转发器收集网络资源信息,包括设备信息、接口信息、标签信息等,控制器还需要通过拓扑收集协议收集网络拓扑信息。

(3) 控制器利用网络拓扑信息和网络资源信息计算网络内部的交换路径,同时控制器会利用一些传统协议和外部网络运行的一些传统路由协议,包括 BGP、IGP 来学习业务路由并向外扩散业务路由,把这些业务路由和内部交换路径转发信息下发给转发器(称为流表下发)。

（4）交换机接收控制器下发的流表，并依据这些流表进行报文转发。

（5）当网络状态发生变化时，SDN控制器会实时感知网络状态，并重新计算网络内部交换路径和业务路由，以确保网络能够继续正常提供业务。并将新产生的流表下发给交换机。

以主机1发送报文给主机2为例，说明基于OpenFlow协议的SDN网络工作流程，如图7.5所示。

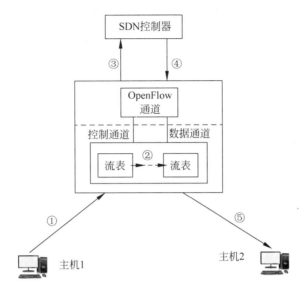

图7.5　基于OpenFlow协议的SDN交换机工作流程

主机1发送报文给主机2时，基本通信流程主要包括以下步骤。

第1步：主机1连接到网络并向SDN交换机发送IP报文。

第2步：SDN交换机接收IP报文并解析报头后，查找流表，如果有匹配的流表规则，则执行流表中的动作转发报文至相应端口；如果没有匹配的流表规则，则进入第3步。

第3步：SDN交换机根据相应的报文产生Packet-in事件，通过TCP协议或者安全传输层协议（TLS）将Packet-in报文发送给控制器。

第4步：SDN控制器接收Packet-in报文后，根据相关应用产生相应的转发规则，并下发该转发规则至SDN交换机。

第5步：SDN交换机接收到转发规则后，将其添加到自己的流表中，并按照这个规则转发报文到相应的端口，从而完成报文的转发。

当主机1再次发送报文到主机2时，SDN交换机中的流表项中已经有了相应的转发规则，当SDN交换机解析报文头后，就根据匹配到的表项转发该报文，不用再发送Packet-in报文给控制器。

7.1.3　SDN标准

研究SDN的主要机构有ONF和ODL，说明如下：

（1）ONF（Open Networking Foundation，开放网络基金会）。

目前SDN领域最有影响力的组织就是ONF，成立于2011年。ONF是最早开始SDN

标准化和推广工作的组织,是致力于 SDN 标准化和产业化推广的非营利性组织,主要由云服务提供商发起,包括 Google、Facebook 和微软等公司,他们都不是网络设备制造商。

ONF 已经完成了 SDN 架构的定义、安全需求和原则、光传送 SDN 需求、迁移需求等多个文档,并完成了配置管理协议 OF-Config1.2 和南向接口协议 OpenFlow 1.4.x 的制定。ONF 最近发布的 SDN Architecture 白皮书中,在 SDN 三层架构的基础上,增加了管理能力和多个信任域。为了对运营商网络应用 SDN 架构的特殊需求进行讨论,ONF 成立了 Carrier Grade SDN 讨论组,研究 SDN 在大规模运营商网络中的部署管理以及资源管控等需求。

该组织主要的工作成果包括 OpenFlow1.1、1.2、1.3、1.4 标准,和 OF-Config 协议1.0、1.1。另外就是推动全球范围内的 SDN 研讨和厂商的互联互通测试。该组织的特点是面向用户,关注点是控制和转发分离。

(2) ODL(OpenDayLight)。

2013 年 4 月,由 18 家著名的 IT 厂商发起的 OpenDayLight(简称 ODL)组织正式宣告成立(严格来说,ODL 不能算是 SDN 标准组织,而是一个推进 SDN 发展、实现一个开源的 SDN Controller 的组织,并不制定标准)。这 18 家公司绝大部分都是美国公司,其中网络设备商占了一半,这些公司合作的项目是 OpenDayLight 开源社区。

OpenDayLight 的目标是要打造一个开源的基于 SDN 的平台框架,这个框架从上到下包括网络应用和服务、北向接口、中心控制器平台、南向接口。注意,这个平台不包括转发面。除了北向接口,其他的各个层面都是允许在标准之外进行扩展的。这是一个规模庞大的开源项目,框架搭好之后,允许全世界的开发人员在这个基础上进行各种各样的二次开发。换句话,他们的目标是打造一个网络操作系统。

这个系统的南向接口中包括很多种类型的接口,OpenFlow 是其中之一,也就是 OpenDayLight 系统所打造的 Controller 是 OpenFlow Controller 的一个超集,所以 Controller 被称为 SDN Controller,而仅支持 OpenFlow 的 Controller 被称为 OpenFlow Controller。

OpenDayLight 开展的项目包括使用 Java 开发的 SDN 控制器、虚拟用户网络、OpenFlow 协议数据库、适用于 SDN 的 SNMP 等。OpenDaylight 已经发布了第一个通用平台 Hydrogen(氢),采用 OSGi 框架,包括基础版、运营商版和虚拟化版 3 个版本。自 Helium 版本开始使用 Karaf 架构。ODL 从 Helium 开始也逐渐完成了从 AD-SAL (Application Driven Service Abstraction Layer)向 MD-SAL (Model Driven Service Abstraction Layer)的发展工作。ODL 控制平台引入了 SAL(Service Abstraction Layer,服务抽象层),SAL 是北向连接功能模块,以插件的形式为之提供底层设备服务,南向连接多种协议,屏蔽不同协议的差异性,为上层功能模块提供一致性服务,使得上层模块与下层模块之间的调用相互隔离。SAL 可自动适配底层不同设备,使开发者专注于业务应用的开发。

ODL 拥有一套模块化、可插拔灵活地控制平台作为核心,这个控制平台基于 Java 开发,理论上可以运行在任何支持 Java 的平台上,从 Helium 版本开始其官方文档推荐的最佳运行环境是最新的 Linux(Ubuntu 12.04+)及 JVM1.7+。

研究 SDN 的主要国际标准化组织有 NFV、IETF 和 ITU,说明如下:

(1) NFV(Network Functions Virtualization,网络功能虚拟化)。

2012 年 10 月,AT&T、英国电信、德国电信、中国移动等联合其他很多家网络运营商、电信设备供应商、IT 设备供应商等成立了一个 NFV 标准化组织,该组织属于欧洲电信标准协会(European Telecommunications Standards Institute,ETSI)的一部分。

在现有的运营商网络里面,有大量的各种各样的设备,例如各个层次的交换机、路由器、防火墙、计费设备、服务器、存储设备等,要管理这些设备变得越来越困难。而且每次要部署一种新业务时,又要增加一堆新的类型的设备。随着设备越来越多,给这些设备找合适的空间和供电也越来越麻烦。此外,网络创新导致设备的更新换代越来越快,设备的生命周期缩短。所有这些都会导致网络建设成本和运营成本居高不下。如何来解决这些问题?这就是 NFV 的主要目标。

NFV 的目标是利用当前一些 IT 虚拟化技术,将多种物理设备虚拟到大量符合行业标准的物理服务器、交换机或者存储设备中,然后在这些标准的硬件上运行各种执行这些网络功能(例如深度包检测、负载均衡、数据交换、计费等)的软件来虚拟出多种网络设备,这些软件可以根据需要在网络中的不同位置的硬件上安装和卸载,不需要安装新的硬件设备。

NFV 标准化组织希望能够对网络元素进行广泛的虚拟化,包括移动核心网;深度包检测(Deep Packet Inspection,DPI);会话边界控制器(Session Border Controller,SBC);安全设备(防火墙、SSL VPN);服务器负载平衡器;广域网加速等。

注意,并不是所有的网络元素都适用于 NFV 模式,NFV 适合运行计算密集型的网络服务。而那些支持低延迟、高吞吐量数据传输的网络产品则不适用,这些设备都是通过专用的 ASIC(Application Specific Integrated Circuits,专用集成电路)或者 NP(Network Processor,网络处理器)进行支持的,这些元素包括高性能交换机/路由器,否则性能没办法满足要求。

(2) IETF(Internet Engineering Task Force,互联网工程任务组)。

IETF 的 SDN 是 Software Driven Network(软件驱动网络),在 IETF 中与 SDN 相关的工作组有 PCE(Path Computation Element,路径计算单元)、I2RS(Interface to the Routing System,路由接口系统)和 SPRING。PCE 工作组正在推进有状态的 PCE(stateful PCE)标准,用来提供实时流量工程计算中的路径计算元素和网络节点间的相关协议;I2RS 工作组希望通过制定 I2RS 协议(也可能重用现有协议)实现控制器和网络设备的交互,I2RS 的作用类似于 ONF 的 OpenFlow;SPRING 工作组主要将多层 MPLS 标签技术与 IGP 协议相结合实现 SDN 控制器下发路径控制信息。

IETF 相对 ONF 而言,更多是由网络设备厂商主导,关注点是网络的开放性。已经发布了多篇 RFC 文稿,内容涉及需求、框架、协议、转发模型及 MIB(Management Information Base,管理信息库)等。

(3) ITU(International Telecommunication Union-Telecommunication Standardization Sector,国际电信联盟通信标准化组织)。

由 ITU-T 指定的国际标准通常被称为建议(Recommendations),2012 年开始 SDN 与电信网络结合的标准研究,2014 年提出 SDN 架构,中国通信标准化协会(CCSA,China Communications Standards Association)、工信部电信研究院等也已开展了 SDN 的标准化工作。2013 年,CCSA 就未来网络架构、网络虚拟化等技术方向开展标准化工作,启动 SDN

架构、SDN 安全标准化工作。

7.1.4　SDN 应用

1. 从现网发展到 SDN 网络

SDN 目前主要应用于校园网和企业数据中心。在校园网中部署 OpenFlow 网络,是 OpenFlow 设计之初应用较多的场所,它为学校的科研人员构建了一个可以部署网络新协议和新算法的创新平台,并实现了基本的网络管理和安全控制功能。目前,已经有包括斯坦福大学在内的多所高校部署了 OpenFlow 网络,并搭建了应用环境。随着云计算在数据中心的广泛应用,将 SDN 应用于数据中心网络已经成为研究热点。Google 在其数据中心全面采用基于 OpenFlow 的 SDN 技术,大幅度地提高其数据中心之间的链路利用率,起到了很好的示范作用。由于电信运营商网络是一个多业务融合承载网,真实网络面临的异构组网、跨域互联、超大容量、高可靠性和高可用性等都可能成为制约 SDN 应用的因素。SDN 在校园网和企业数据中心取得的研究成果和应用经验不能一成不变地移植到电信网,需要进一步在电信网加以实践和验证。为加速 SDN 在电信网的全面部署,还需要充分考虑电信网的特殊需求,进一步研究 SDN 满足电信网所应具备的功能和性能要求。下面从电信运营商的数据中心、IP RAN(Radio Access Network,无线接入网)、IP 骨干网需求 3 个方面探索 SDN 应用和部署。

1) SDN 在数据中心的应用

随着数据中心服务器和存储虚拟化技术的广泛应用,传统数据中心网络必须实现网络虚拟化的改造,以满足虚拟机频繁迁移对网络大量动态配置的需要。在服务器上实现虚拟网卡和虚拟交换机已成为 VMware、Xen、Oracle 等主流服务器供应商的标准配置。为适应网络虚拟化要求,提出了相关标准和草案如虚拟以太网桥(Virtual Ethernet Bridges,VEB)、虚拟以太网端口聚集器(Virtual Ethernet Port Aggregator,VEPA)、虚拟扩展局域网(VXLAN)、采用通用路由封装的网络虚拟化(NVGRE,Network Virtualization using Generic Routing Encapsulation)等,并在部分厂商设备上得到相应支持。同时,虚拟化网络环境下的动态路由、负载均衡和能量管理等方面也对数据中心网络提出了新的要求。SDN 基于软件控制的可编程特点可以简化网络配置和管理的复杂性,是实现数据中心网络虚拟化最适合的基础平台。

2) SDN 在 IP RAN 的应用

IP RAN 广泛应用于移动回传网,用于承载 2G/3G/LTE 等移动业务,是一种新型传输网络。IP RAN 分为接入层、汇聚层和核心层。IP RAN 全网采用 IP/MPLS 解决方案,接入层涉及 IGP、BGP、LDP、RSVP-TE、PW、L2/L3VPN、QoS 等配置。一个 IP RAN 本地网的接入层往往有数千台接入设备,网络配置复杂、业务开通周期长。随着网络规模的扩大,现有 IP RAN 在网络高可用性、网络运维等方面面临困境。随着技术的发展,新的增值业务和应用不断推出,IP RAN 如何更好地适应业务网络的发展和要求,快速响应业务的部署及对业务进行动态维护也是需要考虑的问题。通过把 SDN 技术应用于 IP RAN,可探索和研究 SDN 快速响应业务和网络运维这两方面的能力需求。

3) SDN 在 IP 骨干网的应用

随着互联网流量的爆炸式增长,电信运营商的 IP 骨干网面临持续扩容的压力。另一方面,IGP选路的唯一性原则导致网络流量分布极度不均衡,一部分链路严重拥塞,而另一部分链路长期处于轻载状态。无法通过 IGP metric(度量)调整来达到全网负载均衡的目的。在路由反射器(RR)的环境下,RR遵循标准 BGP 选路原则,无法实现跨域多归属网络的负载均衡。BGP 虚拟下一跳技术虽然能够弥补 RR 选路的不足,但是却增加了网络配置和运维的复杂度。SDN 可基于全局流量观,根据自定义策略(如最短路径、链路负载、指定经由节点等)进行路径选择,实现全网流量工程。同时,城域网、数据中心、不同电信运营商网络同骨干网跨域互联对 SDN 的可扩展性提出了挑战,多控制器方案在骨干网的应用和实践能够验证 SDN 分布式部署方案的可行性,为进一步完善 SDN 架构、功能、相关接口和规范提供研究基础。

2. SDN 应用案例

信息安全是非常适合应用 SDN 的领域,最大的原因在于安全网络都是静态配置或者通过应用程序控制,是基于策略来进行管理和配置的,控制也都是倾向于集中化的,这与 SDN 的理念非常吻合。这里列举的案例主要是与安全网络中负载均衡相关的。

随着 Web 应用的兴起,负载均衡的应用需求得到了广泛的关注。负载均衡不仅适用于 Web 需求,也越来越多地应用于其他应用场景中,比如安全领域。印第安纳州立大学网络研究中心开发的 Flowscale 项目就是将进来的网络流量分布到多个安全设备上。通过软件来处理控制面,通过交换机硬件进行转发,从而达到整体方案的高度灵活性,实现低成本、高吞吐量。相比较业内一些专业的负载均衡设备来说,使用 SDN 交换机搭建起来的负载均衡设备,性价比不是一般的高。

安全领域,对网络数据进行分析检测是基本的要求,在数据量大的时候,通常需要很多台服务器组成一个集群一起来进行分析。这些服务器的地位是等同的。所以需要有交换设备将需要分析的数据负载均衡到这些服务器上,对此有如下几个要求:

(1)同一个会话的两个方向的流必须分发到同一个分析服务器。

(2)要尽量让流量能够比较均衡地分发到各个服务器。

(3)服务器集群有可能跟交换机不是直连的,中间跨越了二三层网络,这就要求必须要支持 Tunnel。

(4)交换机本身还需要能够支持一些安全策略。

图 7.6 是负载均衡应用架构图。

从 Internet 进来或者出去的报文,经过负载均衡设备时,被转发到 IDS/IPS/FW 设备去做分析检测并接受其策略反馈。大概的工作过程如下:

(1)应用管理服务器通过 Controller,向图中的负载均衡设备(CY330/V350SDN 交换机)下发流表项,这些流表项的指令(instruction)是 output 到 Group(Select 类型)。为了保证同一个会话的两个方向的流能够被分发到同一个服务器,必须要支持对称 Hash。

(2)报文进来,匹配到预先配置好的流,然后从那个 select 类型的 Group 中选取一条路径。对于 IPS/IDS/FW 跟 Load Banlancer 直连的情况,就是直接选择一个出口出去;而对于非直连的情况,则可能需要选择一个 L2 GRE Tunnel 出去,原始报文封装在 L2 GRE Tunnel 中。

(3)IPS/IDS/FW 设备对报文进行分析,如果通过,则把报文再转发回去。否则直接丢弃。同时,无论是上面哪种情况,都可能根据分析的结果产生出一些安全策略,将这些策略

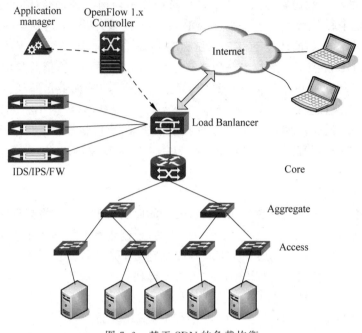

图 7.6　基于 SDN 的负载均衡

转发成流表项,通过 Controller,实时下发到负载均衡交换机中,也许下次某些报文直接在 Load Banlancer 中就被丢弃了或者就被直接转发了。注意 Controller 可能是跟 IPS/IDS/FW 在同一台设备上,也可能是不同设备。

　　整个过程中,借助 Controller,负载均衡设备与安全设备完美地结合在一起,除了开始的基本策略部署,后面的一切都是自动化操作的,大大简化了网络管理,增强了可靠性,且降低了成本。

7.2　NFV 技术

　　通信行业要求网络具有高可靠性和高性能,因此传统通信网络通常采用软硬件一体化的专用硬件和封闭系统。但是随着移动宽带的发展,传统语音业务收入逐步降低,而流量却呈指数级增长。传统通信网络采用专用硬件和专用软件的建设方式,升级改造复杂度高,业务创新周期长,难以满足新业务快速部署和网络灵活调整的要求。而在互联网领域,虚拟化和云计算技术的应用实现了设备的通用化、业务快速部署、资源的共享和灵活管理。于是,全球顶级电信运营商共同提出了网络功能虚拟化(Network Function Virtualization,NFV)的概念。

　　本节介绍 NFV 基本概念和体系架构,最后以 NFV 在 5G 网络应用为例介绍网络编排原理。

7.2.1　NFV 基本概念和标准

1. NFV 基本概念

NFV 的主要思想是将网络设备的硬件和软件解耦,硬件采用统一的工业化标准服务器,通过在服务器上部署虚拟资源层实现对于底层硬件资源的调用,而各种网元软件功能则运行在标准的服务器虚拟化软件上,从而达到对资源的灵活共享和调配,提高资源利用率。实际中通常使用 x86 等通用性硬件资源集合虚拟化技术,承载很多功能的软件处理,从而降低网络昂贵的设备成本。NFV 通过软硬件解耦及功能抽象,使网络设备功能不再依赖于专用硬件,资源可以充分灵活共享,实现新业务的快速开发和部署,并基于实际业务需求进行自动部署、弹性伸缩、故障隔离和自愈等。

2. NFV 标准

制定 NFV 标准的国际组织以 ETSI(European Telecommunications Standards Institute,欧洲电信标准化协会)为主,IETF、ITU 和 3GPP(3rd Generation Partnership Project,第三代合作伙伴计划)也有一定的涉及。

ETSI 于 2014 年发布了 NFV 行业规范第 1 版,定义了 NFV/MANO(NFV management and orchestration,NFV 管理和编排)框架。2016 年发布了 NFV 行业规范第 2 版,定义了 MANO 接口规范、虚拟化资源的管理、网络服务和虚拟网络功能的生命周期管理、网络性能管理、虚拟资源容量管理等功能需求。为了保证当前的第 2 版和以后版本中规范的正确性,ETSI NFV 成立了一个新的工作组,负责提供一个统一的协议和数据模型规范,以支持互操作性的任务。目前 NFV 工作组正在考虑对业务链的优化、Orchestration 结构、兼容 SDN 和 NFV 的控制器、纯虚拟化环境/半虚拟化环境的流量调度等进行深入研究。

IETF 中配合 NFV 进行协议标准制定的主要是 SFC(Service Function Chaining,服务功能链)工作组,负责制定业务路由的标准,解决如何将来自用户的业务请求/报文按一定顺序经过不同的业务实例进行处理的问题。

ITU-T 发布了 Y.3300 (Y.SDN-FR)"Framework of Software-Defined Networking",基本符合 ETSI 提出的架构;3GPP SA1/SA2/SA3 着重研究 NFV 对网络的整体影响,SA5 则关注 NFV 在 ETSI 的进展,并研究关于原有 3GPP 网络管理相关标准在虚拟化方面的更新。3GPP 于 2016 年底完成第二阶段关于网管架构、需求和相关网管接口要求的制定工作。

我国的通信标准化协会(CCSA-China Communication Standards Association)在国内主导 SDN/NFV 标准化工作,已经在多个 TC 开展了 SDN/NFV 的研究工作,主要涉及 TC1、TC3、TC5、TC6 等。其中,在 TC3 下特设了 SVN(Software Virtualization Network,软件虚拟网络)研究组,目前重点聚焦基于 SDN 的智能管道技术和基于虚拟化的核心网的研究,一方面从网络架构上保持对全局的把握,另一方面从具体实现上找寻云化网络的落地点。

7.2.2　NFV 体系架构

ETSI 于 2015 年年初发布了 NFV 参考架构等系列文稿,具体包括用例文档、架构框架、NFV 基础设施(NFV infrastructure,NFVI)、虚拟网络功能(Virtualized Network Function,VNF)、NFV 管理和编排(NFV management and orchestration,MANO)、服务质量、接口、安全、最佳实践等内容。其中,NFVI、VNF、MANO 是最核心的 3 个内容。

虽然 ETSI NFV 阶段成果不是强制执行的标准,但是得到了业界的普遍认可,已经成为了业界的事实标准。NFV 参考架构文档是 NFV ISG 发布的内容中非常重要的一部分,它为运营商设想的未来行业 NFV 生态系统提供了基础。通过描述不同的组成部分和概述它们之间的参考点,参考架构显式地定义了特定的功能构件,这些功能构件可以由行业中不同的运营商或设备制造商提供,给完全互操作的多运营商或设备制造商 NFV 解决方案铺平了道路。

目前,NFV 参考架构已基本稳定,如图 7.7 所示。它阐述了厂商为了提供 NFV 兼容性的产品可以选择实现哪个模块,NFV 架构框架的主要架构组成部分包括如下内容。

NFVI(Network Function Virtualization Infrastructure):网络功能虚拟化基础设施,包括各种计算、存储、网络等硬件设备,以及一个虚拟化层。NFVI 是所有硬件和软件资源的总和,在这些资源上建立环境来部署、管理和执行 VNF。NFVI 可以跨越不同的位置,将不同位置的硬件和软件资源整合起来,网络为这些不同位置的设备提供连接性。虚拟化层抽象化、逻辑划分物理资源,通常作为一个硬件抽象层,确保 VNF 软件能够使用底下的虚拟化的基础设施,底下的基础设施资源提供虚拟化的资源给虚拟化层之上的 VNFs。从VNFs 的角度来看,虚拟化层和底下的硬件资源是一个单一的实体,为上面的 VNFs 提供需要的虚拟化资源。

VNF(Virtualised Network Function):虚拟网络功能,是运行在 NFVI 之上的网络功能的软件实现。VNF 作为一种软件功能,部署在一个或多个虚拟机上,并由 NFVI 来承载。VNF 之间可以采用传统网络定义的信令接口进行信息交互。VNF 的性能和可靠性可通过负载均衡和 HA 等软件措施以及底层基础设施的动态资源调度来解决[HA(High Available,高可用)软件,称为双机热备软件或群集软件]。它可以伴随着一个元素管理系统(Element Management System,EMS),只要它适用于这个特定的网络功能,能够理解和管理单个 VNF 及其特点。VNF 是一个实体,对应于现在的网络节点,预计将作为纯软件交付使用,免除了硬件的依赖性。网络功能虚拟化适用于在移动和固定网络中的任何数据层数据包处理和控制层功能,所提供的网络功能包括交换元素(路由器)、隧道网关元素(IPSec/SSL 网关)、流量分析 DPI(Deep Packet Inspection,深度数据包检测)技术、安全功能(防火墙、病毒扫描、入侵检测系统)等。

OSS/BSS(Operation Support System/Business Support System,运营支撑系统/业务支撑系统):OSS 主要处理网络管理、故障管理、配置管理和服务管理,BSS 主要涉及客户管理、产品管理和订单管理等。为了适应 NFV 发展趋势,未来的 BSS 与 OSS 将进行升级,实现与 VNF Manager 和网元编排管理的互通。

NFVMANO(Management and Orchestration):NFV 管理和编排,包括了物理资源和支持基础设施虚拟化的软件资源的编排和生命周期管理,VNFs 的生命周期管理。NFV MANO 主要关注于 NFV 框架中特定虚拟化的管理任务。MANO 也和 NFV 外部的OSS/BSS 通信合作,允许 NFV 能够被整合到现在已经存在的网络管理格局中。其中,Orchestrator 编排管理 NFV 基础设施和软件资源,在 NFVI 上实现网络服务的业务流程和管理。VNFM(VNF Manager,VNF 管理器)实现 VNF 生命周期管理,如实例化、更新、查询和弹性等。VIM(Virtualized Infrastructure Manager,虚拟化基础设施管理器)控制和管理 VNF 与计算、存储和网络资源的交互及虚拟化的功能集。

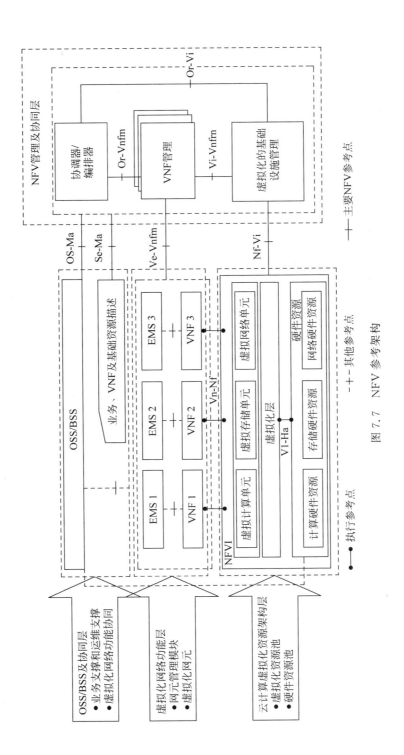

图 7.7 NFV 参考架构

7.2.3 网络编排

在 NFV 的建设中,网络编排功能的实现显得尤为重要。网络编排器一方面可以助力运营商减少成本的投入与采购体量;另一方面可以缩短业务的迭代周期,助力运营商 IT 系统转向互联网化。编排系统具备四大特点,首先是面向全业务、端到端场景建设,因此系统必须用源数据、模型抽象技术来驱动;其次是业务系统和网络系统分割开,水平划分、分别专注,同时在垂直层面对运行中和运行前的系统做分割;再次是要提供运营商级的可靠性、实时性、安全性;最后是进行大数据的深度学习,实现资源的灵活、智能调度。

网络编排系统可以打破运维、业务、运营、网管等子系统之间的隔阂,将网络、平台、业务、上层应用以及运维有机整合在一起。网络切片的实现基于以 NFV 为代表的虚拟化技术,一个切片从生成到消亡的整个生命周期都必须被有效地管理。

1. 5G 网络切片的需求

2G~4G 移动网络主要服务对象是移动用户,一般只考虑手机用户的业务优化,5G 时代提出万物互联的愿景,物联网的发展将出现各种性能需求的新型连接。切片实现 5G 网络可定制,对于移动宽带、大规模 IoT、任务关键网络等应用场景,对于移动性、资费、传输速率、时延、健壮性等网络性能有着各自重点关注的重点指标。例如一个部署在车间内的测量温湿度的大规模固定传感器网络,没有移动终端常见的小区切换、位置更新需求;又如自动驾驶、远程医疗等任务关键网络中,需要保证毫秒级别的端到端延时。

2. 网络切片生命周期

网络切片的全生命周期管理可从创建、运行和消亡三个阶段展开。

(1)创建阶段。运营商维护和更新一个网络切片模板库,新业务上线的第一步是匹配相适应的切片模板,匹配项包括虚拟网络功能组件、组件间标准化交互接口和所需网络资源的描述。切片实例化时服务引擎导入模板并解析,通过接口向基础设施提供商租用网络资源,基于业务需求实例化 VNF 并进行服务功能链的生成与编排,最后将网络切片迁移到运行态,如图 7.8 所示。

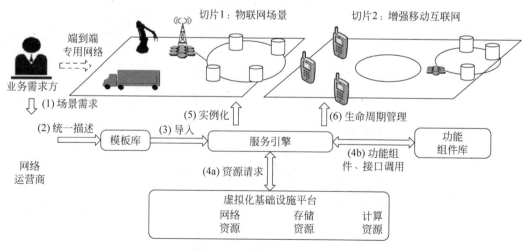

图 7.8 网络切片创建过程

（2）运行阶段。MANO 对切片的运行状态进行监控、更新、迁移、扩/缩容等操作,此外 MANO 还支持根据业务负载变化进行快速业务重部署和资源重分配。网络切片技术在一个独立的物理网络上切分出多个逻辑的网络,爱立信的切片测试实现了切片在不同数据中心上的灵活部署。

（3）消亡阶段。主要涉及业务下线时功能的去实例化和资源的回收,以及对资源进行评级、生成历史记录等操作,一个网络切片的消亡不能影响其他切片业务的正常服务。

3. 网络切片的编排与管理

网络切片的资源编排与故障管理问题贯穿于切片的全生命周期。不同的虚拟网络通过部署虚拟功能节点、交换节点和虚拟链路共享底层基础设施,有效的资源管理可以优化资源分配,提高基础设施资源的利用率。

（1）网络切片的资源编排问题。

网络切片实例化生成的基本问题是如何实现物理资源的优化分配,即资源编排问题。资源编排的主要功能是根据当前底层网络资源的可用信息与当前虚拟网络服务的资源请求信息,按照一定的策略在底层网络中寻找最佳的资源分配方案,在满足场景业务需求的同时提高底层资源的利用率。目前,关于网络虚拟化资源编排的研究主要是集中式的资源管理模式,如以 GENI 为代表的典型的集中式资源管理平台。

虚拟网络映射（VNE）是实现虚拟网络资源编排的关键技术之一,研究底层基础设施上部署虚拟网络的资源配置策略,实现虚拟网络间共享硬件资源,进一步实现网络切片之间共享资源。VNE 包括虚拟节点映射和虚拟链路映射,VNE 中的资源最优化编排是一个 NP-难问题。VNE 分为静态映射和动态映射:静态映射即已分配的资源在虚拟网的生命周期内是不变的,而动态映射中虚拟网络分配的资源根据流量负载动态的调整,以提高网络的整体性能。

在虚拟化的网络架构中,硬件基础设施可以由不同的设备商提供,分布部署在不同的地理位置,资源部署具有异构性和分布性的特点;用户的业务需求是动态变化的,尤其是移动通信网的用户具有移动性,虚拟网络运营商需要根据业务的变化调整不同小区间的容量;虚拟网络运营商需要根据业务需求的变化动态的请求底层资源,资源的请求具有约束性以实现资源的细粒度管理。资源管理的目的是为服务请求提供物理网络资源的访问接口,虚拟化的网络环境将屏蔽物理网络资源的差异性、动态性和分布性,实现资源的抽象、统一管理与调度。

（2）网络切片的故障管理问题。

故障管理是网络切片商业化部署面临的瓶颈,是 MANO 设计的核心内容。在虚拟网络环境中,当虚拟网络功能发生故障时,需要启用预先备份的 VNF 或动态实例化的 VNF 来接管相应的功能,以保障 SFC 的服务。网络服务的故障管理流程可分为故障发现、定位和恢复三个步骤。

网络切片技术给故障管理带来诸多新的挑战,可归结为以下 4 个方面。

- 故障机理复杂:网络具有层次结构且不同层次的故障具有不同失效机理和影响,可靠性的检测从低维数据转变到高维数据。
- 拓扑复杂:物理元件之间的物理连接形成硬拓扑,业务功能的逻辑连接构成软拓扑,这种拓扑关系难以用简单的串并联关系来刻画。资源切片和多租户的网络形式使得拓扑关系更加复杂,虚拟化使得构成服务的部件分散在多个不同的地方,给故障原因分析带来新的困难。

- 故障检测复杂:在 NFV 环境下,检测方法也从传统的数值检测技术转变为机器学习检测技术。无监督的机器学习方式更适合 NFV 环境下的故障检测,利用动态自适应故障检测机制,如 LOF 算法、SOM 算法、Bayesion Network 算法等。但这些算法在性能和适用场景等方面有一定缺陷,需要进一步优化和改进。

- 可靠性计算复杂:IT 化的移动通信网络规模较大,精确计算网络可靠性难以满足效能需求,需要降低计算复杂度,或利用近似算法。此外多个虚拟网络映射在同一个物理网络上,共因故障频发导致需要新的可靠性模型。

将网络的优化转化为对网络切片的编排,通过对用户流量的统计分析,知道整网的流量分布特征,预先构造好基本切片,然后再对实时的流量分析负载和需求,以此构造切片并将构造的结果通过 OpenFlow 协议流表的形式部署在交换节点上。一种网络资源控制模型的实现思路是:可以根据业务带宽和时延分类阈值将需求相近的归为一类,为同一种切片;NFV 实现对物理资源的虚拟化,SDN 控制器根据网络负载和流量的情况生成路由策略;部署路由策略。

4. 编排器的开源项目

Linux 基金会在 2015 年成立了针对编排器的开源项目 Open-O,2017 年初 AT&T 开源了其 ECOMP 系统,Open-O 项目与 ECOMP 合并,更名为 ONAP 项目,并吸引了更多运营商、设备厂商、芯片厂商的加入,共同推动编排器的设计和实现。ONAP 目前是全球最大的 NFV/SDN 网络协同与编排器开源社区,凝聚全球产业资源,面向物联网、5G、企业和家庭宽带等场景,打造网络全生命周期管理平台,助力运营商下一代网络的全面转型与升级。中国移动是 ONAP 的创始白金会员。

7.3　云计算

1961 年,图灵奖得主 John McCarthy 提出计算能力将作为一种像水、电一样的公用事业提供给用户,这成为云计算思想的起源。2001 年,Google CEO Eric Schmidt 在搜索引擎大会上首次提出"云计算"的概念。2004 年,Amazon 陆续推出云计算服务,成为少数几个提供 99.95% 正常运行时间保证的云计算供应商之一。2007 年,随着 IBM、Google 等公司的宣传,云计算概念开始获得全球公众和媒体的广泛关注。随着硬件成本的下降、性能的提高和虚拟化技术的成熟,硬件计算资源复用技术和动态资源组织与分配机制为基础的云计算服务已经逐渐成为一种新的发展趋势。

本节主要介绍云计算服务的分类、云计算的特点、5G 对于 SDN/NFV 以及云计算的应用,最后简单介绍雾计算技术。

7.3.1　云计算服务的分类

1. 云计算的提出

云计算技术是由分布式计算、并行计算、网格计算发展而来的,是一种基于互联网的新兴计算模型,通过这种模型,共享的软硬件资源和信息可按需提供给租户。云计算引起了计算机领域的又一场革新,并迅速地被众多商业巨头重视,纷纷推出自己的云计算模式,大大推动了云计算的发展。

云计算是在互联网技术、虚拟化技术、并行处理技术、分布式计算、网格计算等技术日趋成熟的基础上发展起来的。作为一种大规模、分布式计算平台,云计算的供应商采用一种"即用即付"(pay-per-use)的收费方式,可以利用互联网为用户提供按需、可扩展的软硬件资源(含计算力、存储空间和各种软件服务),并按使用量付费。这样,用户就可以通过向云供应商租用资源的方式来完成自身的工作任务,不再需要购买大量的软、硬件设备,降低了用户的投资成本。云供应商提供的这种按需访问、按用付费的资源获取方式受到了越来越多用户的青睐,使得云计算已经成为继水、电、天然气和电话之后的人类第五大公共基础设施资源。

云计算是一种新业务,是集群计算能力通过互联网向内部和外部用户提供按需服务,是传统的 IT(Information Technology,信息技术)和 CT(Communication Technology,通信技术)的进步需求推动,以及共同推动商业模式变革的结果。随着云计算、大数据及业务系统泛互联网化的蓬勃发展,以及电信行业去 IOE(IBM、Oracle、EMC)趋势,虚拟化资源池建设和管理成为云计算建设的重要一步。云计算资源管理平台的所有资源包括计算服务器、存储服务器、宽带资源等,通过虚拟化技术,云资源管理软件集中在一起,进行统一管理,实现自动配置、资源共享,不需要人为的介入,使得云计算平台中运行的应用程序不必担心烦琐的硬件资源,有利于提高资源利用率,快速部署应用程序。如何对业务系统的资源、存储提供更好的服务。提高资源配置效率,降低成本,保护业务系统的高可用性,以及在云资源中运行的资源,已经成为该领域的一个重要问题。

国外许多大公司都在努力发展自己的云计算技术,包括 Amazon、Google、Saleforce、IBM 和微软等。在 IaaS 层领域主要有三大厂商:VMware vCloud、Amazon EC2、IBM Blue Cloud。

VMware 在 2009 年的 VMworld 大会上,提出了总体发展方针,包括 vSphere 用于服务器端虚拟化、vCloud 的云计划以及 View 桌面虚拟化。可以说 VMware 就是 x86 虚拟化的代表,在客户端和服务器的虚拟化中都占据了大半的份额。Amazon EC2 主要提供 IaaS 的弹性云计算服务,简单地说,就是将服务器虚拟化,然后将虚拟机出租给用户,EC2 提供不同规格的计算资源,通过各种优化和创新,不论在性能还是稳定性上,都可以满足企业级别的需求。IBM 的云服务成为 Blue Cloud,即"蓝云",是业界第一个,也是技术上比较领先的云计算解决方案,主要针对企业级提供服务,Blue 通过虚拟化技术和自动管理技术构建云计算中心,实现对硬件和软件资源的统一管理和维护。

在我国,云计算的发展属于初级阶段,还没有非常成熟的服务提供出来。目前,互联网企业在积极探索云计算的商业模式,比较有代表性的是阿里云,2009 年阿里软件建立"电子商务云计算中心",通过互联网,提供在线的云服务。同时,各大通信运营商和通信设备厂商也在努力研究云计算产品,试图向互联网企业转型,代表性的有中国移动的"大云",中国电信的"天翼云",中国联通的"沃云",但是技术并不是那么成熟。通信厂商中华为也自主研发了虚拟化产品,并在运营商中推广,同时也推出了自己的云服务,包括云存储、云服务器等。目前云计算还没有一定的行业标准,国内厂商为了在这一领域占据一定的位置,都在人力物力上做了大量的投入,这些对云计算的研究具有很大的意义。

2. 云计算的定义

美国国家标准技术研究所(National Institute of Standards and Technology,NIST)对云计算的定义为：云计算是一种按使用计费模型，它提供了可配置的、高可靠的共享计算资源池(如网络、服务器、存储、应用和服务等)，人们可以很方便地根据需求通过网络去访问资源池，这些资源池能够被快速部署和释放，基本不需要租户的管理或服务提供商的干预。

云安全联盟(Cloud Security Alliance,CSA)对云计算的定义：云描述了对一组分布式服务、应用、信息以及由计算、网络、信息和存储资源池构成的基础设施的使用方式。

虽然不同的学者和组织对云计算有不同的定义，但是这些定义中都有一个共同点，即"云计算是一种基于网络的服务模式"。用户将计算资源的"买"转换为"租"，从而深刻地改变了人们使用计算资源的形式。

租户可根据自身实际需求，通过网络方便地进行计算能力的申请、配置和调用，服务商可以及时进行资源的分配和回收，并且按照使用资源的情况进行服务收费；租户在任何时间、任何有网络的地方，不需要复杂的软硬件设施，可以使用简单的可接入网络的设备(如手机等)就可接入到云，使用已有资源或者购买所需的新服务；计算和存储资源集中汇聚在云端，再对租户进行分配，通过多租户模式服务多个用户。在物理上，资源以分布式的共享方式存在，但最终在逻辑上以单一整体的形式呈现给租户，最终实现在云上资源分享和可重复使用，形成资源池；租户可根据自己的需求，增减相应的资源(包括 CPU、存储、带宽和软件应用等)，使得网络资源的规模可以动态伸缩，满足资源使用规模变化的需要。

目前，越来越多的 IT 公司都开始提供各种云计算服务，例如谷歌的 Google App Engine、微软的 Windows Azure 以及亚马逊的 EC2 和 S3 等。此外，阿里、百度、华为、浪潮等许多国内的 IT 公司也纷纷加入云计算市场，而且提供的云服务在业务范围和技术创新上都在不断地扩张和提速。

3. 云服务的分类

按照云计算提供的资源和服务的类别，可将云计算分成以基础设施即服务(Infrastructure as a Service,IaaS)、平台即服务(Platform as a Service,PaaS)、软件即服务(Software as a Service,SaaS)三个类别，如图 7.9 所示。

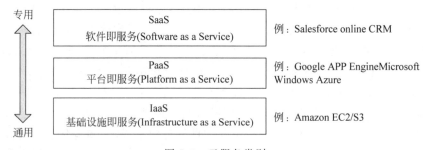

图 7.9 云服务类别

1) 基础设施即服务(Infrastructure as a Service,IaaS)

这种云计算是将提供硬件资源作为一种服务形式，如提供服务器、网络、存储、数据库资源等。用户不需要另行购买服务器、网络、存储、数据库资源，只需要通过网络向硬件提供商租用设备，创建符合自身要求的应用系统。这种类型的较著名的应用有 Amazon Web

Service(AWS)；国内中小企业租用电信运营商的 IDC 设备，并需求日常维护，这种形式也可以被视为一种广义的 IaaS 云服务。

IaaS 将服务器、存储、CPU 等基础资源封装成一种服务向用户提供，例如亚马逊的云计算 Amazon Web Services(AWS)的存储服务和弹性计算服务。用户在 IaaS 环境中如同在使用裸设备和存储，用户可以运行 IOS，也可以运行 Android，可以做任何满足自身需求的事情，但需要考虑怎么能够使多台设备协同工作。AWS 提供了 SQS(Simple Queue Service，简单队列服务)，一种在各个节点间传递消息的简单接口队列服务。IaaS 最大优势在于它允许使用者弹性申请或释放资源设备，可按量、按时计费。IaaS 的服务器规模一般较大，可以达到成千上万台之多，对用户来说，可以认为能够申请的设备资源几乎是足够的。而 IaaS 是面向所有用户的，所以其设备资源使用率都比较高。

2) 平台即服务(Platform as a Service，PaaS)

这一类型主要提供给支持应用的编程端口、支持物联网运作的支持平台等。用户基于该应用服务平台，构建该类型应用。

PaaS 对资源和设备的抽象层次比 Iaas 更进一步，它直接提供给用户一个运行应用的平台，比较典型的 PaaS 如 Google App Engine。PaaS 负责资源和设备的弹性扩展和维护管理，用户的应用程序不需要过多考虑各资源设备间的构成配置问题。有利有弊，相对于 IaaS，PaaS 使用者的自主权更少，需要使用平台提供的指定的应用环境并遵守指定的程序模型。这一点像在服务器集群里进行编程，适用于处理某些有特点的问题。譬如，Google App Engine 仅允许人们运用 Python、Java 两种语言，并以 Django 既有 Web 框架为基础，调取 Google App Engine SDK 完成开发线上应用。

3) 软件即服务(Software as a Service，SaaS)

这种云计算服务是用户直接通过网络使用平台提供的软件。用户无需在设备终端安装软件，用户的数据信息、使用记录等均保留在云端的服务器设备上。

SaaS 较 IaaS、PaaS 的针对性更强，这种服务是将某些指定的应用软件产品或功能封装成服务，例如 Google 公司提供的邮箱服务 Gmail 服务。SaaS 只提供某些特定用途的产品或服务供用户调用，它不像 PaaS 一样提供服务器、存储等设备作为服务，也不像 IaaS 提供一个平台运行环境作为服务供用户使用。SaaS 类型的应用产品很多，如经常使用的微信、QQ、搜狗、百度等就是一种 SaaS，其他典型的还有 iCloud、百度云等。应用程序本身对用户的信息如好友信息、聊天记录、文件、图片等均可保存在服务端，当用户在不同地点登录时，或者使用不同的设备终端登录时，看到的信息数据是共享的、是一致的，且应用服务是不需要升级或其他操作的，因此 SaaS 服务非常流行，应用广泛。随着移动互联网的迅猛发展，苹果、谷歌、腾讯、阿里等互联网巨头推出了很多卓越的 SaaS 服务产品。

根据云计算服务部署方式，云计算又可分为公有云(Public Cloud)、社区云(Community Cloud)、私有云(Private Cloud)和混合云(Hybrid Cloud)等几种模型。

云计算可以给租户带来很多好处，它可以降低企业或政府单位的 IT 建设成本、维护成本、设备更新成本等。另外，由于云计算的弹性特性，使得大的基础设施可以得到充分利用，避免了重复建设以及资源浪费的问题。正是由于与传统的服务架构模式相比云计算服务具有显著的优势，当前世界各国政府、学术界及工业界都十分重视云计算的发展。美国、韩国、日本、中国等国家都纷纷出台了云计算政策，并且逐步加大在云计算领域的投资。亚马逊、谷歌、微软、雅虎以及阿里、百度、腾讯等国内外 IT 企业纷纷将他们的服务转移到云端,云服务已日益渗透到人们生活的方方面面。同时,众多企业将其基础设施能力开放出来,提供公有云服务。亚马逊以弹性计算云(Elastic Compute Cloud,EC2)和简单存储服务(Simple Storage Service,S3)的形式为其他企业提供计算和存储资源。经过多年的发展,亚马逊云平台包含了从 IaaS、PaaS 到 SaaS 等众多服务,已经成为公有云行业的标杆。

7.3.2 云计算的特点

云计算的主要特征如下:

1. 资源动态配置

云计算服务能够由请求用户数量,对硬件等资源(比如存储、CPU、带宽、中间件、应用等)进行适当的增减,使得云计算资源规模可以动态调整,满足不断变化的用户规模和应用的需求。根据终端用户的需要对物理和虚拟硬件资源进行动态划分及动态释放,当需求增加时,就对可用资源进行匹配,增加相应资源,保证资源的快速及时响应;如果终端用户不再需求这部分资源了,云平台就可以将这部分资源归还到资源池中。云计算通过资源配置的动态调整,实现了资源的合理利用和充分扩展。

2. 服务自助化

云计算服务平台是一个资源集合,可以为用户提供自助的资源及服务,用户根据自身需要购买使用,自助得到需要的资源和计算能力、自助得到需要的基础设施、平台、服务等,如设备存储、应用服务等。用户可以不需要与云平台提供者进行交互,而根据云计算平台提供的应用及服务列表,自行选择满足自身需要的服务内容及服务项目。更安全、更可靠、更高效、更大规模、更多用户是云计算的显著特征。

3. 网络为中心

云计算是通过网络将不同的设备组件组合成一个整体存在网络中,并且通过互联网向终端设备用户提供资源和服务。终端设备用户通过标准的接口协议实现对网络资源请求,从而使得云计算资源应用服务可随需随用。

4. 服务计量化

云计算在提供服务的过程中,可以针对客户需求的服务不同,通过控制资源配置计量,优化资源使用的方法来实现服务计量化。即云计算的资源和服务的使用是可以控制和监控的,是一种付费即可使用的服务模式。云计算服务提供商(IaaS 提供商、PaaS 提供商、SaaS 提供商)可以通过租用网络运营商的带宽,使用多种计量方法向用户收取费用,比如可以按照使用时间计算,也可以按照使用资源量计算,使用时间可以进一步细分到是包月还是按天等多种规则。云计算提供相对标准统一的接口供用户调用,方便应用及产品开发者进行二次开发,可以向用户提供公开透明的资源使用情况,并对用户的资源使用进行监控和预警。

5. 资源池化

云计算提供者屏蔽掉各底层设备资源(比如存储、CPU、带宽、中间件、应用等)的异构性(如果存在),打破各设备的界限,将所有可用的设备资源进行统一调度、统一管理,构成"资源池",为终端用户提供需要的资源和服务;对终端用户而言,这些资源和服务是透明的,它们不需要了解云平台的内部接口,而只会关注于自身的请求是否得到反馈。云计算是通过提供分布式计算和存储、并行计算、网格计算的软件将传统的设备资源、存储、计算能力转化成可以弹性调节的资源和服务,这些底层的设备资源对用户来说是虚拟化和不可见的,通过对资源的抽象组合来实现云计算的便捷性和对应用的普遍支持。用户需求的资源和服务来自云平台,而不是某个固定的设备资源。应用或服务在云平台的某个设备上运行,但应用或服务在云平台运行的具体设备位置,用户是不知道的,同时云计算允许用户在任意地点使用各种终端设备获取应用和服务。用户可能并不清楚资源池划分规则,但可以知道资源池所在的数据中心。

7.3.3　5G 中的 SDN/NFV 与云计算

在 5G 网络架构中,将未来电信网划分为 3 朵云,如图 7.10 所示。

(1) 无线接入云:支持接入控制和承载分离、接入资源的协同管理,满足未来多种部署场景(例如集中、分布、无线 Mesh),实现基站的即插即用。

(2) 控制云:实现网络控制功能集中,网元功能具备虚拟化、软件化以及重构性,支持第三方的网络能力开放。

(3) 转发云:将控制功能剥离,转发的功能靠近各个基站,将不同的业务能力与转发能力融合。

其中,网络的控制功能会根据物理区域进行划分,具体分为本地、区域和全局集中 3 种,一般来说控制功能会部署在数据中心,并通过北向接口来实现移动性管理、会话管理、资源控制和路由寻址等功能。

在上述 5G 网络架构中 SDN 技术是连接控制云和转发云的关键,NFV 将转发云中的转发设备和多个控制云中的网元用通用设备来替代,从而节省成本;3 朵云中的资源调度、弹性扩展和自动化管理都是依赖基础的云计算平台,其中无线接入云更多是侧重于多种接入资源的协调优化,并不太依赖 SDN 带来的转发面的控制和承载分离。

但是,当把电信网的特点和广义的 SDN/NFV 和云计算结合起来看,起源于 IT 领域的这些技术并不能直接嫁接过来,在应用之前,必须明确以下几点:

(1) SDN 控制和转发分离的理念并不新。SDN 控制和转发分离的理念,在电信界并不是新概念,如今的电信网可以划分为传统电信网络和 IP 网络两个领域,SDN 的理念更类似传统电信网的思路,传统电信网络规模巨大,可管控一直都是网络建设维护的重要原则。20世纪 80 年代 SS7 改造时就运用了集中控制面的建网方式,20 世纪 90 年代的 V5 和远端模块技术的运用早已实现了集中控制和分散部署的理念。所以,在设计理念层面,关注点应放在 SDN 带来的开放性上。

(2) 对现有网络来说,既不是演进也不是叠加。5G 大量的运用云化和软件化技术与以往 2G、3G 和 4G 的发展模式是不同的,5G 也不能是独立叠加于现有网络的一张新网络,5G中 SDN/NFV 和云计算真正的价值在于对网络建设和业务经营方式的巨大革命。

(3) 网络建设一定是逐步进行的。虽然 5G 目标是万物互联,应用场景广泛,而且 5G也不是 4G 技术的发展,但运营商对基于 SDN/NFV 的新型网络架构一定会先在迫切需要改善经营效率的地方(例如大型数据中心、智慧城市等)优先部署,5G 真正全云化的发展历程一定会比现有 3G→4G 的发展过程要漫长。

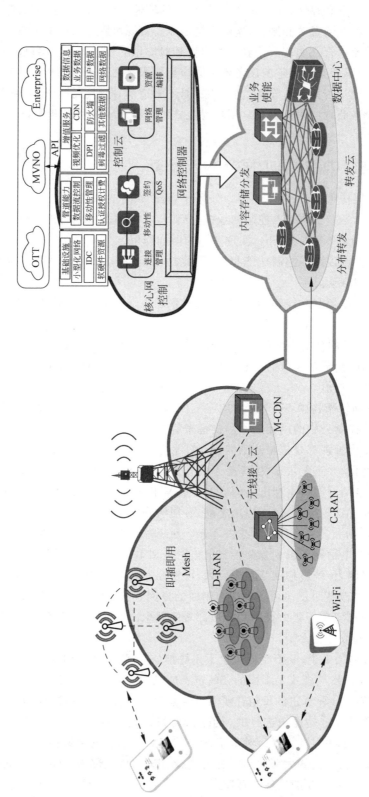

图 7.10　5G 网络架构

（4）云平台和 NFV 组件的可靠性有待提高。在 5G 的网络能力要求中，在特定领域对可靠性提出了很高的要求，传统的电信网采用专用的电信设备，可靠性达 99.999％，而虚拟化核心网络设备基于通用的硬件服务器，可靠性低，所以必须依靠虚拟化集群式的部署，通过实时的监控备份来提高其可靠性，但在实际部署中，能否达到 5G 如此高的网络能力要求，依旧存疑。

SDN/NFV 和云计算在未来 5G 中的关系，可以类比为"点"、"线"、"面"的关系，NFV 负责虚拟网元，形成"点"；SDN 负责网络连接，形成"线"；而所有这些网元和连接，都是部署在虚拟化的云平台中，云计算形成"面"。

NFV 主要负责网络功能的软件化和虚拟化，并保持功能不变，软件化是基于云计算平台的基础设施，虚拟化的目的是充分利用 IT 设备资源的低成本和灵活性，但同时，并非所有的网络功能都是需要被虚拟化的。对运营商来说，NFV 提供了一种更经济和灵活的建网方式，开放的产业链会有更多的供应商，软硬件的解耦会让更多软件供应商参与其中，运营商的选择面更大。但这并不是意味着传统采购模式的开放化，虽然单个组件可以由不同的供应商交付，但是运营商需要维持整个系统的可用性和可维护性，因此交由一个集成方来负责整个售后工作将是必要的，只是部分组件是由第三方供应商提供。在具体部署方面，业界结合当前 4G 的发展，从 IMS（IP Multimedia Subsystem，IP 多媒体子系统）和 EPC（Evolved Packet Core，演进分组核心网）等业务出发，实现相关网络功能虚拟化，然后根据具体的需求和部署经验逐步推广到更多的领域。

SDN 技术追求的是网络控制和承载的分离，将传统分布式路由计算转变成集中计算、流表下发的方式，在网络抽象层面上，将基于分组的转发粒度转化为基于流的转发粒度，同时根据策略进行业务流处理。对运营商来说，更关注的是完成基于 SDN 技术的接口开放后，可以像互联网公司一样快速响应客户的需求。目前，电信运营商与互联网公司的竞争越来越激烈，5G 必须要增强运营商的竞争力才能促进整个产业的发展。在具体部署方面，电信界对于 SDN 的切入点普遍选择在云数据中心，IDC 的运营主体比较简单，运用 SDN 可以解决云平台网络资源池的性能和扩展性问题，制定多数据中心跨地域组网方案，优化数据中心节点间流量调度，探索利用 SDN/NFV 技术提供面向云计算服务的网络增值业务。

云计算是 SDN/NFV 的载体和基础，SDN/NFV 所必需的弹性扩展、灵活配置以及自动化的管理都依赖于基础云平台的能力。目前，业内对 SDN/NFV 的标准化关注度远远高于云平台，很多技术验证和试验都是在各自的"云"中单独进行，这在以后的兼容性上可能会出现隐患。对运营商来说，未来云计算平台的可靠性是其主要关注点，电信运营商毕竟不同于互联网公司，现有的 OpenStack 能否满足 5G 网络如此高可靠性的要求存在疑问。在具体部署方面，云计算作为 SDN/NFV 的载体，除了传统的云数据中心外，EPS 和 IMS 系统由于网元部署相对集中，也被优先部署云计算/NFV。

SDN/NFV 和云计算对未来电信网发展来说是手段而不是目的，电信网选择这些手段的目的无非就是降低成本和扩大收入。降低成本通过两个方面：一是虚拟化技术不依赖专有硬件，降低采购成本；二是通过云计算的动态资源调度，更合理地使用设备，避免资源闲置和浪费。扩大收入一是依靠开放更多的第三方接口，快速响应市场需求，推出更多增值服务；二是通过增强网络性能，适应未来更多的应用场景。两者相比，降低成本是更现实的目的，扩大收入则有更多的不确定性，第三方接口的存在必然会有开放性和安全性的博弈。

7.3.4 雾计算

云计算及其服务在诸多领域得到了广泛应用,受到了人们的普遍认可,也产生了巨大的商业价值,近年来,计算机软硬件和网络通信技术的蓬勃发展,一方面促进了云计算的发展,另一方面也使得云计算本身固有的问题和缺陷开始显现出来。因此,为了应对云计算发展和应用所面临的问题,人们已经开始探索后云计算时代的新型网络计算模式。

首先,普适化智能终端技术发展迅速,出现了各式各样的新型智能终端设备,并得到了广泛应用。以智能移动终端(智能手机等)为例,2016 年全球移动用户的总量已经达到 70 亿,我国移动互联网用户在 2016 年突破了 9 亿。根据摩尔定律,这些智能移动终端的能力发展迅速,比如华为 P10 手机,其 CPU 具有 8 个核:4 个 2.4GHz 核心和 4 个 1.8GHz 核心,已经超过一些 PC 终端。再以智能穿戴设备为例,智能手表、智能手环等智能穿戴设备近年来也得到了飞速发展。此外,城市、社区、甚至山河湖泊也都普遍部署了各种具有不同处理能力的智能或非智能传感设备,如雷达、摄像头、水质/火灾传感器等。这些普适化智能或非智能的终端,在处理和存储、网络连接以及能耗等方面差异非常大。集中式的云计算是否能够适应这些移动终端的特点并最大潜力地发挥这些不同终端设备的能力?这是云计算普遍应用需要考虑的难题。

针对传统云计算架构的上述问题,思科于 2012 年提出了雾计算概念,引起了学者们的广泛研究。考虑到雾网络通常由一些零散的、计算能力较弱的交换机、路由器等网络设备组成,单个设备难以有效地处理大量数据,有学者提出利用雾节点进行分布式计算来减小计算复杂度,提高计算速率。为了能够将雾计算应用于医疗大数据领域,解决云中心带来的业务处理时延问题,研究人员针对医疗大数据场景提出一种基于边缘计算的新型云/雾混合网络架构及其分布式计算方案。在该架构中,利用医院中的路由器或交换机等边缘设备在云服务器和终端之间构建一个雾计算层,通过将云上对医疗数据的计算服务移至雾设备上进行处理,降低了医疗业务处理时延,减轻了云端服务器计算负荷,提升了网络整体的鲁棒性。同时,在分布式计算方案中利用带约束的粒子群优化负载均衡算法进一步减小雾网络处理医疗大数据的时延。仿真结果表明基于该算法的云/雾混合网络能有效地降低医疗数据处理时延、增强用户体验。

7.4 MEC

随着 4G 的成熟,越来越多的用户习惯于通过多样化的移动终端来观看网络视频,这种新的趋势给无线网络运营商和网络视频提供商都提出了巨大的挑战。

视频业务大量消耗无线资源和带宽,而网络视频提供商在激烈的竞争下希望能够提供自己的 4G 用户差异化的服务,而目前网络却还不能提供基于无线基站的差异化服务。5G标准化组织提出了基站发展目标:基于 SDN/NFV 进行虚拟化;进行扁平化扩展与增强,网络存储和内容分发向用户端下沉到接入网;核心网用户面功能下沉到基站。对此形势,国际标准组织 ETSI 提出的 MEC(Mobile Edge Computing,移动边缘计算)是基于 5G 发展架构,将基站与互联网业务深度融合的一种技术。

本节首先介绍 MEC 的基本概念、特点和标准,然后介绍了 MEC 的关键技术,最后介绍了 MEC 部署的典型方法。

7.4.1 MEC 概述

1. MEC 出现的背景

4G 移动通信网络架构难以服务于指数式增长的数据流量、不断增加的终端类型和越来越多样化的服务场景,于是催生了 5G 技术。在 5G 移动通信场景中,网络服务的对象不仅是各种类型的手机,更多的是车辆和各种传感器设备等,服务的场景也更加多样化,比如 eMBB(Enhance Mobile Broadband,增强移动宽带)、mMTC(Massive Machine Type Communication,海量机器类通信)和 URLLC(Ultra Reliable & Low Latency Communication,超可靠、低时延通信)。3D/超高清视频等大流量移动宽带业务属于 eMBB 业务,大规模物联网业务属于 mMTC 业务;如无人驾驶、工业自动化等需要低时延、高可靠连接的业务属于 URLLC。因此,在移动性、安全性、时延性和可靠性等多个方面,移动网络都必须满足更高的要求。

为了满足移动网络高速发展所需的高带宽、低时延的要求,并减轻网络负荷,5G 网络提出了发展目标为:基于 SDN/NFV 进行虚拟化,进行扁平化扩展与增强,核心网用户面功能下沉到基站。为了实现此目标,可以将 IT 服务环境与云计算在网络边缘相结合,从而形成更加智能的移动网络,MEC 被视为向 5G 过渡的关键技术和架构性概念。

MEC 推动了传统集中式数据中心的云计算平台与移动网络的融合,将原本位于云数据中心的服务和功能"下沉"到移动网络的边缘,在移动网络边缘提供计算、存储、网络和通信资源。MEC 强调靠近用户,从而减少网络操作和服务交付的时延,提升用户服务体验。同时,通过 MEC 技术,移动网络运营商可以将更多的网络信息和网络拥塞控制功能开放给第三方开发者,并允许其提供给用户更多的应用和服务。

ETSI 对于 MEC 的标准定义是:在移动网边缘提供 IT 服务环境和云计算能力。从运营商的角度来解读这个定义,如图 7.11 所示,在运营商眼里,网络其实就分为三个部分:无线接入网、移动核心网和应用网络。其中,无线接入网由基站组成,负责移动终端的接入,移动核心网由一堆高性能的路由器和服务器组成,负责将无线基站连接到外部网络,应用网络就是各种应用服务器工作的地方,实际上就是各种数据中心、服务器甚至 PC。运营商基本上只掌管无线接入网和移动核心网两部分,应用网络通常在 OTT 手里,这三种网络在用户终端和应用服务器之间交替传递数据,完成用户的各种上网需求。但是随着各种新服务类型的出现,比如 AR/VR、connected cars 等,这种传统的网络结构逐渐不堪重负,因此催生了 MEC 的出现,即将网络业务"下沉"到更接近用户的无线接入网侧。

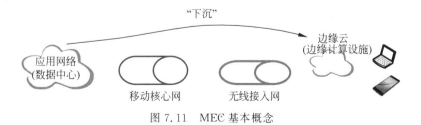

图 7.11 MEC 基本概念

移动边缘计算可以被理解为在移动网络边缘运行的云服务器,该云服务器可以处理传统网络基础架构所不能处理的任务,例如 M2M(Machine to Machine,机器到机器)网关、控制功能、智能视频加速等。MEC 名称也有演变,MEC 在研究初期"M"是"mobile"之意,特指移动网络环境。随着研究的不断推进,ETSI 将"M"的定义扩展为"multi-access",旨在将边缘计算的概念扩展到 Wi-Fi 等非 3GPP 接入的场景下,"移动边缘计算"的术语也逐渐被过渡为"多接入边缘计算(Multi-access Edge Computing,MEC)"。

MEC 运行于网络边缘,逻辑上并不依赖于网络的其他部分,这点对于安全性要求较高的应用来说非常重要。另外,MEC 服务器通常具有较高的计算能力,因此特别适合于分析处理大量数据。同时,由于 MEC 距离用户或信息源在地理上非常邻近,使得网络响应用户请求的时延大大减小,也降低了传输网和核心网部分发生网络拥塞的可能性。最后,位于网络边缘的 MEC 能够实时获取例如基站 ID、可用带宽等网络数据以及与用户位置相关的信息,从而进行链路感知自适应,并且为基于位置的应用提供部署的可能性,可以极大地改善用户的服务质量体验。

图 7.12 所示的是移动边缘计算的架构,包含接入设备、MEC 服务器和云服务器。MEC 服务器部署了计算资源和存储资源,不仅能实现传统的网络流量控制,同时为第三方提供实时的 RAN 信息(如网络负载、用户位置),允许计算和服务在边缘进行托管,实现情景感知,智能跟踪等相关应用服务,减少了网络延迟和带宽消耗,改善了用户体验。

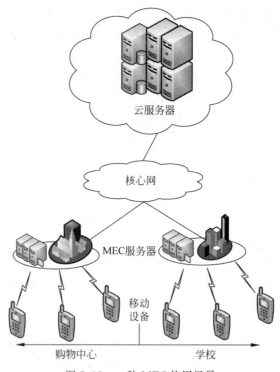

图 7.12　一种 MEC 使用场景

移动边缘计算(MEC)是把云计算平台迁移到移动接入网边缘,试图将传统电信蜂窝网络与互联网业务进行深度融合,减少移动业务交付的端到端时延,发掘无线网络的内在能力,提升用户体验,从而给电信运营商的运作模式带来全新变革,并建立新型的产业链及网络生态圈。MEC 的基本特点包括业务本地化、近距离及低时延的业务交付、为业务提供用户位置感知及其他网络能力。这些功能的实现,都离不开 MEC 系统基本架构的支持。

2. MEC 的特点和标准

1) MEC 的特点

相比于传统的网络架构和模式,MEC 具有很多明显的优势,能改善传统网络架构和模式下时延高、效率低等诸多问题,也正是这些优势,使得 MEC 成为未来 5G 的关键技术。MEC 的特点概况如下。

(1) 低时延。MEC 将计算和存储能力"下沉"到网络边缘,由于距离用户更近,用户请求不再需要经过漫长的传输网络到达遥远的核心网被处理,而是由部署在本地的 MEC 服务器将一部分流量进行卸载,直接处理并响应用户,因此通信时延将会大大降低。MEC 的时延节省特性在视频传输和 VR 等时延敏感的相关应用中表现得尤为明显。以视频传输为例,在不使用 MEC 的传统方式下,每个用户终端在发起视频内容调用请求时,首先需要经过基站接入,然后通过核心网连接目标内容,再逐层进行回传,最终完成终端和该目标内容间的交互,可想而知,这样的连接和逐层获取的方式是非常耗时的。引入 MEC 解决方案后,在靠近 UE 的基站侧部署 MEC 服务器,利用 MEC 提供的存储资源将内容缓存在 MEC 服务器上,用户可以直接从 MEC 服务器获取内容,不再需要通过漫长的回程链路从相对遥远的核心网获取内容数据。这样可以极大地节省用户发出请求到被响应之间的等待时间,从而提升用户服务质量体验。有研究证明,在 Wi-Fi 和 LTE 网络中使用边缘计算平台可以明显改善互动型和密集计算型应用的时延,通过微云在网络边缘进行计算卸载可以改善响应时延至中心云卸载方案的 51%。因此,MEC 对于未来 5G 网络 1ms RTT 的时延要求来说是非常有价值的。

(2) 改善链路容量。部署在移动网络边缘的 MEC 服务器能对流量数据进行本地卸载,从而极大地降低对传输网和核心网带宽的要求。以视频传输为例,对于某些流行度较高的视频,如 NBA 比赛、电子产品发布会等,经常是以直播这种高并发的方式发布,同一时间内就有大量用户接入,并且请求同一资源,因此对带宽和链路状态的要求极高。通过在网络边缘部署 MEC 服务器,可以将视频直播内容实时缓存在距离用户更近的地方,在本地进行用户请求的处理,从而减少对回程链路的带宽压力,同时也可以降低发生链路拥塞和故障的可能性,从而改善链路容量。有研究证明在网络边缘部署缓存可以节省近 22% 的回程链路资源,有研究提出对于带宽需求型和计算密集型应用来说,在移动网络边缘部署缓存可以节省 67% 的运营成本。

(3) 提高能量效率,实现绿色通信。在移动网络下,网络的能量消耗主要包括任务计算耗能和数据传输耗能,有研究指出能量效率和网络容量将是未来 5G 实现广泛部署需要克服的一大难题。MEC 的引入能极大地降低网络的能量消耗。MEC 自身具有计算和存储资源,能够在本地进行部分计算的卸载,对于需要大量计算能力的任务再考虑上交给距离更远、处理能力更强的数据中心或云进行处理,因此可以降低核心网的计算能耗。另一方面,随着缓存技术的发展,存储资源相对于带宽资源来说成本逐渐降低,MEC 的部署也是一种以存储换取带宽的方式,内容的本地存储可以极大地减少远程传输的必要性,从而降低传输能耗。当前已有许多工作致力于研究边缘计算的能量消耗问题,有研究证明边缘计算能明显降低 Wi-Fi 网络和 LTE 网络下不同应用的能量消耗,边缘计算能明显改善系统能耗,使用微云进行计算卸载,参照中心云卸载方案可以节省 42% 的能量消耗。

(4) 感知链路状况,改善用户服务质量体验(QoS)。部署在无线接入网的 MEC 服务器可以获取详细的网络信息和终端信息,同时还可以作为本区域的资源控制器对带宽等资源进行调度和分配。以视频应用为例,MEC 服务器可以感知用户终端的链路信息,回收空闲的带宽资源,并将其分配给其他需要的用户,用户得到更多的带宽资源之后,就可以观看更高速率版本的视频。在用户允许的情况下,MEC 服务器还可以为用户自动切换到更高的视频质量版本。链路资源紧缺时,MEC 服务器又可以自动为用户切换到较低速率版本,以避免卡顿现象的发生,从而给予用户极致的观看体验。同时,MEC 服务器还可以基于用户位置提供一些基于位置的服务,例如餐饮、娱乐等推送服务,进一步提升用户的服务质量体验。

因此,MEC 实现了用户感受到的传输时延减小、网络拥塞被显著控制、更多的网络信息和网络拥塞控制功能可以开放给开发者。

2) MEC 的标准

MEC 的标准化涉及术语、服务场景、技术要求、参考架构、API 等多个方面。于 2014 年 9 月成立的 ETSI MEC ISG 一直致力于推进 MEC 的标准化制定工作,并已于 2016 年 3 月发布了 MEC 白皮书,公布了关于 MEC 的基本技术需求和参考框架的相关规范,目前该工作组正在致力于对无线网络信息服务接口、位置信息服务接口、带宽管理服务接口等几种典型网络应用接口以及平台第三方应用接口的讨论。另外,中国通信标准化协会也在 2015 年进行了研究报告的立项,并已获得工业和信息化部电信研究院(现更名为中国信息通信研究院)、华为、诺基亚、中兴通讯等多家单位的共同支持。

随着时间的推进,MEC 第一阶段的研究工作已于 2016 年底结束,第二阶段主要集中在 2017—2018 年,主要进行 3GPP 和非 3GPP 的接入支持、虚拟化支持、类型扩展、新付费模式的支持和各种应用的开发等研究工作。

目前,多家运营商及设备厂商在多个标准组织或相关机构发起了面向 MEC 的研究工作。ETSI 于 2016 年发布了 3 份与 MEC 相关的技术规范,分别涉及 MEC 术语、技术需求及用例、MEC 框架与参考架构。3GPP 在 RAN3 及 SA2 两个工作组分别发起了 3 个与 MEC 相关的技术报告。其中 TR 36.933 及 TR 38.801 由 RAN3 工作组发起,分别关注对现有 LTE 网络的增强及基于新空口技术的 5G 无线接入网架构。TR23.799 由 SA2 工作组发起,主要关注 5G 核心网架构发展。CCSA 在无线通信技术工作委员会启动了一项研究项目,将 MEC 系统称为"面向业务的无线接入网"(Service Oriented RAN,SoRAN)。该项目旨在研究 SoRAN 方案架构、SoRAN 应用与需求、API 接口规范及对现有无线设备和网络的影响。NGMN 指出,在网络边缘需要引入一种智能节点,可部分执行核心网功能或者其他功能(例如,基于上下文感知的动态缓存)。在安全性方面,由于本地分流,NGMN 认为 MEC 可能对网络漫游产生影响。

随着 MEC 的引入将普遍存在,需要考虑不同网络在防火墙策略方面的协调性,以确保漫游用户的体验。IMT-2020(5G)推进组对 MEC 的功能及架构进行了论述,认为 MEC 改变了传统 4G 系统中网络与业务分离的状态,使得业务平台下沉至网络边缘,实现了网络从接入管道向信息化服务使能平台的跨越,是 5G 的代表性能力。

3. MEC 的体系架构

从 2014 年 12 月开始,ETSI MEC ISG(Industry Specification Group,行业规范组)开始

致力于 MEC 的研究,旨在提供在多租户环境下运行第三方应用的统一规范。经过努力,ISG MEC 已经公布了关于 MEC 的基本技术需求和参考架构的相关规范。

图 7.13 是 MEC 的基本框架,该框架从一个比较宏观的层次出发,对 MEC 下不同的功能实体进行了网络(network)、ME 主机层(Mobile Edge host level)和 ME 系统层(Mobile Edge system level)这 3 个层次的划分。

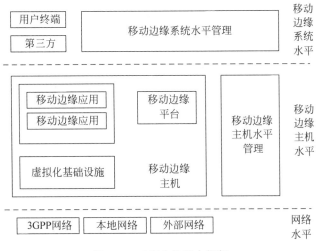

图 7.13 MEC 的基本框架

其中,MEC 主机层包含 MEC 主机(ME host)和相应的 ME 主机层管理实体(ME host-level management entity),ME 主机又可以进一步划分为 ME 平台(ME platform)、ME 应用(ME application)和虚拟化基础设施(virtualization infrastructure)。网络层主要包含 3GPP 蜂窝网络、本地网络和外部网络等相关的外部实体,该层主要表示 MEC 工作系统与局域网、蜂窝移动网或者外部网络的接入情况。最上层是 ME 系统层的管理实体,负责对 MEC 系统进行全局掌控。

图 7.14 是一个更为详细的 MEC 参考架构,该架构在图 7.13 所示的高水平框架的基础之上还详细定义了各个功能实体之间的相互关联,并抽象出 3 种不同类型的参考点。其中,Mp 代表和 ME 平台应用相关的参考点,Mm 代表和管理相关的参考点,Mx 代表和外部实体相关的参考点。在图 7.14 所示架构下,ME 主机由 ME 平台、ME 应用和虚拟化基础设施组成。虚拟化基础设施可以为 ME 应用提供计算、存储和网络资源,并且可以为 ME 应用提供持续的存储和时间相关的信息,它包含一个数据转发平面来为从 ME 平台接收到的数据执行转发规则,并在各种应用、服务和网络之间进行流量的路由。ME 平台从 ME 平台管理器、ME 应用或 ME 服务处接收流量转发规则,并且基于转发规则向转发平面下发指令。另外,ME 平台还支持本地域名系统(Domain Name System,DNS)代理服务器的配置,可以将数据流量重定向到对应的应用和服务。ME 平台还可以通过 Mp3 参考点与其他的 ME 平台进行通信,在分布式 MEC 系统的协作机制中,Mp3 参考点可以作为不同 ME 平台互联的基础。

ME 应用是运行在 ME 虚拟化基础设施上的虚拟机实例,这些应用通过 Mp1 参考点与 ME 平台相互通信。Mp1 参考点还可提供标识应用可用性、发生 ME 切换时为用户准备或

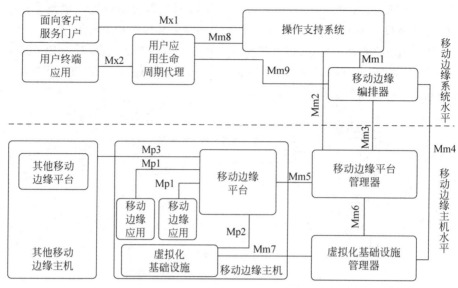

图 7.14 更为详细的 MEC 参考架构

重定位应用状态等额外功能。

ME 平台管理器(ME Platform Manager,MEPM)具有 ME 平台元素管理、ME 应用生命周期管理以及 ME 应用规则和需求管理等功能。ME 应用生命周期管理包括 ME 应用程序的创建和终止,并且为 ME 编排器(ME Orchestrator,MEO)提供应用相关事件的指示消息。ME 应用规则和需求管理包括认证、流量规则、DNS 配置和冲突协调等。ME 平台和 MEPM 之间使用 Mm5 参考点,该参考点实现平台和流量过滤规则的配置,并且负责管理应用的重定位和支持应用的生命周期程序。Mm2 是操作支持系统(OSS)和 MEPM 之间的参考点,负责 ME 平台的配置和性能管理。Mm3 是 MEO 和 MEPM 之间的参考点,负责为应用的生命周期管理和应用相关的策略提供支持,同时为 ME 的可用服务提供时间相关的信息。

MEO 是 ME 提供的核心功能,MEO 宏观掌控 ME 网络的资源和容量,包括所有已经部署好的 ME 主机和服务、每个主机中的可用资源、已经被实例化的应用以及网络的拓扑等。在为用户选择接入的目标 ME 主机时,MEO 衡量用户需求和每个主机的可用资源,为其选择最为合适的 ME 主机,如果用户需要进行 ME 主机的切换,则由 MEO 来触发切换程序。MEO 与 OSS 之间通过 Mm1 参考点来触发 ME 应用的实例化和终止。MEO 与虚拟化基础设施管理器(VIM)之间通过 Mm4 参考点来管理虚拟化资源和应用的虚拟机映像,同时维持可用资源的状态信息。

从 ME 系统的角度来看,OSS 是支持系统运行的最高水平的管理实体。OSS 从面向用户服务(customer-facing service,CFS)门户和用户终端(UE)接收实例化或终止 ME 应用的请求,检查应用数据分组和请求的完整性和授权信息。经过 OSS 认证授权的请求数据分组会通过 Mm1 参考点被转发到 MEO 进行进一步处理。

CFS 门户实体相当于第三方接入点,开发商使用该接口将自己开发的各种应用接入运营商的 ME 系统中,企业或者个人用户也可以通过该接口选择其感兴趣的应用,并指定其使用的时间和地点。CFS 通过 Mx1 参考点与 OSS 实现通信。

用户应用生命周期代理(user app LCM proxy)是供 ME 用户使用来请求应用相关的实例化和终止等服务的实体。该实体可以实现外部云和 ME 系统之间的应用重定位,负责对所有来自外部云的请求进行认证,然后分别通过 Mm8 和 Mm9 参考点发送给 OSS 和 MEO 做进一步处理。值得注意的是,LCM 只能通过移动网络接入,Mx2 参考点提供了 UE 与 LCM 相互通信的基础。

VIM 用于管理 ME 应用的虚拟资源,管理任务包括虚拟计算、存储和网络资源的分配和释放,软件映像也可以存储在 VIM 上以供应用的快速实例化。同时,VIM 还负责收集虚拟资源的信息,并通过 Mm4 参考点和 Mm6 参考点分别上报给 MEO 和 MEPM 等上层管理实体。

7.4.2　MEC 关键技术

MEC 的实现依赖于虚拟化、云技术和 SDN 等关键技术的支撑,本节主要对这 3 种实现 MEC 的关键技术进行介绍。

1. 虚拟化技术

虚拟化技术是一种资源管理技术。维基百科对其的定义是:虚拟化技术将计算机的各种实体资源(CPU、内存、磁盘空间、网络适配器等)予以抽象、转换后呈现出来并可供分区、组合为一个或多个计算机配置环境,由此打破实体结构间不可分割的障碍,使用户可以采用比原本配置更好的方式应用这些计算机硬件资源。虚拟化技术中使用 Hypervisor 实现了应用软件环境与基础硬件资源的解耦,使得可以在同一个硬件平台上部署多个虚拟机,从而共享硬件资源,多个虚拟机之间通过虚拟交换机实现顽健、安全和高效的通信,并通过指定的物理接口实现数据流量的路由。

虚拟化技术与网络的结合催生了网络功能虚拟化(NFV)技术,该技术将网络功能整合到行业标准的服务器、交换机和存储硬件上,并且提供优化的虚拟化数据平面,可通过服务器上运行的软件实现管理从而取代传统的物理网络设备。

NFV 使得 MEC 平台中多个第三方应用和功能可以共平台部署,各种应用和服务实际上是运行于虚拟化基础设施平台上的虚拟机,极大地方便了 MEC 实现统一的资源管理。

2. 云技术

虚拟化技术促进了云技术的发展,云技术的出现使得按需提供计算和存储资源成为可能,极大地增加了网络和服务部署的灵活性和可扩展性。现今大多数移动手机应用都是基于云服务设计的,值得一提的是,云技术与移动网络的结合还促进了 C-RAN 这一创新性应用的产生。C-RAN 将原本位于基站的基带处理单元等需要耗费计算和存储资源的模块迁移到云上,在很大程度上解决了基站的容量受限问题,提高了移动网络的系统能量效率。

MEC 技术在网络边缘提供计算和存储资源,NFV 和云技术能够帮助 MEC 实现多租户的共建。由于 MEC 服务器的容量相对于大规模数据中心来说还是较小,不能提供大规模数据中心带来的可靠性优势,所以需要结合云技术引入云化的软件架构,将软件功能按照不同能力属性分层解耦地部署,在有限的资源条件下实现可靠性、灵活性和高性能。

3. SDN 技术

SDN 技术是一种将网络设备的控制平面与转发平面分离,并将控制平面集中实现的软件可编程的新型网络体系架构。SDN 技术采用集中式的控制平面和分布式的转发平面,两个平面相互分离,控制平面利用控制-转发通信接口对转发平面上的网络设备进行集中控制,并向上提供灵活的可编程能力,这极大地提高了网络的灵活性和可扩展性。

当前已有很多研究致力于将 SDN 技术与移动网络相结合。有研究基于 SDN 技术和 NFV 技术提出了一个名为 cellular SDN(CSDN)的新型蜂窝网架构,该架构简化了网络运营商对网络的管理和控制,并且支持灵活、开放和可编程的服务创建。也有研究将 SDN 技术和蜂窝核心网结合,提出了一个灵活的蜂窝核心网架构 SoftCell。同时,SDN 作为关键技术,在 5G 网络的研究中也被广泛采用,在 5G 核心网测试平台 Open 5G Core 的设计中就引进了 SDN 技术将 LTE EPC 下的服务网关(SGW)和 PDN 网关(PGW)分别抽象成了用户平面网关(SGW-U、PGW-U)和控制平面网关(SGW-C、PGW-C),从而提高了网络的灵活性和可扩展性。

MEC 部署在网络的边缘,靠近接入侧,这意味着核心网网关功能将分布在网络的边缘,这会造成大量接口的配置、对接和调测。利用 SDN 技术将核心网的用户面和控制面进行分离,可以实现网关的灵活部署,简化组网。有研究结合 NFV、SDN 技术和 MEC 技术设计了一个新型的移动网络系统 SD-MEC。该系统在不同接入点分布式部署 MEC 服务器,将业务进行本地卸载,从而降低了核心网的信令开销,降低了由于长距离传输而发生网络突发状况的可能性,增强了用户的服务质量体验。另外,SD-MEC 有专门的控制器对系统进行管控,从而降低了管理的复杂性,同时使得新服务的部署变得更加灵活。

7.4.3 MEC 部署

1. 框架 MEC 典型应用

4G 主要是针对视频业务而设计的网络架构,但是在即将到来的 5G 时代,不可避免地会出现甚至已经出现越来越多样的服务场景,这些场景对网络的时延、带宽、计算和存储等各个方面都提出了很高的要求。由于其"与生俱来"的低时延和高计算能力,MEC 恰恰是解决这类需求的关键技术。同时与 4G 兼容,MEC 的应用非常广泛。本节主要列举几个典型的应用场景,同时分析 MEC 在这些场景中的应用价值。

1) 计算密集型应用

计算密集型应用需要在很短的时间内进行大量计算,因此对装置的计算能力要求极高。增强现实(Augmented Reality,AR)和虚拟现实(Virtual Reality,VR)都属于计算密集型应用。增强现实是一种利用计算机产生的附加信息对用户所看到的真实世界景象进行增强或扩展的技术,虚拟现实则是一种利用计算机融合多元信息和实体行为而模拟出来三维动态视景的计算机仿真技术。这两种技术都需要收集包括用户位置和朝向等用户状态相关的实时信息,然后进行计算并根据计算结果加以处理。MEC 服务器可以为其提供丰富的计算资源和存储资源,缓存需要推送的音视频内容,并且基于定位技术和地理位置信息一一对应,结合位置信息确定推送内容,并发送给用户或迅速模拟出三维动态视景并与用户进行交互。

2) 智能视频加速

研究表明,在移动数据流量中有超过一半的部分是视频流量,并且该比例呈逐年上升趋势。从用户角度来说,观看视频可以分为点播和直播。点播是指在被请求视频已经存在于源服务器的情况下用户向视频服务器发送视频观看请求,直播则指在内容产生的同时用户对内容进行观看。在传统的视频系统中,内容源将产生的数据上传到 Web 服务器,然后再由 Web 服务器响应用户的视频请求。在这种传统方式下,内容基于 TCP 和 HTTP 进行下载,或是以流的形式传递用户。但是 TCP 并不能快速适应 RAN 的变化,信道环境改变、终端的加入和离开等都会导致链路容量的变化。另外,这种长距离的视频传输也增大了链路故障的概率,同时造成很大的时延,从而不能保证用户的服务质量体验。为了改善上述问题,当下学术界和产业界普遍采用 CDN 分发机制,将内容分发到各个 CDN 节点上,再由各个 CDN 节点响应对应区域中的用户请求。CDN 分发机制的引进的确在一定程度上缓解了上述问题,但这种改进对于直播这种高并发,并且对实时性和流畅性要求很高的场景来说仍然有力不从心之处。

MEC 技术的引入可以解决上述问题,内容源可以直接将内容上传到位于网络边缘的 MEC 服务器,再由 MEC 服务器响应用户的视频请求,这样可以极大地降低用户观看视频的时延。由于 MEC 具有强大的计算能力,可以实时感知链路状态并根据链路状态对视频进行在线转码,从而保障视频的流畅性,实现智能视频加速。另外,MEC 服务器还可以负责本区域用户的空口资源的分配和回收,从而增加网络资源的利用率。

3) 车联网

车联网场景下有大量的终端用户,如车辆、道路基础设施、支持 V2X 服务的智能手机等,同时对应着多种多样的服务,例如一些紧急事件的广播等基本的道路安全服务以及一些由应用开发商和内容提供商提供的增值服务,例如停车定位、增强现实或其他娱乐服务等。MEC 服务器可以部署于沿道路的 LTE 基站上,利用车载应用和道路传感器接收本地信息,对其加以分析。并对那些优先级高的紧急事件以及需要进行大量计算的服务进行处理,从而确保行车安全、避免交通堵塞,同时提升车载应用的用户体验。在此方面,德国已经研发了数字高速公路试验台来提供交通预警服务,该试验台用于在 LTE 环境下在同一区域内进行车辆预警消息的发布。

4) 物联网

据思科研究报告表明,到 2020 年将会有 500 亿个终端实现互联。物联网"万物互联"的场景下,各种各样的终端产生海量的数据,而通常 IoT 装置在处理器和内存容量方面是资源受限的,因此,MEC 可以作为物联网汇聚网关使用,将终端产生的海量数据进行汇聚并加以分析处理。同时,不同的 IoT 装置使用不同的接入方式,比如 3G、LTE、Wi-Fi 或其他无线接入方式,因此这些 IoT 装置产生的消息通常由于协议不同而使用不同的封装方式,MEC 可以对这些来自于不同协议的数据分组进行处理、分析和分发。另外,MEC 还可以作为控制节点对这些 IoT 装置进行远程控制,并提供实时的分析和配置。

2. MEC 服务器部署

在设计 MEC 解决方案时,还必须考虑 MEC 服务器在网络中的部署位置。MEC 服务器可以被部署在网络的多个位置,例如可以位于 LTE 宏基站(eNode B)侧、3G 无线网络控制器(Radio Network Controller,RNC)侧、多无线接入技术(Multi-Radio Access Technology,multi-RAN)蜂窝汇聚点侧或者核心网边缘。本节介绍几种部署场景,并且对该部署方式的优势和存在问题加以简要分析。

1) EPC 架构下的 MEC 部署

（1）MEC 服务器部署在无线接入网（RAN）侧。

如图 7.15 所示，MEC 可以部署在 RAN 侧的多个 eNode B 汇聚节点之后，这是目前比较常见的部署方式。MEC 服务器也可以部署在单个 eNode B 节点之后，如图 7.16 所示，这种方式适合学校、大型购物中心、体育场馆等热点区域下 MEC 的部署。将 MEC 服务器部署在 RAN 侧的优势在于可以更方便地通过监听、解析 S1 接口的信令来获取基站侧无线相关信息，但是该方案需要进一步解决计费和合法监听等安全性问题。

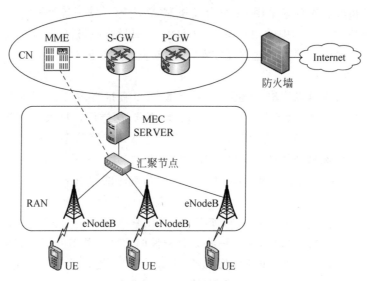

图 7.15　MEC 服务器部署在基站汇聚节点之后

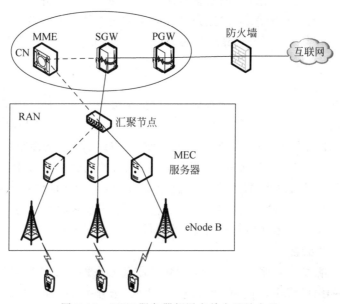

图 7.16　MEC 服务器部署在单个基站之后

（2）MEC 服务器部署在核心网（CN）侧。

MEC 服务器也可以部署在核心网边缘，在 PGW 之后（或与 PGW 集成在一起），从而解决 RAN 部署方案下的计费和安全问题。但部署在核心网侧会存在距离用户较远、时延较大和占用核心网资源的问题。一种方案是不改变现有的 EPC 架构，将 MEC 服务器与 PGW 部署在一起。UE 发起的数据业务经过 eNode B、汇聚节点、SGW、PGW＋MEC 服务器，然后到互联网。另一种方案需要改变现有的 EPC 架构，将原 PGW 拆分成 P1GW 和 P2GW（即 DGW），其中，P1GW 驻留在原位置，DGW 下移到 RAN 侧或者核心网边缘，DGW 负责计费、监听、鉴权等功能，MEC 服务器和 DGW 部署在一起。在此方案下，P1GW 和 DGW 之间为私有接口，需由同一设备厂商提供。

2）5G 架构下的 MEC 部署

在 5G 架构下，MEC 服务器也有两种部署方式，分别如图 7.17 中 MEC 服务器 1 和 MEC 服务器 2。MEC 服务器可以部署在一个或多个 Node B 之后，使数据业务更靠近用户侧，如图 7.17 中粗实线所示，UE 发起的数据业务经过 Node B、MEC 服务器 1，然后到达互联网。同样地，在该方式下计费和合法监听问题需进一步解决。MEC 服务器也可以部署在用户平面网关 GW-UP 后，如图 7.17 中粗虚线所示，UE 发起的数据业务经过 Node B、GW-UP、MEC 服务器 2，最后到达互联网。同理，此部署方法将以牺牲一部分时延为代价。

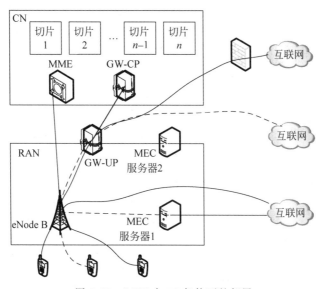

图 7.17　MEC 在 5G 架构下的部署

3. MEC 存在的问题和挑战

MEC 在移动网络边缘提供计算、存储和网络资源，可以极大地降低处理时延，实现绿色通信，提升用户服务质量体验。但是，在实现大规模应用之前，MEC 以及各种基于 MEC 的解决方案还存在一些问题和挑战，主要包含以下 3 个方面。

1）移动性问题

MEC 系统所涉及的移动性问题主要分为两种情况，一种是移动终端在特定 MEC 服务器覆盖范围内的移动，这种移动不涉及 MEC 服务器的切换，另一种则是移动终端从一个源

MEC 服务器移动到另一个目的 MEC 服务器。当用户在同一个 MEC 服务器范围内移动时,MEC 服务器只需要维持移动终端与服务器上应用程序的正常连接,同时跟踪用户终端当前连接的基站来确保正确的下行数据路由即可。当用户从一个 MEC 服务器切换到另一个 MEC 服务器上时,如何保持移动终端与应用间的业务连接将是一个难点。对于 MEC 系统中那些不需要跟踪 UE 状态信息的状态独立的应用来说,用户移动到另一个 MEC 服务器意味着重新在目标 MEC 服务器上实例化一个相同的应用,而对于面向用户的服务,特别是那些与用户活动相关的应用而言,用户移动到另一个 MEC 服务器将意味着用户相关信息的迁移,甚至是整个应用实例的迁移。因此,MEC 系统需要提供服务连续性、应用迁移和应用特定用户相关信息的迁移等移动性支持。基于某些特定场景,MEC 还需要支持 UE 在移动边缘系统与外部云之间的迁移。

由于 MEC 上的各个应用实际上是运行在虚拟化基础设施上的各种虚拟机,因此虚拟机的在线迁移对于 MEC 的移动性研究是可以借鉴的。另外,ETSI 和各大厂商也都在关注 MEC 移动性的问题,相信随着研究的不断深入,移动性问题将会得到全方位的解决。

2) 安全和计费问题

在当前网络架构下,计费功能由核心网负责。移动边缘计算平台将网络服务功能"下沉"到网络边缘,在网络边缘就可以进行计算卸载,这使得计费功能不易实现。前文所述不同的部署方案,计费功能实现的难易程度也不同。目前,ETSI 的标准化工作也尚未涉及计费功能的实现,因此,当前还没有统一的计费标准,不同的公司提供不同的计费标准。

由于在移动边缘计算场景下,移动终端将会面临更加复杂的环境,因此原本用于云计算的许多安全解决方案可能不再适用于移动边缘计算。不同层次的网关等网络实体的认证也是一个需要考虑的安全问题,因此,MEC 系统必须解决认证、鉴权等安全性问题。当前一些研究工作者提出了基于公开密钥基础设施(Public Key Infrastructure,PKI)的解决方案和基于 Diffie-Hellman 密钥交换的解决方案。有研究人员提出了一种名为 HoneyBot 的移动边缘计算平台防御技术。HoneyBot 节点能够探测、追踪和区分 D2D 内部攻击,该技术的速度和准确性同时受到 HoneyBot 节点数量和位置的影响。

一方面,MEC 的安全性和计费问题的解决需要从 MEC 设计的架构上来考虑,另一方面,可以将各种安全性解决方案与 MEC 进行有机结合,以模块化的形式为系统提供不同程度的安全防护。最后,由于计费问题涉及的网元较多,其实现还需要设备供应商、OTT、运营商等多方的共同努力和探索。

3) 隐私保护问题

在基于 MEC 的 D2D 通信中,针对内容共享和计算协作等问题,必须考虑用户的隐私保护。另外,在一些私有网络场景下,比如个人微云,也必须考虑隐私保护的问题,因此有必要在 MEC 网络中加入隐私保护实体。现存的很多隐私保护方案都是通过加入一个受信平台模块(Trusted Platform Module,TPM)实现的,例如在雾计算的典型应用场景智能电网(smart grid)中,通过智能电表的数据加密和雾终端的汇聚点的处理保证数据的私密性。由于隐私保护问题是偏向于定制型的业务,不同的用户和业务对于隐私保护的需求程度不同,因此可以借鉴上述这种加入受信平台模块的思路,模块和平台之间只需遵循相应的 API 规范即可。

但是 MEC 的推进也面临着一些问题,从网络架构来看,数据平面的控制、会话连续性支持、网络能力开放支持、策略框架及计费能力增强等新特性,意味着网络必须在可重配及可扩展方面得到进一步的强化。从网络部署及运营方面来看,控制部署成本及兼容不同制式的传统网络问题尚未得到很好解决。

7.5　本章小结

近年来,随着通信网的蓬勃发展,通信网正在朝着智能化、自动化和个性化服务等方向发展,出现了很多新的技术,本章着重介绍通信网中有确定性发展前景的几项新技术。

首先从通信网发展趋势出发,引入了实现控制与传输相分离的 SDN 技术,主要介绍了SDN 标准、网络架构、工作流程和典型应用;为了提高网络的资源利用率、快速部署业务等,引入了网络虚拟化技术(NFV),内容包括网络虚拟化的基本概念、标准、体系架构;为了更好地共享资源和节省成本,提出了云计算技术,主要讲解了云计算的分类、特点、云平台;由于云计算的中心化,大量数据的存取需要经过核心网,给核心网带来了比较大的压力,因此近年来提出计算边缘化,把大量的处理工作移到网络的边缘处,因此引入了雾计算和移动边缘计算 MEC 技术。

习题

7-1　请说明 SDN 网络的体系架构,并说明每个部分的主要功能。

7-2　比较 SDN 网络架构与传统 IP 网络架构,说明 SDN 网络架构的特点。

7-3　举例说明 SDN 网络中报文转发基本流程。

7-4　什么是 NFV?其主要特征是什么?

7-5　说明 NFV 网络的体系架构,并说明每个部分的主要功能。

7-6　什么是云计算?云计算提供哪些服务?

7-7　互联网企业与电信运营商企业的云计算平台有何不同?为什么?

7-8　如何理解 SDN、NFV 和云计算之间的联系?

7-9　什么是雾计算?什么是 MEC?

7-10　说明 MEC 的体系架构,并说明该架构的主要特点。

参考文献

[1]　闫长江,吴东君,熊怡.SDN 原理解析-转控分离的 SDN 架构[M].北京:人民邮电出版社.2016.

[2]　张卫峰.深度解析 SDN 利益、战略、技术、实践[M].北京:电子工业出版社,2014.

[3]　赵慧玲,史凡.SDN/NFV 的发展与挑战[J].电信科学,2014,8:13-18.

[4]　翟振辉,邱巍,吴丽华,等.NFV 基本架构及部署方式[J].电信科学,2017,6:179-185.

[5]　冯征.NFV 与云计算-电信运营商的机遇与挑战[J].电信工程技术与标准化,2017.12:1-8.

[6]　朱玉权.网络功能虚拟化的自适应信任管理[D].西安电子科技大学,2017.

[7]　薛育红.云计算驱动了雾计算的发展[J].中兴通讯技术,2017,2:51-52.

[8]　周悦,芝张迪.近端云计算:后云计算时代的机遇与挑战[J].计算机学报,2018,5:1-24.

[9]　王莹,费子轩,张向阳,等.移动边缘网络缓存技术[J].北京邮电大学学报,2017,12:1-13.

[10] 田辉,范绍帅,吕昕晨,等.面向 5G 需求的移动边缘计算[J].北京邮电大学学报,2017,4：1-10.

[11] 张建敏,谢伟良,杨峰义,等.移动边缘计算技术及其本地分流方案[J].电信科学,2016,7：132-139.

[12] 林晓鹏.移动边缘计算网络中基于资源联合配置的计算任务卸载策略[D].北京邮电大学,2017.

[13] 邓茂菲.基于移动边缘计算的任务迁移策略研究[D].北京邮电大学,2017.

[14] 李子姝,谢人超,孙礼,等.移动边缘计算综述[J].电信科学,2018.1：87-101.

[15] 李洪星.移动边缘计算组网与应用研究[D].北京邮电大学,2017.

[16] 林晓鹏.移动边缘计算网络中基于资源联合配置的计算任务卸载策略[D].北京邮电大学,2017.

[17] 黄祥岳.移动边缘计算缓存优化与用户移动性预测研究[D].浙江大学,2018.

[18] 汪海霞,赵志峰,张宏纲.移动边缘计算中数据缓存和计算迁移的智能优化技术[J].中兴通讯技术,2018,3：1-9.

[19] 何晓明,冀晖,毛东峰.电信 IP 网向 SDN 演进的探讨[J].电信科学,2014,6：131：137.

[20] 周恒,畅志贤,杨武军,等.一种 5G 网络切片的编排算法[J].电信科学,2017,8：180：187.

[21] 王涛,陈鸿昶,程国振.软件定义网络及安全防御技术研究[J].通信学报,2017(11)：137-164.

缩略词	英文全称	中文含义
3GPP	Third Generation Partnership Project	第三代合作伙伴计划
3GPP2	Third Generation Partnership Project2	第三代合作伙伴计划 2
ABR	Area Border Router	区域边界路由器
AC	Authentication Center	鉴权中心
AC	Attachment Circuit	接入电路
ACR	Accounting Request	计费请求
AG	Access Gateway	接入网关
ALG	Application Level Gateway	应用层网关
AMC	Adaptive Modulation and Coding	自适应调制编码
ANI	Automaic Number Identification	自动号码标识
API	Application Programming Interface	应用编程接口
APNIC	Asia Pacific Network Information Center	亚太网络信息中心
AR	Augmented reality	增强现实
ARP	Address Resolution Protocol	地址解析协议
AS	Application Server	应用服务器
AS	Autonomous System	自治系统
ASCII	American Standard Code for Information Interchange	美国信息交换标准代码
ASIC	Application Specific Integrated Circuits	专用集成电路
ATM	Asynchronous Transfer Mode	异步传输模式
BDR	Backup Designated Router	备份指定路由器
BGCF	Breakout Gateway Control Function	出口网关控制功能
BGP	Broad Gateway Protocol	边界路由协议
B-ISDN	Broadband Integrated Services Digital Network	宽带综合业务数字网
BPDU	Bridge Protocol Data Unit	桥接协议数据单元
BS	Base Station	基站
BSC	Base Station Controller	基站控制器

BTS	Base Transceiver Station	基站收发台
CAC	Connection Admission Control	连接接纳控制
CAR	Committed Access Rate	约定访问速率
CAS	Channel Associated Signalling	随路信令
CCF	Charging Collecting Function	计费收集功能
CCITT	Consultative Committee on International Telegraph and Telephone	国际电报电话咨询委员会
CCN	Content centric network	内容中心网络
CCS	Common Channel Signalling	共路信令
CCSA	China Communications Standards Association	中国通信标准化协会
CDMA	Code Division Multiple Access	码分多址
CDN	Content Delivery Network	内容分发网络
CDNC	CDN Control	CDN 控制
CE	Customer Edge	用户网络边缘设备
CFS	Customer-facing service	面向用户服务
CIDR	Classless Inter-Domain Routing	无类别的域间路由
CLI	Command Line Interface	命令行接口
CLNP	Connectionless Network Protocol	无连接网络协议
CLR	Cell Loss Rate	信元丢失率
CM	Control Memory	控制存储器
CMS	Cryptographic Message Syntax	密码消息语法
COPS	Common Open Policy Service	公共开放策略服务
CoS	Class of Service	服务类别
CPE-based	Customer Premises Equipment based VPN	基于客户端设备的虚拟专用网
CPN	Customer Premises Network	用户驻地网
CRC	Cyclic Redundancy Check	循环冗余校验
CR-LDP	Constraint-Based Routing using LDP	基于约束路由的标签分发协议
CR-LSP	Constraint-based Routing Label Switching Path	路由受限的标签交换路径
CS	Circuit Switching	电路交换
CS	Call Server	呼叫服务器
CSA	Cloud Security Alliance	云安全联盟
CSCF	Call Session Control Function	呼叫会话控制功能
CSFB	Circuit Switch Fallback	电路域回落
CSMA/CD	Carrier Sense Multiple Access/Collision Detect	载波监听多点接入访问/冲突检测
CT	Communication Technology	通信技术
DDN	Digital Data Network	数字数据网
DHCP	Dynamic Host Configuration Protocol	动态主机配置协议
DNS	Domain Name System	域名系统

DoD	Downstream On Demand	下游按需方式
DPI	Deep Packet Inspection	深度数据包检测
DR	Designated Router	指定路由器
DS	Differentiated Services	区分服务
DSCP	Differentiated Service Code Point	区分服务代码点
DSL	Digital Subscriber Line	数字用户线路
DSN	Digital Switching Network	数字交换网络
DTMF	Dual Tone Multi-Frequency	双音多频
DU	Downstream Unsolicited	下游自主方式
DUP	Data User Part	数据用户部分
DWRR	Deficit weighted round robin queuing	加权差额循环调度
EAP	Extensible Authentication Protocol	可扩展认证协议
EATF	Emergency Access Transfer Function	紧急接入切换功能
EBCDIC	Extended Binary Coded Decimal Interchange Code	广义二进制编码的十进制交换码
EC2	Elastic Compute Cloud	弹性计算云
EGP	External Gateway Protocol	外部网关协议
EIR	Equipment Identity Register	设备标识登记器
eMBB	Enhance Mobile Broadband	增强移动宽带
EMS	Element Management System	元素管理系统
ENUM	E.164 Number URI Mapping	电话号码映射
EPON	Ethernet Passive Optical Network	以太无源光网络
ESP	Encapsulate Security Payload	封装安全载荷
ETSI	European Telecommunications Standards Institute	欧洲电信标准化协会
FDDI	Fiber Distributed Data Interface	光纤分布式数据接口
FDMA	Frequency division multiple access	频分多址
FE	Fast Ethernet	快速以太网
FEC	Forwarding Equivalent Class	转发等价类
FIA	Future Internet Architecture	互联网体系结构
FIB	Forwarding Information Base	转发信息库
FIND	Future Internet Design	未来网络设计
FIRE	Future Internet Research and Experimentation	未来互联网的研究与实验
FMC	Fixed mobile Convergence	固定/移动网络融合
FPS	Fast Packet Switching	快速分组交换
FR	Frame Relay	帧中继
FRN	Frame Relay Network	帧中继网
FTP	File Transfer Protocol	文件传输协议

FTTH	Fiber To The Home	光纤到家
FTTO	Fiber TO The Office	光纤到办公室
GE	Gigabit Ethernet	千兆以太网
GENI	Global Environment for Networking Innovation	全球网络创新环境
GRE	Generic Routing Encapsulation	通用路由封装
GSLB	Global Server Load Balancing	全局负载平衡
GSM	Global System for Mobile Communication	全球移动通信系统
GW	Gateway	网关
HA	High Available	高可用
HDLC	High-Level Data Link Control	高级数据链路控制
HFC	Hybrid Fiber Coaxial	混合光纤同轴电缆网
HLR	Home Location Register	原籍位置登记器
HSPA+	High-Speed Packet Access+	增强型高速分组接入技术
HSS	Home Subscriber Server	归属用户服务器
HSTP	High Signal Transfer Point	高级信令转接点
HTTP	HyperText Transfer Protocol	超文本传输协议
I2RS	Interface to the Routing System	路由接口系统
IaaS	Infrastructure as a Service	基础设施即服务
IAD	Integrated Access Device	综合接入设备
ICANN	Internet Corporation for Assigned Names and Numbers	互联网名称与数字地址分配机构
ICMP	Internet Control Message Protocol	互联网控制报文协议
ICN	Information centric networking	信息中心网络
ICS	IMS centralized service	IMS 集中式服务
I-CSCF	Interrogating-CSCF	查询呼叫会话控制功能
ICT	Institute of Computing Technology	计算技术研究所
IDC	Internet Data Center	互联网数据中心
IETF	Internet Engineering Task Force	互联网工程任务组
IFC	Initial Filtering Criteria	初始过滤规则
IGMP	Internet Group Management Protocol	因特网组管理协议
IGP	Interior Gateway Protocol	内部网关协议
IKE	Internet Key Exchange	因特网密钥交换
IMEI	International Mobile Equipment Identification	国际移动台设备标识号
IM-MGW	IMS-Media Gateway Function	IMS 媒体网关功能
IMPI	IMS Private Identity	IMS 私有用户标识
IMPU	IMS Public Identity	IMS 公共用户标识
IMS	IP Multimedia Subsystem	IP 多媒体子系统
IMSI	International Mobile Station Identification	国际移动台标识号

IM-SSF	IP Multimedia-Service Switching Function	IP 多媒体业务交换功能
IN	Intelligent network	智能网
INAP	Intelligent Network Application Protocol	智能网应用部分
IP	Internet Protocol	网际协议
IP-CAN	IP-Connectivity Access Network	IP 连接接入网络
IPCC	International Packet Communication Consortium	国际分组通信集团
IPSec	IP Security	IP 安全
ISC	International Soft-switch Consortium	国际软交换集团
ISC	IP multimedia Service Control	IP 多媒体业务控制
ISDN	Integrated Service Digital Network	综合业务数字网
ISG	Industry Specification Group	行业规范组
ISIM	IP Multimedia Service Identity Module	IP 多媒体业务标识模块
IS-IS	Intermediate System-to-Intermediate System	中间系统到中间系统
ISO	International Organization for Standardization	国际标准化组织
ISP	Internet Service Provider	Internet 服务提供商
ISUP	ISDN User Part	ISDN 用户部分
IT	Information Technology	信息技术
ITU-T	International Telecommunication Union-Telecommunication Standardization Sector	国际电信联盟通信标准化组织
L2F	Layer 2 Forwarding	二层转发
L2TP	Layer 2 Tunneling Protocol	二层隧道协议
LAN	Local Area Network	局域网
LDP	Label Distribution Protocol	标签分发协议
LER	Edge Label Switched Router	标签边缘路由器
LFIB	Label Forwarding Information Base	标签转发信息库
LIB	Label Information Base	标签信息库
LISP	Locator ID Separation Protocol	位置标志/身份标志分离协议
L-S	Link-State	链路状态
LSA	Link-State Advertisement	链路状态广播数据包
LSP	Label Switched Path	标签交换路径
LSR	Label Switched Router	标签交换路由器
LSTP	Low Signal Transfer Point	低级信令转接点
LTE	Long Term Evolution	长期演进
M2M	Machine to Machine	机器到机器
MAA	Multimedia Authentication Answer	多媒体认证响应
MAC	Media Access Control	媒体访问控制
MANO	NFV management and orchestration	NFV 管理和编排

MAP	Mobile Application Part	移动应用部分
MAR	Multimedia Authentication Request	多媒体认证请求
ME	Maintenance Entity	管理实体
MEC	Mobile Edge Computing	移动边缘计算
MEC	Multi-access Edge Computing	多接入边缘计算
MEG	Management Entity Group	管理实体组
MEO	ME Orchestrator	ME 编排器
MEPM	ME Platform Manager	ME 平台管理器
MF	Multi-Frequency	多频
MGC	Media Gateway Controller	媒体网关控制器
MGCF	Media Gateway Control Function	媒体网关控制功能
MGW	Media Gateway	媒体网关
MIB	Management Information Base	管理信息库
MIMO	Multiple Input Multiple Output	多输入多输出
MIP	Mobile IP	移动 IP
MM	Mobile Management	移动性管理
MMD	Multimedia Domain	多媒体域
mMTC	Massive Machine Type Communication	海量机器类通信
MP-BGP	Multiprotocol Extensions for BGP-4	BGP4 的多协议扩展
MPLS	Multi-Protocol Label Switching	多协议标签交换
MRFC	Multimedia Resource Function Controller	媒体资源控制功能实体
MRFP	Multimedia Resource Function Processor	媒体资源处理功能实体
MS	Mobile Station	移动台
MSC	Mobile Switching Center	移动业务交换中心
MSDN	Mobile Station Directory Number	移动台号簿号码
MSRN	Mobile Station Roaming Number	移动台漫游号
MST	Minimum Spanning Tree	最小生成树
MSTP	Multi-Service Transfer Platform	多业务传送平台
MTP	Message Transfer Part	消息传递部分
MTU	Maximum Transfer Unit	最大传送单元
Multi-RAN	Multi-Radio Access Technology	多无线接入技术
NACF	Network Attachment Control Functions	网络附着控制功能
NAS	Network Access Service	网络接入服务
NASREQ	Network Access Service Request	网络接入服务请求
NAT	Network Address Translation	网络地址转换
NE	Network Element	网络单元
NFV	Network Functions Virtualization	网络虚拟化
NFV/MANO	NFV Management and Orchestration	NFV 管理和编排

NFVI	Network Function Virtualization Infrastructure	NFV 基础设施
NGN	Next Generation Network	下一代网络
NIST	National Institute of Standards and Technology	美国国家标准技术研究所
NNI	Network to Network Interface	网络-网络接口
NP	Network Processor	网络处理器
NSAP	Network Service Access Point	网络服务接入点
NFV	Network Functions Virtualization	网络功能虚拟化
NVGRE	Network Virtualization using Generic Routing Encapsulation	通用路由封装的网络虚拟化
OAM	Operation、Administration、Maintenance	操作、管理、维护
ODL	Open Day Light	开源控制
ODN	Optical Distribution Network	光配线网络
OFDM	Orthogonal Frequency Division Multiplexing	正交频分复用
OFDMA	Orthogonal Frequency Division Multiple Access	正交频分多址
OFERTIE	Real-Time Online Interactive Applications	实时在线交互式应用
OLT	Optical Line Terminal	光线路终端
OMAP	Operations and Maintenance Application Part	操作维护应用部分
OMC	Operation and Maintenance Center	网络操作维护中心
ONF	Open Networking Foundation	开放网络基金会
ONU	Optical Network Unit	光网络单元
OSA	Open Service Architecture	开放业务结构
OSA-SCS	Open Service Access-Service Capability Servers	开放业务接入的业务能力服务器
OSI/RM	Open Systems Interconnection/Reference Model	开放系统互连基本参考模型
OSPF	Open Shortest Path First	开放式最短路径优先
OSS/BSS	Operation Support System/Business Support System	运营支撑系统/业务支撑系统
OTN	Optical Transport Network	光传送网
OVS	Open vSwitch	开放虚拟交换标准
P	Provider	服务提供商网络中的骨干设备
P2MP	Point to Multi Point	点到点多点
P2P	Point to Point	点到点
PaaS	Platform as a Service	平台即服务
PBB	Provider Backbone Bridge	运营商骨干桥接技术
PCE	Path Computation Element	路径计算单元
PCM	Pulse Code Modulation	脉冲编码调制
PCRF	Policy and Charging Rules Function	策略与计费规则功能单元
P-CSCF	Proxy-CSCF	代理呼叫会话控制功能
PDF	Policy Decision Function	策略决策功能

PDG	Packet Data Gateway	分组数据网关
PDH	Plesiochronous Digital Hierarchy	准同步数字系列
PDP	Packet Data Protocol	分组数据协议
PDU	Protocol Data Unit	协议数据单元
PE	Provider Edge	服务提供商网络的边缘设备
PHB	Per Hop Behavior	逐跳行为
PHP	Penultimate Hop Popping	倒数第二跳弹出
PKI	Public Key Infrastructure	公开密钥基础设施
PLMN	Public Land Mobile network	公众陆地移动网络
POP	Point of Presence	因特网接入点
POP3	Post Office Protocol-Version 3	邮局协议版本 3
PPP	Point-to-Point Protocol	点对点协议
PPTP	Point-to-Point Tunneling Protocol	点对点隧道协议
PQ	Priority Queue	优先级队列
PS	Packet Switching	分组交换
PSI	Public Service identities	公共业务标识
PSPDN	Packet Switched Public Data Network	公用交换分组数据网
PSTN	Public Switched Telephone Network	公共交换电话网
PTN	Packet Transport Network	分组传送网
PV	Path Vector	路径向量
PW	Pseudo wire	伪线
PWE3	Pseudo-Wire Emulation Edge to Edge	边缘到边缘的伪线仿真技术
QoS	Quality of Service	服务质量
RACF	Resource Access Control Function	资源访问控制功能
RADIUS	Remote Authentication Dial In User Service	远程拨入用户认证服务
RAM	Random Access Memory	随机存取存储器
RAN	Radio Access Network	无线接入网
RARP	Reverse Address Resolution Protocol	反向地址转换协议
RD	Route Distinguisher	路由标识符
REST	Representational State Transfer	表述性状态传递
RIP	Routing Information Protocol	路由信息协议
RNC	Radio Network Controller	无线网络控制器
ROHC	Robust Header Compression	鲁棒报头压缩
RSVP	Resource Reservation Protocol	资源预留协议
RSVP-TE	Resource Reservation Protocol-Traffic Engineering	基于流量工程的资源预留协议
S3	Simple Storage Service	简单存储服务
SaaS	Software as a Service	软件即服务

SBC	Session Border Controller	会话边界控制器
SCCP	Signalling Connection Control Part	信令连接控制部分
SCP	Service Control Point	业务控制点
S-CSCF	Serving-CSCF	服务呼叫会话控制功能
SDH	Synchronous Digital Hierarchy	同步数字体系
SDN	Software Defined Networks	软件定义网络
SDN	Software Driven Network	软件驱动网络
SDP	Service Data Point	业务数据点
SE	Switching Element	交换单元
SEG	Security Gateway	安全网关
SFC	Service Function Chaining	服务功能链
SG	Signalling Gateway	信令网关
SIP	Session Initiation Protocol	会话初始化协议
SLB	Server Load Balancing	服务器负载均衡技术
SLF	Subscription Locator Function	订购关系定位功能
SM	Speech Memory	话音存储器
SMH	Signaling Message Handling	信令消息处理
SMP	Service Manage Point	业务管理点
SMTP	Simple Mail Transfer Protocol	简单邮件传送协议
SNI	Service Network Interface	业务结点接口
SNM	Signaling Network Management Message	信令网管理信息
SNMP	Simple Network Management Protocol	简单网络管理协议
SNS	Social Network Sites	社会网络站点
SP	Signalling End Point-SEP	信令端点
SPARC	Scalable Processor ARchitecture	可扩充处理器架构
SPC	Stored Program Control	存储程序控制
SPF	Short Path First	最短路径优先
SPT	Service Point Triggers	业务触发点
SPTN	Software-Defined Packet Transport Network	软件定义分组传送网
SRVCC	Single Radio Voice Call continuity	单一无线语音呼叫连续性
SSL	Security Socket Layer	安全套接字层
STD	Synchronous Time Division	同步时分
STP	Signalling Transfer Point	信令转接点
STP	Spanning Tree Protocol	生成树协议
SVLTE	Simultaneous Voice and LTE	LTE 与语音网同步支持
SVN	Software Virtualization Network	软件虚拟网络
TCAP	Transaction Capability Application Part	事务处理能力应用部分
TCP	Transmission Control Protocol	传输控制协议

TCP/IP	TCP/IP Protocol Suite	TCP/IP 协议族
TDM	Time Division Multiplexing	时分复用
TDMA	Time Division Multiple Access	时分多址
TE	Traffic Engineering	流量工程
TEIN	Trans-Eurasia Information Network	跨欧亚信息网络
Telnet	Telecom Munication Network Protocol	远程通信协议
TFTP	Trivial File Transfer Protocol	简单文件传输协议
THIG	Topology Hiding Inter-network Gateway	网间拓扑隐藏网关
TIE	Time Interval Error	时间间隔误差
TISPAN	Telecommunications and Internet Converged Services and Protocols for Advanced Networking	电信和互联网融合业务及高级网络协议
TLS	Transport Layer Security	传输层安全协议
TLV	Type-Length-Value	类型-长度-数值
TMN	Telecom Management Network	电信管理网
ToS	Type of Service	服务类型
TPM	Trusted Platform Module	受信平台模块
TTL	Time To Live	生存时间
TUP	Telephone User Part	电话用户部分
UAA	User Authorization Answer	用户授权响应
UAC	User Agent Client	用户代理客户端
UAS	User Agent Server	用户代理服务器
UDP	User Datagram Protocol	用户数据报协议
UNI	User Network Interface	用户-网络接口
URL	Uniform Resource Identifier	统一资源标识符
URLLC	Ultra Reliable & Low Latency Communication	超可靠、低时延通信
USIM	Universal Subscriber Identity Module	通用订阅者标识符模块
VAS	Value Added Service	增值服务
VC	Virtual Channel	虚通道
VCC	Voice Call Continuity	语音呼叫连续性
V-D	Vector-Distance	距离向量
VEB	Virtual Ethernet Bridges	虚拟以太网桥
VEPA	Virtual Ethernet Port Aggregator	虚拟以太网端口聚集器
VIM	Virtualized Infrastructure Manager	虚拟化基础设施管理器
VLAN	Virtual Local Area Network	虚拟局域网
VLL	Virtual Leased Line	虚拟租用线
VLR	Visiting Location Register	访问位置登记器
VLSM	Variable Length Subnet Masking	可变长子网掩码
VNF	Virtualized Network Function	虚拟网络功能

VoLTE	Voice over LTE	LTE 承载语音
VP	Virtual Path	虚通路
VPDN	Virtual Private Dialup Network	虚拟专用拨号网络
VPLS	Virtual Private Lan Service	虚拟专用 LAN 业务
VPN	Virtual Private Network	虚拟专用网
VPRN	Virtual Private Routing Network	虚拟专用路由网
VR	Virtual Reality	虚拟现实
VRF	VPN Routing and Forwarding-table	VPN 路由转发表
VS	Virtual Section	虚段
W-CDMA	Wideband Code Division Multiple Access	宽带码分多址
WDM	Wavelength Division Multiplexing	波分复用
WFQ	Weighted Fair Queue	加权公平队列
WRED	Weighted Random Early Detection	加权随机早期探测算法
XDSL	Digital Subscriber Line	数字用户线路

图书资源支持

感谢您一直以来对清华大学出版社图书的支持和爱护。为了配合本书的使用，本书提供配套的资源，有需求的读者请扫描下方的"书圈"微信公众号二维码，在图书专区下载，也可以拨打电话或发送电子邮件咨询。

如果您在使用本书的过程中遇到了什么问题，或者有相关图书出版计划，也请您发邮件告诉我们，以便我们更好地为您服务。

我们的联系方式：

地　　址：北京市海淀区双清路学研大厦 A 座 701

邮　　编：100084

电　　话：010-83470236　010-83470237

资源下载：http://www.tup.com.cn

客服邮箱：tupjsj@vip.163.com

QQ：2301891038（请写明您的单位和姓名）

用微信扫一扫右边的二维码，即可关注清华大学出版社公众号。

科技传播·新书资讯

电子电气科技荟

资料下载·样书申请

书圈